多媒体技术与应用

主　编　汪绪彪
副主编　吴珅珅　吴岚　李娟

北京希望电子出版社
Beijing Hope Electronic Press
www.bhp.com.cn

内 容 简 介

本书以多媒体技术为主线组织内容，对常见技术的基础知识、常用软件的使用方法和应用技巧进行了介绍。全书共 7 个模块，依次对多媒体技术基础知识、音频处理技术、数字图像处理技术、视频后期制作技术、二维动画制作技术、三维动画制作技术、多媒体课件制作技术等内容进行了讲解，在介绍理论内容的同时穿插了实例操作和提示等知识的讲解，每个模块最后还安排了有针对性的课后作业，以供巩固所学知识之用。

全书结构合理，图文并茂，易教易学，适合作为“多媒体技术与应用”课程的教材，又适合作为广大多媒体技术爱好者和各类技术人员的参考用书。

图书在版编目（CIP）数据

多媒体技术与应用 / 汪绪彪主编. -- 北京 : 北京希望电子出版社, 2024.9（2024.12 重印）

ISBN 978-7-83002-880-0

Ⅰ. TP37

中国国家版本馆 CIP 数据核字第 2024U6N005 号

出版：北京希望电子出版社

地址：北京市海淀区中关村大街 22 号
中科大厦 A 座 10 层

邮编：100190

网址：www.bhp.com.cn

电话：010-82620818（总机）转发行部
010-82626237（邮购）

经销：各地新华书店

封面：袁　野

编辑：全　卫

校对：付寒冰

开本：787mm×1092mm　1/16

印张：19.25

字数：459 千字

印刷：北京昌联印刷有限公司

版次：2024 年 12 月 1 版 3 次印刷

定价：65.00 元

前　　言

PREFACE

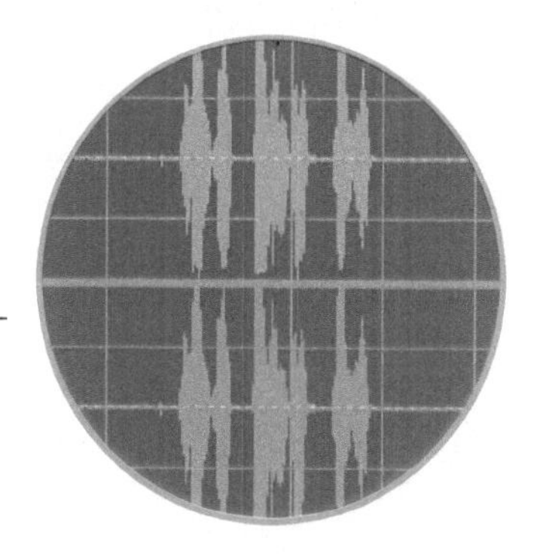

随着信息技术的飞速发展，以信息技术为主要标志的高新技术产业在整个经济中的比例不断增长，多媒体技术及其产品是当今计算机及互联网相关技术发展的重要领域之一。从用户角度来看，多媒体技术的应用出现在了工作和生活的各个方面，如课件制作、照片处理、视频编辑、音频文件的处理等，从而给我们的生活、工作、学习带来很多方便。为了适应当前信息社会的发展，掌握多媒体技术原理及其应用是非常有必要的。为此，我们组织了一批富有经验的设计师和高校教师，共同策划编写了本书，以让读者能够更好地掌握作品的制作技能，提升动手能力，与社会相关行业接轨。

写 / 作 / 特 / 色

1. 从零开始，快速上手

无论读者是否接触过多媒体技术，都能从本书获益，快速掌握软件操作技能。

2. 面向实际，精选案例

本书以多媒体技术与相关软件的应用为内容主线，书中配有案例学习视频，真正实现学以致用。

3. 举一反三，触类旁通

每个模块最后的课后作业让读者加以巩固，以帮助读者切实掌握相关知识点与技能点。

4. 资源丰富，易教易学

本书案例素材、案例视频、教学课件等资源将通过官方微信公众号提供。

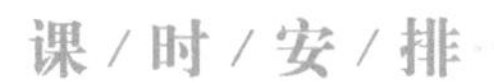

课/时/安/排

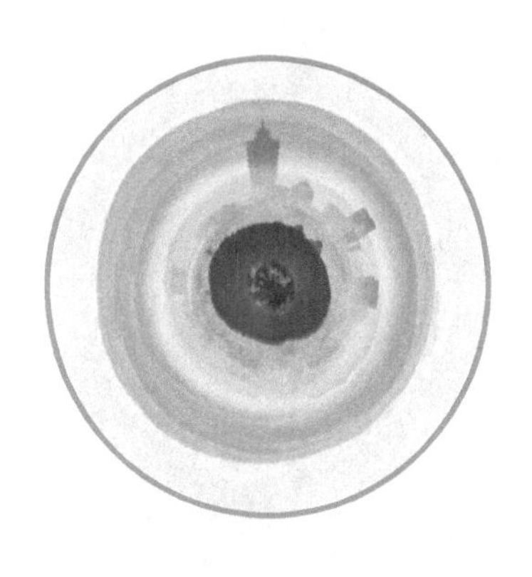

全书共7个模块，课时安排建议如下：

序号	内容	理论教学	上机实训
模块1	多媒体技术基础知识	2课时	0课时
模块2	音频处理技术	2课时	4课时
模块3	数字图像处理技术	4课时	6课时
模块4	视频后期制作技术	4课时	8课时
模块5	二维动画制作技术	4课时	8课时
模块6	三维动画制作技术	6课时	6课时
模块7	多媒体课件制作技术	4课时	6课时

本书结构合理、讲解细致，特色鲜明，侧重于综合职业能力与职业素养的培养，融“教、学、做”为一体，适合作为教材使用。

本书由濮阳医学高等专科学校汪绪彪担任主编，焦作大学吴珅珅、四川托普信息技术职业学院吴岚和李娟担任副主编。这些老师在长期的工作中积累了大量的经验，在写作的过程中始终坚持严谨细致的态度、力求精益求精。

由于编者水平有限，书中疏漏之处在所难免，希望读者朋友批评指正。

编　者

2024年7月

目　　录
CONTENTS

模块1　多媒体技术基础知识

模块2 音频处理技术

模块3 数字图像处理技术

模块4 视频后期制作技术

模块5 二维动画制作技术

模块6 三维动画制作技术

模块7 多媒体课件制作技术

即刻扫码
- 学习装备库
- 课程放映室
- 软件实操台
- 电子笔记本

模块 1

多媒体技术基础知识

内容导读

随着计算机技术的不断发展，多媒体的应用已经深入到社会生活的各个领域。本模块主要讲解多媒体技术的概念、特征、应用和发展趋势，并对多媒体系统做进一步介绍。通过对本模块的学习，读者应该重点掌握多媒体的特征，以及多媒体技术在当今社会中的应用。

1.1 多媒体技术简介

提起“多媒体”，很多人都会想到视频或动画，但视频或动画只是多媒体类别中的一类。多媒体其实不是单一媒体，它是计算机技术和媒体数字化的产物，它不仅属于媒体范畴，也属于技术范畴。

多媒体技术到目前为止没有一个公认的定义，不同领域的不同人群和组织对多媒体有着不同的认识。简单地讲，多媒体技术就是计算机交互式综合处理多种媒体信息，如文字、图形图像、音频和视频等，使多种媒体建立逻辑连接，集成为一个具有交互性系统的技术。

■1.1.1 多媒体技术的特性

多媒体技术不是单一的媒体技术，它是多种媒体数字化的综合体现。多媒体技术对文字、图形图像、动画、音频和视频等多种媒体进行了综合处理，构成了一个可交换的、统一的整体，实现了多种媒体的集成应用。这也是多媒体技术的特征，综合来说，多媒体计算机技术的特性主要为以下几点。

1. 集成性

谈到多媒体计算机技术的集成性，就要考虑多种媒体数字化的综合体现。也就是说，多媒体技术是结合文字、图形图像、视频、音频、动画等各种媒体于一体的一种应用，并且是建立在数字化处理基础上的。它不同于一般传统文件，是一个利用计算机技术来整合各种媒体的系统。媒体依其属性的不同可分成文字、音频和视频，文字可分为西文和中文，音频可分为音乐和语音，视频可分为静止图像、动画和影片等。其中包含的技术非常多，大致有计算机技术、超文本技术、光盘存储技术和影像与绘图技术等。

2. 交互性

交互性是多媒体技术的特色之一，即可与使用者做交互性沟通，这也正是多媒体和传统媒体最大的不同。这种改变，除了可以让使用者按照自己的意愿来解决问题外，更可借助这种交互式的沟通帮助使用者学习、思考，做系统性的查询或统计，以达到增加知识和解决问题的目的。

3. 非循序性

所谓多媒体的非循序性就是“超文本”，它可以简化使用者查询资料的过程，这也是多媒体强调的功能之一。这种功能一般在网页和电子出版物中使用得较多。以往人们经常使用循序性存取方式，因此，在搜索资料时，使用者大部分时间都用在寻找资料和接收重复信息上，造成了很多不必要的时间浪费。多媒体系统使得以往人们依照章、节、页阶梯式的结构、循序渐进地获取知识的方式得以改变，并借助“超文本”的方式来呈现效果。

4. 非纸张输出形式

多媒体系统的出现颠覆了传统的出版模式，通过多媒体技术手段可以将以往保存在纸张上的文字、图形图像，以电子出版物的形式进行保存、复制、传播。此外，以往无法通过在纸张上记录的音频和视频，现在都能通过多媒体技术进行记录，并且可以生成一套完整的图文声并茂的内容。

随着网络技术的不断发展，多媒体技术已经与网络技术相融合，成为人们日常生活中必不可少的学习、办公、娱乐的媒介。例如，一些重点中学的网校已经颠覆了传统的课堂教学形式，让学生随时随地都能通过网络技术在线学习；远程视频会议系统可以帮助不同地域的客户同时进行网络在线会议。

1.1.2 多媒体系统的组成

多媒体系统是围绕着计算机构成的，并在计算机的控制下实现以交互方式表示信息，捕获、处理和生成信息，提供共享存储能力，传送多媒体信息等功能。

1. 多媒体硬件系统

多媒体硬件系统由主机、外部设备接口卡和多媒体外部设备构成。常见的主机就是计算机，计算机连接着多种外部设备，如声卡、VGA/TV转换卡、视频捕捉卡、视频播放卡等。多媒体外部设备种类众多，按照其视频和音频输入输出功能划分，视频/音频输入设备包括摄像机、录像机、扫描仪、话筒、录音机和MIDI合成器等，视频/音频输出设备包括显示器、电视机、投影电视、扬声器、立体声耳机等。

2. 多媒体软件

多媒体软件按功能可分为系统软件和应用软件。系统软件是多媒体系统的核心，它不仅具有综合使用各种媒体、灵活调度多媒体数据进行媒体传输和处理的能力，而且还要控制各种媒体硬件设备协调工作。多媒体软件主要包括操作系统、媒体素材制作软件及多媒体函数库、多媒体创作工具与开发环境、多媒体外部设备驱动软件和驱动器接口程序等。应用软件是在多媒体创作平台上设计开发的、面向应用领域的软件，如多媒体播放软件、多媒体制作软件。

1.2 多媒体数据的特性及表现形式

与传统数据相比，多媒体数据在其特征和表现形式上都有很多不同之处。传统计算机处理的数据类型主要是数值型、字符型和逻辑型，计算机和人交换信息是按便于计算机实现的标准来进行的。而现实世界是丰富多彩的，信息形式是多种多样的，这就给计算机提出了多媒体数据处理的要求，即要求计算机还要能处理图形图像、动画、音频、视频等复杂数据类型。此外，人和计算机之间也要能以人所习惯的自然方式，如听觉、触觉甚至伴以嗅觉等多种媒体形式交换信息。

多媒体技术使计算机具有综合处理数字、文字以及人类生活中最重要、最普遍的图像信息和声音信息的功能，并且使计算机的使用具有方便的交互性和很强的实时性，即用户可以随时提出各种要求、随时中止或启动程序的运行，计算机能够及时响应用户提出的各种要求等。

■1.2.1 多媒体数据的特性

多媒体数据，尤其是传统计算机难以处理的图形图像、动画、音频、视频等复杂类型的数据，普遍具有以下几大特性。

1. 集成性

之所以被称为“多媒体”，是因为它集各种媒体之大成，通过多种媒体的融合，触动人们的各种感官，使人们得到信息。因此，集成性是多媒体的典型特征之一。

所谓融合，就是围绕一个主题将相互独立的媒体关联在一起，依照主题实现一致性的表达。共同的主题是它们相互联系的纽带，也是多媒体集成性的体现。

2. 数字化

各种单一媒体的特点千差万别，若想通过计算机将它们集成在一起，就需要将各种单一的媒体数字化。因此，数字化是多媒体的又一大特征。数字化是多媒体技术的关键所在，多媒体技术之所以能够将各种媒体进行加工、处理和集成，就是因为它首先将各种媒体信息进行了数字化集成、编码和存储。各种媒体信息在计算机中统一到数字编码上，才能实现多媒体的集成。

3. 交互性

交互性是多媒体的一个典型特征。所谓交互，就是通过使用多种媒体信息，使参与者能够对多种媒体信息进行编辑、控制和传递的各种操作过程。交互性使多媒体不同于纸质媒体，是人们乐于接受和使用多媒体的原因所在。

多媒体的交互性允许使用者参与其中，可以选择、控制、加工处理，从而帮助人们实现自己的愿望。

4. 多数据流

多媒体表现包含多种静态和动态媒体的集成和显示。在输入时，每种数据类型都有一个独立的数据流，而在检索或播放时又必须加以合成。尽管各种类型的媒体数据可以单独存储，但必须保证媒体信息的同步。

5. 多样性

多样性是指多媒体技术要把计算机处理的信息多元化，从而改变计算机信息处理的单一形式。

■1.2.2 多媒体数据的表现形式

多媒体所涉及的媒体信息包括文字、图形图像、音频、视频和动画等。这些媒体信息在计算机中都有自己的数字化表现和存储方式，它们是多媒体技术的基础。表1-1列出了不同类型媒体的特点、形式和实现方式。

表 1-1 多媒体数据的表现形式

媒体类型	媒体特点	媒体形式	媒体实现方式
感觉媒体	人类感知客观环境的信息	视觉、听觉、触觉	文字、图形图像、音频、动画、视频等
表示媒体	信息的处理方式	计算机数据格式	ASCII编码、图像编码、音频编码、视频编码等
显示媒体	信息的显示感觉方式	输入、输出信息	显示器、打印机、扫描仪、投影仪、数码摄像机等
存储媒体	信息的存储方式	存取信息	内存、硬盘、光盘、纸张等
传输媒体	信息的传输方式	网络传输介质	电缆、光缆、电磁波等

1.3 文字

目前使用的媒体多种多样，而文字是人与计算机之间进行信息交换的主要媒体。文字的表达魅力是任何一种其他媒体都无法取代的。因此，媒体信息的数字化首先实现的是文本的数字化表示。

在计算机发展的早期，比较实用的终端为文本终端，在屏幕上显示的都是文字信息。由于人们在现实生活中用语言进行交流，所以开始时文本终端比较流行，但是后来出现了图形、图像、音频、视频等媒体，这样也就相应地出现了多种终端设备。在现实世界中，文字是人们进行通信的主要形式，文字包括西文与中文。在计算机中，文字用二进制编码表示，即使用不同的二进制编码来代表不同的文字。

1.3.1 西文

目前，国际通用的信息交换字符代码是ASCII码（American Standard Code for Information Interchange，美国信息标准交换码）。它用1个字节的低7位表示，共128个字符，分别表示大写英文字母、小写英文字母和西文标点符号等。例如，字母“A”的ASCII码用二进制表示为1000001，而转换为十进制时则为65。

1.3.2 中文

1. 中文的输入编码

在标准的键盘分布区域中，中文与西文不同，为了能直接使用西文标准键盘把汉字输入到计算机，就必须为中文汉字设计相应的输入编码方法。当前采用的方法主要有以下3类。

（1）数字编码

在中国国家标准总局发布的《信息交换用汉字编码字符集 基本集》（GB/T 2312—1980）中收录了一般符号、序号、数字、拉丁字母、日文假名、希腊字母、俄文字母、汉语拼音符号、汉语注音字母、汉字等，共7 445个图形字符。

标准中对任意一个图形字符都采用两个字节表示，每个字节均采用GB 1988—80及GB 2311—80中的七位编码表示。两个字节前面的字节为第一字节，后面的字节为第二字节。代码表分为94个区，每个区有94位。区的编号从1~94，由第一字节标识；位的编号也从1~94，由第二字节标识。代码表中的任何一个图形字符的位置由它所在的区号与位号标识。区号与位号之间以连字符相连。

标准中收录的汉字数量为6 763个，分为两级：第一级汉字3 755个，置于16区至55区；第二级汉字3 008个，置于56区至87区。计算机中对汉字的编码与ASCII码不同，应遵守GB/T 2312—1980标准，例如，汉字“啊”用16—01表示。

（2）拼音码

拼音码是以汉语拼音为基础的编码，凡掌握汉语拼音的人，不需训练和记忆即可使用。拼音输入法使用汉语拼音作为汉字编码，直接运用西文键盘的字母键输入汉字。但是汉字的同音字太多，输入重码率很高，因此，按拼音输入后还必须进行同音字选择，这影响了输入速度。

（3）字型编码

字型编码是基于汉字形状的编码。汉字的总数虽多，但是汉字由笔画组成，全部汉字的部首和笔画是有限的。因此，把汉字的笔画部首用字母或数字进行编码，按笔画的顺序依次输入，就能表示一个汉字。

为了加快输入速度，在上述3种编码方法的基础上还发展了词组输入、联想输入等多种快速输入方法，但都利用了键盘进行“手动”输入。理想的输入方法是利用语音或图像识别技术，“自动”将拼音或文本输入计算机，使计算机能认识汉字，听懂汉语，并将其转换为机内代码。目前这种理想已经成为现实。

2. 汉字内码

汉字内码又称“汉字ASCII码”，指在计算机内部存储、处理加工和传输汉字时所用的由0和1符号组成的代码。当使用输入法输入汉字后，由内码转换模块将汉字转换为内码后进行保存并处理，汉字在计算机内部其内码是唯一的。

3. 汉字字形码

汉字以字形的形式输出，所使用的编码为字形码。为了能正确输入汉字，还需要配置一个字形库，该字形库集中了全部汉字的字形信息。需要显示汉字时，根据汉字内码向字形库检索出该汉字的字形信息，然后输出为汉字。

所谓汉字字形，就是用0、1表示汉字的字形，将汉字放入n行×n列的正方形内，该正方形共有n个小方格，每个小方格用一位二进制表示，凡是笔画经过的方格值为1，未经过的方格值为0。根据汉字输出的要求不同，点阵字形也有所不同。简易汉字为 16×16点阵，提高型汉字为24×24点阵、32×32点阵，甚至更高。

1.4 音频

声音是大自然的恩赐，它使整个世界充满生机。声音的种类很多，可分为语音（言语）和非语音（乐音和杂音）。声音是人们用来传递信息最方便、最直接的方式，声音携带的信息量大、信息准确。

随着计算机数据处理能力的增强，音频处理技术越来越受到重视，并得到了广泛的应用，如动态视频的配音、静态图像的解说、游戏中的音响效果、虚拟现实中的声音模拟等。

■1.4.1 音频信号

这里所说的音频（audio freguency）指的是16 Hz～16 kHz的频率范围，但实际上“音频”常常被当作“音频信号”或“声音”的同义语。音频属于听觉类媒体，主要分为波形声音、语音和音乐，在这里还要厘清以下这几个概念。

1. 波形声音

波形声音是最常用的Windows多媒体特性。可以通过麦克风、磁带、无线电和电视广播等获取波形声音，并将其转换为数字形式，然后把它们存储为波形文件。波形文件的扩展名是WAV。数字化的波形声音是一种使用二进制表示的串行比特流，它遵循一定的标准或者规范编码，其数据是按时间顺序组织的，如图1-1所示。

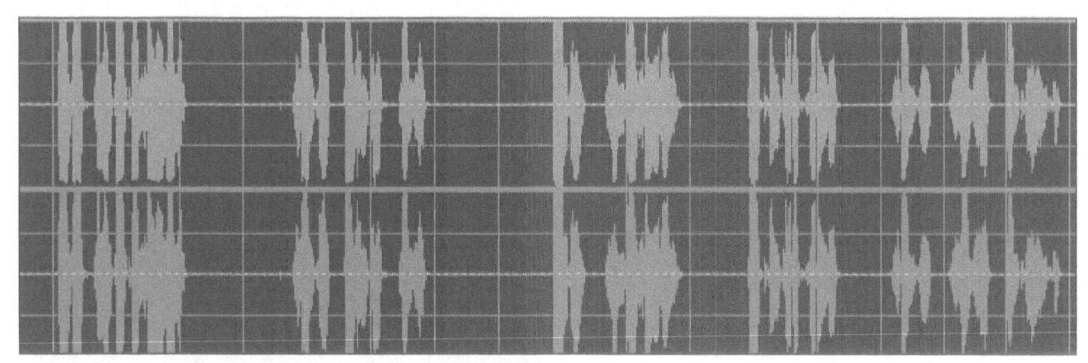

图 1-1　波形文件

当声音转换为数据流时，就可以用随时间振动的波形来表示，振动最自然的形式可以用正弦波表示。正弦波包括振幅和频率两个参数，简单地说，振幅就是音量，频率就是音调。

2. 语音

语音是语言交际工具的声音形式，是人类通过发音器官发出的具有区别意义功能的声音。语音是最直接地记录思维活动的符号体系，它的物理基础主要有音高、音强、音长、音色，这也是构成语音的四要素。

3. 音乐

声音是由物体振动而产生的。乐音是指有一定频率，听起来比较和谐悦耳的声音，是由发音体有规律地振动而产生的，而通过有组织的乐音表达思想情感、反映生活的一种艺术就是音乐，音乐分为声乐和器乐两大部分。

在多媒体系统中，音频信号按表现形式可以分为语音信号和非语音信号两类。音频信号具有以下特点。

（1）音频信号具有时序性

音频信号是依赖时间的连续媒体，也就是说没有时间就没有音频。音频处理的时序性要求很高，如果在时间上有25 m/s 的延迟，就会让人感到断断续续的效果，产生不舒服的感觉。

（2）音频信号具有两个声音通道

由于人接收声音是靠左、右耳完成的，因此，为了适应人接收声音的习惯，计算机在处理音频信号时，也将声音输出为左、右声道，人们将这样的声道发出的效果称为立体声效果。立体声通常是指具有一定程度的方位、层次等空间分布特性的重放声；而单声道的电声系统只能重现声音的强度和音调，不能重现声音的旋律和空间感。

（3）音频信号具有情感特色

在音频中，语音区别于其他非语音的音频，语音信号是声音的载体，同时还承载了情感的意向。当人们接收到语音信号后，就能感受到一些情感色彩，可以直接从语音中感受到对方的情感意向。

■1.4.2 模拟音频的数字化过程

计算机处理的音频必须是数字形式的，这就需要把模拟音频信号转换成有限个数字表示的离散序列，即实现音频数字化。声音的数字化包括采样和量化两个步骤。采样是指将话筒转化过来的模拟电信号以某一频率进行离散化的样本采集。量化是指将采集到的样本电压或电流值进行等级量化处理。

采样和量化过程所用的主要硬件是模拟信号到数字信号的转换器（A/D转换器）（图1-2所示为音频采样中的波形文件）和在数字音频回放时，再由数字信号到模拟信号的转换器（D/A 转换器），后者用于将数字声音信号转换成原始的电信号。

模拟信号和数字信号可以互转，转换在计算机中的表示过程为：①选择采样频率，进行采样；②选择分辨率，进行量化；③形成声音文件（图1-3）。

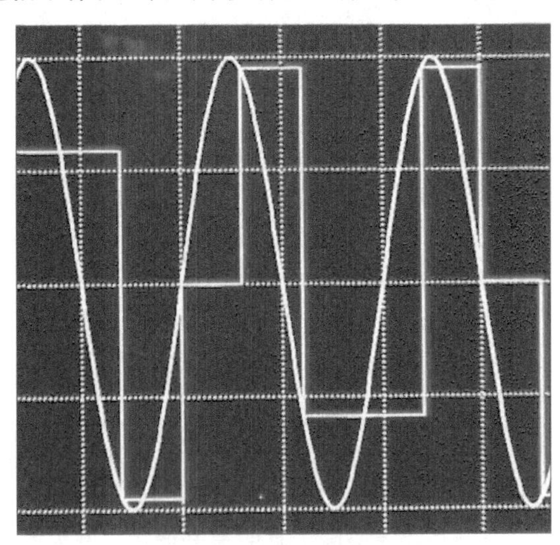

图 1-2　波形文件

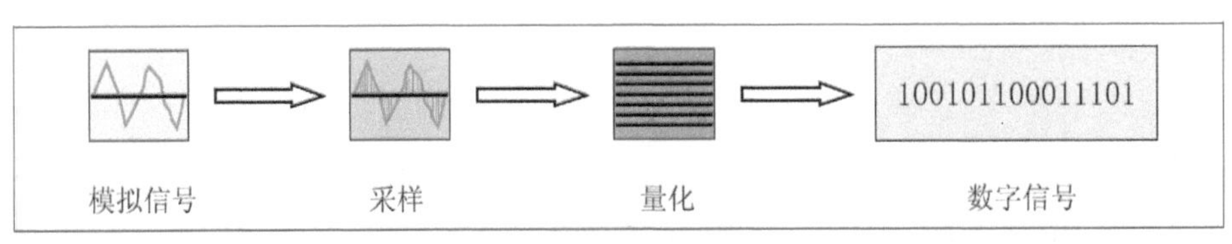

图 1-3　音频数字化的过程

1. 采样

声音进入计算机的第一步就是数字化，数字化实际上就是采样和量化。采样的作用是把时间上连续的信号变成在时间上不连续的信号序列。连续时间的离散化通过采样来实现，就是每隔相等的一段时间采样一次，这种采样称为“均匀采样”。图1-4表示了音频采样的概念。

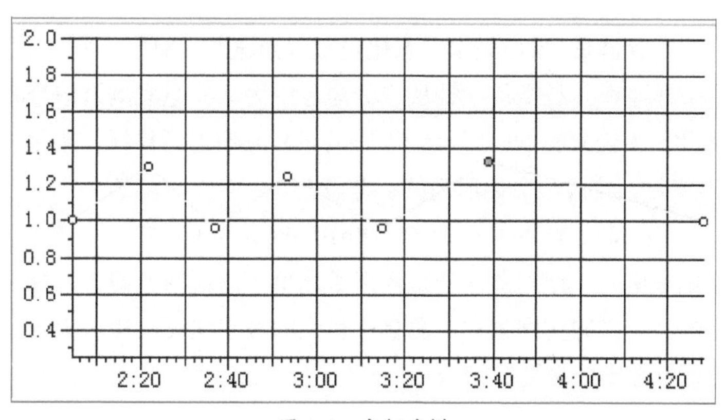

图 1-4　音频采样

对同一段声音进行采样时，间隔的时间越短，采样的次数越多，则采样越密集，这样获得的音频就越接近原始声音的真实效果。采样的密集程度可以用每秒钟采样的次数来衡量，即采样频率，采样频率的计量单位是kHz。采样频率的高低是根据采样定理和声音信号本身的最高频率决定的。采样定理是关于离散时间信号不失真地恢复为模拟信号的定理。具体为：为了不失真地恢复模拟信号，采样频率应不小于模拟信号族谱中最高频率的两倍。采样的频率越高，声音“回放”的质量越高，但是要求的存储容量也就越大。经测试，人耳听觉认为数字音频已达到保真程度。采样频率通常采用如下3种，即11.025 kHz（语音效果）、22.05 kHz（音乐效果）、44.1 kHz（高保真效果）。

2. 量化

量化是对模拟信号的幅度值进行数字化。将采样结果进行量化时，需要考虑量化位数的问题。量化位数也称“量化精度”，是描述每个采样点样值的二进制位数。一般量化位数为8位或16位，8位量化不是将幅度值的范围分为8份，而是分为2的8次方份，即256份。

量化位数决定了模拟信号数字化后的动态范围，即被记录和重放的声音最高值与最低值之间的差值。量化位数越高，信号的动态范围越大，数字化后的音频信号就越可能接近原始信号，但它所需要的存储空间也越大。量化有多种方法，连续幅度的离散化通过量化来实现，就是把信号的强度划分成若干小段，如果幅度的划分是等间隔的，就称为“线性量化”，否则就称为“非线性量化”。采用的量化方法不同，量化后的数据量也会有所不同。由此，量化也是一种压缩数据的方法。

3. 声道数

声音通道的量数称为“声道数”，是指一次采样所记录产生的声音波形量数。声道的数量是体现音频数字化质量的另一个因素。记录声音时，如果每次生成一个声波数据，称为“单声道”；每次生成两个声波数据，称为“双声道”，即通过左、右声道的差异模拟出空间感。随着声道数的增加，所占用的存储容量也成倍增加。

4. 数字音频文件的存储

数字音频一般采用WAV格式存储，所占存储量为：

$$存储量=采样频率\times 量化位数\times 声道数\times 时间\div 8 \tag{1.1}$$

采样频率又称采样速率，是指每秒钟从连续信号中提取并组成离散信号的采样个数，用赫兹（Hz）表示，例如，人们常听的CD用44.1 kHz的采样频率进行采样，量化位数选用16位，则录制1 min的立体声节目，其波形文件所需的存储量为：

$$44\,100\times 16\times 2\times 60\div 8=10\,584\,000（字节）$$

对音频的数字化来说，在相同条件下，双声道比单声道占的空间大；分辨率越高，占的空间越大；采样频率越高，占的空间越大。总之，音频的数字化要占用很大的空间，因此，对音频数字化信号进行压缩是十分必要的。

1.5 图形图像

图形图像处理技术是计算机设计应用中非常重要的一种技术，不仅广泛应用于专业的美术设计、排版印刷、摄影后期等领域，而且也越来越受到广大普通计算机用户的青睐。尤其是随着网络的发展和普及，对网页中图像的处理要求也越来越高。本节主要介绍图形和图像的基础知识，以及图像的数字化过程。

1.5.1 图形

图形是人们经常接触的媒体之一，可以使用鼠标或绘图板等输入设备在计算机上绘制各种图形，计算机会记录所绘制的直线、曲线、颜色、位置和形状等内容，并将它们转换成一系列的绘图指令。

图形是图像一种抽象化的表现形式，是将图像按某个标准进行分析而产生的结果。它不直接描述数据的每一点，而是描述产生这些点的过程和方法。通常，将图形称为“矢量图形”并以文件形式存储，形成矢量图。矢量图在显示和打印时也是按照绘图内容的指令绘制出来的，即使随意改变其大小，也不会失真。因此，用数字编码记录绘图指令的矢量图所占的存储空间小，多用于辅助设计，如标识设计和工业辅助设计等。矢量图由于其适应的系统环境和应用范围不同，可有多种格式，一般包括DWG、WMF、CDR、TGA和SVG等。

矢量图形是用一个指令集合来描述的。显示时，需要相应的软件读取和解释这些指令，并将其转换为屏幕上所显示的形状和颜色。大多数情况下，不用对图形上的每一点进行量化保存，因此需要的存储量较小。

矢量图形的主要优点是简单、操作方便，可以对图中的每一个部分分别进行控制，在屏幕上任意地移动每一个图元，并可以任意将该图元进行放大、缩小、旋转、扭曲，而不影响整个图形的画面，矢量图形中的图元覆盖在其他图元上时，依然能保持其特性。

1.5.2 图像

除矢量图形外，在照片上或显示在屏幕上的具有视觉效果的画面都称为“图像”(image)。

1. 图像的分类

根据记录方式的不同，图像可分为两大类：模拟（analog）图像和数字（digital）图像。

由名称可以看出，模拟图像是通过某种物理量的强弱变化来记录图像上各点的灰度信息。数字图像一般是在计算机上显示、编辑和输出的图像，用数字来记录图像灰度信息，因此是由大量0和1组成的。从保存方式来看，数字图像比模拟图像更易于保存，不会因年代久远而出现失真现象。

模拟图像和数字图像都是通过记录图像灰度信息来实现的。这里的灰度信息是指图像上各点的颜色深浅程度的信息。图片一般分单色图像和彩色图像，对于单色图像来说，灰度即是黑白程度等级；对于彩色图像，图像都可以分解成红、绿、蓝3种单色图像，因此，彩色图像的灰度指的是这3种单色图像的灰度，而不是单指其中一种颜色的灰度信息。

2. 位图

位图图像由许多点组成，因此，位图又称为“点阵图像”或“光栅图像”。构成位图的点被称为“像素”，在位图中一个像素对应一个矩阵点。矩阵中的每一个元素都是像素值，像素值反映了对应像素的某些特性。

位图是一个用来描述像素的简单的信息矩阵，如果是单色的图像，图像可以分为45×45点阵，其中，黑色的点在计算机上用0表示，白色的点用1表示，每个像素只需用一个二进制的位表示即可。因为1个字节由8个二进制位组成，所以，1个字节可以存储8个像素的信息。那么，由45×45像素构成的单色位图需要用45×45×1=2 025位，即2 025÷8≈254个字节来存储。

对于彩色位图来说，每个像素用1位位图存储显然不够。例如，16色位图需要用16个不同的二进制数与每一种颜色对应，因此，最少用4位二进制数表示，即0000、0001、0010……1111共16个二进制数，需要用45×45×4=8 100位，即8 100÷8≈1 013个字节来存储。由此可以看出，同样大小的位图，其最大颜色数越大，所占用的存储空间也越多。

3. 图像的压缩

由于图像的容量很大，在文件传输时会带来很多困难，为了解决位图文件容量过大的问题，通常采用图像压缩技术来减少存储空间，压缩后的媒体文件更便于传输使用。图像压缩技术就是根据图像数据中存在的大量冗余现象而设计的。冗余包括空间冗余、结构冗余、知识冗余和视觉冗余等多种冗余，压缩技术就是利用了这些冗余进行技术编码，使得重复存储的数据量大大减少，从而达到压缩图像的目的。

由于数据冗余种类不同，图像的压缩方法也有所不同，而不同的压缩方法又会产生不同的压缩质量。根据压缩质量，压缩可以分为无损压缩和有损压缩两类。能还原成与压缩前完全一致的压缩，称为“无损压缩”。“有损压缩”则是利用了人眼对图像某些变化的不敏感性而对图像进行的压缩，有损压缩改变了原始图像，使得还原后的内容与原始文件不一致，但使用者并不会明显感觉到图像的变化。

提示： 如果原始采集的图像质量不好或者由于外界噪声影响而产生杂色、杂斑等，就应该采用图像优化技术。通过对图像使用增强、噪声过滤、畸变校正、亮度调整和色度调整等方法，可获得满意的图像效果。

1.5.3 图像的数字化过程

先来了解图像数字化的3个过程。

1. 采样

当把传统的绘画原作复制成照片、录像带，传输到计算机上进行编辑时，它们还需要进一步转化成用一系列的数据所表示的数字图像。这个过程就是图像的数字化。在计算机的操作上也就是人们通常所说的“采样”。

2. 量化

图像的量化其实就是整合离散值的过程，即当图像通过采样被连续时间的离散化后，会将表示图像色彩浓淡的连续变化值离散化为整数值。一般用8位、16位、24位、32位等来表示图像的颜色，8位可以表示256种颜色，24位以上就称为真彩色。

如果图像是纯黑白两色的，其中白色的像素点在计算机上用1表示，黑色的像素点在计算机上用0表示，那么每像素点非1即0。若图像是16色的，每像素点用4位二进数表示，因为$2^4=16$，即4位二进制有16种组合，每种组合表示一种颜色。真彩色位图的每个像素都是由不同等级的红、绿、蓝3种色彩组成的，每种颜色有2^8个等级，共有2^{24}种颜色， 因此每像素点需要24位二进制数来表示。

3. 编码

数字化后得到的图像数据量巨大，必须采用编码技术压缩其信息量。图像编码是指在满足一定质量的条件下，以较少比特数表示图像或图像中所包含信息的技术，在信息论术语中称为“信源编码”，被广泛应用于图像数据压缩、图像传输和特征提取等方面。图像的分辨率和像素位的颜色深度决定了图像文件的大小。计算存储1 s图像公式为：水平像素×垂直像素×像素的颜色深度/8=存储1 s图像字节数。

1.6 视频

电视能让人们在家中看到变化的世界，它将纷繁的画面通过视频记录和播放的方式在时间线上演绎空间变化。视频是由一系列的帧组成的，每帧又是一幅静止的图像。播放时，若能达到一定的帧速，由于人眼的视觉暂留现象，就会形成连续运动的画面。

1.6.1 视频的概述

视频是指连续随时间变化的一组图像，也称为“运动图像”或“活动图像”。由于人的眼睛存在一种视觉暂留现象，即物体的映像在眼睛的视网膜上会保留大约0.1 s的短暂时间。因此，只要将一系列连续的图像以足够快的速度播放，人眼就会觉得画面是连续活动的。

组成视频的每一幅图像称为“帧”，图像播放的速度称为“帧率”，单位是f/s（frame per second，帧/秒）。常见的帧率有24 f/s、25 f/s和30 f/s。通常伴随视频图像还会有一条或多条音频轨道，为视频提供音效。

提示： 帧率是指每秒传送的帧数。不同制式的视频帧速有所不同，如PAL制式为25 f/s，NTSC制式为30 f/s。

按照处理方式不同，视频可以分为模拟视频和数字视频两种。

1. 模拟视频

模拟视频是用于记录表示图像和声音随时间连续变化的电磁信号。早期的视频都是采用模拟方式获取、存储、处理和传输的。但模拟视频在复制、传输等方面存在不足，也不利于分类、检索和编辑。

2. 数字视频

数字视频是将模拟视频信号进行数字化处理后得到的视频信号。与模拟视频相比，数字视频在复制、编辑、检索等方面有着不可比拟的优势，但数字视频的数据量一般很大，在存储与传输过程中必须进行压缩解码。例如，按照PAL制式的有关技术参数，如果数字化时每帧为720×576像素，并且采用亮度与色度的复合编码，那么，数字化生成的1 s数字视频文件需要22 500 kB的存储空间，数据量巨大。

1.6.2 视频的数字化

视频数字化是指以一定的速度对模拟视频信号进行采样、量化、编码等处理并生成数字信号的过程，该过程主要包括色彩空间的转换、光栅扫描的转换和分辨率的统一等。

模拟视频数字化的方法主要有复合数字化和分量数字化两种，目前使用得较多的是分量数字化。分量数字化法是先把复合视频信号中的亮度和色度分离，得到YUV信号或YIQ信号，然后用3个模/数（A/D）转换器对3个分量分别进行数字化，最后再转换成RGB空间。

在模拟电视信号中，色度信号的带宽低于亮度信号的带宽，因此在数字化时，对色差分量的采样率可以低于对亮度分量的采样率。如果用Y∶U∶V来表示Y、U、V 3个分量的采样比例，则数字视频的采样格式有Y∶U∶V=4∶4∶4、Y∶U∶V=4∶2∶2、Y∶U∶V=4∶1∶1和Y∶U∶V=4∶2∶0等几种。

1. 采样

对连续图像彩色函数$f(x,y)$，沿x方向以等间隔Δx采样，采样点数为N，沿y方向以等间隔Δy采样，采样点数为N，可以得到一个$N\times N$的离散样本阵列$[f(m,n)]N\times N$。为了达到由离散样本阵列以最小失真重建原图的目的，采样密度（间隔Δx与Δy）必须满足“惠特克-卡切尼柯夫-香农”采样定理，即在数字信号处理中，采样频率必须大于等于图像变化频率的两倍。

采样定理阐述了采样间隔与$f(x,y)$频带之间的依存关系，频带越窄，相应的采样频率越低，当采样频率是图像变化频率两倍时，就能保证由离散图像数据无失真地重建原图。但实际情况是空域图像$f(x, y)$一般为有限函数，那么它的频带不可能无限，卷积时混叠现象也不可避免，因而用数字图像表示连续图像总会有些失真。

2. 量化

采样是对图像函数$f(x, y)$的空间坐标(x, y)进行离散化处理，而量化是对每个离散点—像素的灰度或颜色样本进行数字化处理。具体说，就是在样本幅值的动态范围内进行分层、取整，以正整数表示，假如一幅黑白灰度图像，在计算机中灰度级以 2 的整数幂表示，即 G= 2，当m=8,7,6,…,1 时，其对应的灰度等级为 256,128,64,…,2。2级灰度构成二值图像，画面只有黑白之分，没有灰度层次。通常的A/D转换器产生256级灰度，以保证有足够的灰度层次。而彩色幅度如何量化，要取决于所选用的彩色空间表示。

为了在PAL、NTSC和SECAM电视制式之间确定共同的数字化参数，国际无线电咨询委员会（International Radio Consultative Committee，CCIR）制定了广播级质量的数字电视编码标准，称为“CCIR601标准”。在该标准中，对采样频率、采样结构、色彩空间转换等都做了严格的规定。根据采样频率可知，对于PAL、SECAM制式，每一扫描行采样864个样本；对于NTSC制式，每一扫描行采样858个样本。但对于所有制式，每一扫描行的有效样本均为720个。

与静态图像的数字化不同，视频的数字化不仅要在空间上进行采样，还要在时间上进行采样。单位时间内采集的帧数，称为“采样帧速率”。通常用时间码来识别和记录视频数据流中的每一帧，从一段视频的起始帧到终止帧，其间的每一帧都有一个唯一的时间码地址。根据动画和电视工程师协会（Society of Motion Picture and Television Engineers，SMPTE）使用的时间码标准，其格式是“小时：分钟：秒：帧”。

■1.6.3 视频编码技术标准

目前，解决数字视频文件容量过大的办法仍然是压缩。数字视频不仅每一帧内存在冗余，而且由于临帧之间存在着相关性，也造成了冗余。可以利用这些冗余对数字视频进行压缩，使计算机能够比较方便地处理数字视频。

1. MPEG标准

数字视频的压缩编码标准有多种，目前比较流行的是MPEG标准。MPEG的全称是Moving Picture Experts Group（运动图像专家组），该专家组从1988年起，每年召开4次左右的国际会议，内容是制定、修订和发展MPEG系列的多媒体标准。目前已经公布和正在制订的标准有MPEG-1、MPEG-2、MPEG-4、MPEG-7和MPEG-21，这些标准已经成为影响最大的视频编码技术标准。

2. H.26x标准

H.26x标准也是目前比较流行的编码标准，H.26x标准是指由国际电信联盟远程通信标准化组织（Telecommunication Standardization Sector of ITU，ITU-T）制定的一系列视频编码标准，该组织的前身是国际电报电话咨询委员会（International Telegraph and Telephone Consultative,

CCITT）。H.26x标准主要应用于实时视频通信领域，包括H.261、H.262、H.263和H.264等，其中H.262标准等同于MPEG-2标准，H.264标准则被纳入了MPEG-4标准的第10部分。

（1）H.261标准

H.261标准于1988年被提出，1990年12月正式公布，是最早的运动图像压缩标准，用于在综合业务数字网（Integrated Services Digital Network，ISDN）上开展双向声像业务（可视电话、视频会议）。该标准主要针对P×64 kb/s的数据率设计（P为1～30的可变参数，P=1或2时支持帧率较低的视频电话传输，P≥6时支持帧率较高的电视会议数据传输），并可实现不同电视制式之间的连接，主要思路是通过减少图像帧之间时间上和空间上的冗余性与相关性信息来减少数据量。为了适用于不同的电视制式，H.261标准只对CIF（通用中间格式，分辨率为352×288）和QCIF（1/4通用中间格式，分辨率为176×144）格式的图像进行处理。

H.261标准的压缩比可高达1/50左右，使用的编码算法与MPEG-1标准十分相似，主要有变换编码、帧间预测和运动补偿，但编码序列中只有I帧和P帧，没有B帧。这两种标准的主要区别在于，H.261的目标是为了适应各种信道容量的传输，MPEG-1的目标是为了在较低的带宽上实现高质量的图像和高保真声音的传送。

（2）H.263标准

H.263是ITU-T制定的一个针对低于64 kb/s的窄带通信信道的视频编码标准，目的是能在电话网中传输活动图像。H.263是在H.261的基础上发展起来的，对帧内压缩仍采用变换编码，但对帧间压缩采用的预测编码进行了改进，它处理的图像格式可以是S-QCIF、QCIF、CIF、4CIF和16CIF。

H.263标准制定后，ITU-T又对它进行了修改，提出了H.263+、H.263++等升级版本，扩大了标准的适用范围，提高了编码效率和重建图像的主观质量，加强了对编码数据率的控制和抗误码能力。

虽然H.263标准是为了基于模拟电话线路的可视电话和视频会议系统而设计的，但由于它优异的性能，目前已成为一般的低数据率视频编码标准。

（3）H.264标准

H.264也称为MPEG-4 AVC，是由ISO/IEC与ITU-T组成的联合视频小组（Joint Video Team，JVT）制定的视频编码标准，它的性能比之前的视频编码标准有了很大的提高，既可以满足低延时的实时业务需要，也可以满足无延时限制的视频存储等情况。H.264仍使用运动补偿加变换编码的混合模式，同时提高了网络适应性和解码器的差错恢复能力，并对图像质量进行了分级处理，以适应不同复杂度的应用。H.264使用了多项新技术，如4×4整数变换、空域内的帧内预测、1/4像素精度的运动估计等，从而使压缩比得到了较大的提高，但同时也大大增加了算法的复杂度。

■1.6.4 流媒体技术

流媒体技术是指采用流式传输方式在因特网上播放的媒体格式。流式传输方式是将音频、视频和3D等多媒体文件，经特殊压缩分成若干个压缩包，由服务器向终端客户机连续并实时地发送，让用户一边下载一边观看、收听，而无须等整个文件下载完成后才可以观看。该技术会先在使用者的计算机上创建一个缓冲区，在播放前预先下载一段数据作为缓冲。在实际播放过程中，如果网络实际连接速率小于播放所需速率，播放程序就会取用这一小段缓冲区内的资料，从而避免播放的中断，使得播放品质得以维持。

流媒体技术是为了解决以因特网为代表的中低带宽网络上多媒体信息（以视音频信息为主）传输问题而开发的一种网络技术。它能弥补传统媒体传输方式的不足，有效突破带宽瓶颈，实现大容量多媒体信息在因特网上的流式传输。

1. 流媒体的传输方式

（1）实时流式传输

实时流式传输保证媒体信号带宽与网络连接相匹配，使媒体可被实时观看。它需要有专用的流媒体服务器与传输协议，特别适合现场事件，也支持随机访问，用户可快进或后退，以观看前面或后面的内容。

（2）顺序流式传输

顺序流式传输是在下载文件的同时用户可观看在线媒体，用户只能观看已下载的部分，而不能跳转到还未下载的部分。

（3）实时流式传输和顺序流式传输的区别

- 从视频质量上讲，实时流式传输必须匹配连接带宽，由于出错丢失的信息将被忽略掉，当网络拥挤或出现问题时，视频质量会很差，而顺序流式传输可以保证视频质量。
- 由于传播方式不同，进行实时流式传输时，能对播放的视频文件进行快播、后退等操作；进行顺序流式传输时，只能观看下载后的视频，而不能对当前播放的视频进行操作。
- 实时流式传输需要特定服务器，这些服务器允许对媒体发送进行更高级别的控制，因而系统设置、管理比标准HTTP服务器更复杂。

2. 与传统下载方式的区别

与传统的下载方式相比较，使用流式传输具有以下优点。

- 由于不需要将全部数据下载，因此等待时间可以大大缩短。
- 由于流媒体文件往往小于原始文件的容量，并且用户也不需要将全部流媒体文件下载到硬盘，从而节省了大量的磁盘空间。
- 由于采用了实时流传输协议（Real-time Streaming Protocol，RTSP）等实时传输协议，更加适合动画、视音频在网上的实时传输。

3. 目前常用的流媒体服务器

（1）Real System

Real System是由Real Networks公司开发的流式产品，涵盖了从制作端、服务器端到客户端的所有环节。其中，开发工具RealProducer是Real System的编码器，可以将普通格式的音频、视频或动画媒体文件压缩转换为流格式文件。服务器端软件RealServer能将RealProducer生成的流式文件进行流式传输。客户端软件RealPlayer则早已被广泛使用，既能独立运行，又能作为插件在浏览器中运行。

（2）Windows Media

Windows Media是Microsoft公司开发的、一个能适应多种网络带宽条件的流式多媒体信息发布平台，它也提供了对流式媒体进行制作、发布、播放和管理的一整套解决方案。Windows Media包括开发工具Windows Media Encoder、服务器组件Windows Media Server和播放器Windows Media Player。该系统与Windows操作系统结合紧密，制作、发布和播放软件的易用性非常好，制作和播放视音频的质量很好，但可移植性较差。

（3）QuickTime

QuickTime是Apple公司为Mac OS系统开发的软件，它也可以运行在PC机上，对应的视频文件格式为MOV，也是一种应用比较广泛的流式系统。Quick Time系统包括制作工具Quick Time Pro、服务器Quick Time Streaming server、播放器QuickTime Player、图像浏览器Picture Viewer和浏览器的Quick Time插件等。

1.7 动画

动画是指运动的画面，它通过人眼的视觉暂留特性，快速播放连续的静止图像，从而使人得到动态视觉的效果。

■1.7.1 认识计算机动画

计算机动画是用计算机生成的一系列能够实时播放的连续画面，它可以把人们的视线引向一些客观不存在或很难做到的内容上。计算机在创建、着色、录制、剪辑和后期处理等整个动画制作过程中起着核心作用。

对计算机动画的研究始于20世纪60年代初期，最初主要集中在对二维动画的研制，作为教学演示和辅助制作传统动画片之用。对三维计算机动画的研究始于20世纪70年代初，但真正进入实用化还是在20世纪80年代中后期。随着具有实时处理能力的超级图形工作站的出现，以及三维造型技术、真实感图形生成技术的迅速发展，推出了一些可生成高度逼真视觉效果的实用化、商品化的三维动画系统。20世纪90年代初，计算机动画技术成功地应用于电影特技，取得了出色的成就，由此也可以看出计算机动画技术的重要意义。

计算机动画的关键在于支持动画制作的计算机硬件和软件。由专业人员开发的计算机动画制作软件可以使人们较方便地制作计算机动画，它采用关键帧技术设置场景和角色，然后自动生成中间动画，不仅极大地提高了制作效率，而且动画效果流畅自然。因此，计算机动画被大量应用于影视特技、广告、教学、模拟训练、辅助设计和电子游戏等方面的设计与制作。

■1.7.2 动画的分类

按照动画生成的不同原理，可以将计算机动画分为关键帧动画和算法动画；按照不同的动画视觉空间，可以将计算机动画分为二维动画和三维动画。

（1）按照动画生成原理分类

关键帧动画是计算机动画中使用得最广泛、最普遍的一种。动画中的连续片段实际上是由一系列静止的画面组成的，制作动画时并不需要对全部的帧画面都进行绘制，而只需绘制动作变化出现转折的画面，即关键帧。各个关键帧之间的中间帧可以由计算机插值生成，常用的插值算法有线性插值和非线性插值。

算法动画又称“实时动画”，它采用多种算法来实现对动画中物体的运动控制，常用的算法有运动学算法、逆运动学算法、动力学算法、逆动力学算法、随机运动算法等。计算机利用获得的各种参数，使用根据物理、化学等自然规律设计的算法，实时生成连续的动画帧，并将它们显示出来。

（2）按照动画视觉空间分类

由于视觉空间的不同，计算机动画有二维与三维之分。二维动画是依靠平面绘图，以二维平面形象表现场景和叙事，没有真实的立体感。三维动画不同于二维动画的绘图，它是依靠建立空间三维模型，产生正面、侧面和反面等空间感觉，然后通过贴图体现材料质感，通过调整虚拟摄像机和打光，形成逼真的立体画面。

课后作业

一、填空题

1. 多媒体技术分为__________、表示媒体、__________、__________、传输媒体5种媒体类型。

2. 图像数字化有_________、_________和_________3个过程。

二、选择题

1. 多媒体信息不包括（　　）。

A. 文字、图形　　B. 音频、视频　　C. 图像、动画　　D. 光盘、声卡

2. 在多媒体系统中，内存和光盘属于（　　）。

A. 感觉系统　　B. 传输媒体　　C. 表现媒体　　D. 存储媒体

3. 多媒体技术主要应用在（　　）。

A. 教育与培训　　B. 商业领域与信息领域

C. 娱乐与服务　　D. 以上都是

4. 以下不属于常用音频采样频率的是（　　）。

A. 11.025 kHz　　B. 22.05 kHz　　C. 44.1 kHz　　D. 88.2 kHz

5. 以下不属于常用视频帧率的是（　　）。

A. 12 f/s　　B. 24 f/s　　C. 25 f/s　　D. 30 f/s

三、操作题

利用计算机查阅有关多媒体技术的新知识与新应用，列举并说明。

模块 2

音频处理技术

内容导读

Audition是一款专业音频编辑和混合软件。本模块将介绍音频知识、Audition的基本操作、音频的录制、音频的编辑、噪声的处理、音频输出等。通过对本模块的学习，读者可以快速了解并掌握音频的基础知识和Audition软件的制作技能，为后面的学习打下坚实的基础。

数字资源

【本模块素材】："素材文件\模块2"目录下

2.1 音频知识简介

音频是一个专业术语，只有把声音波形转化为其他形式，才能通过各种设备传播或存储在媒介上，这种声波被转化后的形式被称为“音频”。

■2.1.1 音频的专业术语

1. 波形

一切发声的物体都在振动，振动停止则发声停止。例如，琴弦、人的声带或扬声器的振动都会产生声音，这种振动会引起周围空气压强的震荡，压力下的空气分子随后推动周围的空气分子，后者又推动下一组分子，以此类推。高压区域穿过空气时，在后面留下低压区域，当这些压力波的变化到达人耳时，会振动耳中的神经末梢，这些振动被称为“声音”。

声波是声音的传播形式，是一种机械波，由声源振动产生。声音的可视化波形函数表现形式反映了空气压力波。波形中的零位线是静止时的空气压力；当曲线向上摆动到波峰时，表示较高压力；当曲线向下摆动到波谷时，表示较低压力。

2. 采样率

音频的采样率是指数字音频采样系统每秒对自然声波或模拟音频文件进行采样的次数，它决定了数字音频文件在播放时的频率范围。采样率越高，数字波形的形状越接近原始模拟波形；采样率越低，数字波形的频率范围越狭窄，声音越失真，音质越差。

为了重现给定频率，采样率必须至少是该频率的两倍。例如，CD的采样率为每秒44 100个采样，所以可重现最高为22 050 Hz的频率，此频率恰好超过人类的听力极限20 000 Hz。

3. 位深度

位深度决定动态范围。采样声波时，为每一个采样指定最接近原始声波振幅的振幅值。较高的位深度可提供更多可能的振幅值，产生更大的动态范围、更低的噪声基准和更高的保真度。

4. 音频分类

按照声波的频率不同，声音可分为人耳可听声、超声波和次声波。人耳可感受的声音频率范围在20～20 000 Hz之间，这个范围内的声波被称为“音频”，高于20 000 Hz的为超声波，低于20 Hz的为次声波。

按照内容的不同，音频可分为语音、音乐、效果声、噪声。

按照存储形式的不同，音频可分为模拟音频和数字音频。

5. 音频信号

音频信号是指通过声波传输的模拟或数字信号，它包含声音的频率、振幅和相位等信息，常被用来表示音乐、语音和其他声音内容。根据声波的特征，音频信号分为规则信号和不规则信号。其中，规则信号又可以分为语音、音乐和音效等，是一种连续变化、有明显周期性的模拟信号，可以用一条连续的曲线表示。

2.1.2 数字音频格式

在了解数字音频格式之前，首先需要明白数字音频的概念。数字音频是用于表示声音强弱的数据序列，由模拟声音经抽样、量化和编码后得到。简单来说，数字音频的编码方式就是数字音频格式，不同的数字音频设备对应着不同的音频文件格式。

1. 常见的音频格式

Audition功能非常强大，支持几乎所有的数字音频格式，较为常见的包括MP3、WAV、WMA、MIDI等。

（1）MP3格式

MP3是一种音频压缩技术，全称是动态影像专家压缩标准音频层面3（moving picture experts group audio layer III），简称为MP3。该压缩技术被设计用来大幅度地降低音频容量大小，将音乐以1：10甚至1：12的压缩率压缩成容量较小且音质没有明显下降的文件。

MP3可以根据不同需要采用不同的采样率进行编码，其中44.1 kHz采样率的音质接近于CD音频，而文件大小仅为CD音乐的10%。目前，MP3已经成为最为流行的音乐格式之一。

（2）WAV格式

WAV是微软公司开发的一种声音文件格式，又称为“波形文件”，是Windows系统上使用最为广泛的音频文件格式。WAV格式支持许多压缩算法，并支持多种音频位数、采样频率和声道，采用44.1 kHz的采样频率及16位量化位数，音质与CD相差无几。WAV格式可以重现各种声音，但产生的文件很大，多用于存储简短的声音片段。

（3）WMA格式

WMA是微软公司开发的网络音频格式，同时兼顾保真度和网络传输需求。WMA格式可以通过减少数据流量但保持音质的方式来达到更低的压缩率，其压缩率一般可以达到1：18。此外，WMA格式还可以通过DRM方案防止拷贝，或者限制播放时间和播放次数，以及限制播放机器，从而有效防止盗版。

（4）MIDI格式

MIDI又称为“乐器数字接口”，是数字音乐电子合成乐器的统一国际标准。它与波形文件不同，记录的不是声音本身，而是将每个音符记录为一个数字指令。计算机将这些指令发给声卡，声卡负责将这些声音合成出来，声卡质量越高，合成效果越好。MIDI格式比较节省空间，可以满足长时间音频的需要。

2. 其他主流格式

除了上述介绍的常用音频格式外，Audition还支持MP4、AAC、AVI、MPEG等音视频格式。

（1）MP4

MP4采用的是美国电话电报公司研发的以“知觉编码”为关键技术的A2B音乐压缩技术，是一种新型音乐格式。MP4在文件中采用了保护版权的编码技术，只有特定的用户才可以播放，有效保护了音频版权的合法性。

（2）AAC

AAC又称为“高级音频编码”，采用MPEG-2 AAC编码标准，由诺基亚和苹果等公司共同开发，是一种专为声音数据设计的文件压缩格式。与MP3相比，AAC采用了全新的算法进行编码，支持多个主声道，压缩率更低，在音质相同的情况下数据率只有MP3的70%，具有更高的性价比。

（3）AVI

AVI（audio video interleaved），即音频视频交错格式，它将音频和视频组合在一起，允许音、视频同步回放。该格式对视频文件采用了一种有损压缩方式，但压缩率较高，尽管画面质量不太好，其应用范围依然很广。AVI主要应用在多媒体光盘，用于保存电视、电影等各种影视信息。

（4）MPEG

MPEG格式的视频文件是由MPEG编码技术压缩而成，主要利用具有运动补偿的帧间压缩编码技术减小时间冗余度，利用离散余弦变换（discrete cosine transform，DCT）技术减小图像的空间冗余度，利用熵编码在信息表示方面减小统计冗余度。这几种技术的综合运用，大大提升了压缩性能，使MPEG格式被广泛应用于VCD/DVD及HDTV的视频编辑与处理中。

2.2 全面认识Audition

Audition是一款功能强大、效果出众的多轨录音和音频处理软件，也是非常出色的数字音乐编辑器和MP3制作软件。它的应用领域非常广泛，在影视配音、广播电台、多媒体、流媒体等方面均能发挥较大的作用。

2.2.1 Audition的工作区

熟悉和掌握Audition工作区的组成和功能，并能灵活切换，才能快速便捷地使用软件编辑音频。Audition CC的工作区较之以往版本更加美观、专业、灵活，如图2-1所示。

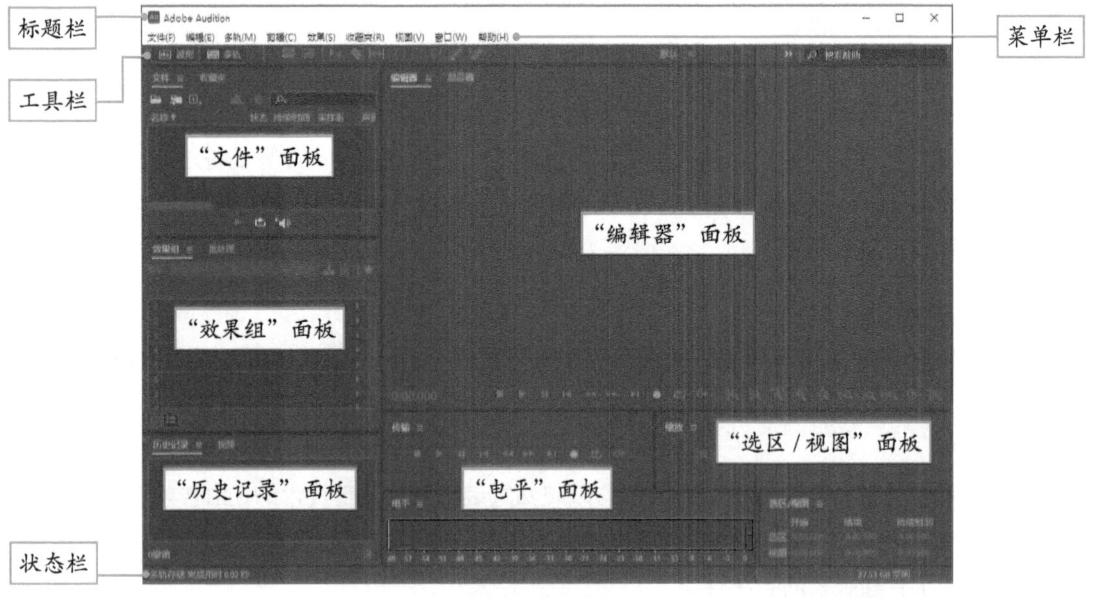

图 2-1　工作区

1. 标题栏

标题栏位于整个工作区的顶端，用于显示当前应用程序的图标和名称，其右侧为用于控制文件窗口显示大小的“最小化”按钮⊟、“最大化”按钮⊡、“关闭”按钮⊠，如图2-2所示。

Adobe Audition

图 2-2　标题栏

2. 菜单栏

菜单栏位于标题栏下方，由“文件”“编辑”“多轨”“剪辑”“效果”“收藏夹”“视图”“窗口”“帮助”9个菜单项组成，单击这些菜单名称时会弹出相应的菜单列表，以提供实现各种不同功能的命令。

3. 工具栏

工具栏位于菜单栏下方，用于提供一些快速访问工具，大致可分为视图切换工具、多轨视图选取工具和单轨视图选取工具等3种类型，最右侧可以进行工作区样式的选择与编辑操作，如图2-3所示。

图 2-3　工具栏

4. 面板

工作区中大部分区域显示的是Audition的功能面板，音轨的编辑和剪辑等操作都在这些面板中进行。

在菜单栏中单击“窗口”菜单，可弹出菜单列表，其中提供了Audition中所有的面板选项，如图2-4所示。选项左侧用于展示面板的显示状态，勾选即可将面板显示到工作区，用户可以选择显示较为常用的面板，以提高工作效率。

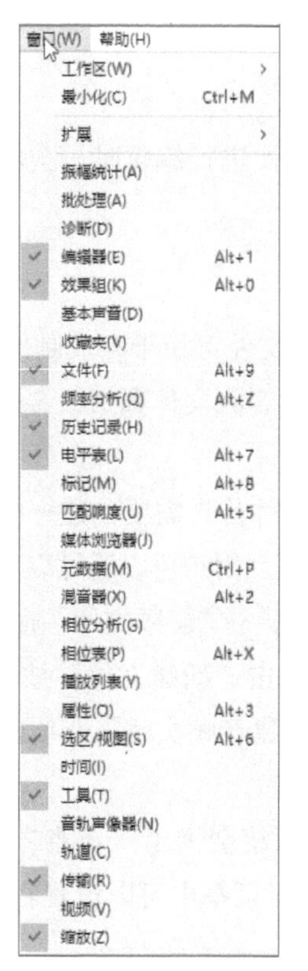

图 2-4　面板

5. 工作区的选择

Audition音频应用程序提供了一个系统且可自定义的工作区，包含了若干针对特定任务优化面板布局的预定义模板。执行“窗口”→“工作区”命令，在其级联菜单中显示了所有的预定义工作区选项，如图2-5所示。

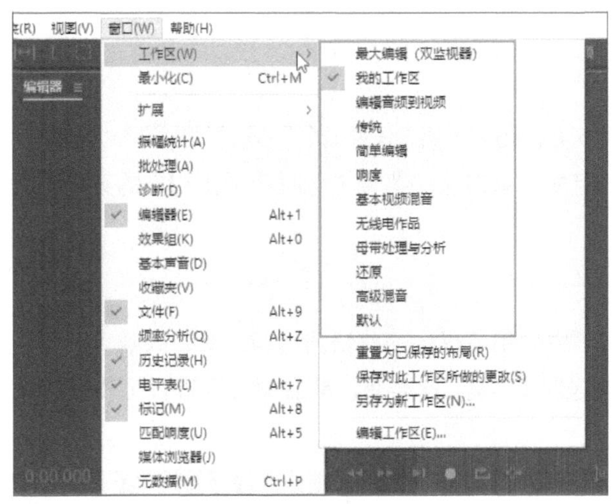

图 2-5 “窗口”菜单

选择上述工作区之一或任何已保存的自定义工作区时，当前的工作区都会进行相应的调整。

■2.2.2 项目文件的基本操作

使用Audition对音频文件进行编辑时，会涉及一些项目文件的基本操作，如新建、打开、导入、保存等。

1. 新建文件

Audition创建的的项目文件可用于存放制作音乐所需要的必要信息，软件中提供了3种项目文件的新建操作，可以新建音频文件项目、多轨会话项目、CD布局项目。

（1）新建音频文件

使用Audition进行录音时首先需要创建一个新的音频文件，新的空白音频文件最适合录制新音频或者合并粘贴的音频。用户可以通过以下方法新建音频文件。

- 执行“文件”→“新建”→“音频文件”命令。
- 在“文件”面板中单击“新建文件”按钮，在展开的列表中选择“新建音频文件”选项。
- 按Ctrl+Shift+N组合键。

执行以上任意操作，系统会弹出“新建音频文件”对话框，如图2-6所示。在该对话框中可以设置音频文件的名称、采样率、声道、位深度。

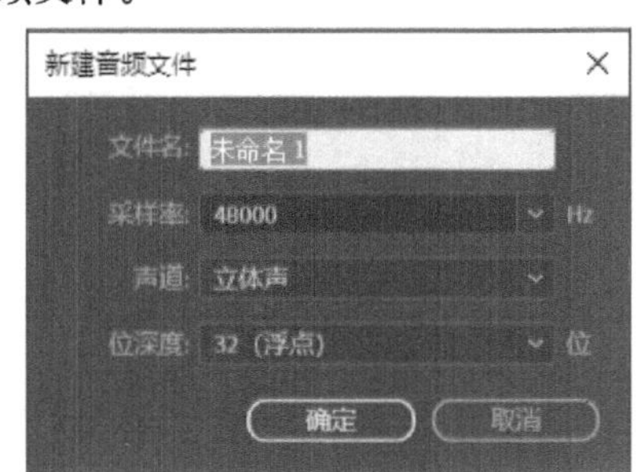

图 2-6 “新建音频文件”对话框

（2）新建多轨会话

多轨会话是指在多条音频轨道上，将不同的音频文件进行合成操作。如果想将两个或两个以上的音频文件混合成一个音频文件，就需要创建多轨会话。

用户可以通过以下方法新建多轨会话。

- 执行“文件”→“新建”→“多轨会话”命令。
- 在“文件”面板中单击“新建文件”按钮，在展开的列表中选择“新建多轨会话”选项。
- 在“文件”面板中单击“插入到多轨混音中”按钮。
- 按Ctrl+N组合键。

执行以上任意操作，系统会弹出“新建多轨会话”对话框，如图2-7所示。在该对话框中可以设置会话名称、文件夹位置、模板类型、采样率、位深度、混合模式。

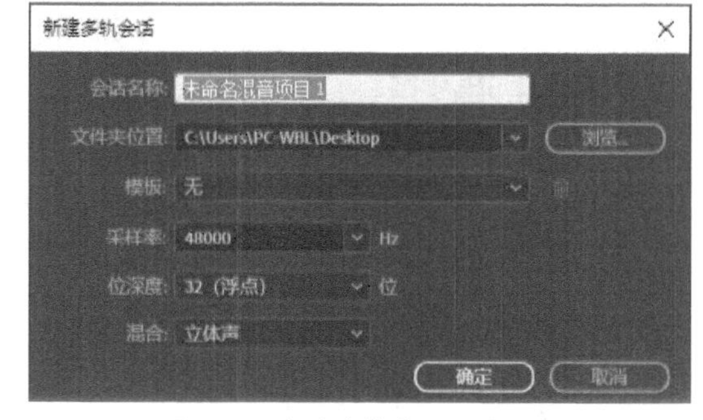

图 2-7 “新建多轨会话”对话框

2. 打开文件

Audition可以在单轨界面中打开多种支持的声音文件或视频文件中的音频部分，也可以在多轨界面中打开Audition会话、Adobe Premiere Pro序列XML、Final Cut Pro XML交换和OMF的文件。用户可以通过以下方法打开文件。

- 执行“文件”→“打开”命令。
- 在“文件”面板单击“打开文件”按钮。
- 按Ctrl+O组合键。

执行以上任意操作，系统会弹出“打开文件”对话框，如图2-8所示。用户可以从目标文件夹选择需要打开的文件。

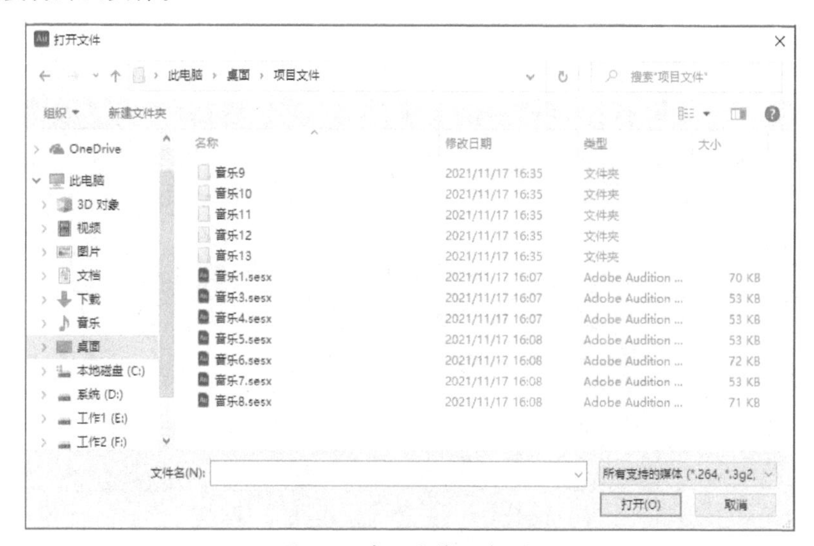

图 2-8 “打开文件”对话框

3. 导入文件

在音频编辑过程中会使用到许多不同类型的素材，包括音频素材和Raw数据文件等。用户可以导入单独的素材进行整合，制作出一个内容丰富的作品。

（1）导入音频文件

Audition可以将计算机中已存在的音频文件导入到软件的“编辑器”面板进行应用。用户可以通过以下方法新建音频文件。

- 执行“文件”→“导入”→“文件”命令。
- 在“文件”面板中单击“导入文件”按钮。
- 按Ctrl+I组合键。

执行以上任意一项操作，系统会打开“导入文件”对话框，从本地文件夹中选择要导入的音频文件，单击“打开”按钮，即可将对象导入并在波形编辑器中打开，如图2-9和图2-10所示。

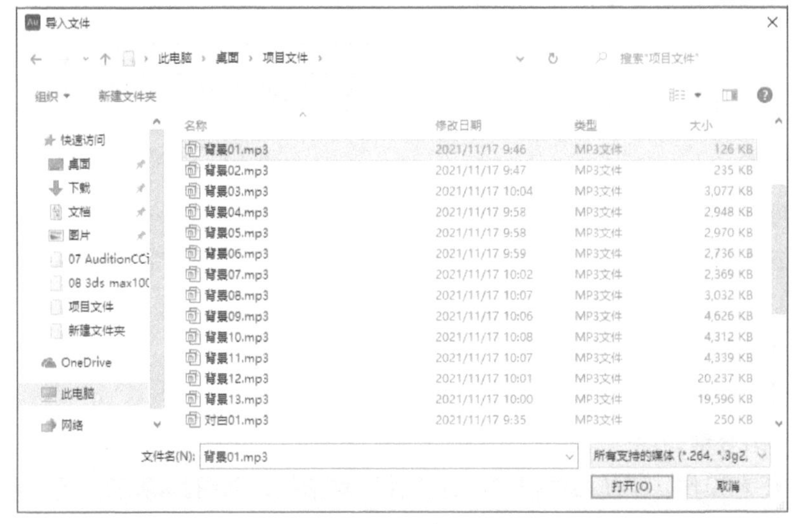

图 2-9 “导入文件”对话框

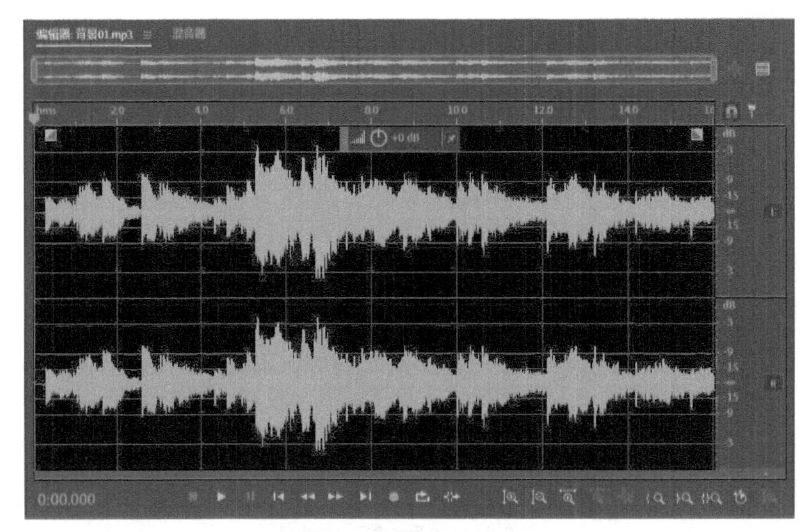

图 2-10 导入文件效果

（2）导入原始数据

对于缺少描述采样类型的标头信息的文件，可以采用导入原始数据的方法导入Audition。执行“文件”→“导入”→“原始数据”命令，会打开“导入原始数据”对话框，选择要导入的对象即可。

4. 保存文件

项目文件制作完毕后，需要执行保存操作，以便下次继续编辑。用户可以对项目文件进行“保存”“另存为”“将选区保存为”“全部保存”“将所有音频保存为批处理”等操作。

（1）保存文件

在波形编辑器中，用户可以选择各种常见格式保存音频文件，所选择的格式取决于计划使用文件的方式。执行“文件”→“保存”命令，系统会弹出“另存为”对话框，如图2-11所示。在该对话框中可以设置文件名称、存储位置、文件格式等参数。

（2）另存为文件

如果需要以不同的文件名保存更改，可执行“文件”→“另存为”命令进行保存，系统会弹出“另存为”对话框。音频文件另存为所弹出的对话框与执行“保存”命令弹出的对话框相同，多轨会话文件的“另存为”操作所弹出的对话框如图2-12所示。

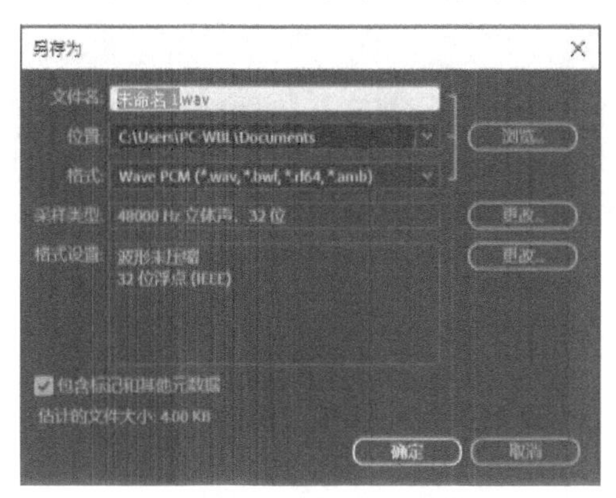

图 2-11 “另存为”对话框

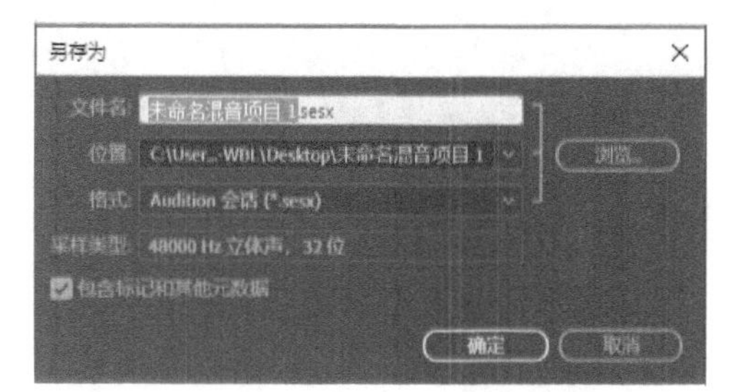

图 2-12 多轨会话文件的“另存为”对话框

（3）将选区保存为

要将当前选区内的音频片段另存为新文件，可执行“文件”→“将选区保存为”命令，系统会弹出“选区另存为”对话框，如图2-13所示。

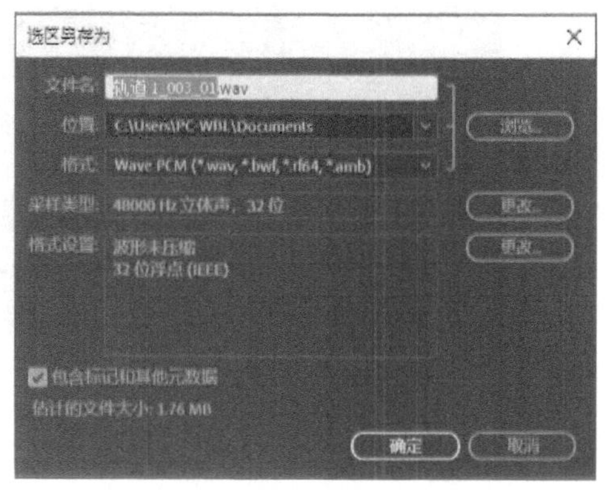

图 2-13 “选区另存为”对话框

（4）将所有音频保存为批处理

在音频处理过程中，可能会遇到大量音效音乐需要做同一种处理，如将多种格式的音频文件转换为统一格式。全部手动操作的话无疑工作量巨大，这就需要使用“批处理”功能。执行“文件”→“将所有音频保存为批处理”命令，该命令会将全部音频文件放入“批处理”面板，以便为保存做准备，如图2-14所示。

单击“导出设置”按钮会打开“导出设置”对话框。在该对话框中可对文件的前缀/后缀、存储位置、文件格式等参数进行设置，如图2-15所示。

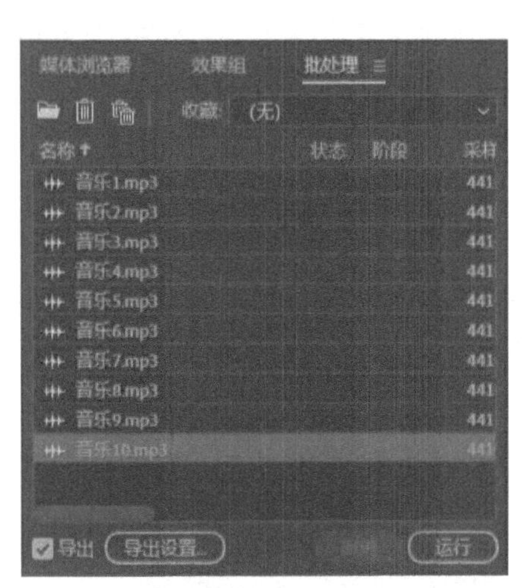

图 2-14　批处理音频

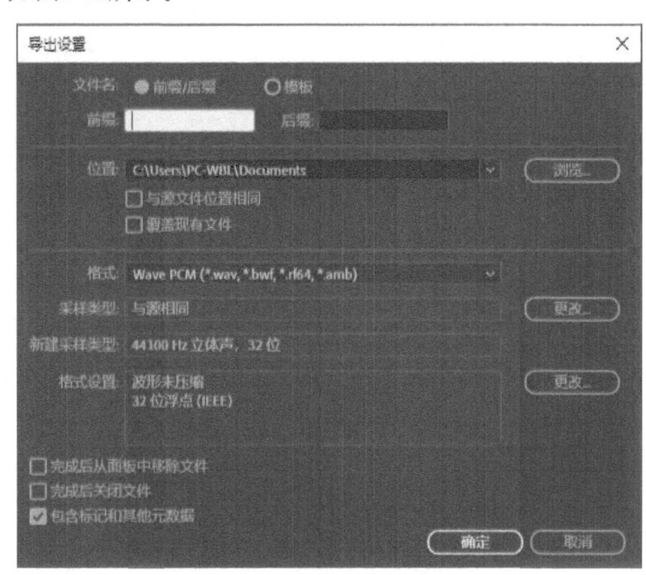

图 2-15　“导出设置”对话框

2.2.3　面板控制

Audition工作区的面板是可调整的，用户可以选择将面板停靠在一起、移入移出、浮动显示或者停靠到工作区内。

工作区的面板可以单独放置，也可以并列停靠在一起，形成面板组，图2-16和图2-17所示分别为独立的面板和面板组。

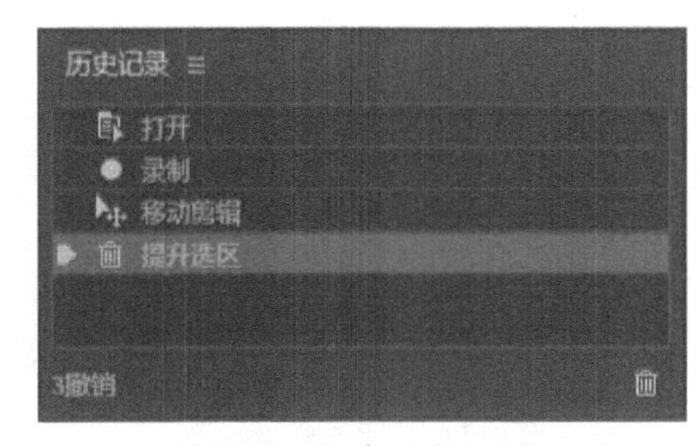

图 2-16　“历史记录”面板

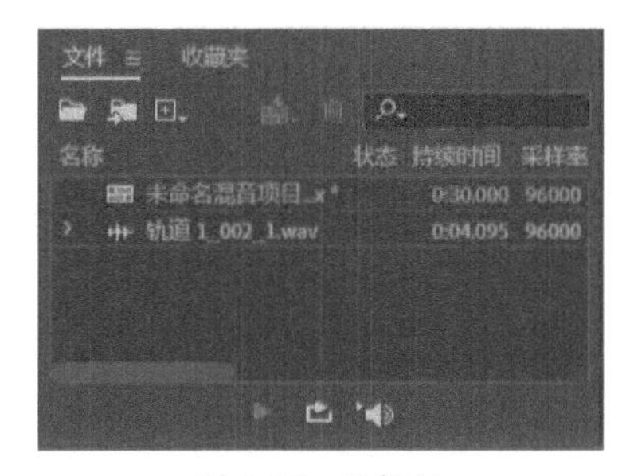

图 2-17　面板组

1. 浮动面板与面板组

默认情况下，所有面板都是停靠在工作区内的。对于一些需要用到但不方便显示的面板或面板组，可以选择将其浮动显示，使其置于工作区上方，任意移动不受下方工作区的影响。用户可以通过浮动窗口来使用辅助监视器，或创建类似于Adobe应用程序早期版本的工作区。

如果要浮动显示面板组，单击面板名称右侧的扩展按钮☰，在展开的列表中选择“浮动面板”选项，即可使该面板浮动显示，如图2-18所示。

如果要浮动面板组，单击该面板组任意面板名称右侧的扩展按钮☰，在展开的列表中选择“面板组设置”→“取消面板组停靠”选项，即可使面板组浮动显示，如图2-19所示。

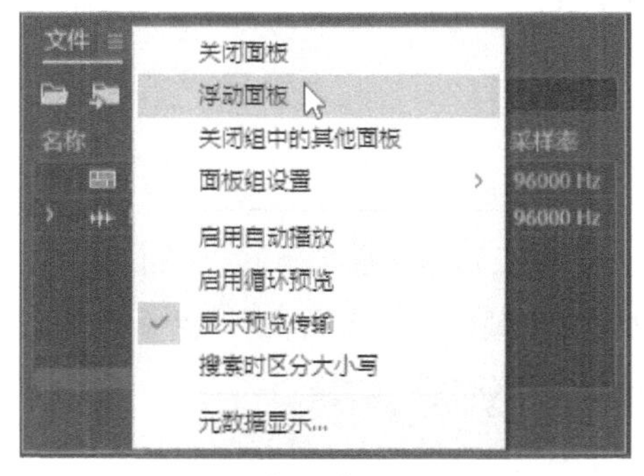

图 2-18　选择“浮动面板”选项

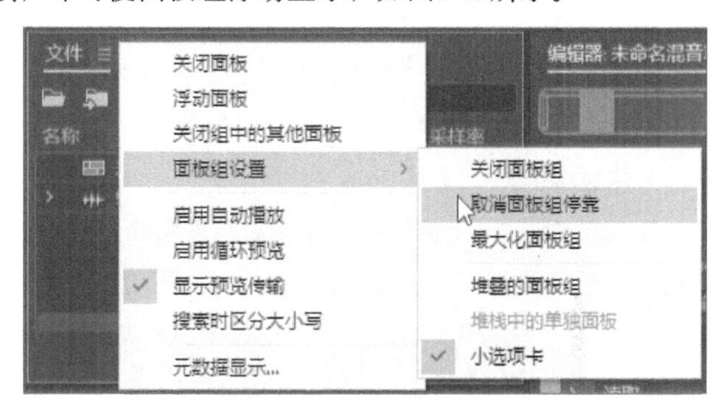

图 2-19　选择“取消面板组停靠”选项

2. 关闭面板与面板组

Audition工作区中的面板非常多，对于不常用的面板或面板组，可以选择将其关闭。面板与面板组的关闭操作与浮动操作类似，单击面板名称右侧的扩展按钮☰，在展开的列表中选择“关闭面板”选项，即可关闭该面板，如图2-20所示。

单击面板组中任意面板名称右侧的扩展按钮☰，在展开的列表中选择“面板组设置”→“关闭面板组”选项，即可关闭整个面板组，如图2-21所示。

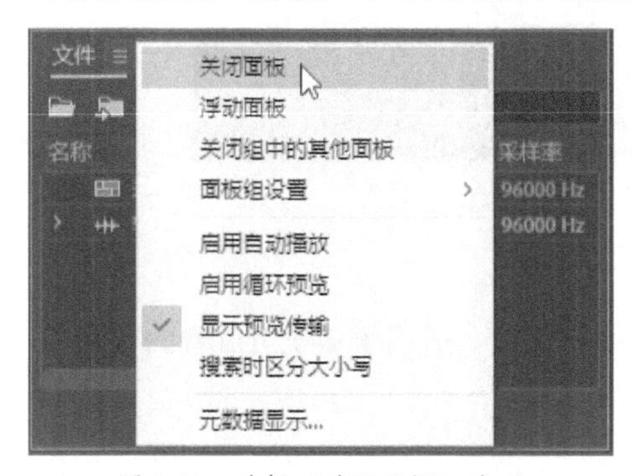

图 2-20　选择“关闭面板”选项

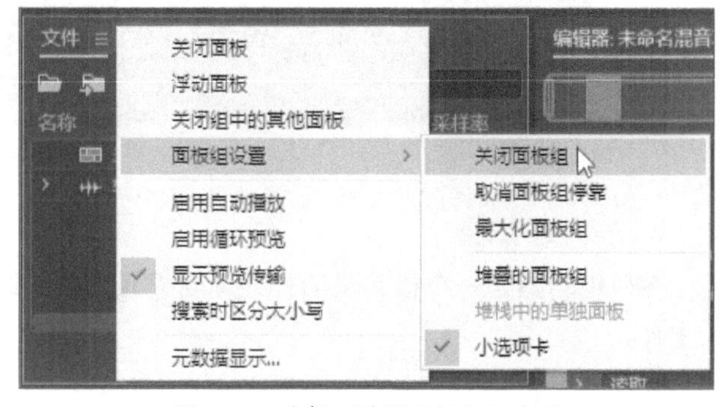

图 2-21　选择“关闭面板组”选项

单击面板名称右侧的扩展按钮☰，在展开的列表中选择“关闭组中的其他面板”选项，即可关闭除该面板以外的所有面板。

■2.2.4 编辑器

编辑器是处理音频最主要的区域，任何对音乐的编辑操作都需要在这里完成。Audition提供了波形编辑器和多轨编辑器两种不同类型的编辑器，前者用于高度精细与复杂地处理单个音频，后者用于制作多轨音频。

1. 波形编辑器

Audition为编辑音频文件提供了波形编辑器，在这里可以显示和编辑音频。波形编辑模式采用破坏性的方法，这种方法会更改音频数据，同时会永久性地更改保存的文件，常用于转换采样率或位深度、母带处理或批处理等。用户可以通过以下方法打开波形编辑器。

- 在工具栏中单击“查看波形编辑器”按钮。
- 执行“视图”→“波形编辑器”命令。
- 按数字9键。

波形编辑器中的波形显示为一系列正负峰值，x轴（水平标尺）用于衡量时间，y轴（垂直标尺）用于衡量振幅，如图2-22所示。用户可以通过更改比例和颜色，自定义波形显示。

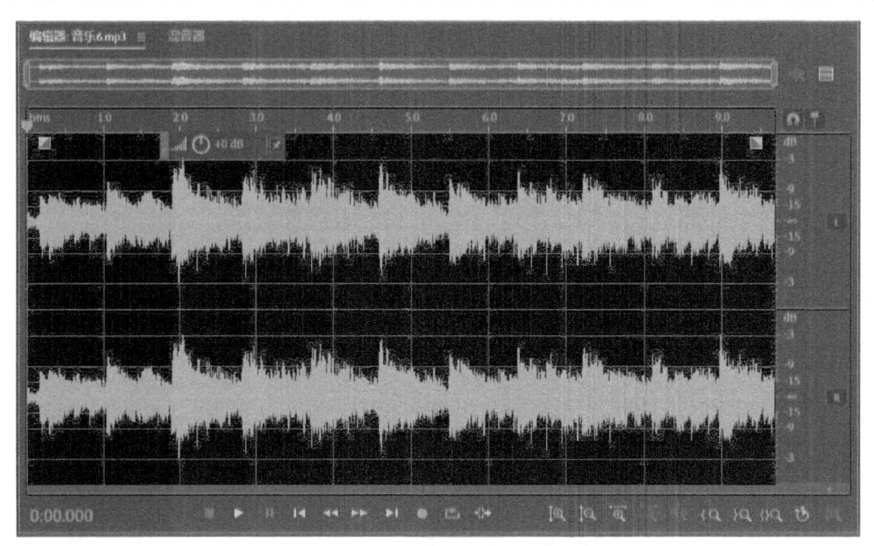

图 2-22　波形编辑器

2. 多轨编辑器

多轨编辑器是一个极其灵活、处理功能强大的实时编辑环境，适用于多轨道混音的音频创作工作。

在多轨编辑器中，用户可以混音多个音频轨道以创建分层的声道。用户可以录音和混音多个轨道，每个轨道中可以包含用户需要的剪辑，唯一的限制就是硬盘空间和计算机处理能力。用户可以通过以下方法打开多轨编辑器。

- 在工具栏中单击“查看多轨编辑器”按钮，进入多轨编辑器，如图2-23所示。
- 执行“视图”→“多轨编辑器”命令。
- 按数字0键。

图 2-23 多轨编辑器

■2.2.5 控制音频

在Audition中，用户可以通过“编辑器”面板或“传输”面板对音频进行实时的录音、播放、停止、快进等操作，音频控制按钮如图2-24所示。

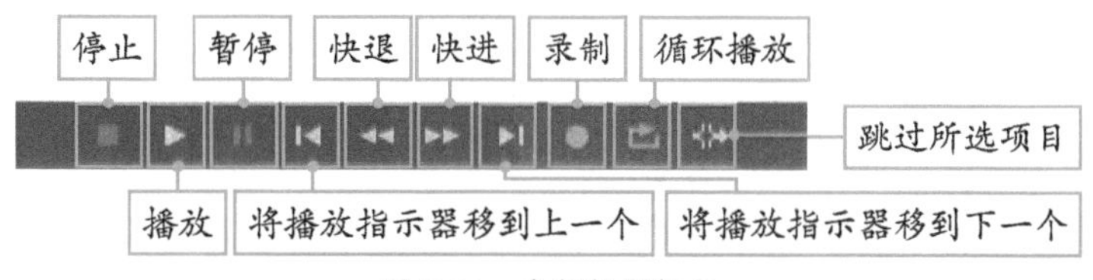

图 2-24 音频控制按钮

1. 播放、停止、暂停

在音频编辑过程中，播放、停止和暂停是最常用的操作，对用户分析与编辑音频起着至关重要的作用。用户可以按空格键来控制音频的播放和停止。

2. 快退/快进

使用“快退”按钮和“快进”按钮可以在播放状态下以恒定或变速的方式进行倒放与快速前进。而在停止状态下，则可以以变速的方式调整指示器的位置。

3. 移动播放指示器

使用“将播放指示器移动到上一个”按钮和“将播放指示器移动到下一个”按钮可以快速移动指示器到上一个标记点或下一个标记点。

4. 录制

使用“录制”按钮不仅可以对输入设备录制声音，还可以录制系统内的声音。用户可以按Shift+空格键控制录制功能。

5. 循环播放

使用“循环播放”按钮可以对整个音频波形或选择区域的音频进行循环性的播放，便于反复试听。

■2.2.6 查看音频

灵活查看音频波形，可以很好地帮助用户分析与编辑音频。音频文件被调入Audition的编辑器中后，可以使用面板中的按钮对音频的波形进行缩放控制，如图2-25所示。下面介绍较为常用的几种按钮。

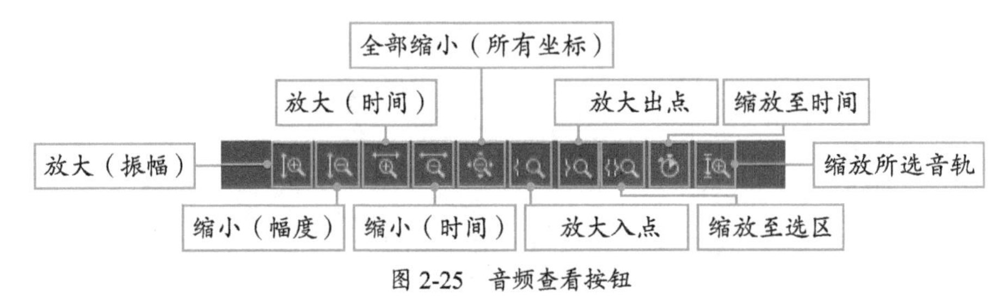

图 2-25 音频查看按钮

1. 放大（振幅）/缩小（幅度）

使用“放大（振幅）”或“缩小（幅度）”按钮会垂直放大或缩小音频波形或轨道。

2. 放大（时间）/缩小（时间）

使用“放大（时间）”或“缩小（时间）”按钮会放大或缩小波形或多轨会话的时间码，从而更好地查看音频波形或轨道。

3. 全部缩小（所有坐标）

使用“全部缩小（所有坐标）”按钮会使波形缩小以显示整个音频文件或多轨会话。

4. 放大入点/放大出点

使用“放大入点”或“放大出点”按钮可以根据当前选区的起始或结束位置进行放大操作。

5. 缩放至选区

使用“缩放至选区”按钮可以将当前选区内的音频波形最大化显示。

2.3 音频的录制

在计算机音频制作过程中，录音是一个非常重要的环节，本节对录制音频的相关知识进行介绍。

■2.3.1 录音的硬件准备

下面对录音时所用的主要硬件设备进行介绍。

1. 声卡

声卡也被称为“音频卡”，是多媒体计算机中用于处理声音的接口卡，如图2-26所示。声卡可以将来自话筒、收/录音机、激光唱片机等设备的语音、音乐等声音变成数字信号交给计算机处理，并以文件形式存储，还可以把数字信号还原为真实的声音输出。

2. 麦克风

麦克风也被称为“传声器”，由英文microphone翻译而来，它是一种将声音信号转换为电信号的能量转换器件，如图2-27所示。

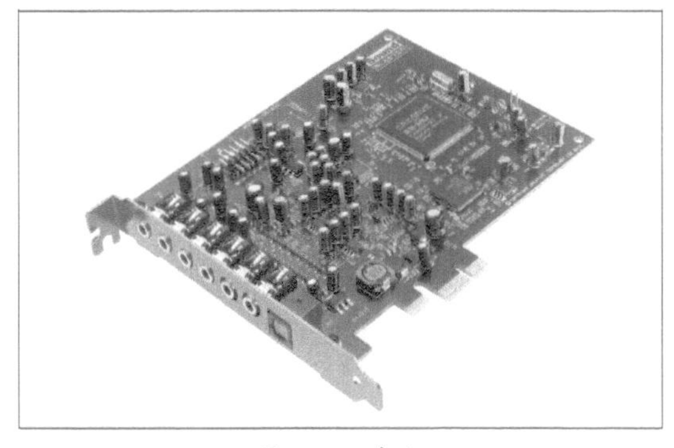

图 2-26 声卡

图 2-27 麦克风

3. 耳机/音箱

耳机和音箱都被称为“扬声器”，是一种电声换能器件，能够将音频信号通过电磁、压电或静电效果使纸盆或膜片振动，与周围空气产生共振而发出声音。

音箱是放置扬声器的箱子，能够增强音响效果，如图2-28所示。如果要在录音时监听声音效果，避免录音话筒将音箱发出的声音也拾取到，最好使用耳机，如图2-29所示。

图 2-28 音箱

图 2-29 耳机

4. 调音台

调音台又称为“调音控制台”。调音台将多路输入信号进行放大、混合、分配、音质修饰和音响效果加工，是现代电台广播、舞台扩音、音响节目制作等系统中进行播送和录制的重要设备。

■2.3.2 录制音频

使用计算机录音软件成本低、音质好、噪声小、操作方便且持续时间长，这种录音方式已经成为专业录音领域中新一代的“超级录音机”。

1. 单轨录音

使用单轨录音时，用户可以录制来自插入到声卡“线路输入”端口的麦克风或任何设备的音频。将麦克风与计算机声卡的microphone接口连接，再在“声音”对话框中设置录音选项的来源为“麦克风”，如图2-30所示。

启动Audition应用程序，执行“文件”→“新建”→“音频文件”命令，在弹出的“新建音频文件”对话框中输入文件名并设置参数，单击“确定”按钮创建新的音频文件。在“编辑器”面板下方单击“录制”按钮即可开始录音。

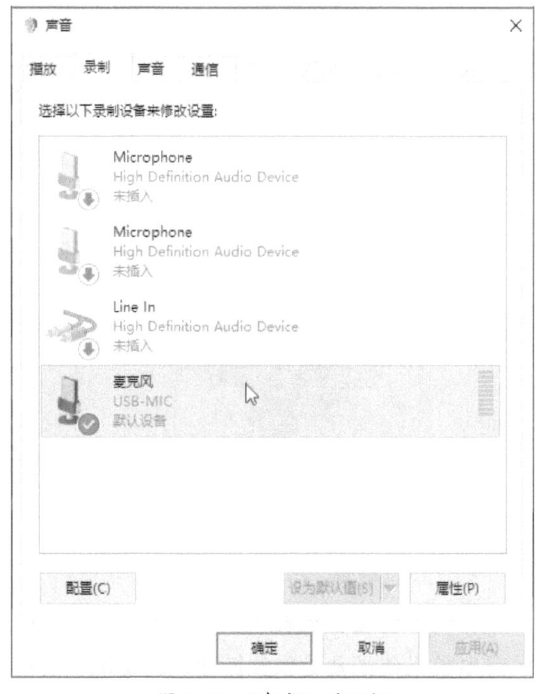

图 2-30 “声音”对话框

2. 多轨录音

多轨录音是指同时在多个音轨中录制不同的音频信号，然后通过混合获得一个完整的作品。多轨录音还可以先录制好一部分音频保存在音轨中，再进行其他部分的录制，最终将它们混合制作成一个完整的波形文件。多轨录音的音频控制区如图2-31所示。

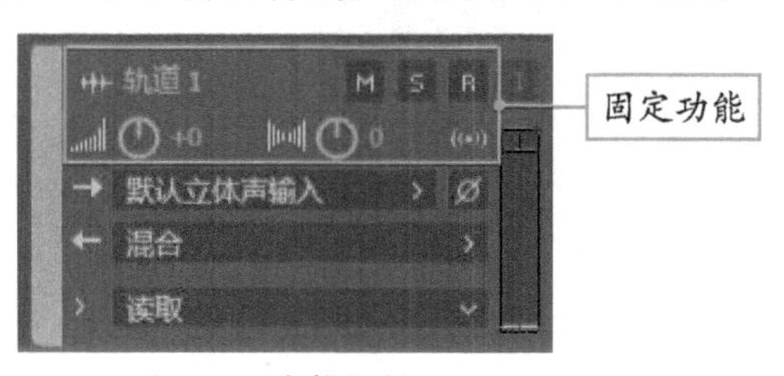

图 2-31 音轨控制区

在多轨编辑器中，Audition可以自动将每个录制的剪辑直接保存为WAV文件。直接录制为WAV文件可快速录制和保存多个剪辑，具有极大的灵活性。

实例：录制网络中播放的音乐

在网络中听到一些好听的歌曲或音乐却无法下载时，可以选择使用软件进行录制。具体操作步骤介绍如下：

步骤01 在显示器右下角右键单击扬声器的图标，在弹出的菜单中选择“声音”选项，如图2-32所示。

步骤02 系统会弹出“声音”对话框，切换到“录制”选项卡，启用“立体声混音”选项并设为默认值，如图2-33所示。设置完毕后，先播放音乐，确认能够听到音箱里的声音。

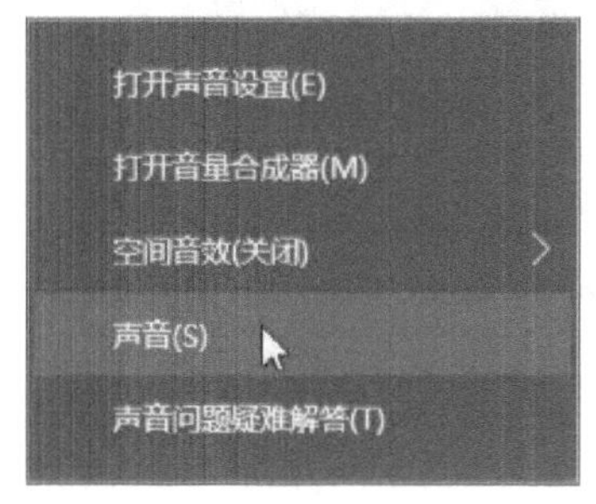

图 2-32 选择“声音”选项

图 2-33 “声音”对话框

步骤03 启动Audition应用程序，执行“编辑”→“首选项”→“音频硬件”命令，打开“首选项”对话框，设置“默认输入”硬件设备为“立体声混音（Realtek High Definition Audio）”，如图2-34所示，单击“确定”按钮。

步骤04 在“编辑器”面板中单击“录制”按钮，打开“新建音频文件”对话框，从中输入文件名并设置相关参数，如图2-35所示。

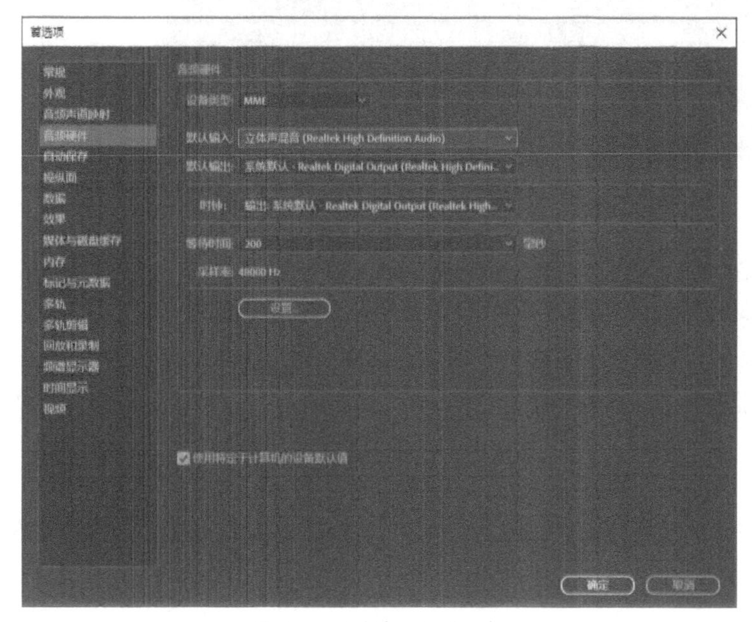

图 2-34 “首选项”对话框

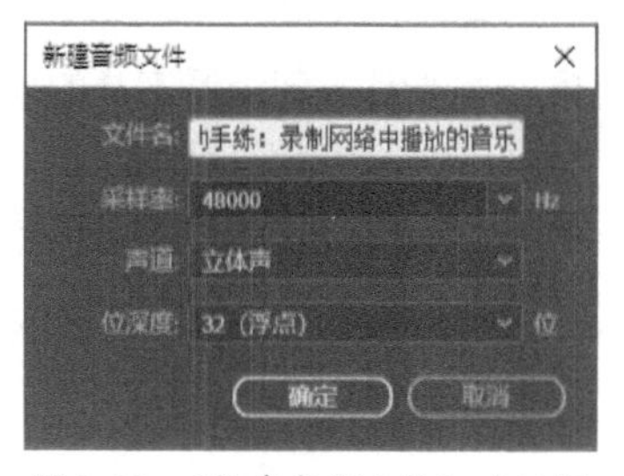

图 2-35 “新建音频文件”对话框

步骤05 单击“确定”按钮，系统开始录制计算机内的声音，此时播放想要录制的音乐，会看到“编辑器”面板中录制的波形，如图2-36所示。

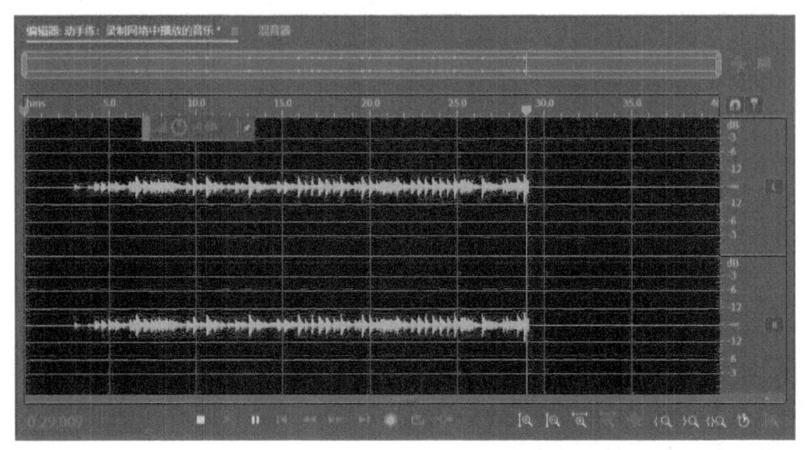

图 2-36 “编辑器”面板中录制的波形

步骤06 音乐录制完毕后，在“编辑器”面板中单击“停止”按钮完成录制，如图2-37所示。最后保存音频文件。

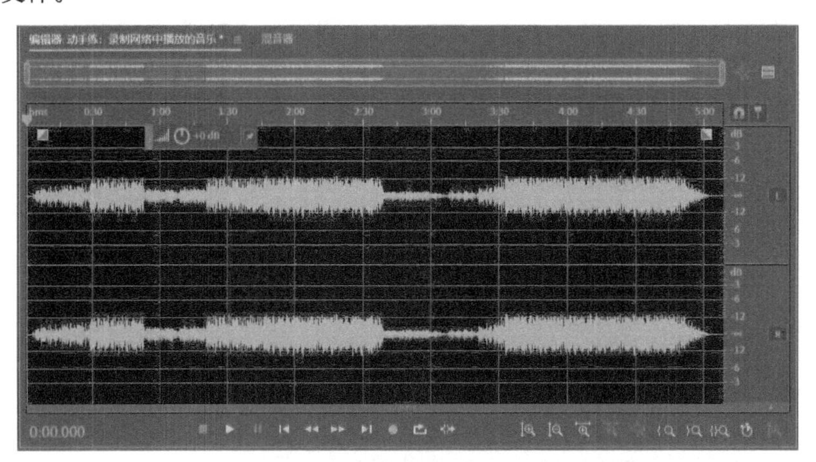

图 2-37 完成录制并保存

2.4 音频的编辑

音频在Audition中以波形表示，编辑波形音频的本质就是选定一段音频波，然后改变其振幅。本节对基础编辑工具的使用方法进行详细介绍。

■2.4.1 编辑波形

利用Audition编辑音频波形，与其他软件的编辑类似，包括选择、复制、剪切、粘贴、删除、裁剪等操作。

1. 选择

在对音频编辑之前，首先需要选择波形或波形范围，才能继续进行操作。波形的选择分为多种方式，用户可以使用以下方法选择波形中的一部分。

- 单击并拖曳鼠标即可选择波形片段，如图2-38所示。

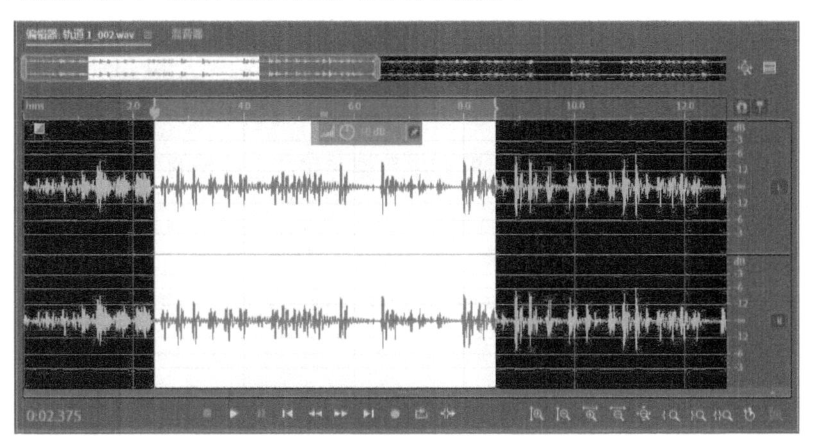

图 2-38 选择波形片段

- 在开始时间处单击鼠标，按住Shift键+方向键进行选择。
- 在“选区/视图”面板中设置选区的开始时间和结束时间。

如果想要选择全部的波形，可以使用以下几种方法。

- 使用鼠标拖曳的方法，从头至尾选取全部波形，如图2-39所示。
- 执行“编辑”→“选择”→“全选”命令。
- 在波形上单击鼠标右键，在弹出的快捷菜单中选择“全选”命令。
- 在波形上快速单击3次。
- 按Ctrl+A组合键。
- 不选取任何区域，系统会默认编辑全部波形。

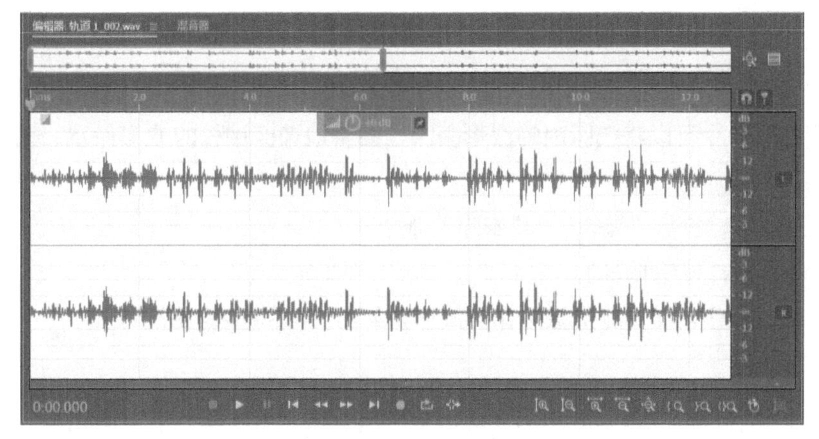

图 2-39 全选音频波形

2. 复制

复制是简化音频编辑的有效方式之一。在编辑音频的过程中，有与上部分相同的音频部分时，就可以使用复制功能来避免重复的编辑工作。使用“复制”命令，可以将所选音频数据复制到剪贴板。复制波形可以使用以下几种方法。

- 选择音频波形，执行“编辑”→“复制”命令。
- 在波形上单击鼠标右键，在弹出的快捷菜单中选择“复制”命令。
- 选择音频波形，按Ctrl+C组合键。

使用“复制到新文件”命令，可以复制音频数据并将其生成新的文件。复制到新文件可以使用以下几种方法。

- 选择音频波形，执行“编辑”→“复制到新文件”命令。
- 在波形上单击鼠标右键，在弹出的快捷菜单中选择“复制到新建”命令。
- 选择音频波形，按Shift+Alt+C组合键。

3. 剪切

使用“剪切”命令，可以从当前波形中删除所选音频数据，并将其复制到剪贴板，以便于后续的粘贴操作。剪切波形可以使用以下几种方法。

- 选择音频波形，执行“编辑”→“剪切”命令。
- 在波形上单击鼠标右键，在弹出的快捷菜单中选择“剪切”命令。
- 选择音频波形，按Ctrl+X组合键。

4. 粘贴

使用“粘贴”命令，可以将剪贴板的音频数据放置在要插入音频的位置或替换一段片段（时间指示器所在的位置）。用户可以通过以下几种方式粘贴波形。

- 选择音频波形，执行“编辑”→“粘贴”命令。
- 在要粘贴的位置单击鼠标右键，在弹出的快捷菜单中选择“粘贴”命令。
- 将时间指示器移动到要粘贴的位置，按Ctrl+V组合键。

5. 删除

使用“删除”命令可以将选区内的波形去除，而将被选区域外的波形保留。用户可以使用以下几种方法删除波形。

- 选择音频波形，执行“编辑”→“删除”命令。
- 选择音频波形，按Delete键。

执行以上任意操作，即可删除被选择的波形，如图2-40和图2-41所示。

6. 裁剪

使用“裁剪”命令可以将选区内的波形保留，而未被选中区域的波形则被删除。用户可以使用以下方法裁剪波形。

- 选择音频波形，执行“编辑”→“裁剪”命令。

- 选择音频波形，单击鼠标右键，在弹出的快捷菜单中选择“裁剪”命令。
- 选择音频波形，按Ctrl+T组合键。

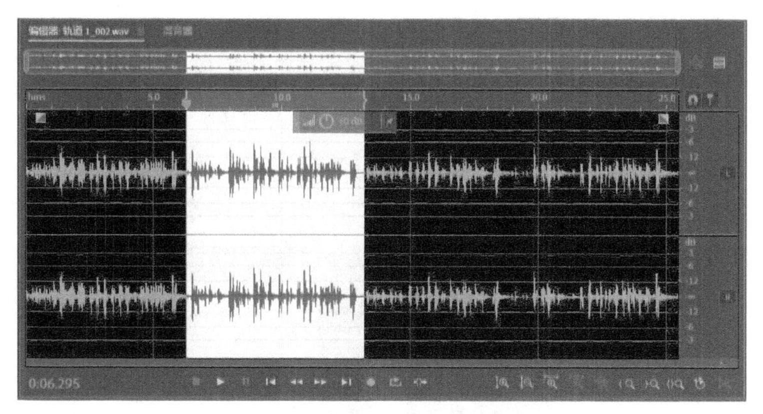

图 2-40 选择音频

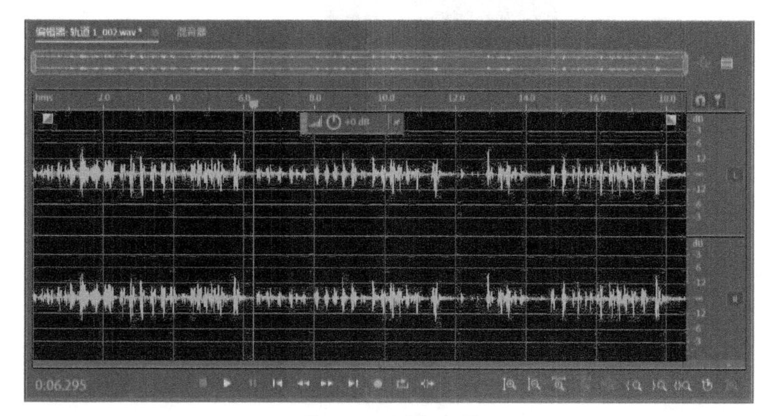

图 2-41 删除音频

2.4.2 其他编辑手法

除了上述常用编辑命令外，还有一些编辑操作需要掌握，包括对齐、过零、标记、提取单声道、剪贴板切换、静音等。

1. 对齐

使用“对齐”功能会生成选择边界，可以使选择部分的边界或播放头自动吸附到标记、标尺、剪辑、循环、过零与帧之类的项目。执行“编辑”→“对齐”命令，在级联菜单中可以选择要对齐的项目，如图2-42所示。

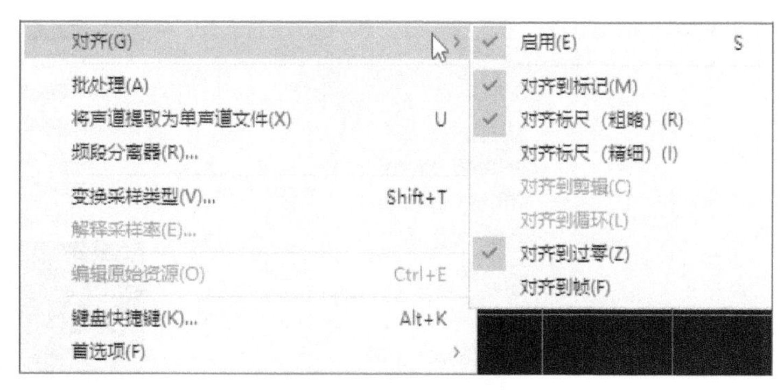

图 2-42 选择对齐操作

- **对齐到标记：** 对齐标记点。
- **对齐标尺（粗略）：** 仅对齐时间轴中的主要数值分量（如分钟和秒）。
- **对齐标尺（精细）：** 对齐时间轴中的细分量（如毫秒）。
- **对齐到剪辑：** 对齐音频剪辑的开始和结束。
- **对齐到循环：** 对齐剪辑中循环的开始和结束。
- **对齐到过零：** 对齐音频跨越水平中线（零振幅点）的最近位置，可以很方便地选择完整的波形，图2-43和图2-44所示为未对齐到过零和对齐到过零的波形选择效果。

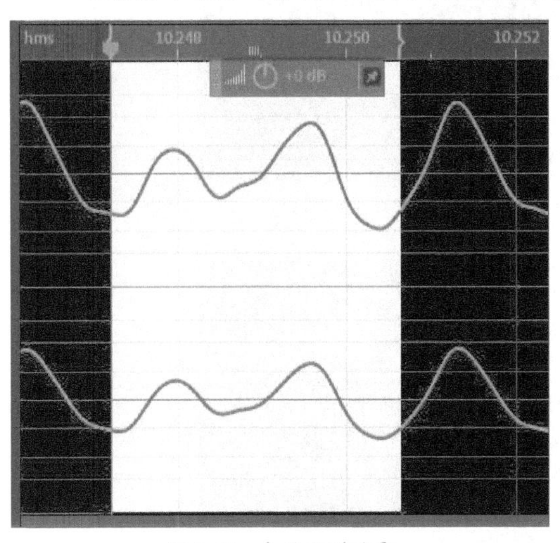

图 2-43　未对齐到过零

图 2-44　对齐到过零

- **对齐到帧：** 如果时间格式以帧进行衡量（如光盘和SMPTE），可以对齐帧边界。

2. 过零

Audition中的音频表现为一系列连续的波形曲线，其中波形与水平中线的交点被称为“零交叉点”，零交叉点又分为从下往上过零和从上往下过零。

在进行音频的复制、粘贴、插入等操作时，为了使连接处自然过渡，避免出现爆音，可以使用“过零”命令将选择区域的边界调整到零振幅中线。

执行“编辑”→“过零”命令，在级联菜单中可以选择时间指示器过零的方式，如图2-45所示。

过零(Z)	>	向内调整选区(I)	Shift+I
对齐(G)	>	向外调整选区(O)	Shift+O
批处理(A)		将左端向左调整(L)	Shift+H
将声道提取为单声道文件(X)	U	将左端向右调整(E)	Shift+J
频段分离器(R)...		将右端向左调整(G)	Shift+K
变换采样类型(V)...	Shift+T	将右端向右调整(R)	Shift+L
解释采样率(E)...			
编辑原始资源(O)	Ctrl+E		
键盘快捷键(K)...	Alt+K		
首选项(F)	>		

图 2-45　选择过零操作

3. 标记

标记也称为“提示”，是指在波形中定义的特殊位置。使用标记可以轻松地在波形内导航，以进行选择、编辑或回放等操作。

在Audition中，标记可以是点或者范围。标记点是指波形中的特定时间位置，而标记范围则有开始时间和结束时间，如图2-46所示。标记有灰色手柄，用户可以进行选择、拖动，也可以右键单击手柄，以执行其他命令。

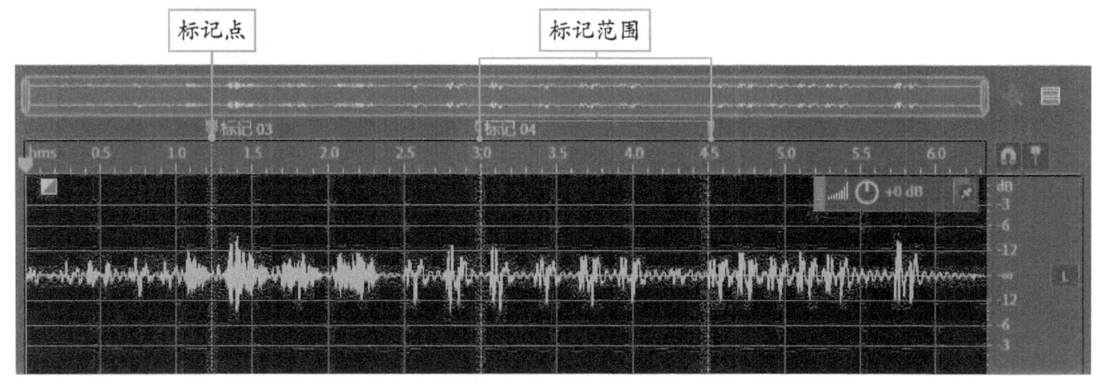

图 2-46 标记操作

4. 提取单声道

在音频编辑过程中，有时需要将音频声道提取为单声道文件。用户可以通过以下方式提取单声道文件。

- 执行“编辑”→“将声道提取为单声道文件”命令。
- 在波形上单击鼠标右键，在弹出的快捷菜单中选择“提取声道到单声道文件”命令。

执行以上任意操作后，会将所选声道提取为左声道和右声道两个独立的单声道文件，用户可以在“文件”面板中看到源声道文件和两个单声道文件，如图2-47所示。

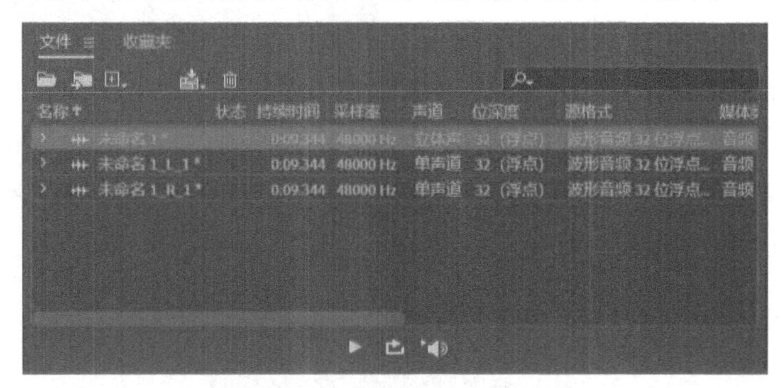

图 2-47 提取单声道操作后的文件

5. 剪贴板切换

Audition提供了5个内部剪贴板，加上Windows自带的剪贴板，共有6个可供使用。Audition允许同时编辑多个音频文件，如果要在音频文件之间传送数据，可以使用内部剪贴板；如果要与外部程序交换数据，则可以使用Windows剪贴板。

内部剪贴板有5个，但当前剪贴板只有一个，执行“复制”“剪切”“粘贴”等命令时始终是基于当前剪贴板。用户可以通过以下几种操作设置当前剪贴板。

- 执行“编辑”→“设置当前剪贴板”命令，在级联菜单中选择设置当前剪贴板，如图2-48所示。

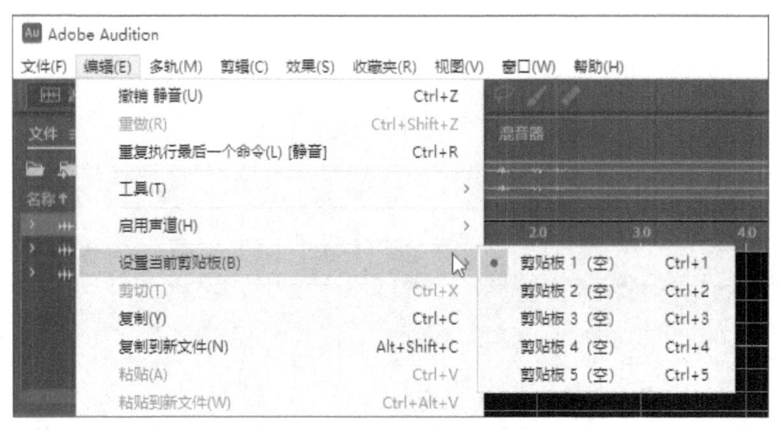

图 2-48 设置当前剪贴板操作

- 在音频波形上单击鼠标右键，在弹出的快捷菜单中选择“设置当前剪贴板”命令，然后在级联菜单中选择设置当前剪贴板。
- 按Ctrl+1/2/3/4/5组合键即可切换相应的剪贴板。

6. 静音

静音是指一段不包含任何波形的声音，利用Audition可以轻松生成指定长度的静音。将时间指示器移动至要插入静音的位置，执行“编辑”→“插入”→“静音”命令，会打开“插入静音”对话框，这里可以设置静音的持续时间，如图2-49所示。

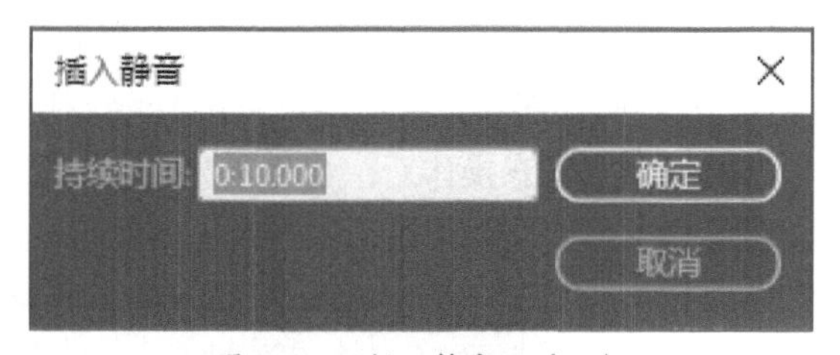

图 2-49 “插入静音”对话框

单击“确定”按钮即可生成静音，图2-50和图2-51所示为波形添加静音前后的效果。

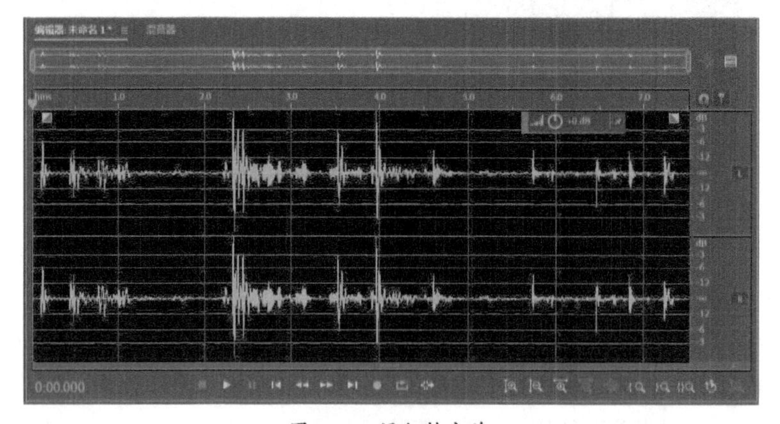

图 2-50 添加静音前

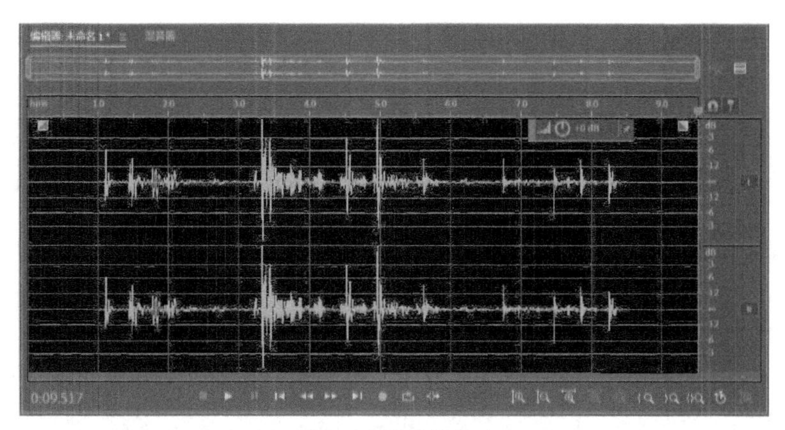

图 2-51　添加静音后

实例：剪辑我的歌曲

下面对一首完整的歌曲进行选择、删除等操作，要求保留剩余的部分。具体操作步骤介绍如下：

步骤 01 打开准备好的音频文件“剪辑我的歌曲.mp3”，如图2-52所示。按空格键先预览一遍音频。

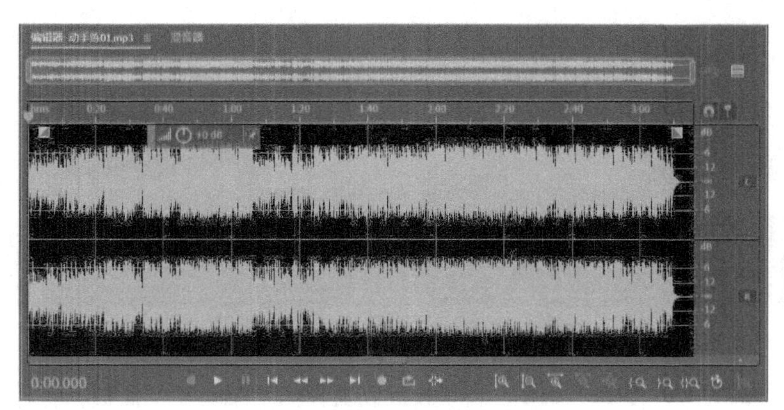

图 2-52　打开文件

步骤 02 拖动轨道上方的控制柄放大波形，选择一段波形，如图2-53所示。

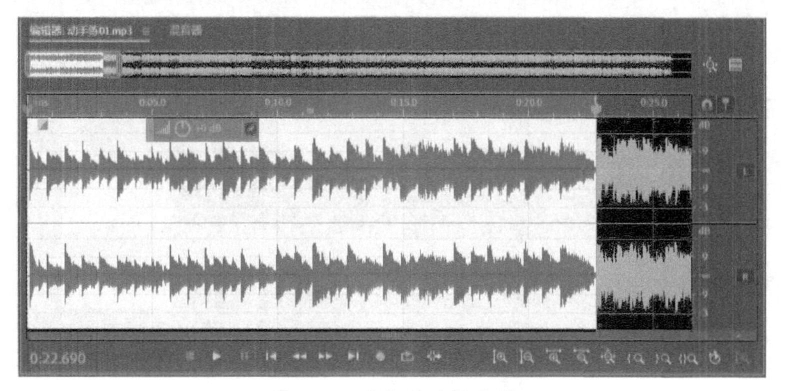

图 2-53　放大并选择波形

步骤03 执行“编辑”→“复制到新文件”命令，系统会将所选片段复制到新的文件，如图2-54所示。

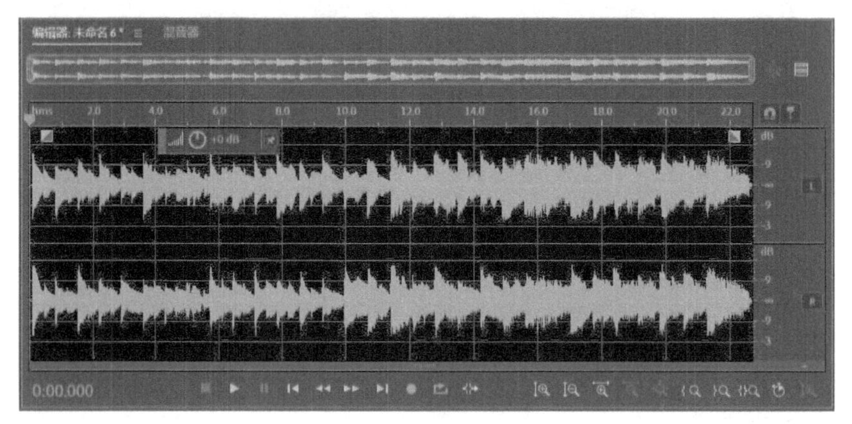

图 2-54　复制到新文件

步骤04 按Ctrl+Tab组合键切换到源文件的“编辑器”面板，选择一段波形，如图2-55所示。

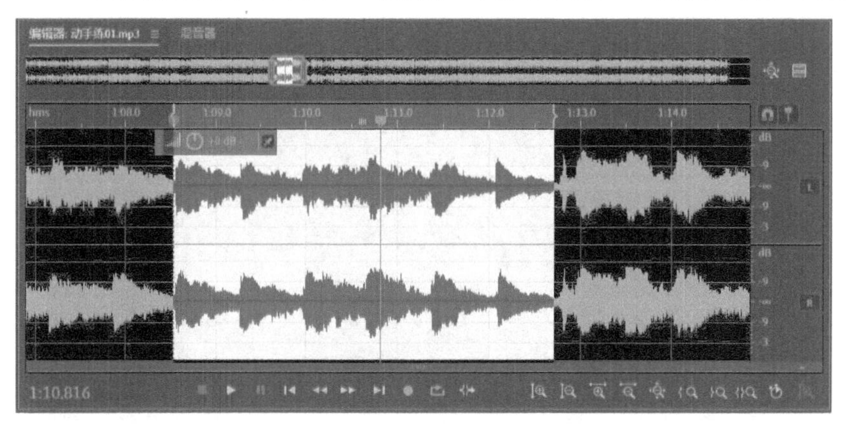

图 2-55　选择音频波形

步骤05 执行“编辑”→“复制”命令，再切换到新文件的“编辑器”面板，将时间指示器移动到结束位置，然后执行“编辑”→“粘贴”命令将波形片段粘贴到该位置，如图2-56所示。

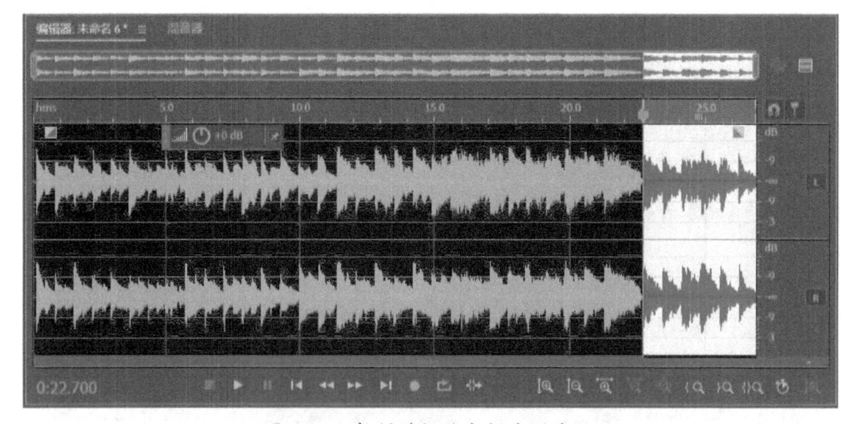

图 2-56　复制并粘贴音频波形片段

步骤06 再复制粘贴一段结尾处的波形片段，如图2-57所示。

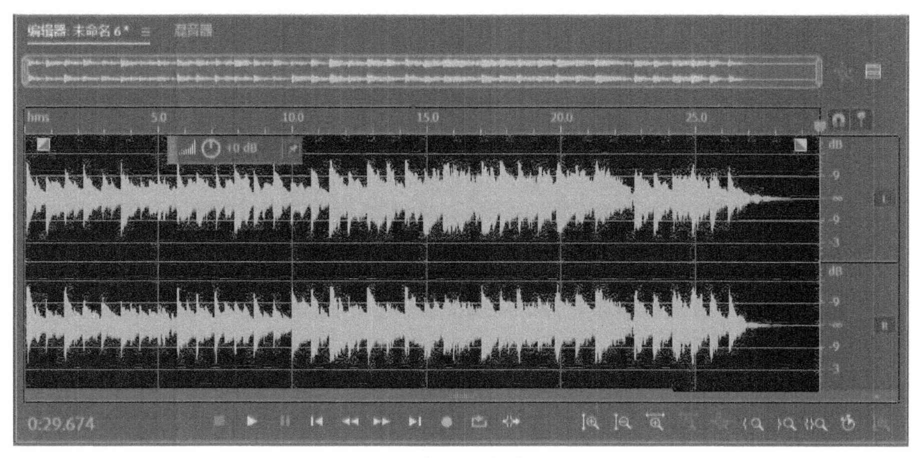

图 2-57　复制音频波形片段

步骤07 单击“播放”按钮，试听拼接后的音频效果。最后执行“文件”→“保存”命令，将拼接的音频文件保存。

2.5　噪声的处理

本节主要介绍如何利用Audition对音频文件中的杂音进行降噪、修复等处理。

2.5.1　关于噪声

噪声就是音频中难以轻易被区分，并对输出结果产生干扰的数据。从音响技术的角度上讲，凡属于传声器拾取来的或是信号传输过程中设备带来的对节目信号起干扰作用的声音，都可以称为“噪声”。一般将噪声来源分为两类，即环境噪声和本底噪声。

1. 环境噪声

环境噪声主要来源于外部，指录音过程中自然环境产生的噪声，可分为两类。

（1）持续性环境噪声

如室外的汽车、人声，室内墙壁的反射，机器设备发出的噪声，室内空调、风扇、电灯和计算机内部风扇发出的声音等。

（2）突发性环境噪声

突发性环境噪声是指突然出现的环境噪声，如咳嗽声、打喷嚏声、脚步声、汽车喇叭声、手机铃声、关门声等。

2. 本底噪声

本底噪声是指除环境以外的噪声，一般指电声系统中除有用信号以外的总噪声，主要由录音过程中各种设备产生的规则或不规则的噪声，也被称为“背景噪声”。本底噪声又包括低频和高频两种。

(1) 低频噪声

由于音频电缆屏蔽不良、设备接地不实等原因产生的“嗡嗡”交流声（50～100 Hz），被称为“低频噪声”。

(2) 高频噪声

由于放大器、调频广播和录音磁带产生的“咝咝”声（8 kHz以上），被称为“高频噪声”或“白噪声”。过强的本底噪声不仅会使人烦躁，还会淹没声音中较弱的细节部分，使声音的信噪比和动态范围减小，再现声音质量受到破坏。

■2.5.2 降噪/恢复

本节将对如何处理已录制的包含一定噪声的音频文件进行介绍，Audition中提供了一组“降噪/恢复”效果用于解决这类问题。

1. 降噪（处理）

使用“降噪（处理）”效果可显著降低背景和宽频噪声，并且尽可能不会影响信号品质。此效果可用于去除噪声组合，包括磁带嘶嘶声、麦克风背景噪声、电线嗡嗡声或波形中任何恒定的噪声。选择音频，执行“效果”→“降噪/恢复”→“降噪（处理）”命令，打开“效果 - 降噪”对话框，如图2-58所示，从中可添加“降噪（处理）”效果。

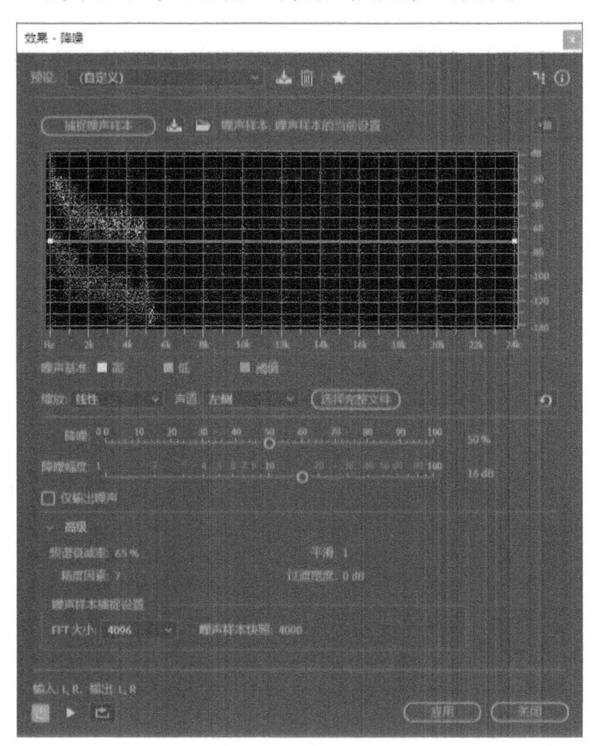

图 2-58 “效果 - 降噪”对话框

2. 声音移除（处理）

使用“声音移除（处理）”效果可从录制中移除不需要的音频源。此效果可分析音频的选定部分，并且会构建一个声音模型，用于查找和移除声音。选择音频，执行“效果”→“降噪/恢复”→“声音移除（处理）”命令，打开“效果 - 声音移除”对话框，如图2-59所示，从中可添加“声音移除（处理）”效果。

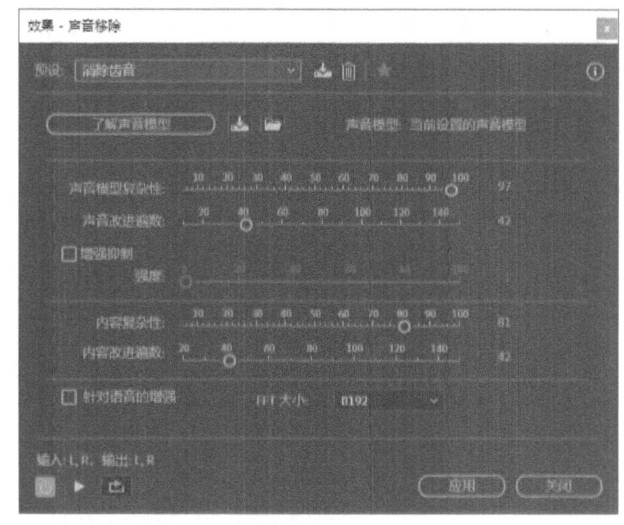

图 2-59 “效果 - 声音移除”对话框

3. 降低嘶声（处理）

嘶声是随着电子线路自然产生的副产品，特别是高增益线路。通常情况下，模拟录音带、麦克风前置放大器和其他音频信号源原本就带有一些嘶声。

使用“降低嘶声（处理）”效果可减少录音带、黑胶唱片或麦克风前置放大器等音源中的嘶声。如果某个音频的频率范围在称为“噪声门”的振幅阈值以下，该效果可用于大幅降低该频率范围的振幅，而高于阈值的频率范围内的音频保持不变。如果音频有一致的背景嘶声，则可以完全去除该嘶声。

选择音频，执行“效果”→“降噪/恢复”→“降低嘶音（处理）”命令，打开“效果 - 降低嘶声”对话框，如图2-60所示，从中可添加“降低嘶声（处理）”效果。

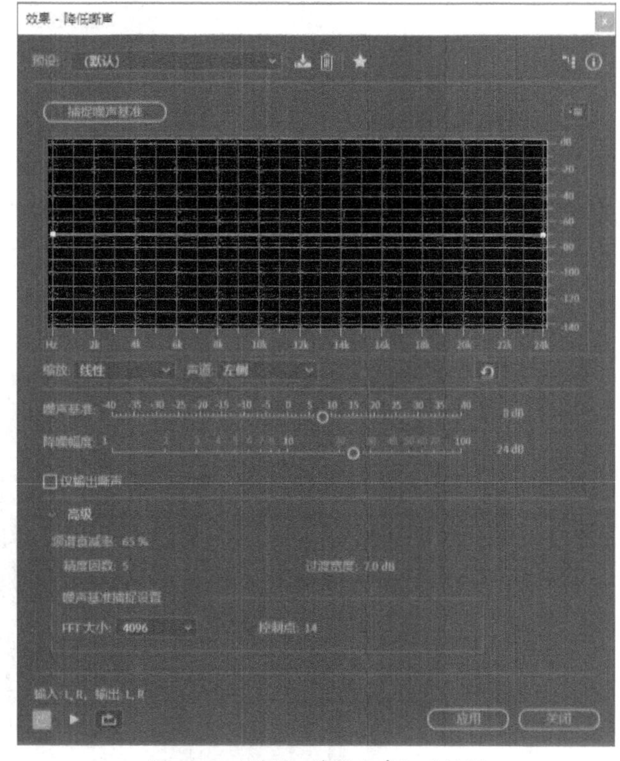

图 2-60 “效果 - 降低嘶声”对话框

4. 自适应降噪

使用“自适应降噪”效果可以快速去除变化的宽频噪声，如背景声音、隆隆声和风声。由于此效果实时起作用，可以将该效果与效果组中的其他效果合并，并在多轨编辑器中应用；而标准“降噪”效果只能作为脱机处理在波形编辑器中使用。在去除恒定噪声（如嘶嘶声或嗡嗡声）时，“自适应降噪”效果有时更有效。

选择音频，执行“效果”→“降噪/恢复”→“自适应降噪”命令，打开“效果 - 自适应降噪”对话框，如图2-61所示，从中可添加“自适应降噪”效果。

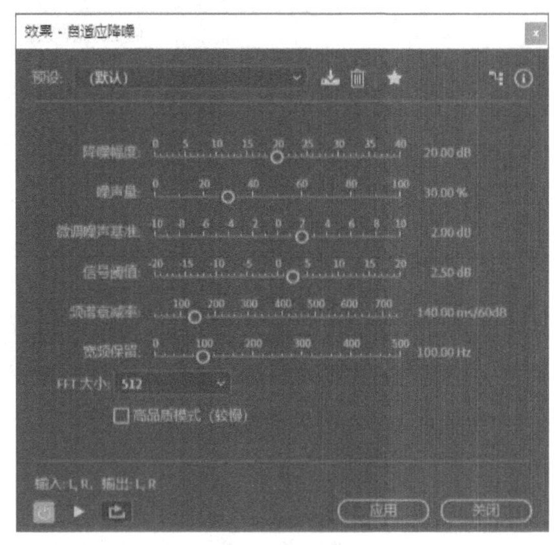

图 2-61 “效果 - 自适应降噪”对话框

5. 消除嗡嗡声

使用“消除嗡嗡声”效果可以去除窄频段及其谐波，最常见的是照明设备和电子设备的电线嗡嗡声。“消除嗡嗡声”效果也可以应用于陷波滤波器，从源音频中去除过度的谐振频率。选择音频，执行“效果”→“降噪/恢复”→“消除嗡嗡声”命令，打开“效果 - 消除嗡嗡声”对话框，从中可添加“消除嗡嗡声”效果，如图2-62所示。

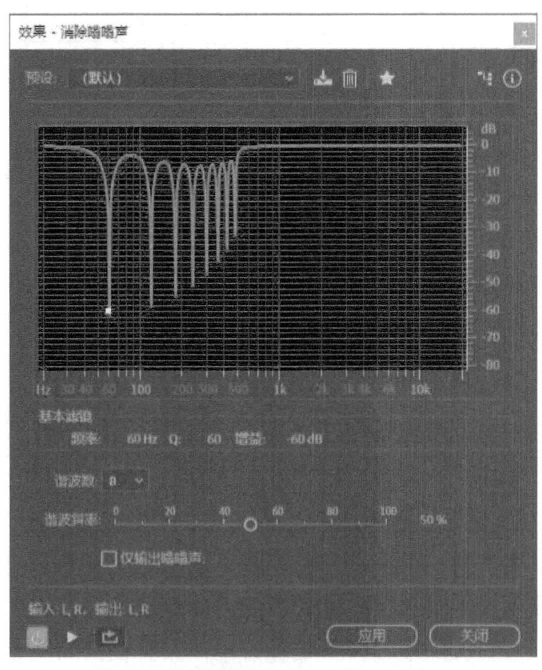

图 2-62 “效果 - 消除嗡嗡声”对话框

■2.5.3 噪声修复工具

对于持续时间较短的突发噪声，如咳嗽声、关门声等，Audition的工具栏中提供了时间选择工具、框选工具、套索选择工具、画笔选择工具和污点修复画笔工具5种工具，可以结合工具栏中的选择工具和修复工具直接在频谱上进行降噪修复。

1. 时间选择工具（T）

时间选择工具用于选择频谱上某个时间段的所有频率成分的音频，如图2-63所示。

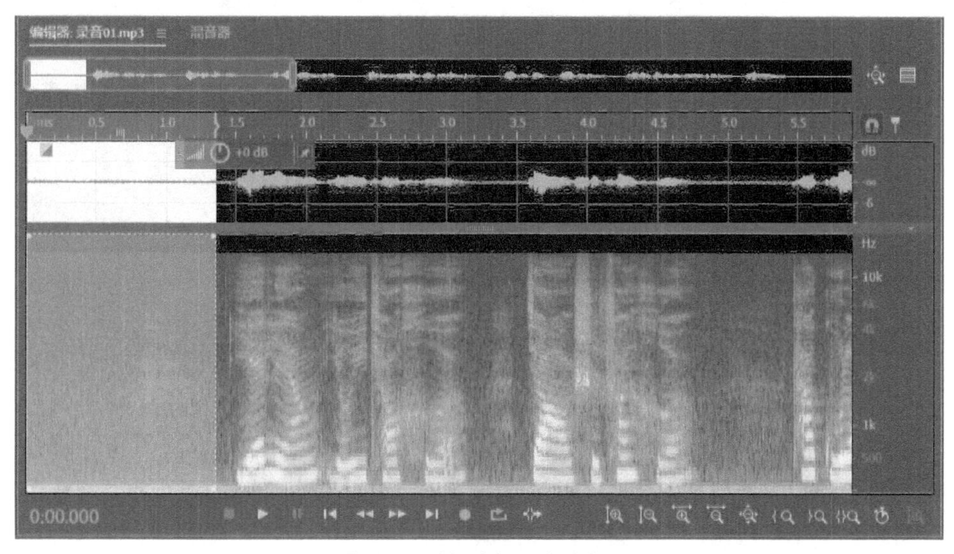

图 2-63 时间选择工具的应用

2. 框选工具（E）

框选工具用于选择局部频谱，如图2-64所示。相当于Photoshop中的矩形选框工具，可在时间段内反转，必要时可使用框选工具局部选择噪声部分并试听以确认噪声。

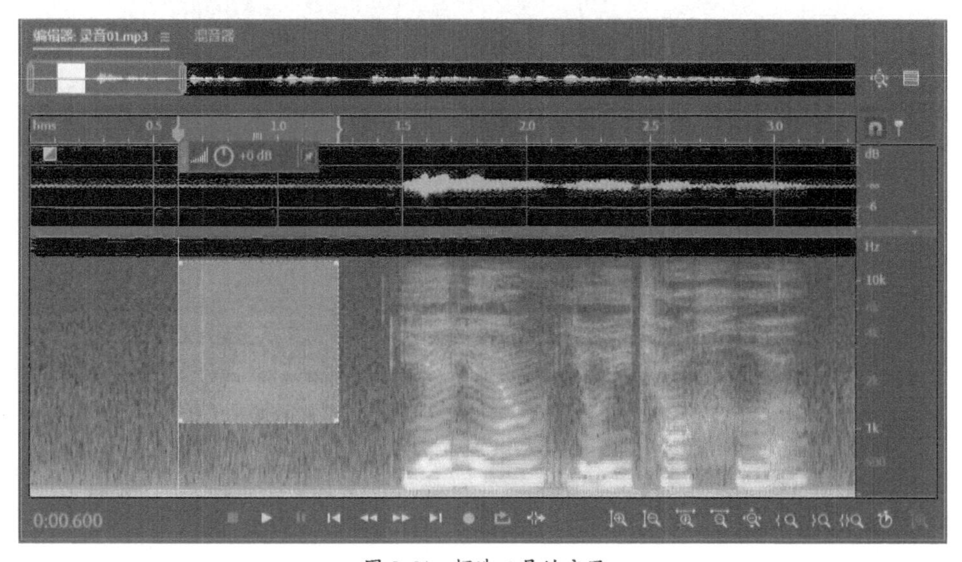

图 2-64 框选工具的应用

3. 套索选择工具（D）

套索选择工具用于选择局部频谱，如图2-65所示。相当于Photoshop中的套索工具，可在时间段内反转。

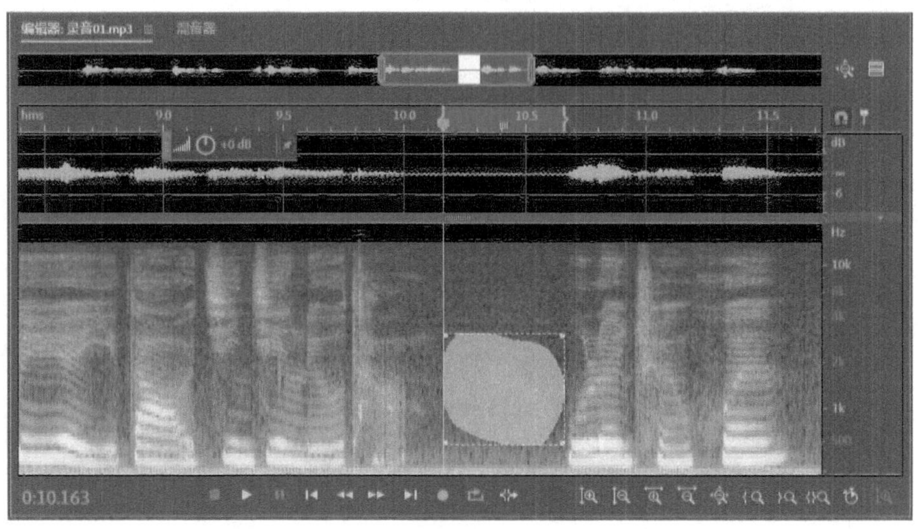

图 2-65　套索选择工具的应用

4. 画笔选择工具（P）

画笔选择工具用于选择局部频谱，如图2-66所示。相当于Photoshop中快速蒙版状态时的画笔工具，可设置大小和透明度，也可在时间段内反转。

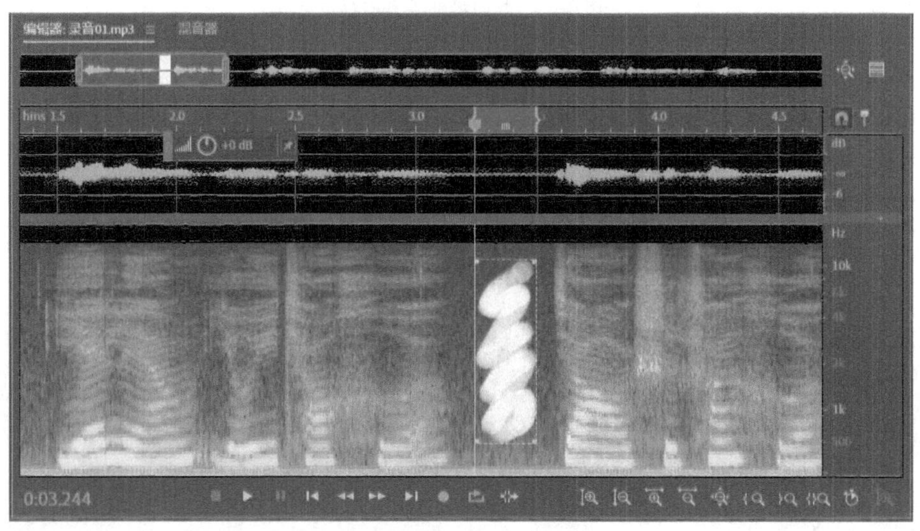

图 2-66　画笔选择工具的应用

5. 污点修复画笔工具（B）

污点修复画笔工具用于选择局部频谱并参考周边音频自动修复，相当于Photoshop中的污点修复画笔工具，如图2-67和图2-68所示。例如，该工具可用于消除咔嗒声，虽然比“自动咔嗒声移除”效果更费时，但更准确，并且对音频质量影响更少。

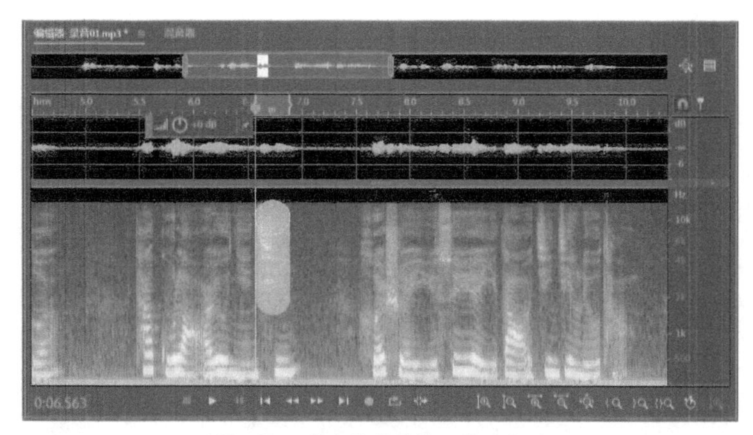

图 2-67　污点修复画笔工具的应用

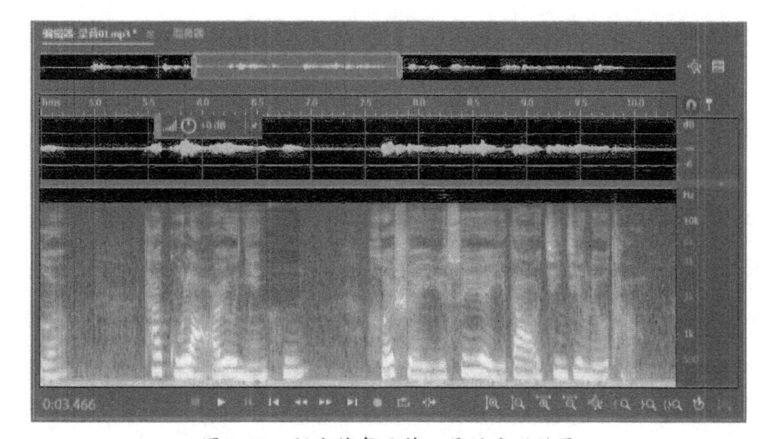

图 2-68　污点修复画笔工具的应用效果

实例：消除音频中的噪音

在自然环境下录制的音频所含噪声较多，下面介绍对音频进行降噪的处理方法，具体操作步骤如下：

步骤 01 打开准备好的音频文件“消除音频中的噪音.mp3”，如图2-69所示。单击“播放”按钮先试听一遍，会发现录音中的噪声很大。

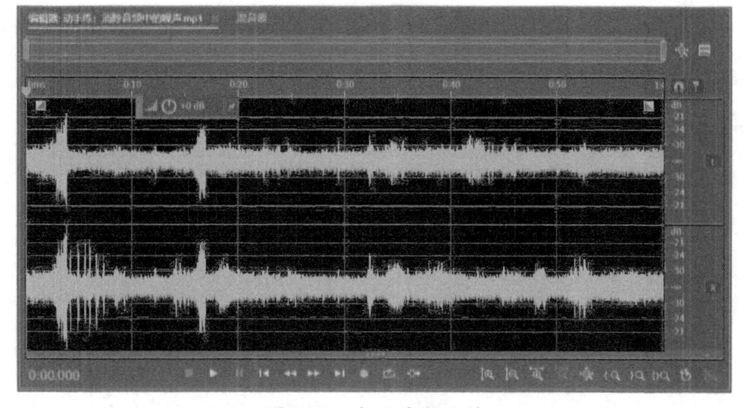

图 2-69　打开音频文件

步骤02 在工具栏中单击“显示频谱频率显示器”按钮，会在“编辑器”面板中显示频谱，如图2-70所示。

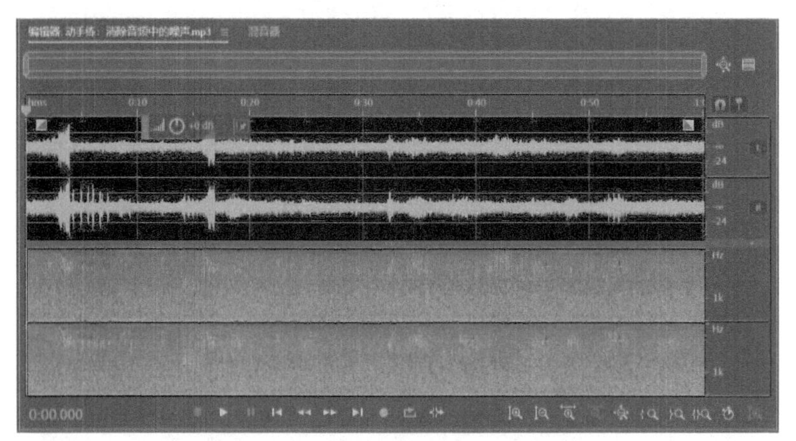

图 2-70　显示频谱

步骤03 放大时间码，使用框选工具在频谱中选择一段噪声区，如图2-71所示。

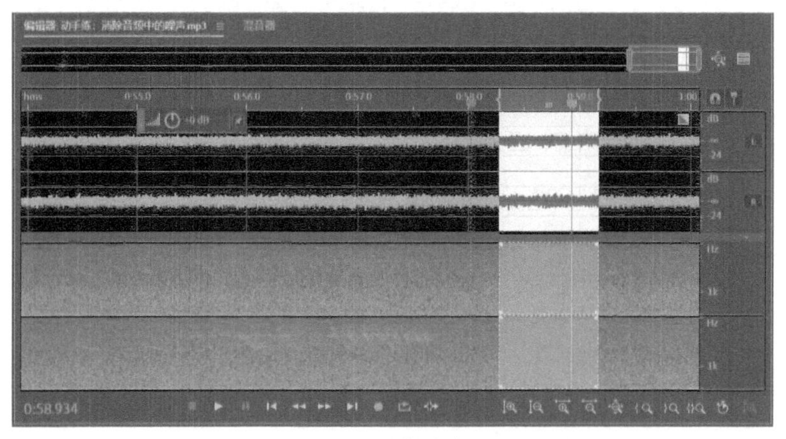

图 2-71　选择噪声区

步骤04 执行“效果”→“降噪/恢复”→“降噪（处理）”命令，打开“效果 - 降噪”对话框，先单击“捕捉噪声样本”按钮获取噪声样本，如图2-72所示。

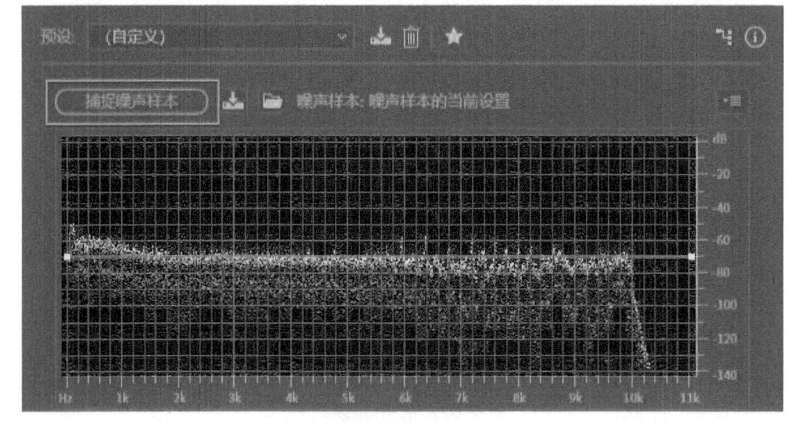

图 2-72　获取噪声样本

步骤05 在“效果 - 降噪”对话框的参数设置区域中单击“选择完整文件”按钮，然后在“编辑器”面板中选择完整的音频文件，如图2-73所示。

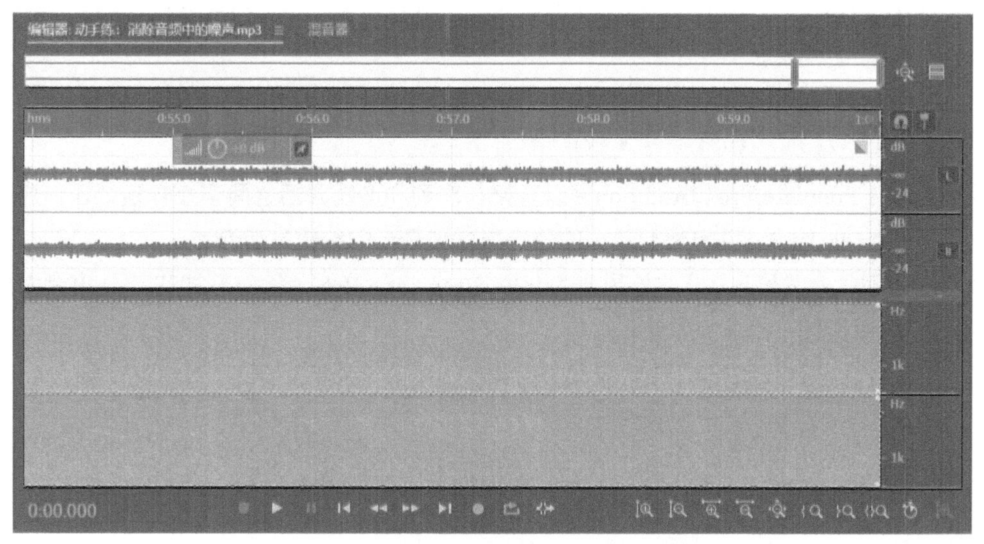

图 2-73 选择音频文件

步骤06 在“效果 - 降噪”对话框中重新调整“降噪”和“降噪幅度”参数，如图2-74所示。

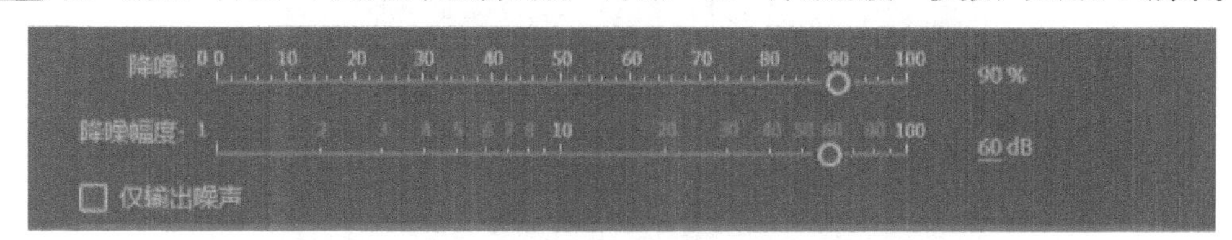

图 2-74 设置参数

步骤07 单击“应用”按钮应用效果，可以看到处理过的频谱效果，如图2-75所示。按空格键播放录音，试听降噪后的效果。

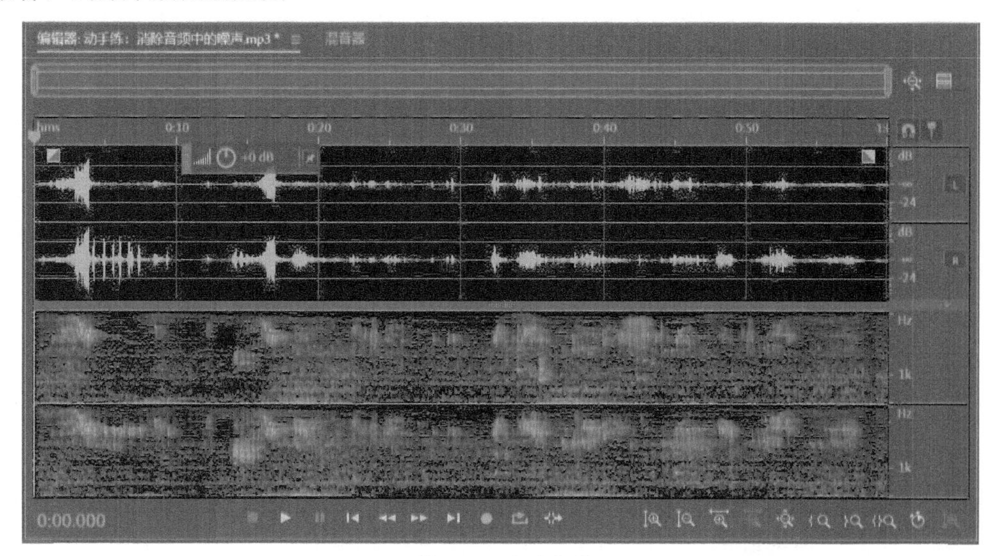

图 2-75 应用效果

2.6 音频输出

音频编辑完毕后，用户可以选择将其输出为各种格式文件，也可以直接发送到其他软件中继续编辑。

2.6.1 导出到Adobe Premiere Pro

使用Adobe Premiere Pro和Audition可以直接在序列和多轨会话之间交换音频，任何序列标记都会显示在Audition中，并可保留单独的轨道以实现最大的编辑灵活性。

执行“文件”→“导出”→“导出到Adobe Premiere Pro”命令，打开“导出到Adobe Premiere Pro”对话框，如图2-76所示。

图 2-76 “导出到 Adobe Premiere Pro”对话框

该对话框中各参数含义介绍如下：

- **采样率**：默认情况下，反映的是原始序列采样率。选择其他采样率，可以重新采样不同输出媒体的文件。
- **混音会话为**：可把会话导出为单声道文件、立体声文件或5.1文件。
- **在Adobe Premiere Pro中打开**：在Adobe Premiere Pro中自动打开序列。如果用户打算稍后编辑该序列，或把它传输到不同的计算机，可以取消勾选此复选框。

2.6.2 导出多轨混音

在完成多轨混音会话之后，用户可以采用各种常见的格式导出该会话的全部或部分音频内容。在导出时，所生成的文件会反映出混合音轨的当前音量、声像和效果设置。

执行“文件”→“导出”→“多轨混音”命令，在级联菜单中提供了3个导出选项，即“时间选区”“整个会话”“所选剪辑”。

- **时间选区：**导出被选择区域的所有音轨的音频内容。
- **整个会话：**导出完整的多轨会话内容。
- **所选剪辑：**导出选中的剪辑或剪辑片段。

执行以上操作后，都会打开“导出多轨混音”对话框，如图2-77所示，从中可按需进行设置。

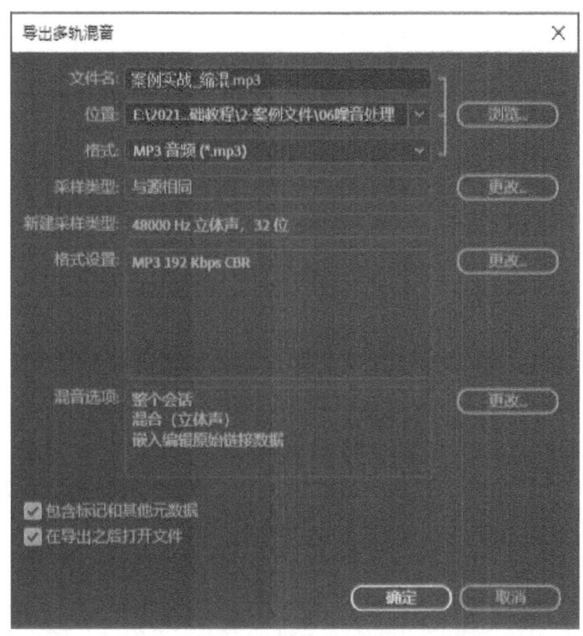

图 2-77 “导出多轨混音”对话框

课后作业

一、填空题

1. ________是指数字音频采样系统每秒对自然声波或模拟音频文件进行采样的次数。

2. 按照声波的频率不同，声音可分为________、________和________。

3. 使用“________”功能会生成选择边界，可以使选择部分的边界或播放头自动吸附到标记、标尺、剪辑、循环、过零与帧之类的项目。

4. 在Audition中，标记可以是________或者________。

二、选择题

1. 新建多轨会话的默认快捷键是（　　）。

A. Ctrl+Shift+N　　B. Ctrl+O

C. Ctrl+I　　D. Ctrl+N

2. 在多媒体计算机中用于处理声音的接口卡是（　　）。

A. 声卡　　B. 显卡

C. 麦克风　　D. 调音台

3. 以下格式中属于无损格式的是（　　）。

A. MP3　　　　B. MIDI

C. WMA　　　　D. WAV

4. 如果想要选择全部的波形，不正确的方法是（　　）。

A. 使用鼠标拖曳的方法，从头至尾选取全部波形

B. 执行“编辑”→“选择”→“全选”命令

C. 在波形上快速单击2次

D. 按Ctrl+A组合键

5. 不属于突发性环境噪声的是（　　）。

A. 咳嗽　　　　B. 机器设备发出的噪声

C. 脚步声　　　　D. 手机铃声

三、操作题

结合本模块所学的知识，新建多轨音频，导入音频素材并将其拖入音轨，调整素材位置，如图2-78所示。

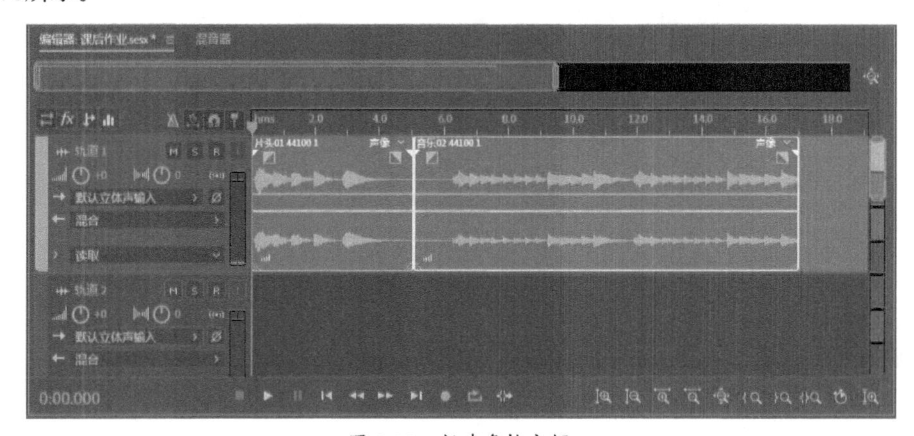

图 2-78　新建多轨音频

模块3

数字图像处理技术

内容导读

Photoshop是一款操作方便、使用范围很广的图像处理软件。本模块将从图形图像基础知识讲起，对Photoshop软件的基本操作、图像的选取、图像的编辑、图层与通道的应用、画笔的应用和滤镜效果进行讲解。

数字资源

【本模块素材】：“素材文件\模块3”目录下

3.1 图形图像基础知识

在对Photoshop的基础操作进行讲解前，本节先介绍图形图像处理的基本知识和相关专业术语。

3.1.1 图像的色彩属性

在学习图像处理之前，需先了解色彩的相关知识。

1. 色彩中的三原色

- **色光三原色：**红、绿、蓝。
- **颜料三原色：**红、黄、蓝。
- **印刷三原色：**青、品红、黄。

2. 色彩的三大属性

- **色相：**色相是色彩所呈现出来的面貌，主要用于区分颜色。在0°～360°的标准色轮上，可按位置度量色相。通常情况下，色相是以颜色的名称来识别的，如红、黄、绿等，如图3-1所示。

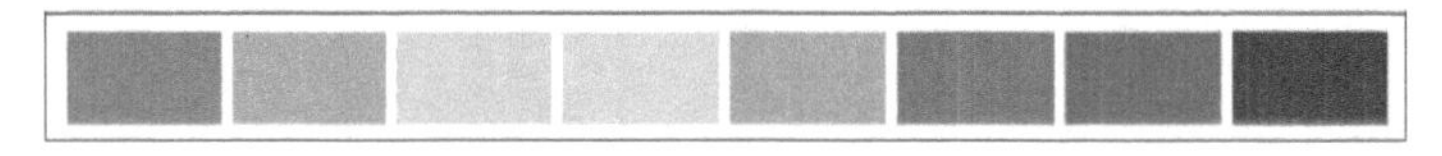

图 3-1　色相示例

- **明度：**明度是指色彩的明暗程度。通常情况下，明度的变化有两种情况，一是不同色相之间的明度变化，二是同色相的不同明度变化，如图3-2所示。在有彩色中，明度最高的是黄色，明度最低的是紫色，红、橙、蓝、绿属于中明度。在无彩色中，明度最高的是白色，明度最低的是黑色。提高色彩的明度，可以加入白色，反之加入黑色。

图 3-2　明度示例

- **纯度：**纯度是指色彩的鲜艳程度，也称“彩度”或“饱和度”。纯度是色彩感觉强弱的标志。其中，红、橙、黄、绿、蓝、紫等的纯度最高，图3-3所示为红色的不同纯度。无彩色中黑、白、灰的纯度几乎为零。

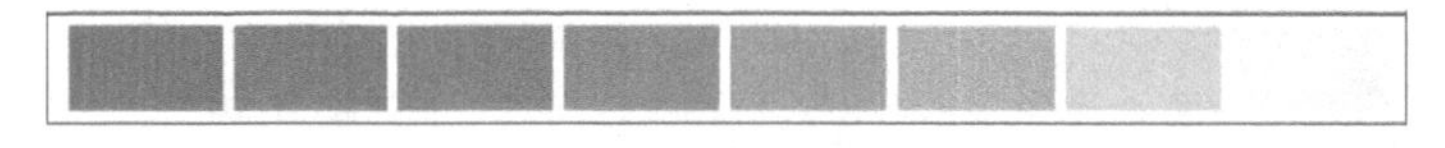

图 3-3　纯度示例

3. 色相环

色相环是以红、黄、蓝三原色为基础，经过三原色的混合产生间色、复色等，在色序系统中用来表示色相变化、排成环形的色卡。色相环有6～72色多种，以12色环为例，主要是由原色、间色、复色、冷暖色、类似色、邻近色、对比色、互补色组成。下面进行具体的介绍。

- **原色：**色彩中最基础的3种颜色，可混合生成其他颜色，但均不能通过其他两色混合生成。以颜料三原色红、黄、蓝为例，如图3-4所示。
- **间色：**又称“第二次色”，三原色中的任意两种原色相互混合而成，如图3-5所示，如红+黄=橙、黄+蓝=绿、红+蓝=紫。3种原色混合出的是黑色。
- **复色：**又称“第三次色”，由原色和间色混合而成，如图3-6所示。复色的名称一般由两种颜色组成，如黄绿、黄橙、蓝紫等。

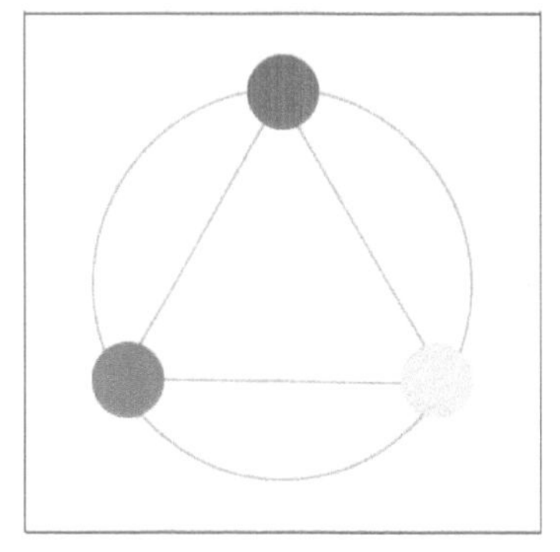
图 3-4　原色示例

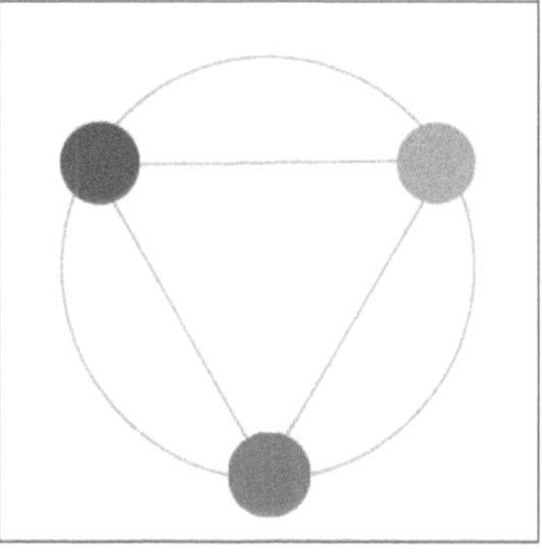
图 3-5　间色示例

图 3-6　复色示例

- **冷暖色：**在色相环中根据感官感受可分为暖色、冷色与中性色，如图3-7所示。①暖色：红、橙、黄，给人以热烈、温暖之感；②冷色：蓝、蓝绿、蓝紫，给人距离、寒冷之感；③中性色：介于冷暖之间的紫色和黄绿色。
- **类似色：**色相环夹角为60°以内的色彩为类似色，如红橙和黄橙、蓝色和紫色，如图3-8所示。其色相对比差异不大，给人统一、稳定的感觉。
- **邻近色：**色相环中夹角为60°～90°的色彩为邻近色，如红色和橙色、绿色和蓝色等，如图3-9所示。邻近色的色相近似，和谐统一，给人舒适、自然的视觉感受。

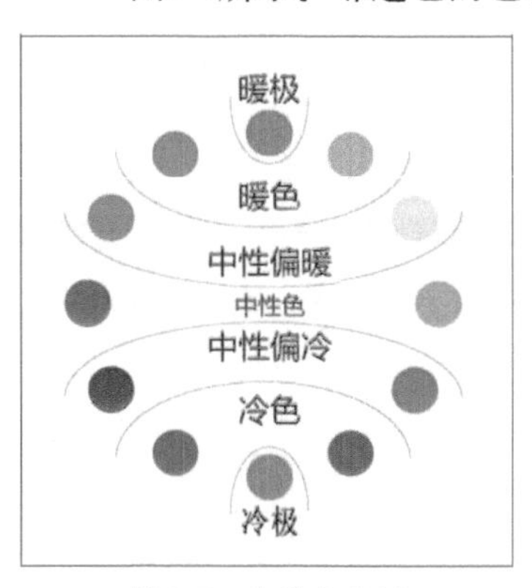

图 3-7　冷暖色示例

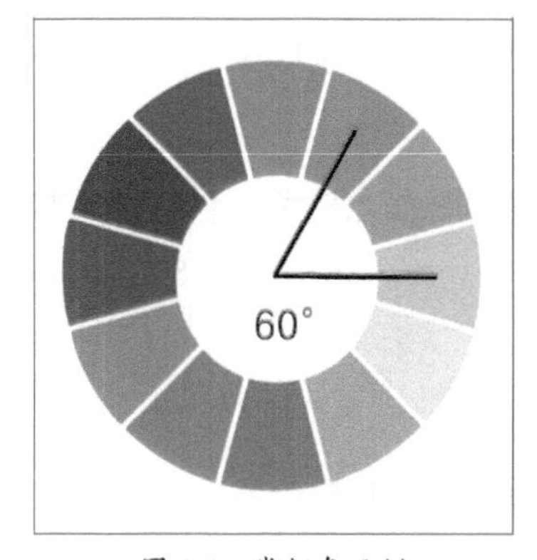

图 3-8　类似色示例

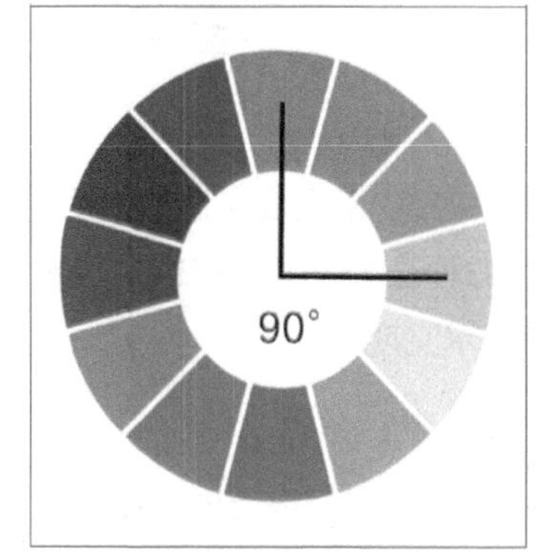

图 3-9　邻近色示例

- **对比色：**色相环中夹角为120°左右的色彩为对比色，如紫色和黄橙、红色和黄色等，如图3-10所示。对比色可使画面具有矛盾感，矛盾越鲜明，对比越强烈。
- **互补色：**色相环中夹角为180°的色彩为互补色，如红色和绿色、蓝紫色和黄色等，如图3-11所示。互补色有强烈的对比效果。

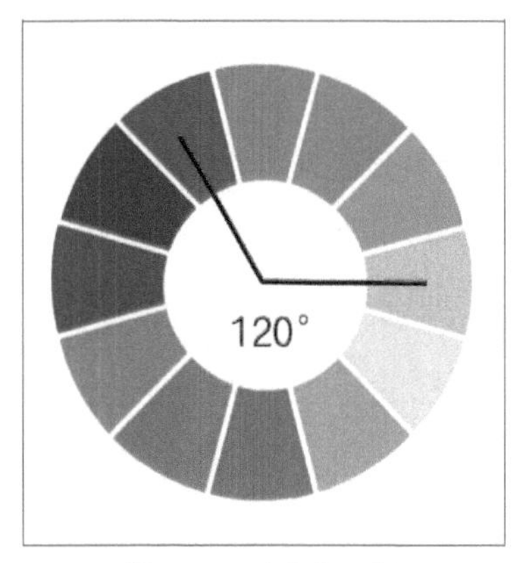

图 3-10　对比色示例

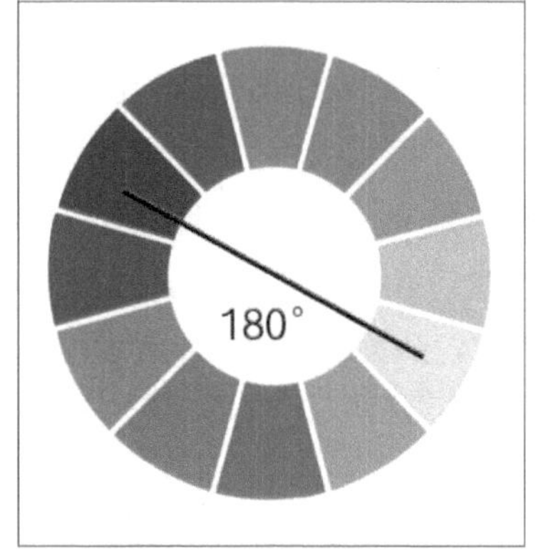

图 3-11　互补色示例

■3.1.2　图像的颜色模式

颜色模式是指同一属性下不同颜色的集合。常用的模式包括：RGB模式、CMYK模式、HSB模式、Lab模式、位图模式、灰度模式和索引模式等。

1. RGB模式

RGB模式为一种加色模式，是最基本、使用最广泛的颜色模式。绝大多数可视性光谱都是通过红色、绿色和蓝色这3种色光不同比例和强度的混合来表示的。在RGB模式中，R（red）表示红色，G（green）表示绿色，而B（blue）则表示蓝色。在这3种颜色的重叠处可以产生青色、洋红、黄色和白色。

2. CMYK模式

CMYK模式为一种减色模式，也是Illustrator默认的颜色模式。在CMYK模式中，C（cyan）表示青色，M（magenta）表示洋红色，Y（yellow）表示黄色，K（black）表示黑色。CMYK模式通过反射某些颜色的光并吸收另外颜色的光，产生各种不同的颜色。

3. HSB模式

HSB模式是人眼对色彩直觉感知的颜色模式，主要以人们对颜色的感觉为基础，描述了颜色的3种基本特性，即HSB。其中，H（hue）表示色相，S（saturation）表示饱和度，B（brightness）表示亮度。

4. Lab模式

Lab模式是最接近真实世界颜色的一种颜色模式。其中，L表示亮度，亮度范围是0～100；a表示从深绿色（低亮度值）到灰色（中亮度值）再到亮粉红色（高亮度值）的范围；b代表从深蓝色（低亮度值）到灰色（中亮度值）再到黄色（高亮度值）的范围；a和b的值域范围都是-128～+127。该模式解决了由不同的显示器和打印设备所造成的颜色差异，这种模式不依赖于设备，它是一种独立于设备存在的颜色模式，不受任何硬件性能的影响。

3.1.3 图形图像的文件格式

图形图像的文件格式是指组织和存储图形图像数据的标准方法，它规定了所使用的图形图像数据排列的方式和压缩的类型。不同的文件格式拥有不同的使用范围。在平面设计软件中常用到的文件格式如下：

1. PSD格式

PSD格式是Photoshop软件专有和默认的格式。PSD格式是唯一可支持所有颜色模式的格式，并且可以存储在Photoshop中建立的所有图层、通道、参考线、注释和颜色模式等信息，以便后续编辑时调用。对于没有编辑完成、需要继续编辑的文件最好保存为PSD格式。

2. PDF格式

PDF是Adobe公司开发的一种跨平台的通用文件格式，能够保存任何源文档的字体、格式、颜色和图形，而不要求创建该文档所使用的应用程序和平台，Adobe Illustrator和Adobe Photoshop都可直接将文件存储为PDF格式。

3. SVG格式

SVG格式是一种开放标准的矢量图形格式，使用SVG格式可以直接用代码描绘图像，可以用任何文字处理工具打开SVG图像，通过改变部分代码使图像具有交互功能，并可以随时插入到HTML中通过浏览器来观看。

4. TIFF格式

TIFF是一种灵活的位图格式，扩展名tiff或tif。作为印刷行业常用的图像格式，通用性很强，几乎所有的图像处理软件和排版软件都提供了很好的支持，因此广泛用于程序之间和平台之间进行图像数据交换。

5. GIF格式

GIF又称“图像交换格式”，是一种通用的无损压缩8位图像格式，容量较小，最高支持256种颜色，不能用于存储真彩的图像文件，大多用于网络传输。

6. JPEG格式

JPEG格式是一种高压缩比的、有损压缩、真彩色图像文件格式。JPEG格式是压缩比最高的图像格式之一，这是由于该格式在压缩保存的过程中会以失真最小的方式丢掉一些肉眼不易察觉的细节，因此保存后的图像与原图像会有所差别，在印刷出版等高要求的情形不宜使用。

7. PNG格式

PNG格式可以保存24位真彩色图像和8位灰度图像，并且支持透明背景和消除锯齿边缘，可以在不失真的情况下压缩保存图像，但由于并不是所有的浏览器都支持PNG格式，所以该格式的使用范围没有GIF和JPEG广泛。

3.1.4 图形图像的专业术语

了解一些与图形图像处理密切相关的常用术语，可以更好地学习使用Photoshop。

1. 像素

像素（pixel）是构成图像的最小单位，是图像的基本元素。若把图像放大数倍，会发现这些连续色调其实是由许多色彩相近的小方点组成的，如图3-12所示，这些小方点就是像素。图像的像素越多，色彩信息越丰富，效果就越好，如图3-13所示。

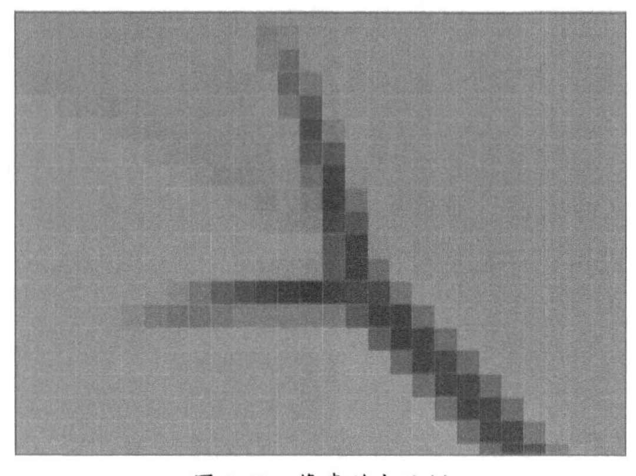

图 3-12　像素放大示例

图 3-13　像素效果示例

2. 分辨率

分辨率对于数字图像的显示及打印等方面起着至关重要的作用，通常以“宽×高”的形式表示。一般情况下，分辨率分为图像分辨率、屏幕分辨率和打印分辨率。

（1）图像分辨率

图像分辨率（ppi）通常以“像素/英寸”来表示，是指图像中每单位长度含有的像素数目，如图3-14所示。分辨率高的图像比相同打印尺寸的低分辨率图像包含更多的像素，因而图像会更加清楚、细腻。分辨率越高，图像文件越大。

（2）屏幕分辨率

屏幕分辨率是指屏幕上显示的像素个数。常见的屏幕分辨率类型有1 920×1 080、1 600×1 200、640×480。在屏幕尺寸一样的情况下，分辨率越高，显示效果就越精细。在计算机的显示设置中会显示推荐的显示分辨率，如图3-15所示。

图 3-14　设置图像分辨率

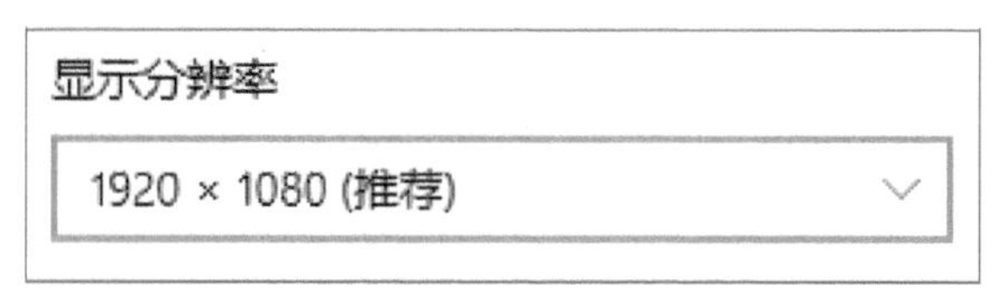

图 3-15　设置显示分辨率

（3）打印分辨率

激光打印机（包括照排机）等输出设备生成的每英寸油墨点数（dpi）就是打印分辨率。大部分桌面激光打印机的分辨率为300～600 dpi，而高档照排机能够以1 200 dpi或更高的分辨率进行打印。

3. 矢量图形

矢量图形又称为“向量图形”，内容以线条和颜色块为主，如图3-16所示。由于其线条的形状、位置、曲率和粗细都是通过数学公式进行描述和记录的，因而矢量图形与分辨率无关，能以任意大小输出，不会遗漏细节或降低清晰度，放大后也不会出现锯齿状边缘现象，如图3-17所示。

图 3-16　矢量效果示例

图 3-17　矢量放大示例

4. 位图图像

位图图像又称为“栅格图像”，是由像素组成。每个像素都被分配一个特定的位置和颜色值，按一定的次序进行排列，就组成了色彩斑斓的图像，如图3-18所示。当把位图图像放大到一定程度显示时，在计算机屏幕上可以看到一个个的小色块，如图3-19所示。这些小色块就是组成图像的像素。位图图像通过记录每个点（像素）的位置和颜色信息来保存图像，因此图像的像素越多，每个像素的颜色信息越多，图像文件也就越大。

图 3-18　位图效果示例

图 3-19　位图放大示例

3.1.5 图像素材的获取方式

图像素材的准备是图像处理的基础。获取图像素材的方法具体如下，仅供参考。

- 在搜索引擎上搜索下载，从中筛选合适的素材。
- 在免费素材网站下载图像。
- 课程、书籍赠送的素材。
- 在素材网站上购买或使用积分兑换。
- 使用手机、摄影机拍摄。
- 手绘。

提示： 网上素材的使用要注意版权问题。

3.2 Photoshop基本操作

本节将对Photoshop的基本操作进行讲解，包括启动Photoshop，认识Photoshop工作界面，新建和打开图像文件，存储、关闭和导出图像文件，以及设置前景色和背景色。

3.2.1 启动Photoshop

安装Photoshop后双击图标，显示Photoshop开始界面，如图3-20所示。该界面的上方为菜单栏，右侧为拖放文件区域。

图 3-20 Photoshop 开始界面

3.2.2 认识Photoshop工作界面

打开任意一个图像文件，进入Photoshop工作界面，该界面主要由菜单栏、选项栏、标题栏、工具栏、面板组、图像编辑窗口、状态栏组成，如图3-21所示。

A
B
C
D
E
F
G
文件(F) 编辑(E) 图像(I) 图层(L) 文字(Y) 选择(S) 滤镜(T) 3D(D) 视图(V) 增效工具 窗口(W) 帮助(H)
公益海报.psd @ 6.14%(CMYK/8) *
06·26
际 禁 毒 日

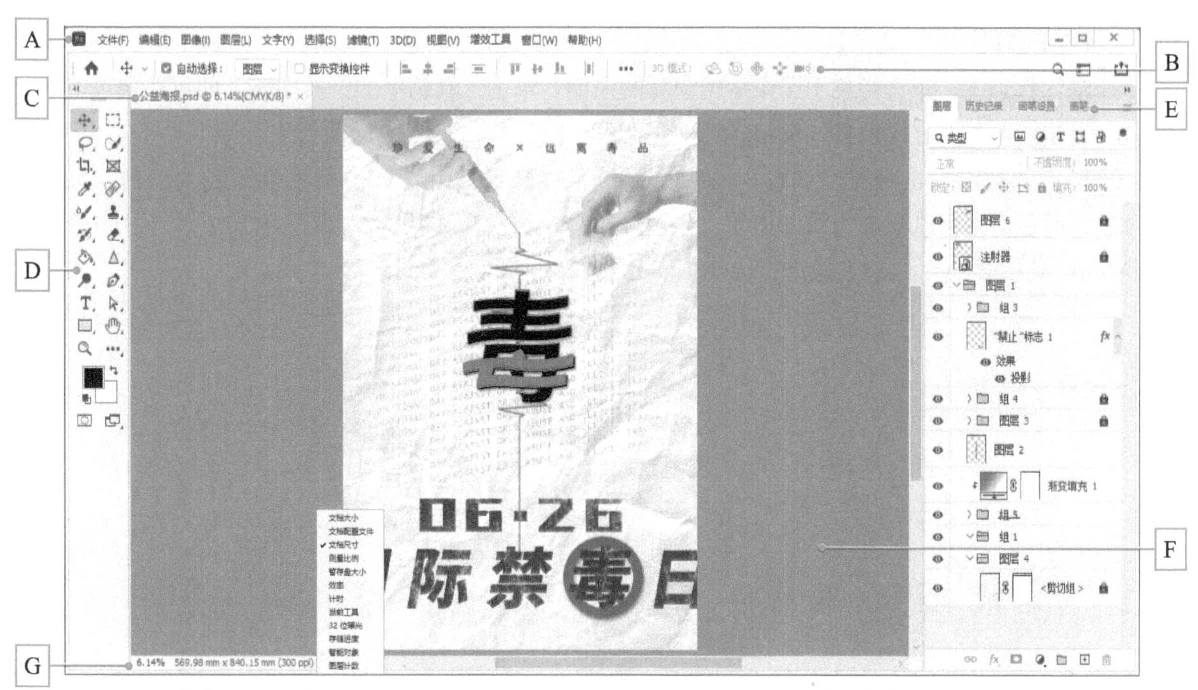

A—菜单栏；B—选项栏；C—标题栏；D—工具栏；E—面板组；F—图像编辑窗口；G—状态栏。

图 3-21　Photoshop 工作界面

下面简要介绍各部分的主要功能。

A. 菜单栏

菜单栏包括文件、编辑、图像、图层、文字等12个主菜单，如图3-22所示。每一个菜单包括多个级联菜单，通过应用这些命令可以完成大多数的编辑操作。

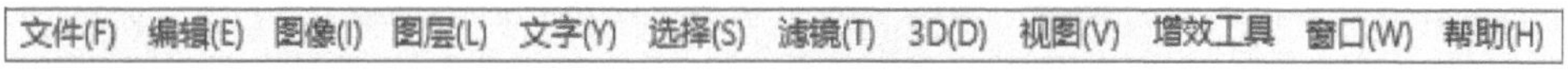

文件(F) 编辑(E) 图像(I) 图层(L) 文字(Y) 选择(S) 滤镜(T) 3D(D) 视图(V) 增效工具 窗口(W) 帮助(H)

图 3-22　菜单栏

B. 选项栏

选项栏中显示的选项会因所选对象或工具的类型而异。在工具箱中选择任意一个工具后，选项栏中就会显示相应的工具选项，图3-23所示为“矩形工具”的选项栏。执行“窗口”→“选项”命令可显示或隐藏选项栏。

形状
填充:
描边:
1 像素
W: 0 像素
H: 0 像素
15 像素
对齐边缘

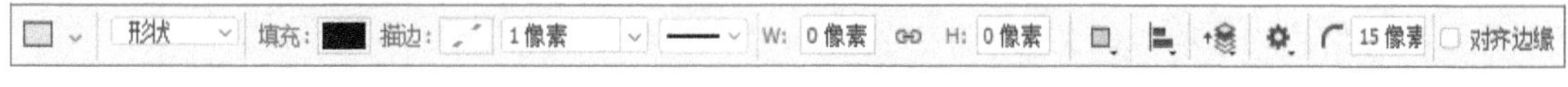

图 3-23　选项栏

C. 标题栏

当打开一张图片或者新建一个文件后，在标题栏中从左到右分别显示：文档名称、文件格式、窗口缩放比例、颜色模式等信息，如图3-24所示。

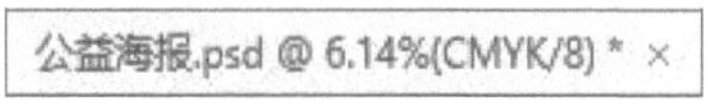

公益海报.psd @ 6.14%(CMYK/8) * ×

图 3-24　标题栏

D. 工具栏

默认状态下，工具栏位于图像编辑窗口的左侧，单击工具箱中的工具图标，即可使用该工具。单击按钮显示双排；单击按钮则显示单排。

鼠标长按或右击带有三角标志的工具图标可展开工具组，单击可更换为组内工具，如图3-25所示。也可以配合使用Shift键，如按Shift+W组合键，即可在对象选择工具、快速选择工具和魔棒工具之间进行转换。

图 3-25　工具箱

E. 面板组

面板是以面板组的形式停靠在工作界面的最右侧。在面板中可设置数值和调节功能，每个面板都可以自行组合，执行“窗口”菜单下的命令即可显示相应的面板。

F. 图像编辑窗口

图像编辑窗口是使用Photoshop设计作品的主要区域。针对图像执行的所有编辑操作都可以在图像编辑窗口中显示效果。在编辑图像的过程中，可以对该窗口进行多种操作，如改变窗口的位置、对窗口进行缩放等，拖动标题栏可将其分离为独立窗口。

G. 状态栏

状态栏位于工作界面的左下方，用于显示图像的缩放比例和其他状态信息。单击按钮，可以显示状态信息的选项，如文档大小、文档尺寸、当前工具等。

■3.2.3　新建和打开图像文件

1. 新建图像文件

执行“文件”→“新建”命令或按Ctrl+N组合键，弹出“新建文档”对话框，如图3-26所示。

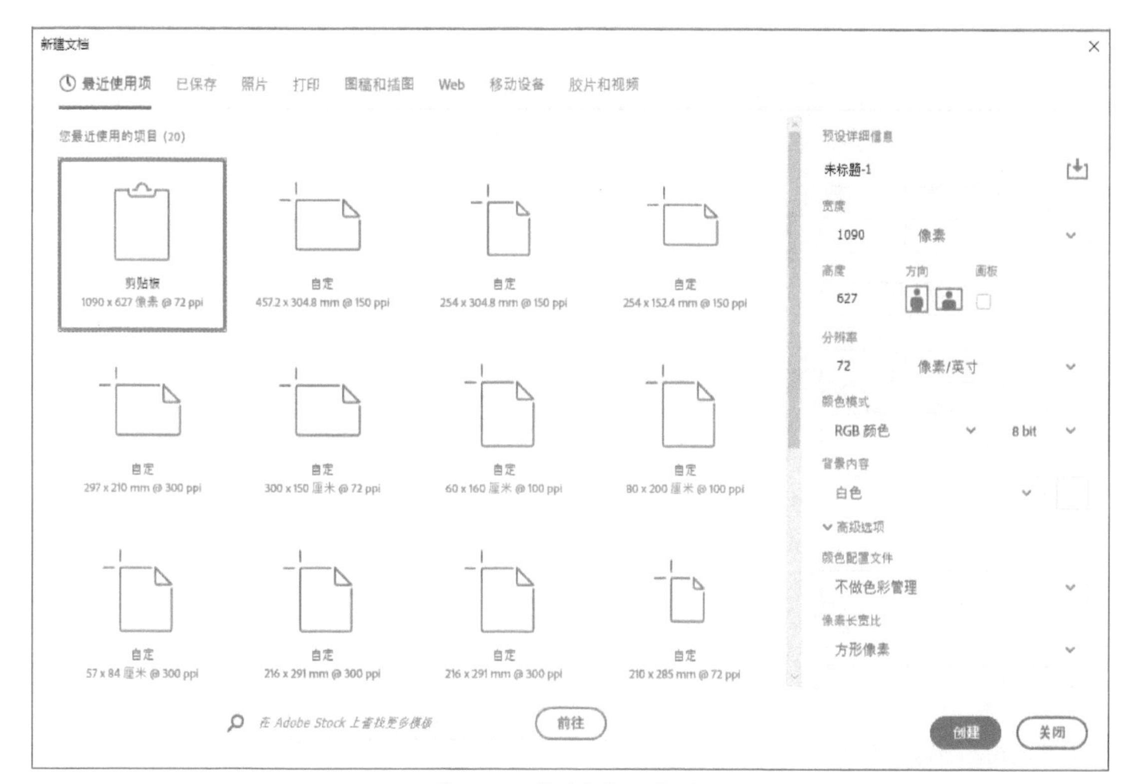

图 3-26 “新建文档”对话框

该对话框中各选项功能介绍如下：

- **最近使用项：**显示最近使用过的项目，用于设置文档的尺寸、分辨率等信息，也可单击“移动设备”“Web”等项，在其界面中选择预设模板，然后在右侧窗格中修改设置。
- **预设详细信息：**可以在其下方的文本框中输入新建文件的名称，默认为“未标题-1”。
- **宽度、高度：**设置文档尺寸，默认单位是“像素”。
- **方向：**设置文档为竖版或横版。
- **画板：**像Illustrator的工作环境一样进行编辑，即在一个文件中包含多个独立的图像文档。
- **分辨率：**设置新建文件的分辨率大小，常用的单位为“像素/英寸”与“像素/厘米”。同样的打印尺寸下，分辨率高的图像更清晰、更细腻。
- **颜色模式：**设置新建文档的颜色模式，默认为“RGB颜色”。
- **背景内容：**设置背景颜色，在该下拉列表框中有白色、背景色、透明和自定义4个选项。

2. 打开图像文件

执行“文件”→“打开”命令或按Ctrl+O组合键，打开“打开”对话框，选择目标图像，单击“打开”按钮可打开对应的文件，如图3-27所示。

执行“文件”→“最近打开文件”命令，在弹出的级联菜单中会列出最近打开的图像文件，选择对应的名称可快速打开对应的文件。

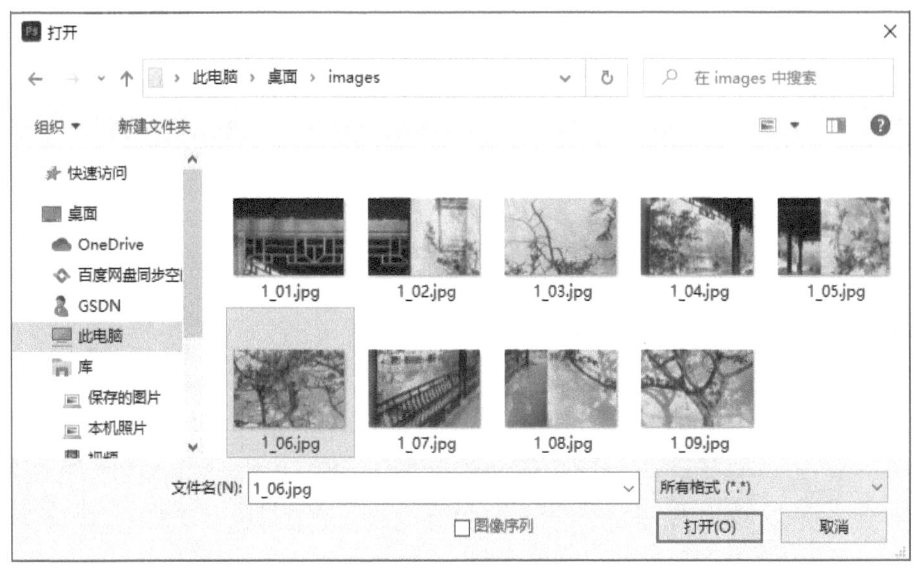

图 3-27　打开文档

■3.2.4　存储、关闭、导出图像文件

1. 存储图像文件

如果以当前文件的格式和文件名保存，可执行“文件”→“存储”命令或按Ctrl+S组合键，新保存的文档会覆盖原始文档。如果以不同格式或不同文件名进行保存，应执行“文件”→“存储为”命令，或按Ctrl+Shift+S组合键，弹出“存储为”对话框，在“文件名”右侧填写新名称，在“保存类型”下拉列表框中选择所需格式，如图3-28所示。

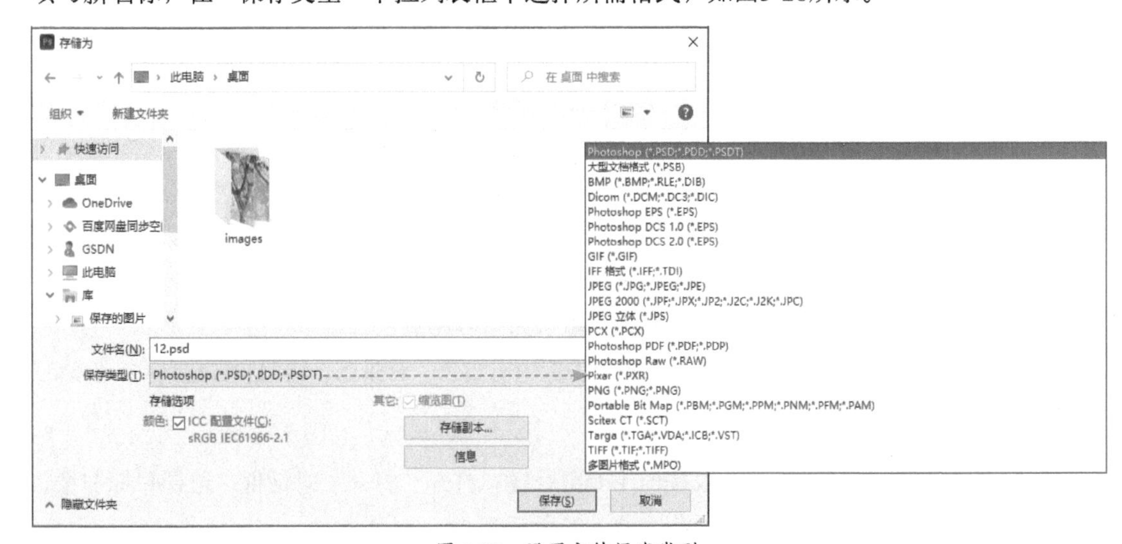

图 3-28　设置文件保存类型

2. 关闭图像文件

当文件存储完成，无须再进行操作时，便可关闭文件。

- 单击图像标题栏最右端的“关闭” 按钮，可关闭当前图像文件。
- 执行“文件”→“关闭”命令，或按Ctrl+W组合键，可关闭当前图像文件。
- 执行“文件”→“关闭全部”命令，或按Ctrl+Alt+W组合键，可关闭图像编辑窗口区中打开的所有图像文件。
- 执行“文件”→“退出”命令，或按Ctrl+Q组合键，可退出Photoshop。

如果在关闭图像文件之前没有保存修改过的图像文件，系统将弹出如图3-29所示的提示信息框，询问用户是否保存对文件所做的修改，根据需要单击相应按钮即可。

图 3-29 提示信息框

3. 导出图像文件

可以将在Photoshop中所绘制的图像、画板或路径等导出为相应的文件格式或导出至相应的软件。执行“文件”→“导出”命令，在其级联菜单中选择相应的命令即可，如图3-30所示。

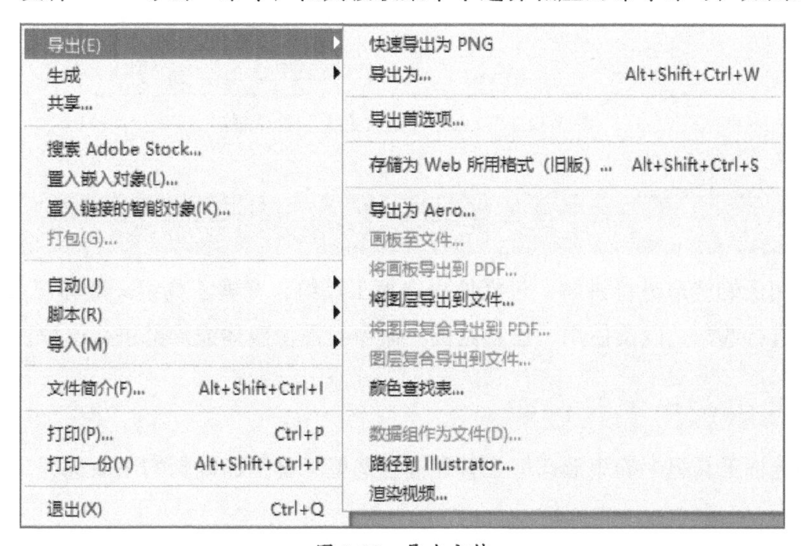

图 3-30 导出文件

3.2.5 设置前景色和背景色

当前的前景色与背景色显示在工具箱下方的颜色选择框中，默认前景色是黑色，默认背景色是白色，如图3-31所示。使用吸管工具可以从当前图像的任何位置拾取前景色，按住Alt键可拾取背景色。选择油漆桶工具，单击当前图像中的任意位置，即可以前景色进行填充。

图 3-31 设置前景色/背景色

- **前景色：**单击该按钮，在弹出的拾色器中可选取一种颜色为前景色。
- **背景色：**单击该按钮，在弹出的拾色器中可选取一种颜色为背景色。
- **切换前景色和背景色按钮：**单击该按钮或按X键，可切换前景色和背景色。
- **默认前景色和背景色按钮：**单击该按钮或按D键，可恢复默认前景色和背景色。

在Adobe拾色器中可以使用4种颜色模型来选取颜色：HSB、RGB、Lab和CMYK。使用拾色器可以设置前景色、背景色和文本颜色。也可以为不同的工具、命令和选项设置目标颜色。图3-32所示为“拾色器（前景色）”对话框。

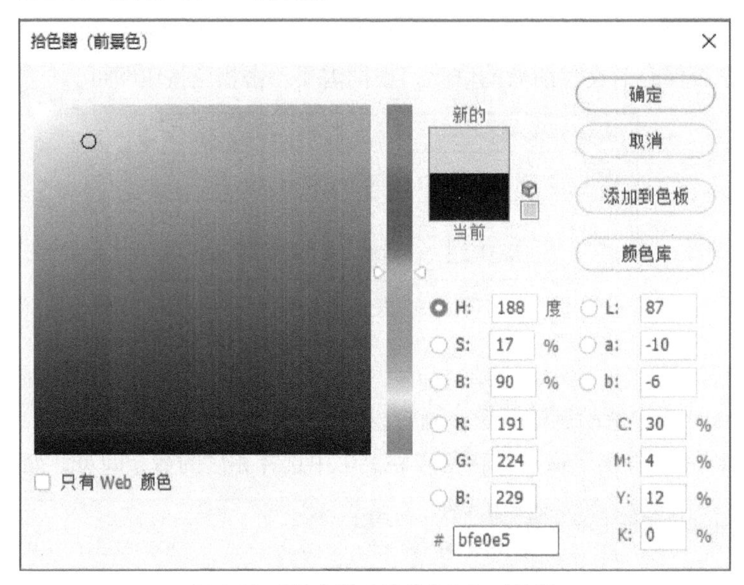

图 3-32 “拾色器（前景色）”对话框

3.3 图像的选取

本节将对图像的选取进行讲解，包括使用选框工具组、套索工具组、魔棒工具组、钢笔工具组中的工具进行选取，以及使用“色彩范围”命令对图像整体或局部进行选取。

3.3.1 使用选框工具选取

可以使用选框工具组中的矩形选框工具和椭圆选框工具创建规则的图像选区。

1. 矩形选框工具

使用矩形选框工具可以在图像中绘制矩形或正方形选区。选择矩形选框工具，在图像中单击并拖动光标，可绘制出矩形选框，框内的区域就是选区，如图3-33所示；按住Shift键的同时在图像中单击并拖动光标，绘制出的即为正方形选区，如图3-34所示。

图 3-33　绘制矩形选区

图 3-34　绘制正方形选区

2. 椭圆选框工具

使用椭圆选框工具可以在图像中绘制椭圆形或正圆形选区。选择椭圆选框工具，在图像中单击并拖动光标，可绘制出椭圆形选区，如图3-35所示；按住Shift键的同时在图像中单击并拖动光标，绘制出的即为正圆形选区，如图3-36所示。

图 3-35　绘制椭圆形选区

图 3-36　绘制正圆形选区

3.3.2　使用套索工具选取

可以使用套索工具组中的套索工具、多边形套索工具和磁性套索工具创建不规则的图像选区。

1. 套索工具

使用套索工具可以创建任意形状的不规则选区。选择套索工具，按住鼠标进行绘制，释放鼠标后即可创建选区，如图3-37所示；按住Shift键拖动绘制可添加选区，按住Alt键拖动绘制可减去选区。按Ctrl+X组合键剪切选区，按Ctrl+V组合键粘贴选区，最终效果如图3-38所示。

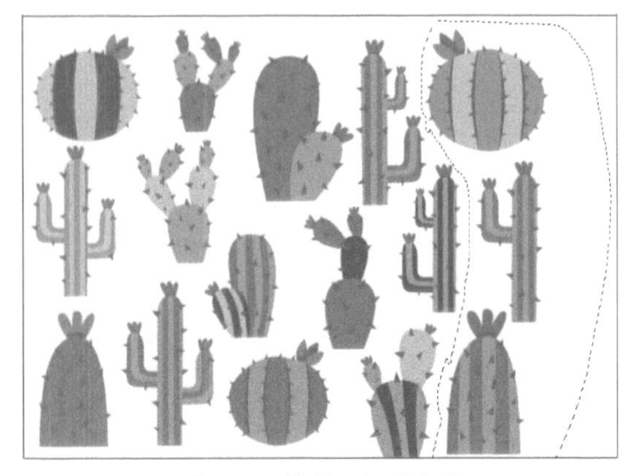

图 3-37　绘制不规则选区

图 3-38　剪切、粘贴选区效果

2. 多边形套索工具

使用多边形套索工具可创建不规则形状的多边形选区。选择多边形套索工具，单击创建起始点，沿着要绘制的选区的轨迹依次单击鼠标创建其他锚点，然后将光标移动到起始点，当光标变成形状时单击，即可创建多边形选区，如图3-39所示。按Ctrl+J组合键通过复制选区中的图像创建新图层，隐藏背景图层，最终效果如图3-40所示。

图 3-39　绘制不规则形状的多边形选区

图 3-40　应用效果

3. 磁性套索工具

磁性套索工具适用于快速选择与背景图像对比强烈且边缘复杂的对象。选择磁性套索工具，移动光标至图像边缘单击以确定第1个锚点，沿着图像的边缘移动光标可自动生成锚点，移动光标回到起始点，当光标变为形状时单击，即可创建出精确的不规则选区，如图3-41所示，按Ctrl+J组合键通过复制选区中的图像创建新图层，隐藏背景图层，最终效果如图3-42所示。

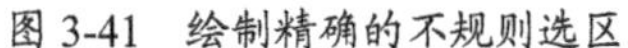

图 3-41　绘制精确的不规则选区

图 3-42　应用效果

■3.3.3　使用魔棒工具选取

可以使用魔棒工具组中的对象选择工具、快速选择工具和魔棒工具快速选择图像。

1. 对象选择工具

使用对象选择工具可简化在图像中选择对象区域的过程，包括人物、汽车、宠物、天空、水、建筑物、山脉等。选择对象选择工具，在对象周围拖动绘制选区，如图3-43所示，系统会自动识别选区内的对象，如图3-44所示。

图 3-43　拖动绘制选区

图 3-44　自动识别选区内对象的效果

2. 快速选择工具

使用快速选择工具可调整的圆形画笔笔尖可快速创建选区，拖动工具时，选区会向外扩展并自动查找和跟随图像中定义的边缘。

选择快速选择工具，在需要选择的图像上单击并拖动鼠标创建选区，如图3-45所示；按Shift键拖动绘制可添加选区，按Alt键拖动绘制可减去选区。按Ctrl+Shift+I组合键反选选区，按Delete键删除选区中的图像，按Ctrl+D组合键取消选区，最终效果如图3-46所示。

图 3-45　快速创建选区

图 3-46　应用效果

3. 魔棒工具

使用魔棒工具可以选择颜色一致或相近的区域，而不必跟踪其轮廓；只需在图像中颜色相近的区域单击，即可快速选择色彩差异小的图像区域。

选择魔棒工具，将光标移动到图像中需要创建选区的区域，当光标变为形状时单击，即可快速创建选区，如图3-47所示；按Shift键拖动绘制可添加选区，按Delete键可删除选区中的图像。按Ctrl+D组合键取消选区，最终效果如图3-48所示。

图 3-47　创建颜色相近部分的选区

图 3-48　应用效果

提示：在对象选择工具、快速选择工具或魔棒工具的选项栏中单击“选择主体”按钮，或执行“选择”→“主体”命令，可快速选择主体。

■3.3.4　使用钢笔工具选取

使用钢笔工具组中的钢笔工具和弯度钢笔工具不仅可以绘制矢量图形，也可以对图像进行细致的抠取。

1. 钢笔工具

钢笔工具是最基本的路径绘制工具，可以用于创建或编辑直线、曲线及自定义形状。

选择钢笔工具，在选项栏中将其设置为“路径”模式，沿图像边缘绘制路径后可创建选区，如图3-49所示。按Ctrl+Shift+I组合键反选选区，按Delete键删除选区，按Ctrl+D组合键取消选区，最终效果如图3-50所示。

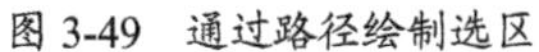
图 3-49　通过路径绘制选区

图 3-50　应用效果

2. 弯度钢笔工具

使用弯度钢笔工具可以轻松绘制平滑曲线和直线段，在设计中创建自定义形状或定义精确的路径，无须切换工具就能创建、切换、编辑、添加或删除平滑点或角点。

使用弯度钢笔工笔确定起始点，绘制第2个点生成直线段，如图3-51所示，绘制第3个点，这3个点就会形成一条连接的曲线，将光标移到锚点处，当光标变成形状时，可随意移动锚点的位置，如图3-52所示。

图 3-51　绘制锚点生成直线段

图 3-52　应用效果

3.3.5　使用“色彩范围”命令选取

“色彩范围”命令的原理是根据色彩范围创建选区，主要针对色彩进行操作。执行“选择”→“色彩范围”命令，在图像文件中移动光标，当光标变为吸管工具形状，在需要选取的图像颜色上单击，再单击“确定”按钮，可创建如图3-53所示的选区；按Shift+F5组合键可填充选区，如图3-54所示为填充白色后的效果。

图 3-53 应用“色彩范围”命令

图 3-54 填充效果

3.4 图像的编辑

本节将对图像的编辑进行讲解，包括调整图像大小、变换图像、修复图像、恢复图像、填充图像和图像色彩的调整。

3.4.1 调整图像大小

使用裁剪工具可以裁掉多余的图像，并重新定义画布的大小。选择裁剪工具，拖动裁剪框定义画布大小，也可以在该工具的选项栏（图3-55）中设置图像的约束方式和比例参数精确操作。

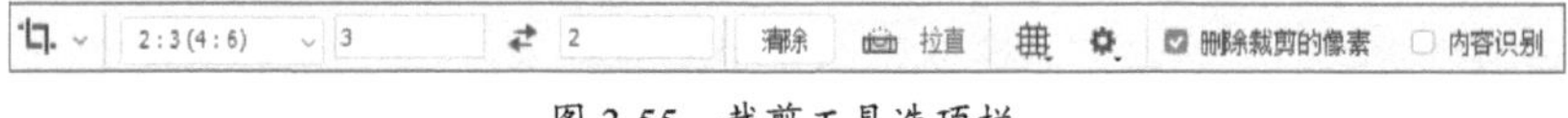

图 3-55 裁剪工具选项栏

裁剪框的周围有8个控制点，裁剪框内是要保留的区域，裁剪框外是要删除的区域（变暗显示）。拖曳裁剪框至合适大小，如图3-56所示，按Enter键完成裁剪，如图3-57所示。

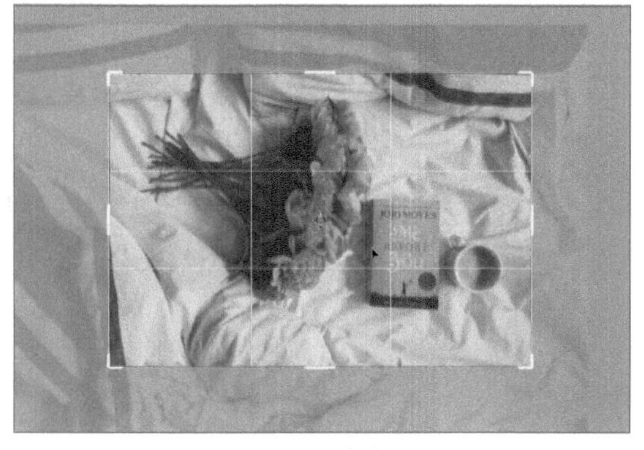

图 3-56 创建裁剪框

图 3-57 裁剪效果

此外，也可以执行“图像大小”“画布大小”命令调整图像和画布的尺寸。

1. 图像大小

执行“图像”→“图像大小”命令，或者按Ctrl+Alt+I组合键，在弹出的“图像大小”对话框中可设置文档的高度、宽度、分辨率，以确定图像的大小。

2. 画布大小

执行“图像”→“画布大小”命令，或者按Ctrl+Alt+C组合键，在弹出的“画布大小”对话框中可设置扩展图像的宽度和高度，并对扩展区域进行定位。

3.4.2 图像的变换

可以使用选择工具或执行变换命令，对图像进行移动、旋转、缩放、扭曲、斜切等操作。

1. 选择工具

使用选择工具可以选择、移动、复制图像。选择选择工具，在选项栏中勾选“自动选择”自动选择复选框，单击即可选中要移动的图层/图层组。

若要复制图像，可使用移动工具选中图像，按Ctrl+C组合键复制图像，按Ctrl+V组合键粘贴图像，同时产生一个新的图层，最后按Shift+Ctrl+V组合键原位粘贴图像，如图3-58和图3-59所示。

图 3-58 复制、原位粘贴图像

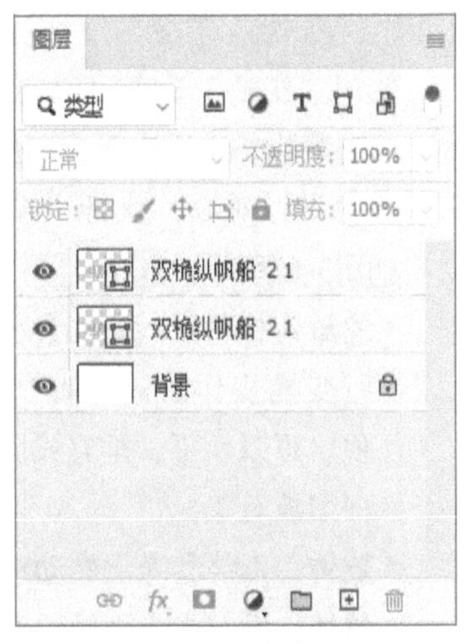

图 3-59 创建新图层

提示： 除了使用快捷键复制、粘贴图像，还可以在使用移动工具移动图像时，按住Alt键拖动，即可复制图像。

2. “自由变换”命令

执行“编辑”→“自由变换”命令，或按Ctrl+T组合键，图像周围将显示定界框，拖曳任意控制点可放大或缩小图像，如图3-60所示；将光标放于定界框四角的控制点上，当光标变为形状时，可旋转图像，如图3-61所示；按住Ctrl键的同时拖曳定界框四周的控制点可进行透视调整，按住Ctrl键的同时拖曳定界框边框的中心控制点可以斜切图像。

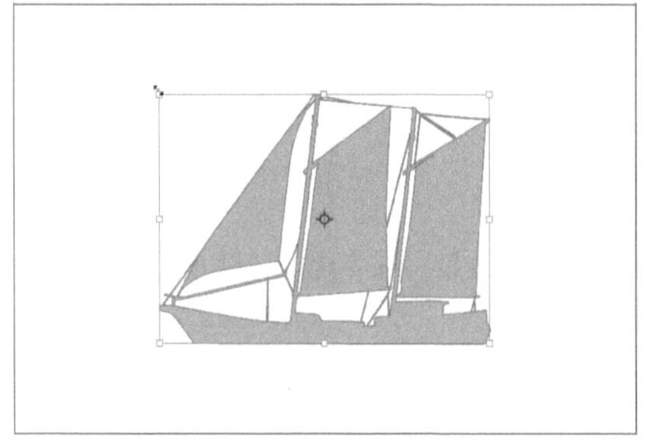

图 3-60　创建自由变换定界框

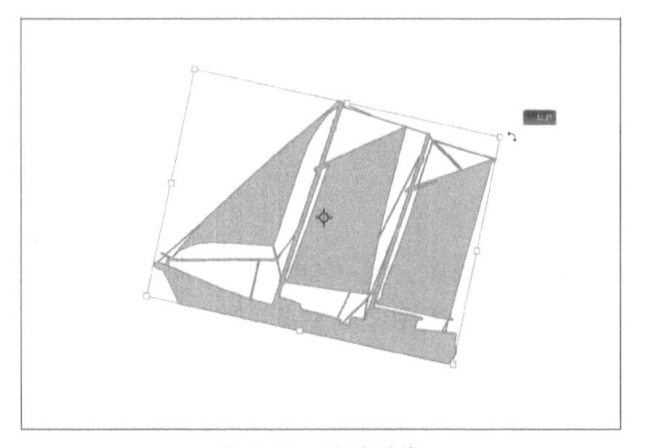

图 3-61　旋转图像

提示： 在Photoshop的新版本中是没有默认参考点的，如图3-62所示。在选项栏中勾选“切换参考点”复选框，默认为中心点，如图3-63所示，即可设置参考点的位置，如图3-64所示。

图 3-62　默认没有参考点

图 3-63　参考点的默认位置

图 3-64　设置参考点的位置

3. “变换”命令

使用“变换”命令可以向选区中的图像、整个图层、多个图层/图层蒙版、路径、矢量形状、矢量蒙版、选区边界或Alpha通道应用变换。

选中目标对象，执行“编辑”→“变换”命令，在弹出的级联菜单中提供了多个变换命令，如图3-65所示。

- **缩放：** 相对于对象的参考点（围绕其执行变换操作的固定点）放大或缩小对象。可以水平、垂直或同时沿这两个方向缩放对象。
- **旋转：** 围绕参考点转动对象。
- **斜切：** 垂直或水平倾斜对象。
- **扭曲：** 将对象向各个方向伸展。
- **透视：** 对对象应用单点透视。
- **变形：** 变换对象的形状。
- **旋转180度、顺时针旋转90度、逆时针旋转90度：** 通过指定度数旋转对象，沿顺时针或逆时针方向按指定度数旋转对象。
- **水平翻转、垂直翻转：** 水平或垂直翻转对象。

变换
自动对齐图层...
自动混合图层...
天空替换...
定义画笔预设(B)...
定义图案...
定义自定形状...
清理(R)
Adobe PDF 预设...
预设
远程连接...
颜色设置(G)...　Shift+Ctrl+K
指定配置文件...
转换为配置文件(V)...
键盘快捷键...　Alt+Shift+Ctrl+K
菜单(U)...　Alt+Shift+Ctrl+M
工具栏...
首选项(N)

再次(A)　Shift+Ctrl+T
缩放(S)
旋转(R)
斜切(K)
扭曲(D)
透视(P)
变形(W)
水平拆分变形
垂直拆分变形
交叉拆分变形
移去变形拆分
转换变形锚点
切换参考线
旋转 180 度(1)
顺时针旋转 90 度(9)
逆时针旋转 90 度(0)
水平翻转(H)
垂直翻转(V)

图 3-65　“变换”命令级联菜单

■3.4.3 图像的修复

使用仿制图章工具与修复工具组中的污点修复画笔工具、修补工具等可以很好地修复图像瑕疵。

1. 仿制图章工具

仿制图章工具的使用可分为两步，即取样和复制。选择仿制图章工具，在选项栏中设置参数后，按住Alt键先对源区域进行取样，如图3-66所示，释放Alt键后在目标区域里单击并拖动鼠标，即可在需要修复的图像区域仿制出取样处的图像内容，效果如图3-67所示。

图 3-66　原图像区域

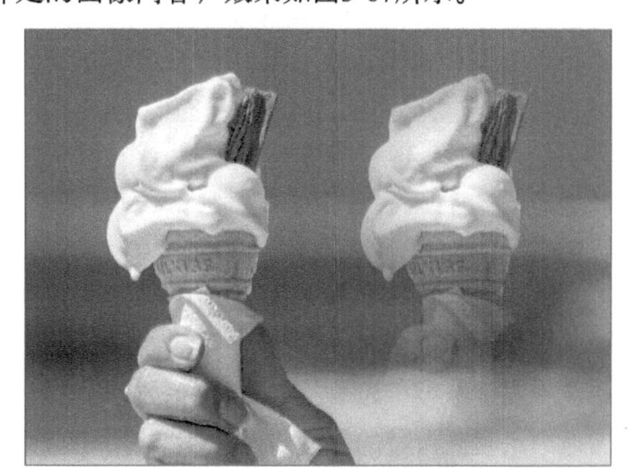

图 3-67　应用效果

2. 污点修复画笔工具

污点修复画笔工具用于修复瑕疵。选择污点修复画笔工具，在选项栏中设置参数后，将光标移动到需要修复的区域进行涂抹，如图3-68所示，释放鼠标后系统将自动修复，效果如图3-69所示。

图 3-68　涂抹污点

图 3-69　修复效果

3. 修补工具

使用修补工具可以将样本像素的纹理、光照、阴影与源像素进行匹配。选择修补工具，在选项栏中设置参数后，沿需要修补的部分绘制出一个随意性的选区，如图3-70所示，拖动选区到其他空白区域，释放鼠标即可用其他区域的图像修补有缺陷的图像区域，效果如图3-71所示。

图 3-70　创建修补选区

图 3-71　修补效果

■3.4.4　图像的恢复

使用历史记录画笔工具可以还原原始图像或某个步骤的图像。选择历史记录画笔工具，在其选项栏中设置画笔大小、模式、不透明度和流量等参数，完成后单击并按住鼠标不放，在图像中需要恢复的位置拖动，光标经过的位置即会恢复为上一步中对图像进行操作的效果，而图像中未被修改过的区域将保持不变，如图3-72～图3-74所示。

图 3-72　原图

图 3-73　去色处理

图 3-74　部分恢复效果

历史记录画笔工具通常与“历史记录”历史记录面板搭配使用。

执行“窗口”→“历史记录”命令，弹出“历史记录”面板，如图3-75所示。在操作过程中可随时修改画笔源、从当前状态创建新文档和创建快照：单击按钮可设置历史记录画笔的源，如图3-76所示；选择任意一个操作步骤，单击按钮可从当前状态创建新文档；单击按钮，可创建快照，如图3-77所示。

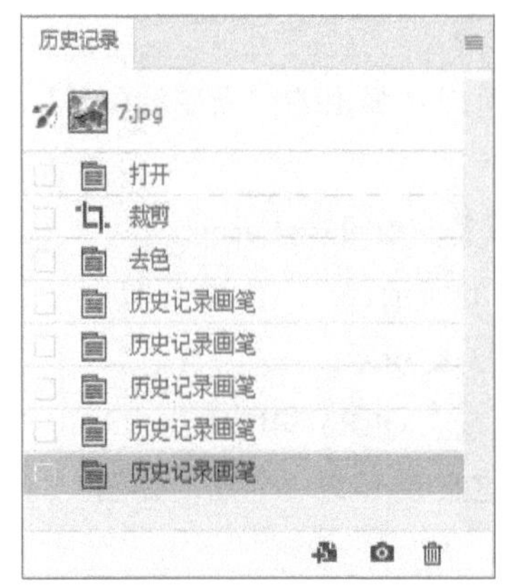

图 3-75 “历史记录”面板

图 3-76 设置历史记录画笔源

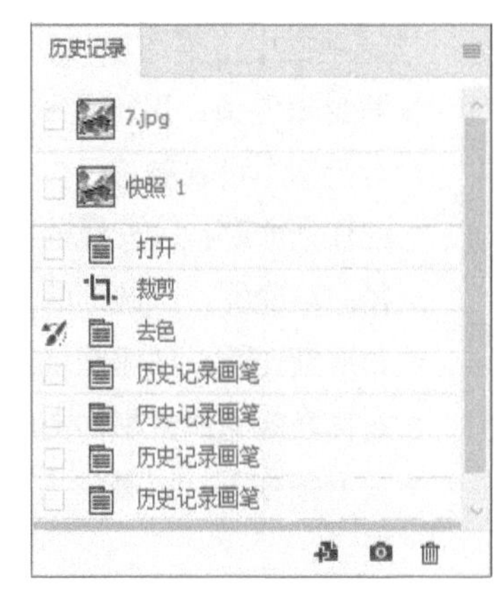

图 3-77 创建快照

■3.4.5 图像的填充

在Photoshop中，可以使用油漆桶工具填充纯色和图案，使用渐变工具填充渐变。在“渐变”“色板”“图案”面板中可以填充预设颜色。

1. 油漆桶工具

使用油漆桶工具可以在图像中填充前景色和图案。选择油漆桶工具，设置前景色，填充的是与鼠标吸取处颜色相近的区域，如图3-78所示；新建图层后创建选区，填充的则是当前选区，如图3-79所示。在选项栏中切换填充为“图案”，在右侧的下拉列表中可选择相应的图案。

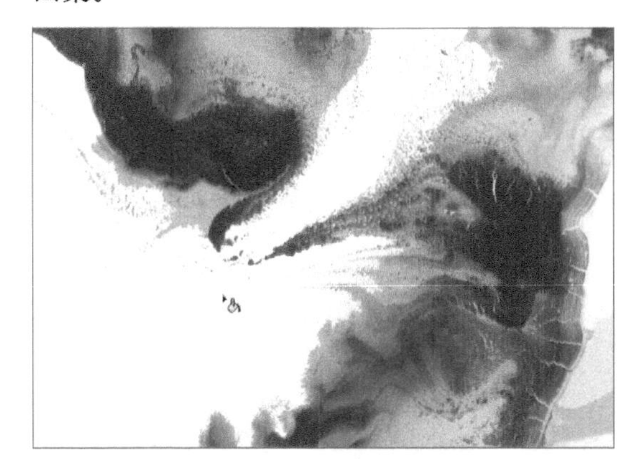

图 3-78 应用“油漆桶”工具

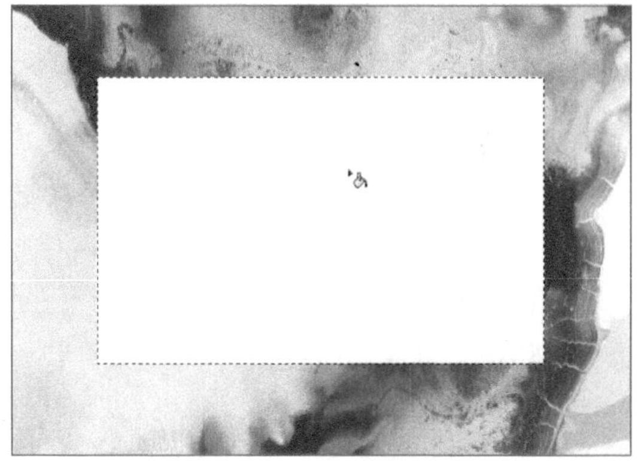

图 3-79 填充当前选区

2. 渐变工具

渐变工具的应用范围非常广泛，不仅可以填充图像，还可以填充图层蒙版、快速蒙版和通道等。使用渐变工具可以创建多种颜色之间的逐渐混合。选择渐变工具，其选项栏如图3-80所示。

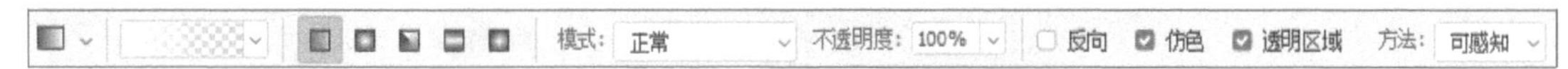

图 3-80 渐变工具选项栏

该选项栏中主要选项的功能介绍如下：

- **渐变颜色条**：用于显示当前渐变颜色。单击渐变颜色条，可以在弹出的“渐变编辑器”对话框中设置颜色。
- **线性渐变**：以直线的方式从不同方向创建起点到终点的渐变，如图3-81所示。
- **径向渐变**：以圆形的方式创建起点到终点的渐变，如图3-82所示。
- **角度渐变**：创建围绕起点以逆时针扫描方式的渐变，如图3-83所示。
- **对称渐变**：使用均衡的线性渐变在起点的任意一侧创建渐变，如图3-84所示。
- **菱形渐变**：以菱形方式从起点向外产生渐变，终点用于定义菱形的一个角，如图3-85所示。

图 3-81 线性渐变

图 3-82 径向渐变

图 3-83 角度渐变

图 3-84 对称渐变

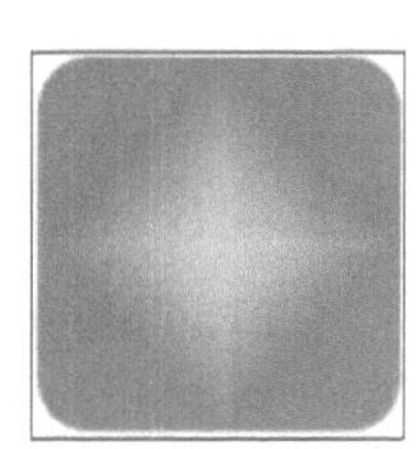
图 3-85 菱形渐变

- **模式**：设置应用渐变时的混合模式。
- **不透明度**：设置应用渐变时的不透明度。
- **反向**：选中该复选框，得到反方向的渐变效果。
- **仿色**：选中该复选框，可以使渐变效果更加平滑，防止打印时出现条带化现象，但在显示屏上不能明显显示出来。
- **透明区域**：选中该复选框，可以创建包含透明像素的渐变。

3. “渐变”“色板”“图案”面板

在“渐变”“色板”“图案”面板中可以使用预设颜色、图案进行快捷填充。

(1)“渐变”面板

执行“窗口”→“渐变”命令，弹出“渐变”面板，如图3-86所示。单击相应的渐变预设即可应用渐变。若要更改部分颜色，可在“渐变工具”状态下，单击渐变颜色条，在弹出的“渐变编辑器”对话框中进行更改，如图3-87所示。

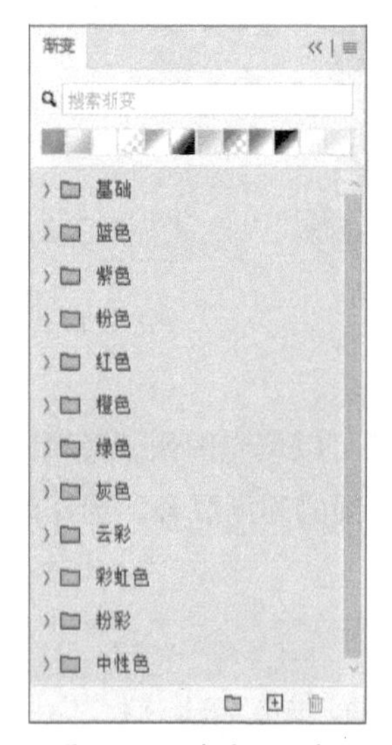

图 3-86 “渐变”面板

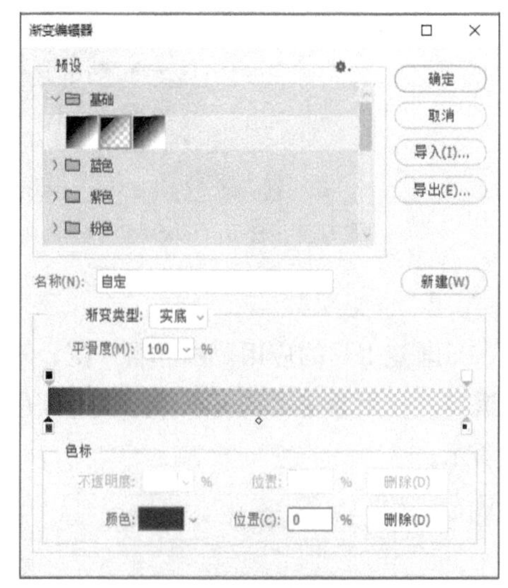

图 3-87 “渐变编辑器”对话框

在“渐变编辑器”对话框中设置完参数，使用“渐变工具”在图像上自右向左创建默认线性渐变，如图3-88和图3-89所示。

图 3-88 创建默认线性渐变

图 3-89 渐变效果

（2）“色板”面板

执行“窗口”→“色板”命令，弹出“色板”面板，如图3-90所示。单击相应的颜色即可将其设置为前景色，按住Ctrl键可将其设置为背景色。

（3）“图案”面板

执行“窗口”→“图案”命令，弹出“图案”面板，如图3-91所示。创建选区后，在“图案”面板中选择任意图案拖动至选区，即可填充选区，如图3-92所示。

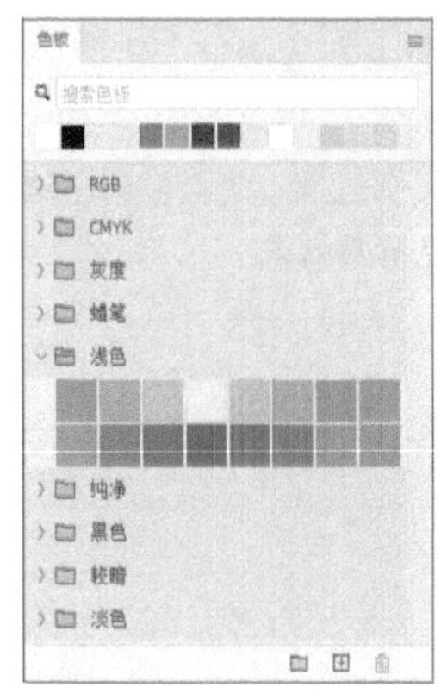

图 3-90 “色板”面板

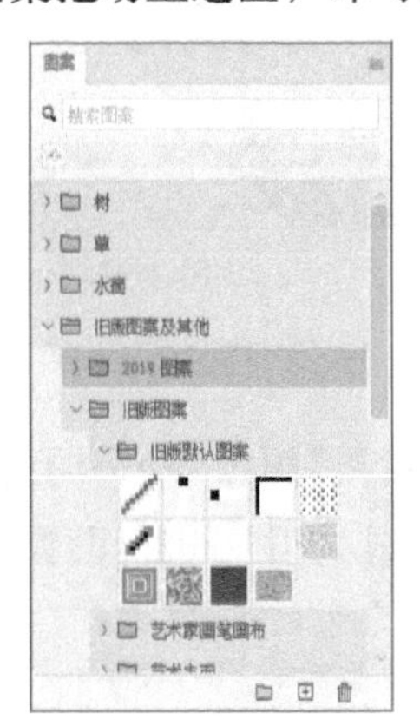

图 3-91 “图案”面板

图 3-92 图案填充效果

■3.4.6 图像色彩的调整

执行“色阶”“曲线”命令可以调整图像的色调，执行“色相/饱和度”“色彩平衡”“去色”命令可以调整图像的色彩。

1. 色阶

使用“色阶”命令可以调整图像的暗调、中间调和高光等颜色范围。执行“图像”→“调整”→“色阶”命令或按Ctrl+L组合键，弹出“色阶”对话框，如图3-93所示，从中可进行设置。

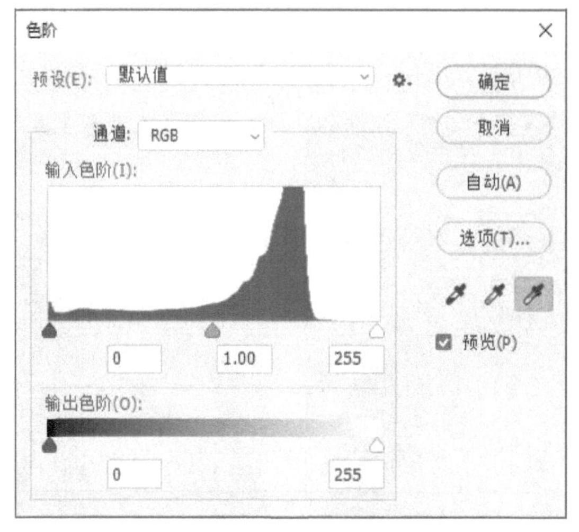

图 3-93 “色阶”对话框

图3-94和图3-95所示为调整色阶前后效果对比图。

图 3-94 调整色阶前效果

图 3-95 调整色阶后效果

2. 曲线

使用“曲线”命令可以调整图像的明暗度。执行“图像”→“调整”→“曲线”命令或按Ctrl+M组合键，弹出“曲线”对话框，如图3-96所示，从中可进行设置。

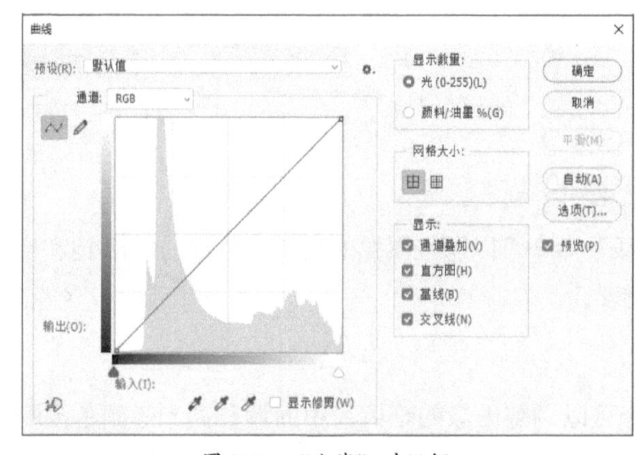

图 3-96 “曲线”对话框

图3-97和图3-98所示为调整“曲线”对话框中各通道前后效果对比图。

图 3-97 调整曲线前效果

图 3-98 调整曲线后效果

3. 去色

使用“去色”命令可以去除图像的色彩，将图像中所有颜色的饱和度变为0，使图像显示为灰度，每个像素的亮度值不会改变。执行“图像”→“调整”→“去色”命令或按Shift+Ctrl+U组合键，即可将当前图像去色，无须设置参数。图3-99和图3-100所示为应用“去色”命令前后效果对比图。

图 3-99 应用“去色”命令前效果

图 3-100 应用“去色”命令后效果

4. 色相/饱和度

使用“色相/饱和度”命令可以调整图像整体或局部的色相、饱和度和亮度，以实现图像色彩的改变。执行“图像”→“调整”→“色相/饱和度”命令或按Ctrl+U组合键，弹出“色相/饱和度”对话框，如图3-101所示，从中可进行设置。

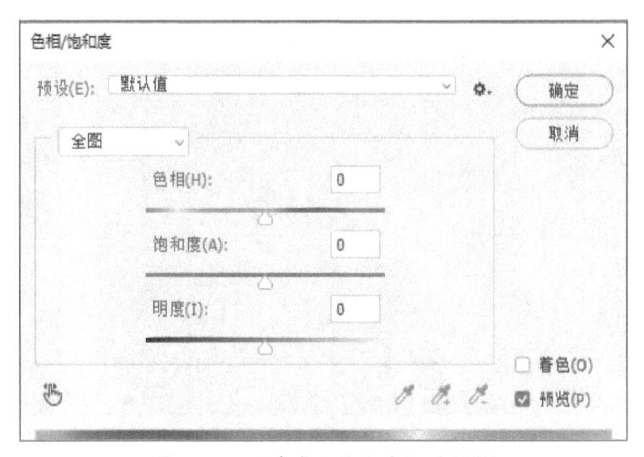

图 3-101 “色相 / 饱和度”对话框

图3-102和图3-103所示为勾选“着色”复选框前后效果对比图。

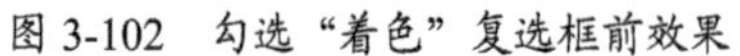
图 3-102　勾选“着色”复选框前效果

图 3-103　勾选“着色”复选框后效果

5. 色彩平衡

使用“色彩平衡”命令可以增加或减少图像的颜色，使图层的整体色调更加平衡。执行“图像”→“调整”→“色彩平衡”命令或按Ctrl+B组合键，弹出“色彩平衡”对话框，如图3-104所示，从中可进行设置。

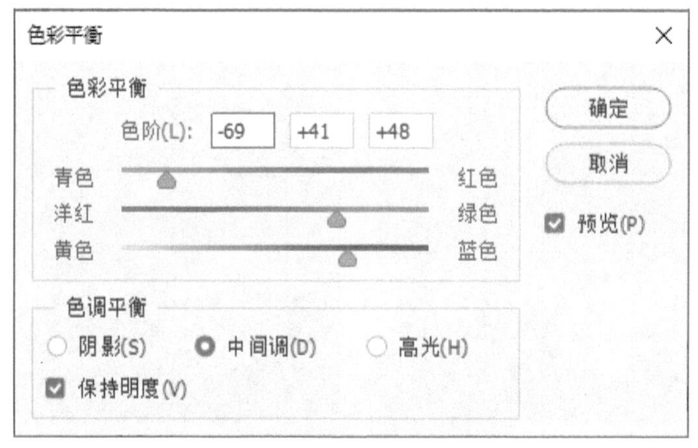

图 3-104　“色彩平衡”对话框

图3-105和图3-106所示为调整色彩平衡前后效果对比图。

图 3-105　调整色彩平衡前效果

图 3-106　调整色彩平衡后效果

3.5 图层与通道的应用

本节将对图层与通道的应用进行讲解，包括常见的图层类型、图层的基本操作、图层的效果设置、图层蒙版的创建和通道的应用。

3.5.1 常见的图层类型

每种类型的图层都有其不同的功能和用途，适合创建不同的效果，显示状态也各不相同，如图3-107所示。

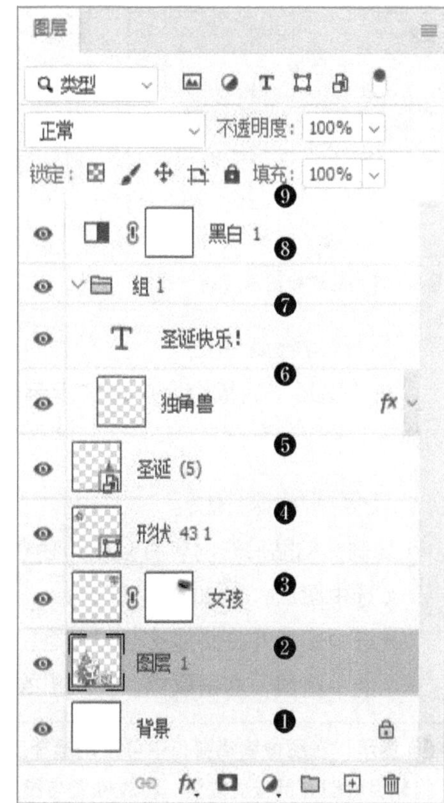

图 3-107 图层类型

❶**背景图层：** 背景图层位于“图层”面板的底部，一个文档只能有一个背景图层，不能更改背景图层的顺序、混合模式或不透明度等。

❷**普通图层：** 显示为透明状态，可以根据需要在普通图层中随意添加与编辑图像。

❸**蒙版图层：** 蒙版是图像合成的重要手段，蒙版图层中的黑、白和灰色像素控制着图层中相应位置图像的透明程度。

❹**形状图层：** 使用形状工具或钢笔工具可以创建形状图层。

❺**智能对象图层：** 包含嵌入的智能对象的图层,在放大或缩小含有智能对象的图层时，不会丢失图像像素。

❻**图层样式图层：** 添加图层样式的图层，单击fx图标可以隐藏/显示图层样式。

❼**文本图层：** 使用文本工具输入文字，即可创建文本图层。

❽**图层组：** 多个图层的集合。

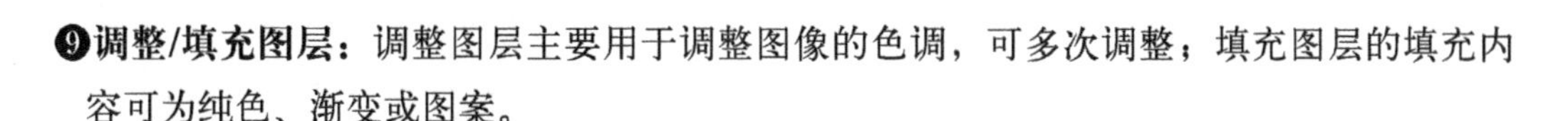

❾**调整/填充图层：** 调整图层主要用于调整图像的色调，可多次调整；填充图层的填充内容可为纯色、渐变或图案。

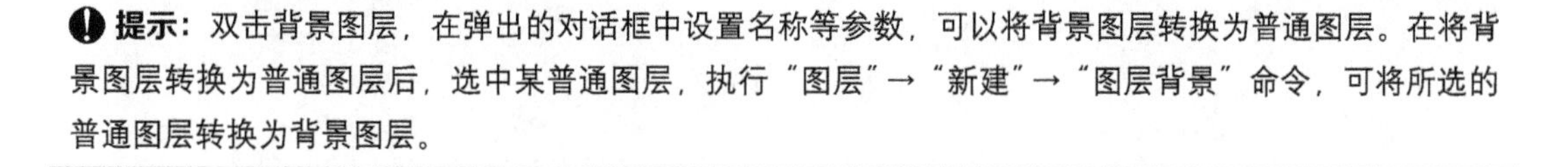

提示： 双击背景图层，在弹出的对话框中设置名称等参数，可以将背景图层转换为普通图层。在将背景图层转换为普通图层后，选中某普通图层，执行“图层”→“新建”→“图层背景”命令，可将所选的普通图层转换为背景图层。

3.5.2 图层的基本操作

图层的基本操作包括新建图层、显示/隐藏图层、复制/删除图层、修改图层名称、锁定图层、链接图层、合并图层、调整图层顺序、图层的对齐与分布等，这些都是进行复杂设计操作的基础。

1. 新建图层

单击“图层”面板底部的“创建新图层”按钮，即可在当前图层之上新建一个透明图层，新建的图层会自动成为当前图层，如图3-108所示。执行“图层”→“新建”→“图层”命令或按Ctrl+Shift+N组合键，弹出“新建图层”对话框，如图3-109所示，从中可进行设置。

图 3-108 创建新图层后的“图层”面板

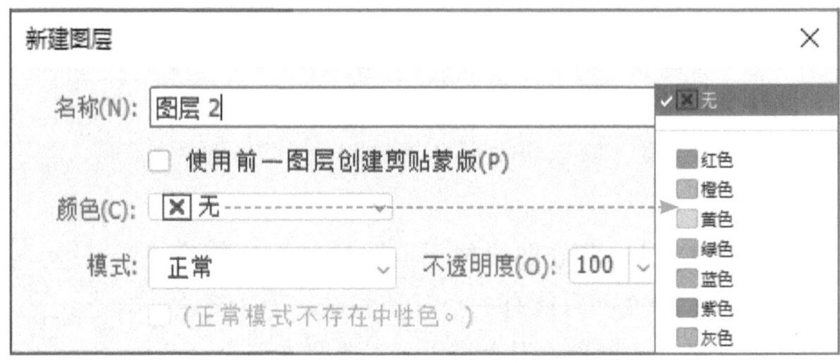

图 3-109 “新建图层”对话框

2. 显示/隐藏图层

在“图层”面板中，单击“指示图层可见性”按钮，可在显示和隐藏图层之间切换。

3. 复制/删除图层

复制、粘贴后的内容将会成为独立的新图层。复制图层主要有以下3种方法。

- 选中图层，按Ctrl+J组合键。
- 选中图层并将其拖动至“创建新图层”按钮上。
- 选中图层，右击鼠标，在弹出的菜单中选择“复制图层”命令。

提示： 在图像编辑窗口中可使用选择工具选中目标图像，按住Alt键，当光标变为双箭头图标时，拖动目标图像至合适位置，释放Alt键与鼠标即可完成复制，如图3-110和图3-111所示。

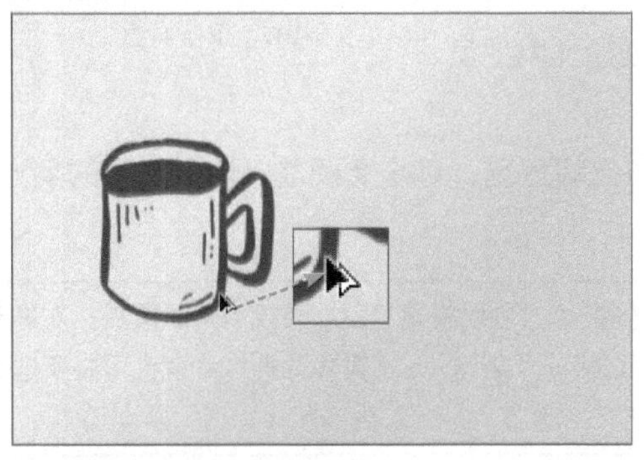

图 3-110 应用选择工具

图 3-111 复制效果

在编辑图像时，通常会将不再使用的图层删除。删除图层主要有以下4种方法。

- 选中图层后按Delete键。
- 将图层拖动至“删除图层”按钮上，如图3-112所示。

- 选中图层后，单击“删除图层”按钮。
- 右击鼠标，在弹出的菜单中选择“删除图层”命令，弹出提示框，单击“是”按钮即可，如图3-113所示。

图 3-112 将图层拖动至“删除图层”按钮上

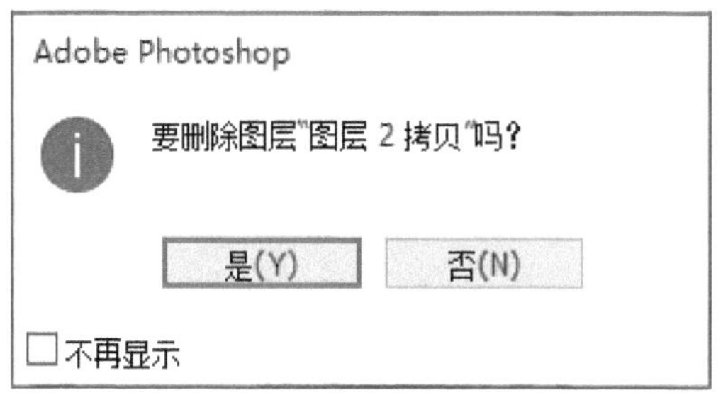

图 3-113 删除图层提示框

4. 修改图层名称

修改图层名称主要有以下几种方法。

- 执行“图层”→“重命名图层”命令。
- 右击鼠标，在弹出的菜单中选择“重命名图层”命令。
- 双击图层，激活名称输入框，输入名称，按Enter键，如图3-114和图3-115所示。

图 3-114 重命名图层

图 3-115 重命名效果

5. 锁定图层

锁定图层可以保护图层的透明区域、图像像素、位置等不会因编辑操作而被改变，可以根据实际需要锁定图层的不同属性。

- **锁定透明像素**：图层被部分锁定，锁图标呈现空心状态，图层的透明部分将被保护、不被编辑。
- **锁定图像像素**：防止使用绘画工具修改图层的像素，锁图标呈现空心状态。启用该项功能后，只能对图层进行移动和变换操作，而不能对其进行绘画、擦除或应用滤镜。
- **锁定位置**：防止图层被移动，锁图标呈现空心状态。
- **锁定全部**：完全锁定图层，锁图标呈现实心状态。此时只可移动其顺序，不可对其进行操作，再次单击锁图标即可解锁。

6. 链接图层

当需要对多个图层进行移动、旋转、缩放等操作时，可以将这些图层进行链接。按住Ctrl键，依次选中“图层”面板中需要链接的图层，单击面板下方的“链接图层”按钮即可，再次单击“链接图层”按钮可取消链接。

7. 合并图层

在编辑过程中，可根据需要对图层进行合并，从而减少图层的数量，以便操作。合并图层分为合并图层、合并可见图层、拼合图像和盖印图层。

- **合并图层**：选择两个或多个图层，按Ctrl+E组合键可合并图层。
- **合并可见图层**：按Ctrl+Shift+E组合键可合并可见图层。
- **拼合图像**：执行“图层”→“拼合图像”命令，可将所有可见图层进行合并，丢弃隐藏的图层。
- **盖印图层**：可以将多个图层的内容合并到一个新的图层中，同时保持原始图层的内容不变，按Ctrl+Alt+Shift+E组合键即可。

8. 调整图层顺序

图层顺序的调整影响着图像的显示效果，比较常用的就是在“图层”面板中选择要调整顺序的图层，将其拖动到目标图层的上方，释放鼠标即可调整该图层的顺序。除了手动更改图层顺序，还可以使用“排列”命令调整顺序。

- 执行“图层”→“排列”→“置为顶层”命令或按Ctrl＋Shift+] 组合键，图层置顶。
- 执行“图层”→“排列”→“前移一层”命令或按Ctrl＋] 组合键，上移一层。
- 执行“图层”→“排列”→“后移一层”命令或按Ctrl＋[组合键，下移一层。
- 执行“图层”→“排列”→“置为底层”命令或按Ctrl＋Shift+[组合键，图层置底。

9. 图层的对齐与分布

在编辑图像的过程中，可以根据需要重新调整图层内图像的位置，使其按照一定的方式沿直线自动对齐或者按一定的比例分布。

（1）对齐

对齐图层是指将两个或两个以上图层以当前图层或选区为基准，在相应方向上按一定规律进行对齐排列。执行“图层”→“对齐”命令，在弹出的级联菜单中选择相应的对齐方式即可，如图3-116所示。

（2）分布

分布图层是指调整3个及以上图层中图像之间的距离，控制多个图像在水平或垂直方向上按照相等的间距排列。选中多个图层，执行“图层”→“分布”级联菜单中的相应的命令即可，如图3-117所示。

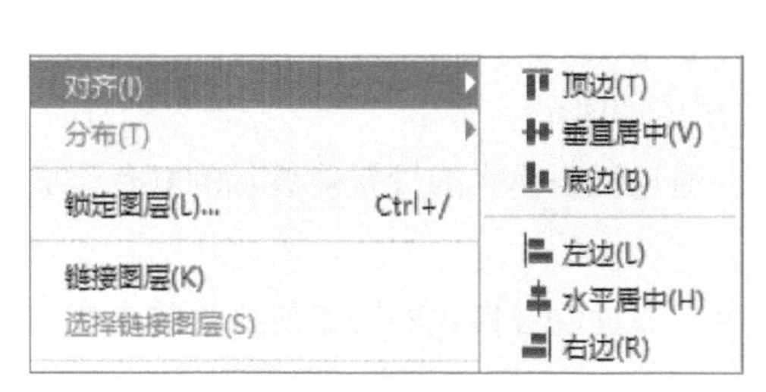

图 3-116 “对齐”菜单

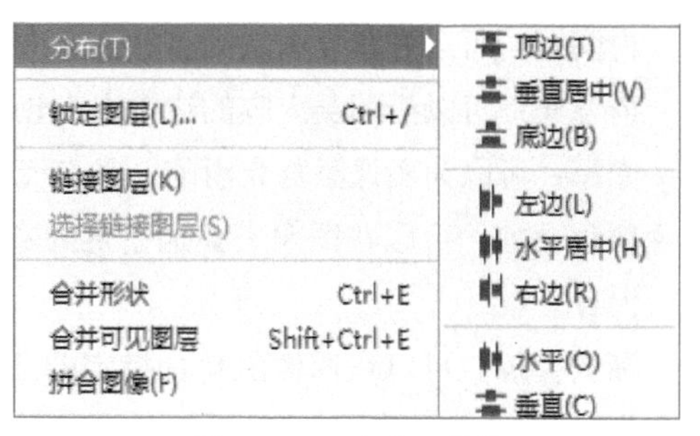

图 3-117 “分布”菜单

3.5.3 图层的效果设置

在“图层”面板中可以通过图层样式、不透明度和混合模式设置图像效果。

1. 图层样式

使用图层样式功能，可以简单快捷地为图像添加斜面和浮雕、描边、内阴影、内发光、外发光、光泽和投影等效果。“图层样式”对话框如图3-118所示。

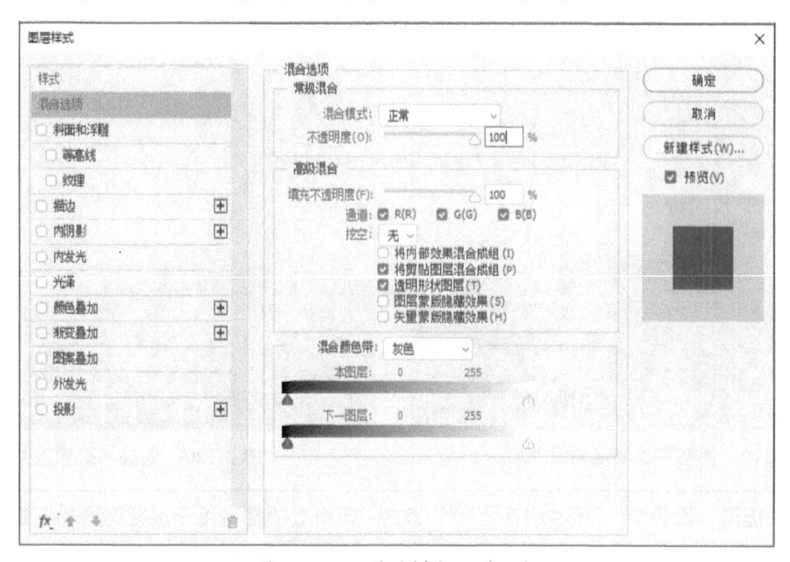

图 3-118 “图层样式”对话框

添加图层样式主要有以下3种方法。

- 单击“图层”面板底部的“添加图层样式”按钮，从弹出的菜单中选择任意一种样式。
- 执行“图层”→“图层样式”级联菜单中相应的命令即可。
- 双击需要添加图层样式的图层缩览图或图层，在打开的“图层样式”对话框中进行设置。

该对话框中各选项的功能介绍如下：

- **混合选项：**设置图像的混合模式与不透明度，设置图像的填充不透明度，指定通道的混合范围，以及设置混合像素的亮度范围。
- **斜面和浮雕：**可以添加不同组合方式的浮雕效果，增强图像的立体感。
- **描边：**可以使用颜色、渐变和图案来描绘图像的轮廓边缘。
- **内阴影：**可以在紧靠图层内容的边缘向内添加阴影，使图层呈现凹陷的效果。
- **内发光：**可以沿图层内容的边缘向内创建发光效果。
- **光泽：**可以为图像添加光滑的、具有光泽的内部阴影。
- **颜色叠加：**可以在图像上叠加指定的颜色，通过混合模式的设置使叠加的颜色与原图像混合。
- **渐变叠加：**可以在图像上叠加指定的渐变色，通过混合模式的设置使叠加的渐变与原图像混合。
- **图案叠加：**可以在图像上叠加图案，通过混合模式的设置使叠加的图案与原图像进行混合。
- **外发光：**可以沿图层内容的边缘向外创建发光效果。
- **投影：**可以为图层模拟出向后的投影效果，增强某部分的层次感和立体感。

2. 不透明度

使用“不透明度”选项可调整整个图层的透明属性，包括图层中的形状、像素和图层样式。在默认状态下，图层的不透明度为100%，即完全不透明。调整图层的不透明度后，可以透过该图层看到其下方图层中的图像，如图3-119和图3-120所示。

图 3-119　调整不透明度前效果

图 3-120　调整不透明度后效果

提示：在“图层”面板中，“不透明度”和“填充”两个选项都可用于设置图层的不透明度，但其作用范围是有区别的。“填充”只用于设置图层的内部填充颜色，对添加到图层的外部效果（如投影等）不起作用。

3. 混合模式

混合模式的应用范围非常广泛。在“图层”面板中，可以很方便地设置各图层的混合模式，选择不同的混合模式会得到不同的效果。

Photoshop提供了6组27种混合模式，如图3-121所示，默认情况为正常模式，分别为：

- **组合模式**：正常、溶解。
- **加深模式**：变暗、正片叠底、颜色加深、线性加深、深色。
- **减淡模式**：变亮、滤色、颜色减淡、线性减淡（添加）、浅色。
- **对比模式**：叠加、柔光、强光、亮光、线性光、点光、实色混合。
- **比较模式**：差值、排除、减去、划分。
- **色彩模式**：色相、饱和度、颜色、明度。

正常
溶解

变暗
正片叠底
颜色加深
线性加深
深色

变亮
滤色
颜色减淡
线性减淡（添加）
浅色

叠加
柔光
强光
亮光
线性光
点光
实色混合

差值
排除
减去
划分

色相
饱和度
颜色
明度

图 3-121 “混合模式”菜单

图3-122和图3-123所示为应用“正片叠底”模式前后效果。

图 3-122 应用“正片叠底”模式前效果

图 3-123 应用“正片叠底”模式后效果

3.5.4 图层蒙版的创建

蒙版是Photoshop中的一个重要概念，使用蒙版可以将一部分图像区域保护起来。更改蒙版可以对图层应用各种效果，而不会影响该图层中的图像。图层蒙版主要有两种创建形式，一种是直接创建白色显示蒙版，另外一种是创建黑色隐藏蒙版，不同的创建方式有不同的效果展示。

单击“图层”面板底部的“添加蒙版”按钮，添加的蒙版为白色，如图3-124和图3-125所示。这时需设置前景色为黑色，选择画笔工具，即可在图层蒙版上进行绘制涂抹。

图 3-124　原图像

图 3-125　创建白色显示蒙版

按住Alt键，单击“图层”面板底部的“添加蒙版”按钮，添加的蒙版为黑色，该图层不显示，只显示背景图像，如图3-126和图3-127所示。这时需设置前景色为白色，选择画笔工具，即可在图层蒙版中进行涂抹绘制。

图 3-126　背景图像

图 3-127　创建黑色隐藏蒙版

3.5.5　通道的应用

“通道”面板主要用于创建、存储、编辑和管理通道。不管哪种颜色模式，都有属于自己的通道。颜色模式不同，通道的数量也不同。通道主要分为颜色通道、专色通道、Alpha通道和临时通道。比较常见的是Alpha通道，主要用于对选区进行存储、编辑与调用。

创建选区后，直接单击“通道”面板底部的“将选区存储为通道”按钮，可快速创建带有选区的Alpha通道，如图3-128所示。将选区保存为Alpha通道时，选择区域被保存为白色，非选择区域被保存为黑色，单击“Alpha 1”进入该通道，如图3-129所示。使用白色涂抹Alpha通道，可以扩大选区；使用黑色涂抹Alpha通道，可以收缩选区；使用灰色涂抹Alpha通道，则可增加羽化范围。

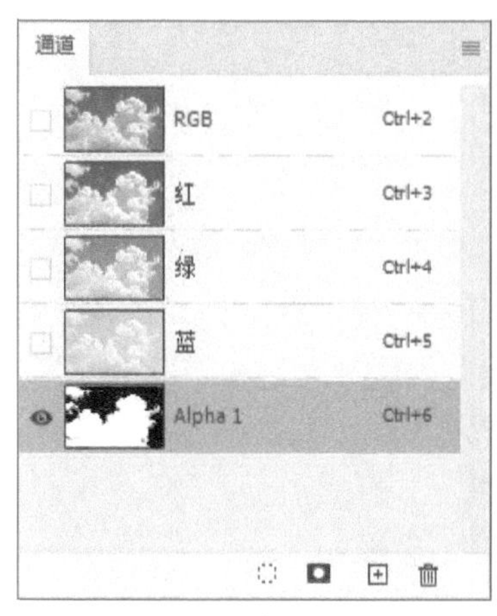

图 3-128 创建 Alpha 通道

图 3-129 通道效果

实例：制作照片边框效果

下面将通过实操巩固前面所学知识。使用多边形套索工具创建选区，置入图像并在“图层”面板中创建剪贴蒙版，然后添加“内阴影”图层样式。

步骤01 将素材图像拖放到Photoshop中，如图3-130所示。

步骤02 选择多边形套索工具，沿相框内部边缘绘制选区，如图3-131所示。按Ctrl+J组合键复制选区。

图 3-130 打开素材

图 3-131 绘制选区

步骤03 拖动置入一个素材图像并调整大小，如图3-132所示。

图 3-132 置入素材并调整大小

步骤04 按Ctrl+Alt+G组合键创建剪贴蒙版，如图3-133所示。

图 3-133　创建剪贴蒙版

步骤05 双击“风景”图层，在弹出的对话框中选择“内阴影”选项，参数设置如图3-134所示。

步骤06 单击“确定”按钮，最终效果如图3-135所示。

图 3-134　“内阴影”对话框

图 3-135　最终效果

3.6　画笔的应用

本节将对画笔的应用进行讲解。使用画笔工具可以创建画笔描边，使用铅笔工具可以创建硬边线条，使用混合器画笔工具可以模拟真实的绘画技术。

■3.6.1　画笔工具

画笔工具是使用频率最高的工具之一。选择画笔工具，选择预设画笔，按[键细化画笔，按]键加粗画笔。对于实边圆、柔边圆和书法画笔，按Shift+[组合键减小画笔硬度，按Shift+]组合键增加画笔硬度，图3-136和图3-137所示为硬度0和硬度100的绘制效果。

图 3-136　硬度为 0 的绘制效果

图 3-137　硬度为 100 的绘制效果

3.6.2　铅笔工具

铅笔工具常用于绘制硬边线条。在绘制斜线时，锯齿效果会非常明显，并且所有定义的外形光滑的笔刷也会被锯齿化。选择铅笔工具，可以绘制任意样式的硬边线条，如图3-138所示。按住Shift键的同时在图像中拖动光标，可以绘制出水平或垂直方向的直线，如图3-139所示。

图 3-138　应用铅笔工具

图 3-139　绘制效果

3.6.3　混合器画笔工具

使用混合器画笔工具可以混合画布上的颜色、组合画笔上的颜色，以及在描边过程中使用不同的绘画湿度。选择混合器画笔工具，在选项栏中设置参数后，将光标移动到需要调整的区域进行涂抹。若从干净的区域向有内容的区域涂抹，可以混合颜色以达到擦除效果，如图3-140和图3-141所示。

图 3-140　原图像

图 3-141　擦除效果

实例：制作自定义笔刷

下面将使用自定形状工具、画笔工具制作山脉预设画笔笔刷。

步骤01 选择自定形状工具，单击选项栏中的“形状”右侧的图标，在预设下拉列表框中选择“形状 85”，如图3-142所示。

步骤02 按住Shift键拖动绘制，如图3-143所示。

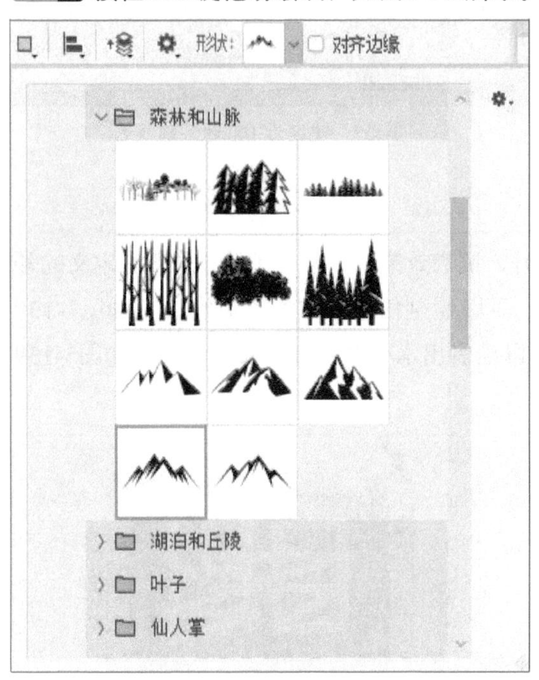

图 3-142　选择“形状 85”

图 3-143　绘制效果

步骤03 选择“形状 87”，按住Shift键拖动绘制，如图3-144所示。

步骤04 按住Alt键移动复制两次，如图3-145所示。

图 3-144　选择并绘制“形状 87”

图 3-145　移动复制效果

步骤05 单击选择“形状 87 1 拷贝”，按住Shift键拖动绘制，如图3-146所示。

步骤06 按住Alt键移动复制两次，如图3-147所示。

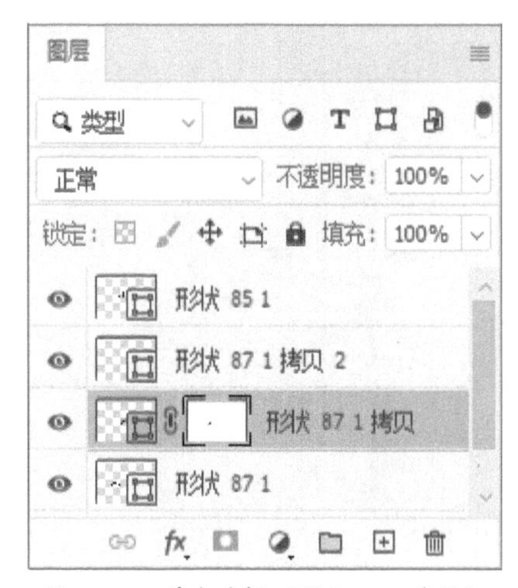

图 3-146　单击选择“形状 87 1 拷贝”

图 3-147　移动复制效果

步骤07 使用相同的方法，为其他形状创建蒙版，擦除重叠的部分，如图3-148所示。

步骤08 选择所有的形状图层，右击鼠标，在弹出的菜单中选择“转换为智能对象”命令，将所选图层转换为智能对象图层，如图3-149所示。

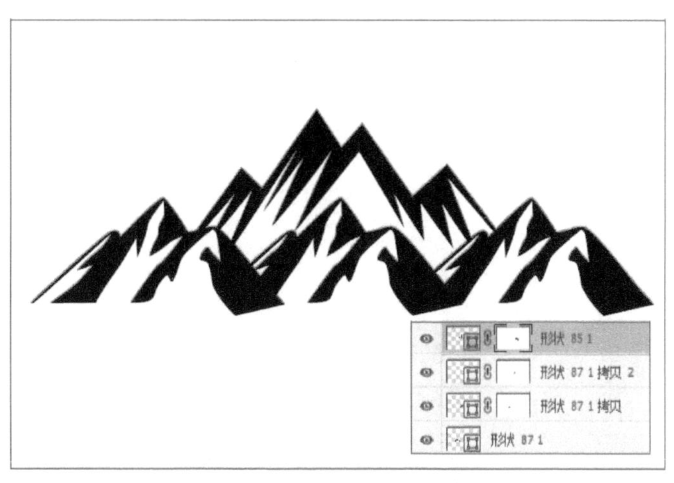

图 3-148　为其他形状创建蒙版

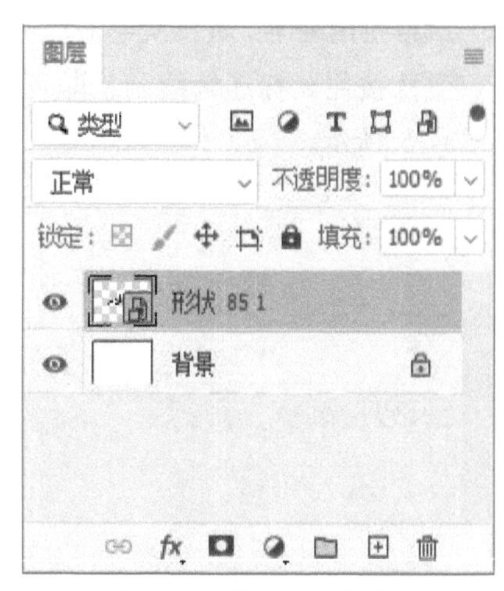

图 3-149　转换为智能对象

步骤09 执行“编辑”→“定义画笔预设”命令，在弹出的“画笔名称”对话框中为画笔命名，如图3-150所示。

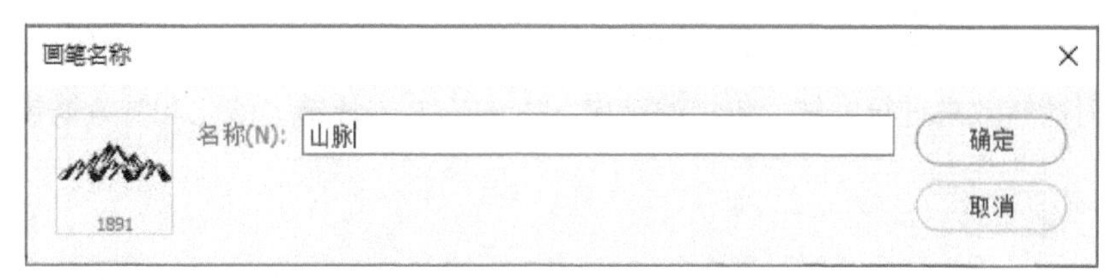

图 3-150　“画笔名称”对话框

步骤10 选择画笔工具，设置前景色为（R17、G103、B152）。

步骤11 按F5功能键，弹出“画笔设置”面板，分别在“画笔笔尖形状”“形状动态”“传递”选项中设置参数，如图3-151～图3-153所示。

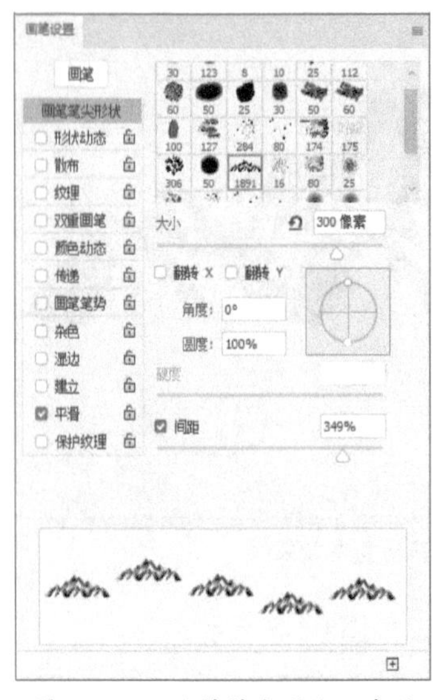

图 3-151 “画笔笔尖形状”选项

图 3-152 “形状动态”选项

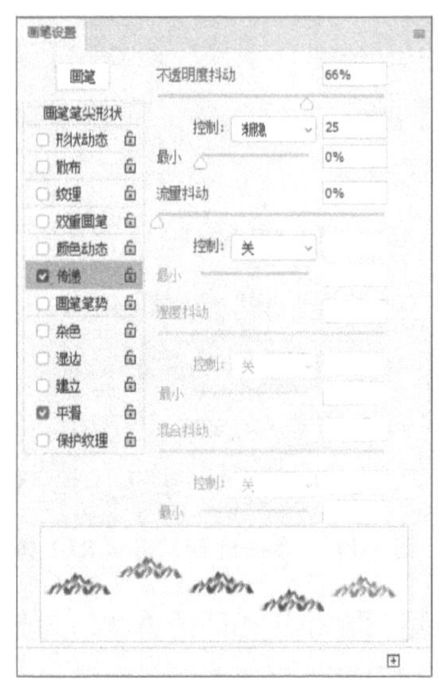

图 3-153 “传递”选项

步骤 12 使用画笔工具每次单击都可绘制不同明度的山脉画笔效果，如图3-154所示。

步骤 13 按住鼠标连续绘制，即可绘制不同间距、不同大小和不同明度的山脉画笔效果，如图3-155所示。

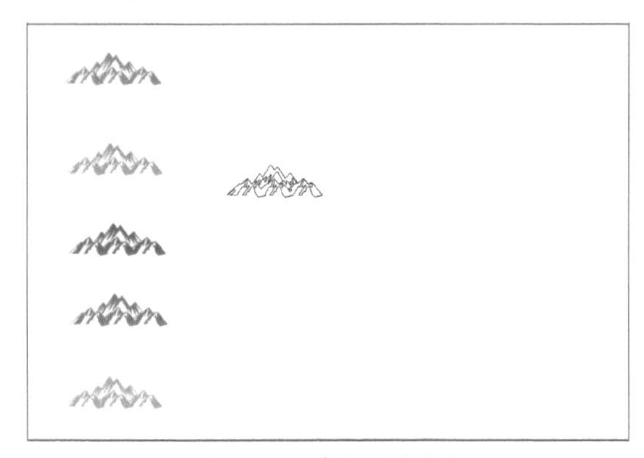

图 3-154 单击绘制效果

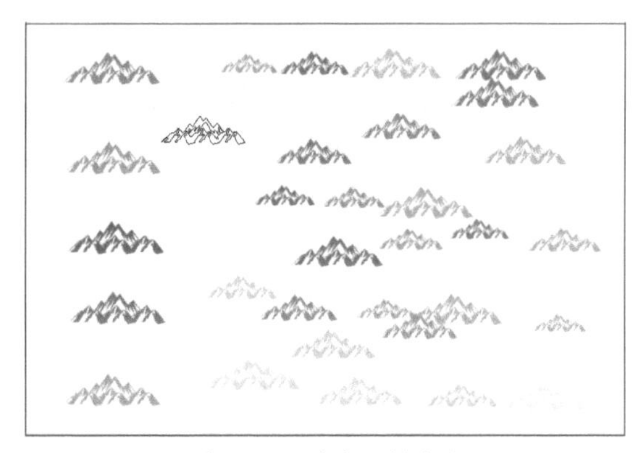

图 3-155 连续绘制效果

3.7 滤镜效果

本节将对滤镜效果进行讲解，包括滤镜库、Camera Raw滤镜、液化和特效滤镜组。

■3.7.1 滤镜库

滤镜库中包含风格化、画笔描边、扭曲、素描、纹理和艺术效果6组滤镜，可以非常方便、直观地为图像添加滤镜。执行“滤镜”→“滤镜库”命令，单击不同的缩略图，即可在左侧的预览框中看到应用不同滤镜后的效果，如图3-156所示。

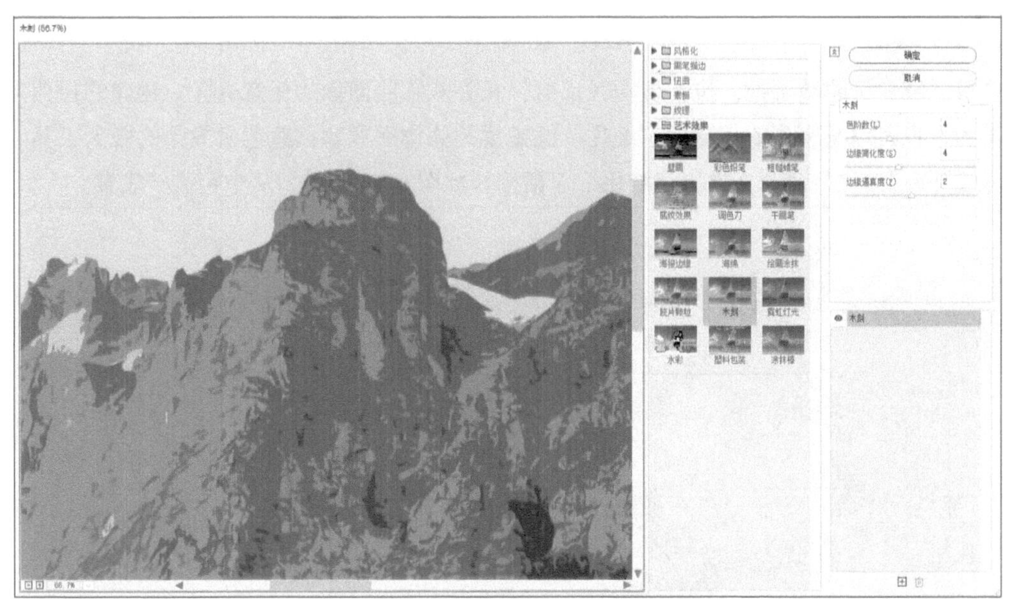

图 3-156 “滤镜库”对话框

■3.7.2 Camera Raw滤镜

Camera Raw滤镜不但提供了导入和处理相机原始数据的功能，还可以用来处理JPEG和TIFF格式文件。执行“滤镜”→“Camera Raw滤镜”命令，弹出“Camera Raw滤镜”对话框，如图3-157所示，从中可进行设置。

图 3-157 “Camera Raw 滤镜”对话框

3.7.3 液化

使用“液化”滤镜可推、拉、旋转、反射、折叠和膨胀图像的任意选区，创建的扭曲可以是细微的，也可以是剧烈的，这使“液化”滤镜成为修饰图像和创建艺术效果的强大工具。执行“滤镜”→“液化”命令，弹出“液化”对话框，如图3-158所示，从中可进行设置。

图 3-158 “液化”对话框

3.7.4 特效滤镜组

特效滤镜组主要包括风格化、模糊、扭曲、锐化、像素化、渲染、杂色和其他等滤镜组，每个滤镜组中又包含多种滤镜效果，可根据需要自行选择所需的图像效果。

1. “风格化”滤镜组

使用“风格化”滤镜组的滤镜可以通过置换像素和查找边缘并增加图像的对比度，在选区中生成绘画或印象派的效果。执行“滤镜”→“风格化”命令，弹出其级联菜单，如图3-159所示。其中，常用的滤镜有以下几种。

- **风：** 该滤镜可将图像的边缘进行位移，创建出水平线，用于模拟风的动感效果。
- **拼贴：** 该滤镜可将图像分解为一系列块状，并使其偏离原来的位置，进而产生不规则拼砖效果。
- **油画：** 该滤镜可为普通图像添加油画效果。

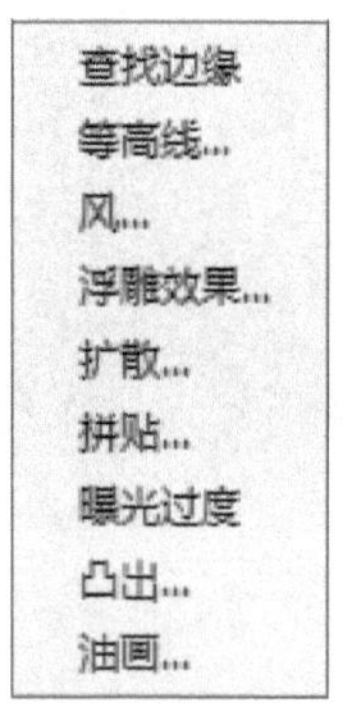

图 3-159 “风格化”级联菜单

2. “模糊”滤镜组

使用“模糊”滤镜组的滤镜可以不同程度地柔化图像。执行“滤镜”→“模糊”命令，弹出其级联菜单，如图3-160所示。其中，常用的滤镜有以下几种。

- **动感模糊**：沿指定方向以指定强度进行模糊，类似于以固定的曝光时间给一个移动的对象拍照。
- **高斯模糊**：使用可调整的半径快速模糊选区。该滤镜通过添加低频细节，可产生朦胧效果。
- **径向模糊**：模拟缩放或旋转的相机所产生的一种柔化的模糊。

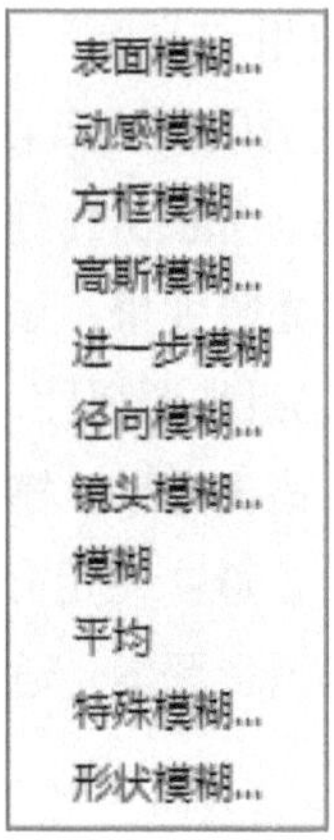

表面模糊...
动感模糊...
方框模糊...
高斯模糊...
进一步模糊
径向模糊...
镜头模糊...
模糊
平均
特殊模糊...
形状模糊...

图 3-160 “模糊”级联菜单

3. “扭曲”滤镜组

使用“扭曲”滤镜组的滤镜可以将图像进行几何扭曲，创建3D或其他变形效果。执行“滤镜”→“扭曲”命令，弹出其级联菜单，如图3-161所示。其中，常用的滤镜有以下几种。

- **波浪**：根据设定的波长和波幅产生波浪效果。
- **极坐标**：根据设置，将图像从平面坐标转换到极坐标，或将图像从极坐标转换到平面坐标。
- **挤压**：使图像产生向外或向内挤压的变形效果。
- **切变**：通过拖动线条来指定曲线，并沿曲线扭曲图像。
- **置换**：使用置换图确定如何扭曲图像。

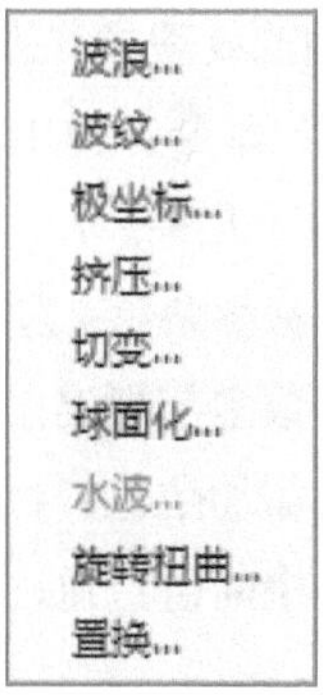

波浪...
波纹...
极坐标...
挤压...
切变...
球面化...
水波...
旋转扭曲...
置换...

图 3-161 “扭曲”级联菜单

4. “像素化”滤镜组

使用“像素化”滤镜组的滤镜可通过使单元格中颜色值相近的像素结成块来定义图像。执行“滤镜”→“像素化”命令，弹出其级联菜单，如图3-162所示。其中，常用的滤镜有以下几种。

- **彩色半调**：模拟在图像的每个通道上使用半调网屏的效果。
- **马赛克**：使像素结为方形块。给定块中的像素颜色相同，块颜色代表被选中的颜色。
- **铜版雕刻**：将图像转换为黑白区域的随机图案或彩色图像中完全饱和颜色的随机图案。

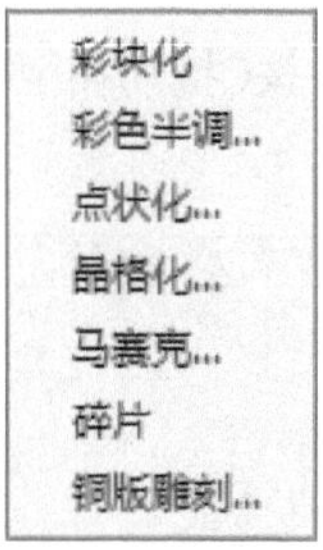

彩块化
彩色半调...
点状化...
晶格化...
马赛克...
碎片
铜版雕刻...

图 3-162 “像素化”级联菜单

5. “渲染”滤镜组

使用“渲染”滤镜组的滤镜能够在图像中产生光线照明的效果，还可以制作云彩效果。执行“滤镜”→“渲染”命令，弹出其级联菜单，如图3-163所示。其中，常用的滤镜有以下几种。

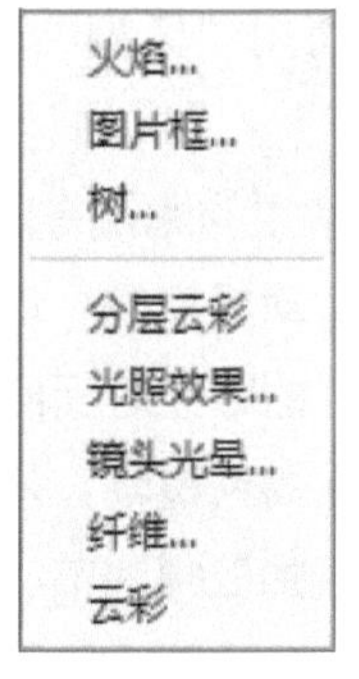

图 3-163 “渲染”级联菜单

- **光照效果：**该滤镜包括17种不同的光照风格、3种光照类型和5组光照属性，可在RGB图像中制作出各种光照效果。
- **镜头光晕：**模拟亮光照射到相机镜头所产生的折射。
- **云彩：**使用介于前景色与背景色之间的随机值，生成柔和的云彩图案。通常用来制作天空、云彩、烟雾等效果。

6. “杂色”滤镜组

使用“杂色”滤镜组的滤镜可以添加或移去杂色或带有随机分布色阶的像素，有助于将选区混合到周围的像素中，还可以创建与众不同的纹理或移去有问题的区域，如灰尘、划痕。执行“滤镜”→“杂色”命令，弹出其级联菜单，如图3-164所示。其中，常用的滤镜有以下几种。

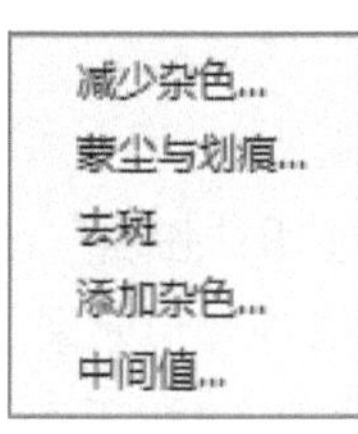

图 3-164 “杂色”级联菜单

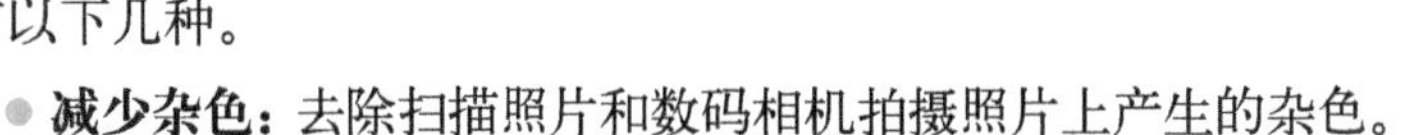

- **减少杂色：**去除扫描照片和数码相机拍摄照片上产生的杂色。
- **蒙尘与划痕：**通过更改相异的像素减少杂色。
- **添加杂色：**将随机像素应用于图像，模拟使用高速胶片拍摄的效果。
- **中间值：**通过混合选区中像素的亮度减少图像的杂色。

实例：制作全景极坐标图像

下面将使用特效滤镜组中的“扭曲”滤镜组创建全景效果，使用Camera Raw滤镜调整图像色调。

步骤01 将素材文件“1.jpg”拖曳至Photoshop中，如图3-165所示。

步骤02 按C键切换至裁剪工具，在选项栏中设置裁剪比例为1：1，调整图像比例，如图3-166所示。

图 3-165 打开素材文件

图 3-166 调整图像比例

步骤03 执行“滤镜”→“扭曲”→“切变”命令，弹出“切变”对话框，参数设置及应用效果如图3-167和图3-168所示。

图 3-167 “切变”对话框

图 3-168 切变效果

步骤04 执行“图像”→“图像旋转”→“垂直翻转画布”命令，如图3-169所示。

步骤05 使用污点修复画笔工具修复图像中间的衔接部分，如图3-170所示。

图 3-169 垂直翻转画布效果

图 3-170 修复衔接效果

步骤 06 执行“滤镜”→“扭曲”→“极坐标”命令，弹出“极坐标”对话框，参数设置及应用效果如图3-171和图3-172所示。

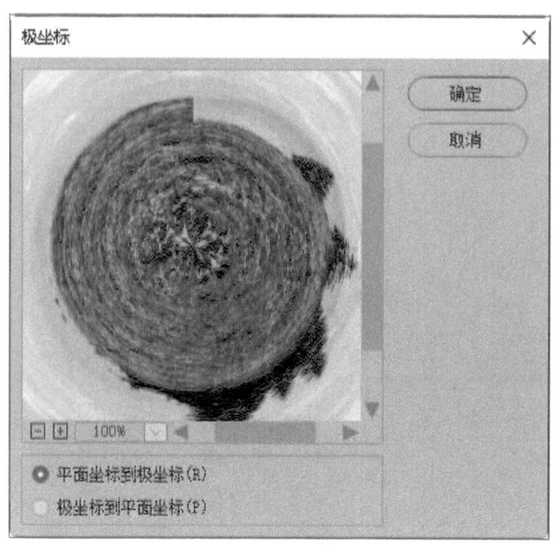

图 3-171 “极坐标”对话框

图 3-172 应用效果

步骤 07 选择混合器画笔工具，在选项栏中设置参数，涂抹背景部分，效果如图3-173所示。

步骤 08 按Ctrl+L组合键，在弹出的“色阶”对话框中设置参数，增强明暗对比，最终效果如图3-174所示。

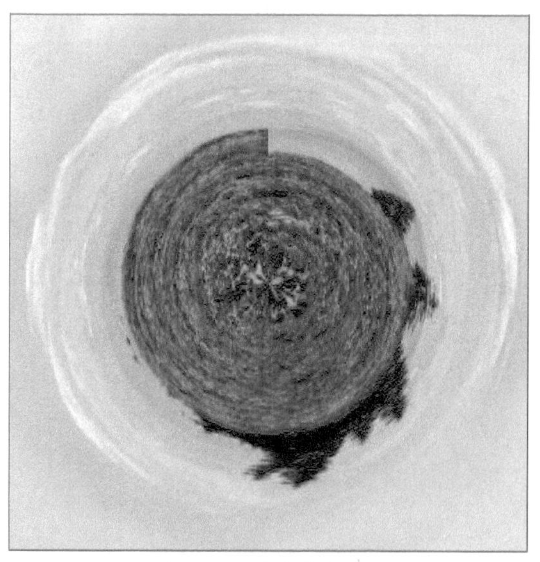

图 3-173 涂抹背景效果

图 3-174 增强明暗对比效果

课后作业

即刻扫码
• 学习装备库
• 课程放映室
• 软件实操台
• 电子笔记本

一、填空题

1. 色光三原色是________、________和________。

2. 色相环中夹角为60° ~90° 的色彩为________。

3. Photoshop软件专用和默认的格式是________。

4. 按________，可恢复默认前景色和后景色。

二、选择题

1. 下列不属于印刷三原色的是（　）。

A. 绿　　B. 青

C. 品红　　D. 黄

2. 选择颜色相近和相同的连续区域所用工具是（　）。

A. 魔术棒工具　　B. 磁性套索工具

C. 多边形套索工具　　D. 曲线套索工具

3.（　）是Adobe公司开发的一种跨平台的通用文件格式，能够保存任何源文档的字体、格式、颜色和图形。

A. PSD格式　　B. SVG格式

C. GIF格式　　D. PDF格式

4. 不属于魔棒工具组的工具是（　）。

A. 移动工具　　B. 对象选择工具

C. 快速选择工具　　D. 魔棒工具

5. 用于还原原始图像或某个步骤图像的工具是（　）。

A. 污点修复画笔工具　　B. 历史记录画笔工具

C. 仿制图章工具　　D. 磁性套索工具

三、操作题

启动Photoshop，打开图片素材，利用路径为衣服增加溶解效果，如图3-175所示。

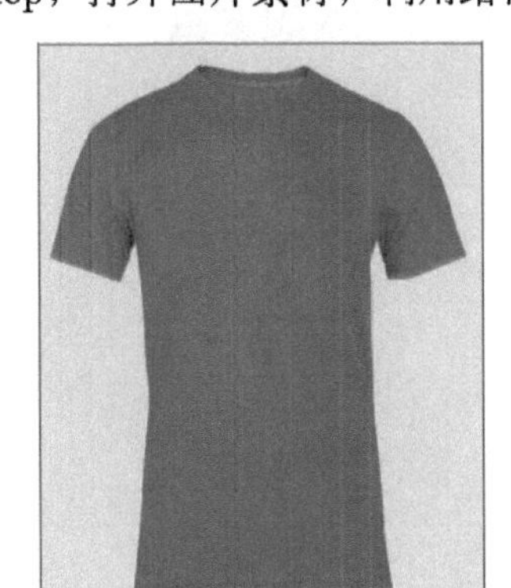
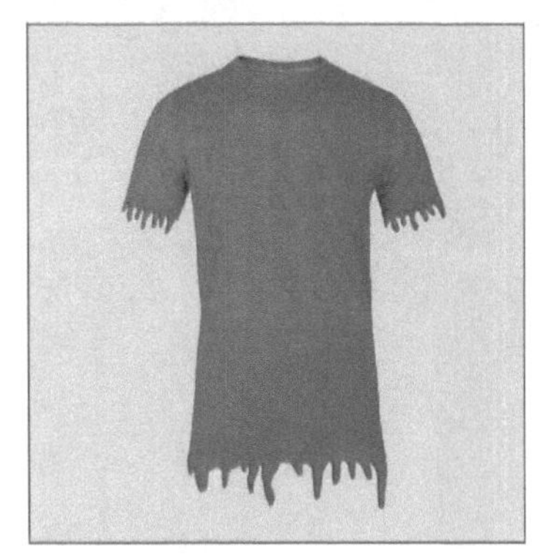

图 3-175　衣服溶解效果图

模块 4

视频后期制作技术

内容导读

视频后期制作是一项正在蓬勃发展的产业，常用的软件有Premiere和After Effects等。本模块将针对视频信息处理基础、Premiere的基础操作和After Effects的基础操作进行介绍。通过对本模块的学习，可以帮助读者了解视频后期制作的基础知识，并掌握常用软件操作。

数字资源

【本模块素材】："素材文件\模块4"目录下

4.1 视频信息处理基础

在学习视频后期制作之前，先了解一些视频制作的基础知识，以加深对视频后期制作的理解。

■4.1.1 视频扫描方式

隔行扫描和逐行扫描都是对位图图像进行编码的方法。其中，隔行扫描可以在不消耗额外带宽的情况下将视频显示的感知帧速率加倍，即运动图像的每一帧被分割为奇、偶两场图像交替显示，该方式可以增强观众的运动感知，节省电视广播频道的频谱资源；逐行扫描是指每一帧图像由电子束顺序地一行一行连续扫描而成的扫描方式，与隔行扫描相比，逐行扫描更加稳定，并且画面平滑、自然、无闪烁。

■4.1.2 视频的制式标准

电视制式是指用于实现电视图像或声音信号所采用的一种技术标准，不同国家采用不同的电视制式。常用的电视制式包括PAL、NTSC及SECAM 3种，其中，PAL制式主要用于中国，NTSC制式多为日本、韩国、东南亚地区及欧美国家使用，SECAM制式则适用于俄罗斯等国。

1. PAL制式

PAL制式即正交平衡调幅逐行倒相制，是一种同时制，帧速率为25 f/s，扫描线为625行，奇场在前，偶场在后，标准的数字化PAL电视标准分辨率为720×576，24 bit的色彩位深，画面比例为4∶3，中国内地、中国香港特区、德国、印度、巴基斯坦等国家和地区均采用PAL制式。

PAL制式解决了NTSC制对相位失真的敏感性，对同时传送的两个色差信号中的一个采用逐行倒相，另一个采用正交调制，有效克服因相位失真而引起的色彩变化。

2. NTSC制式

NTSC制式即正交平衡调幅制，帧速率为29.97 f/s，扫描线为525行，偶场在前，奇场在后，标准的数字化NTSC电视标准分辨率为720×486，24 bit的色彩位深，画面比例为4∶3。NTSC制式电视接收机电路简单，但易产生偏色，美国、墨西哥、日本、加拿大、中国台湾地区等国家和地区均采用NTSC制式。

3. SECAM制式

SECAM制式即行轮换调频制，属于同时顺序制，帧速率为25 f/s，扫描线为625行，隔行扫描，画面比例为4∶3，分辨率为720×576。SECAM制式不怕干扰，彩色效果好，但兼容性差。该制式是通过行错开传输时间的方法，避免同时传输时所产生的串色以及由其造成的彩色失真，俄罗斯、法国、埃及和非洲的一些法语国家均采用SECAM制式。

4.2 视频编辑技术的应用

Premiere是视频后期编辑的首选软件，它是由Adobe公司出品的一款非线性视频编辑软件，主要用于剪辑视频、组合和拼接视频片段。此外，Premiere具备简单的特效制作、字幕、调色、音频处理等功能，几乎可以满足视频编辑的各种需要。与其他视频编辑软件相比，Premiere的协同操作能力更强，支持与Adobe公司旗下的其他软件兼容，画面质量也较高，是视频编辑中最常用的软件之一。

■4.2.1 认识Premiere

Premiere工作界面包括多个工作区，不同工作区的面板侧重不同，用户可以根据需要选择不同的工作区进行编辑。图4-1所示为选择“效果”工作区时的界面。

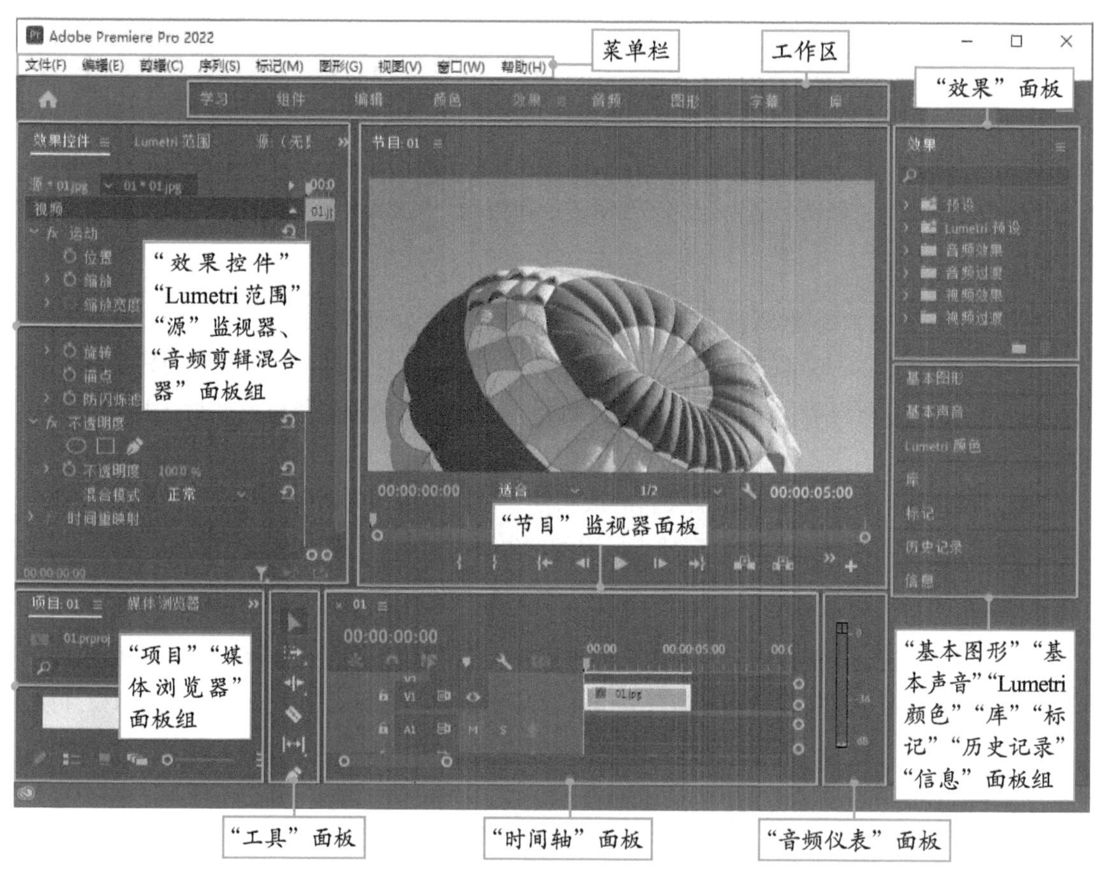

图 4-1　Premiere“效果”工作区时的工作界面

其中，常用面板的作用分别如下：

- **“源”监视器：** 用于查看和剪辑原始素材。
- **“节目”监视器：** 用于查看媒体素材编辑合成后的效果。
- **时间轴：** 编辑素材的主要面板，在该面板中可以选择素材、剪辑素材、调整素材持续时间等。

- **工具：**该面板中存放着视频编辑的工具，部分工具以工具组的形式呈现，长按带有三角标志的工具图标将打开工具组。使用这些工具可以轻松剪辑素材、调整素材速率等。
- **效果：**该面板中存放着视频编辑可用的效果，包括预设效果、音频效果、音频过渡、视频效果、视频过渡等，每个效果组包含多个效果，用户可以展开相应效果进行应用。
- **效果控件：**用于设置选中素材的各项参数，包括素材的固定属性（如运动、不透明度等），也包括添加的效果。
- **基本图形：**用于添加图形、文本等内容，并对添加的内容进行设置。

4.2.2 文档操作

本节将对项目与序列的创建，以及素材的使用和编辑进行介绍。

1. 项目与序列的创建

新建项目是Premiere编辑视频作品的第一步，项目文件中存储着与序列和资源有关的信息。执行“文件”→“新建”→“项目”命令或按Ctrl+Alt+N组合键，即可打开“新建项目”对话框，如图4-2所示。在该对话框中设置项目文件名称、位置等参数后，单击“确定”按钮即可创建项目文件。

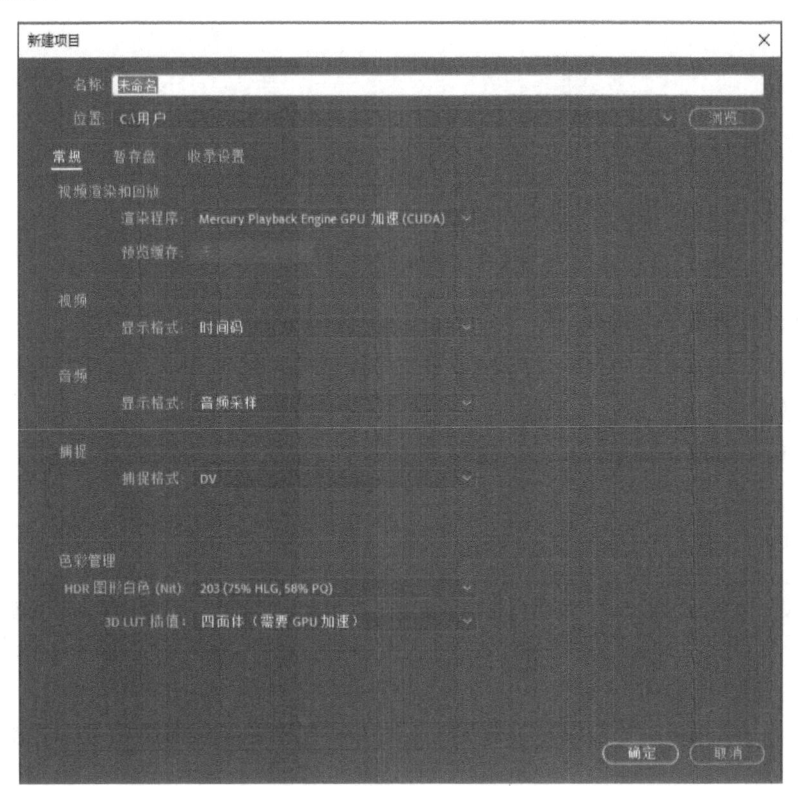

图 4-2 “新建项目”对话框

序列是一组剪辑，每个项目可以包括一个或多个序列。用户可通过序列规定视频编辑的尺寸与输出质量，通常会以主要素材为准。当添加不同格式和尺寸的素材时，可以通过新建序列保证工作效率和输出时的品质。执行“文件”→“新建”→“序列”命令或按Ctrl+N组合键，打开如图4-3所示的“新建序列”对话框。

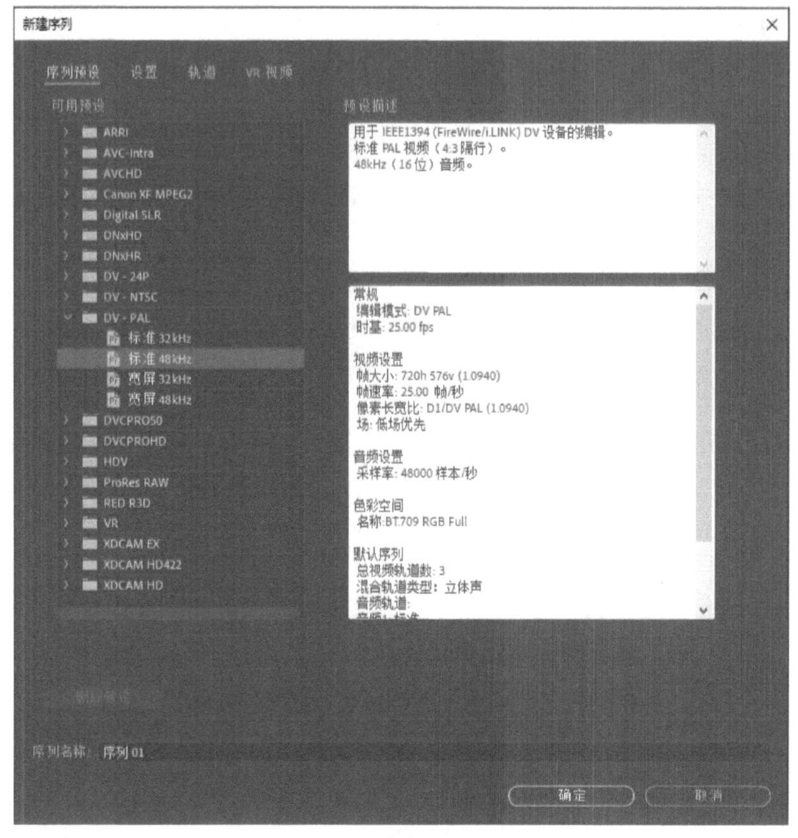

图 4-3 “新建序列”对话框

该对话框部分选项卡作用如下：

- **序列预设**：该选项卡中提供了多种可用的序列预设，用户可以根据需要选择预设，创建新的序列。
- **设置**：用于设置序列参数。在该选项卡中设置“编辑模式”为“自定义”，可自定义序列设置。
- **轨道**：用于设置新建序列的轨道参数。

提示：在未创建序列的情况下，将素材直接拖曳至“时间轴”面板中，可根据该素材新建序列。

2. 素材的创建与管理

使用Premiere编辑视频作品需要大量的素材，用户可以根据需要创建或导入素材，并对其进行编辑整理。

（1）创建素材

Premiere支持创建调整图层、彩条、黑场视频等素材。单击“项目”面板底部的“新建项”按钮，在弹出的菜单中执行命令或在“项目”面板的空白处右击鼠标，在弹出的快捷菜单中选择“新建项目”子菜单中的命令，均可新建相应的素材，如图4-4所示。

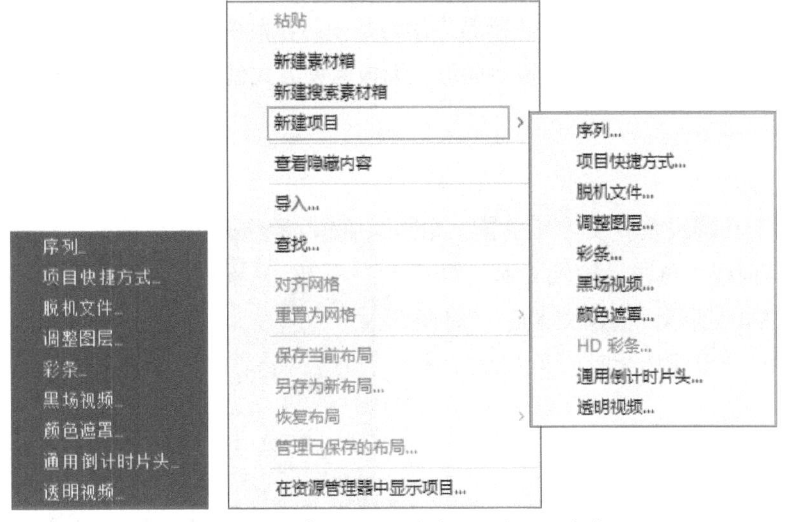

图 4-4 “新建项”按钮菜单和右键快捷菜单

部分常用素材的作用如下：

- **调整图层：**它是一种透明的特殊图层，在该图层中添加效果将影响“时间轴”面板中位于该素材以下轨道中素材的效果。
- **彩条：**用于创建包含色条和1-kHz色调的1 s剪辑，作为视频和音频设备的校准参考。一些音频工作流必须在特定的色调级别进行校准，1-kHz色调的默认级别为-12 dB（参考电平为0 dBFS），主要用于帮助用户检验视频通道的传输质量。
- **黑场视频：**如果在基本的视频轨道上不存在其他可见剪辑区域，则轨道的空白区域将显示为黑色。调整黑场视频素材的透明度和混合模式，可以影响“时间轴”面板中位于该素材以下轨道中素材的显示。
- **颜色遮罩：**它是纯色素材。创建该类型素材后在“项目”面板中双击素材，可在弹出的“拾色器”对话框中修改素材颜色。
- **通用倒计时片头：**它是倒计时视频素材，可以帮助确认音频和视频是否正常且同步工作。

（2）导入素材

导入素材为视频编辑提供了更丰富的素材资源，用户可以通过以下3种方式导入素材。

- **“导入”命令：**执行“文件”→“导入”命令或按Ctrl+I组合键，打开“导入”对话框，选择要导入的素材，单击“打开”按钮，即可将选中的素材导入至“项目”面板中。用户也可以在“项目”面板的空白处双击鼠标，打开“导入”对话框导入素材。
- **“媒体浏览器”面板：**在“媒体浏览器”面板中找到素材文件，右击鼠标，在弹出的快捷菜单中选择“导入”命令，即可将选中的素材导入“项目”面板中；或者直接将“媒体浏览器”面板中的素材拖曳至“时间轴”面板中应用。
- **直接拖入：**直接将文件夹中的素材拖曳至“项目”面板或“时间轴”面板中，同样可以将其导入。

■4.2.3 制作字幕

文本在视频作品中起到说明、注释等作用，是视频作品中必不可少的元素之一。Premiere软件中一般可以通过文字工具和“基本图形”面板两种方式创建文本。这两种方式的操作分别如下：

1. 文字工具

选择文字工具或垂直文字工具，在“节目”监视器面板中单击，输入文本，即可创建文本，如图4-5所示。创建文本后，“时间轴”面板中将自动出现持续时间为5 s的文本素材。

图 4-5 创建文本

选中文本素材，在“效果控件”面板中可以设置文本参数，如图4-6所示。其中，“源文本”属性组中的参数可用于设置文本字体、大小、间距、行距等基础属性；“外观”属性组中的参数可用于设置文本颜色、描边、阴影、背景、蒙版等效果；“变换”属性组中的参数可用于对文本的位置、缩放等进行调整。

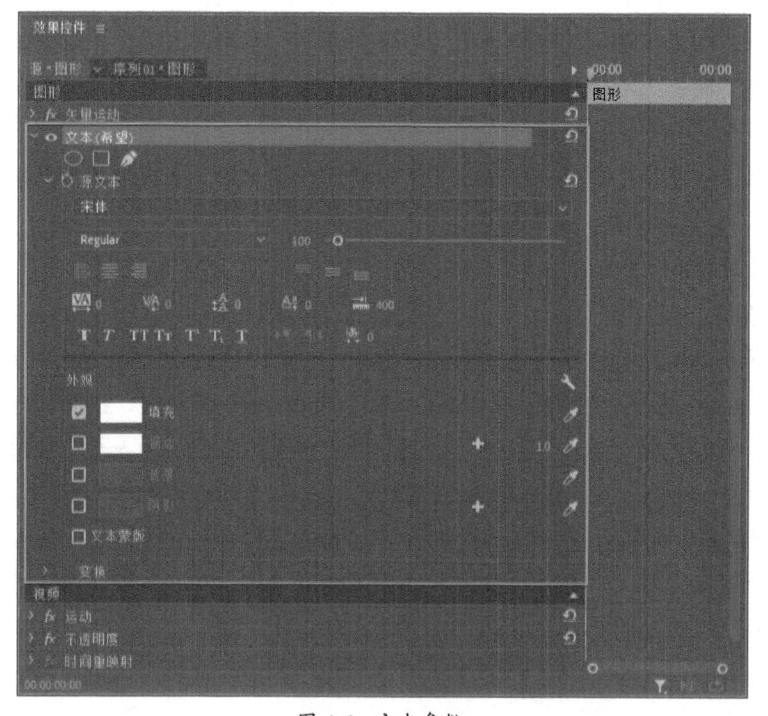

图 4-6 文本参数

2."基本图形"面板

"基本图形"面板可用于创建并编辑文本、图形等。执行"窗口"→"基本图形"命令，打开"基本图形"面板，选择"编辑"选项卡，单击"新建图层"按钮，在弹出的菜单中选择"文本"命令；或按Ctrl+T组合键，"节目"监视器面板中将出现默认的文本，双击文本，可进入编辑模式对其内容进行更改，如图4-7所示。

图 4-7 输入文本

选中文本，使用文字工具在"节目"监视器面板中单击输入文本，新文本将和原文本在同一文本中，此时"基本图形"面板中将新增一个文本图层，用户可以分别选中不同的文本图层进行编辑，如图4-8所示。"基本图形"面板中关于文本设置的选项与"效果控件"面板基本一致，用户同样可以在该面板中对输入的文本进行编辑美化。

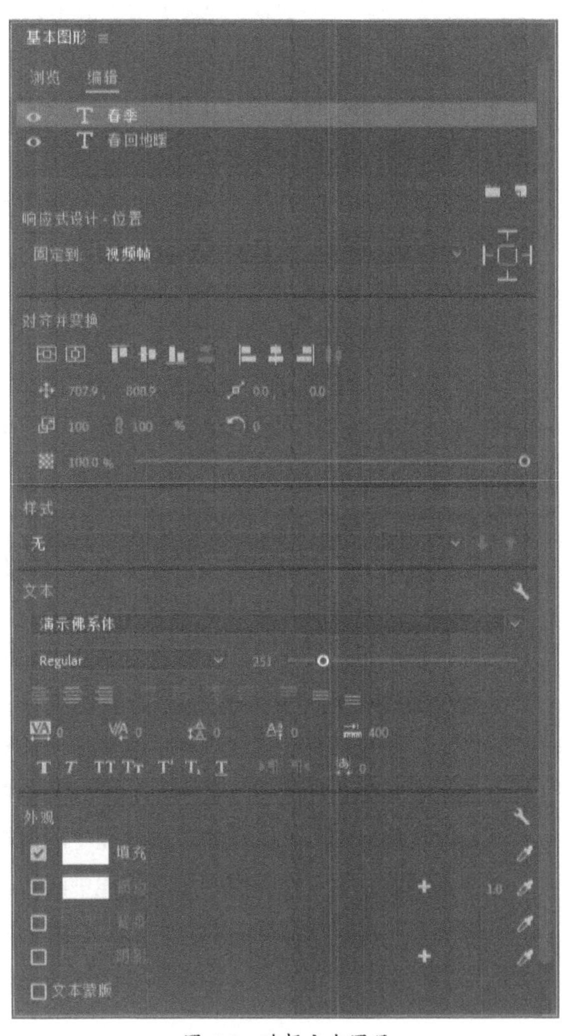

图 4-8 选择文本图层

提示："基本图形"面板中比较特殊之处为响应式设计。凭借动态图形的响应式设计，可设计出能够调整其持续时间和图层位置的滚动和图形。其中，"响应式设计-位置"可以将当前图层响应至其他图层，随着其他图层变换而变换，从而使选中图层自动适应视频帧的变化；"响应式设计-时间"只有在未选中图层的情况下才会出现，该设计可以保留开场和结尾关键帧的图形片段，以保证在改变剪辑持续时间时不影响开场和结尾片段，在修剪图形的出点和入点时也会保护开场和结尾时间范围内的关键帧，同时对中间区域的关键帧进行拉伸或压缩以适应改变后的持续时间。

■4.2.4　视频过渡

视频过渡又称“转场”，它可以使前后素材之间的衔接更加顺畅自然，同时使用视频过渡效果可以推动情节、渲染气氛，是影视制作中常用的元素之一。本节将对视频过渡的相关知识进行说明。

1. 常用视频过渡效果

Premiere中包括多组预设的视频过渡效果，用户可以直接应用这些预设制作转场效果。常用的视频过渡效果包括以下8组：

- **3D运动：**该组中的效果可以模拟三维空间运动制作转场效果。
- **划像（Iris）：**该组中的效果可以通过分割画面制作转场效果。
- **页面剥落（Page Peel）：**该组中的效果可以通过模拟翻页或页面剥落制作转场效果。
- **滑动（Slide）：**该组中的效果可以通过滑动画面制作转场效果。
- **擦除（Wipe）：**该组中的效果可以通过擦除图像制作转场效果。
- **缩放（Zoom）：**该组中仅包括“交叉缩放（Cross Zoom）”一种效果，通过缩放图像制作转场效果，即素材A被放大至无限大，素材B从无限大缩放至原始比例，在无限大时切换素材。
- **内滑：**该组中仅包括“急摇”一种效果，该效果是通过从左至右快速推动素材使其产生动感模糊制作转场效果。
- **溶解：**该组中的效果可以通过淡化、溶解素材的方式制作转场效果。

提示：结合视频效果、关键帧等内容可以制作出更加丰富的转场效果。

2. 编辑视频过渡效果

在“效果”面板中选择视频过渡效果后拖曳至“时间轴”面板素材的入点或出点处，即可添加该视频过渡效果。选中添加的视频过渡效果，在“效果控件”面板中可以设置其持续时间、对齐等属性，如图4-9所示。

该面板中部分选项作用如下：

- **持续时间：**用于设置视频过渡效果的持续时间，时间越长，过渡越慢。
- **对齐：**用于设置视频过渡效果与相邻素材片段的对齐方式，在其下拉列表中包括中心切入、起点切入、终点切入和自定义切入4个选项。
- **缩略图：**单击其周围的边缘选择器箭头，可设置视频过渡方向。
- **开始、结束：**用于设置视频过渡开始和结束时的效果。
- **显示实际源：**勾选该复选框，在“效果控件”面板的预览区中将显示素材的实际效果。
- **边框宽度：**用于设置视频过渡过程中的边框宽度。
- **边框颜色：**用于设置视频过渡过程中的边框颜色。
- **反向：**勾选该复选框，将反向视频过渡的效果。

图 4-9　编辑视频过渡效果

■4.2.5　关键帧和蒙版

关键帧是指处于关键状态的帧，两个状态不同的关键帧之间则形成了动画效果，而蒙版可以使效果仅在部分区域出现。结合关键帧和蒙版，可以制作出更具趣味的影视效果。

1. 添加关键帧

使用“效果控件”面板中的“切换动画”按钮可以方便地添加关键帧。选中“时间轴”面板中的素材，在“效果控件”面板中单击某一参数左侧的“切换动画”按钮，即可在播放指示器所在处为该参数添加关键帧；移动播放指示器位置，调整参数后，软件将自动在该处添加关键帧，用户也可以单击“添加/移除关键帧”按钮在播放指示器所在处添加关键帧后再进行调整。图4-10所示为添加的“位置”关键帧。

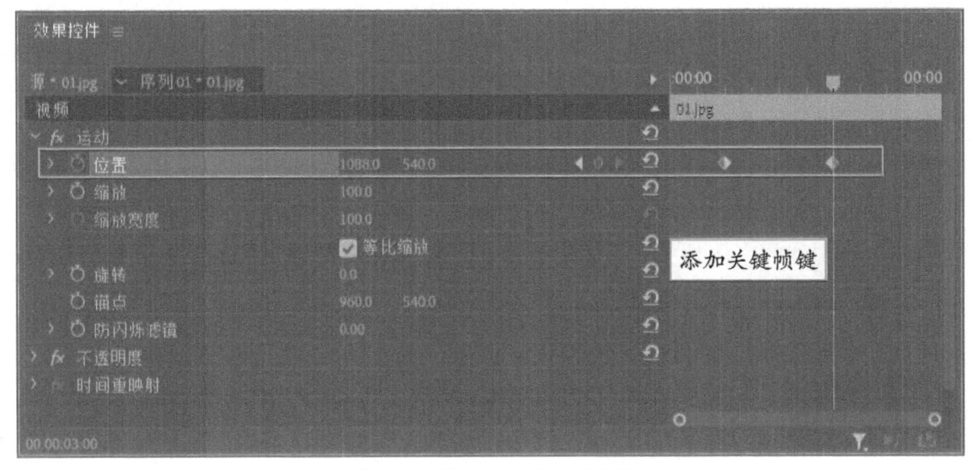

图 4-10　添加“位置”关键帧

在添加固定效果（如位置、缩放、旋转等）关键帧时，可以在添加第1个关键帧后移动播放指示器，在“节目”监视器面板中双击素材，显示其控制框进行调整，调整后“效果控件”面板中同样会自动出现关键帧，如图4-11所示。

图 4-11　在“节目”监视器中调整对象添加关键帧

选中关键帧后按Delete键可将其删除，用户也可以移动播放指示器至要删除的关键帧处，单击该参数中的“添加/移除关键帧”按钮将其删除。若想删除某一参数的所有关键帧，可以单击该参数左侧的“切换动画”按钮实现。

2. 关键帧插值

使用关键帧插值可以调整关键帧之间的变化速率，使变化效果更加平滑自然。选中关键帧，右击鼠标，在弹出的快捷菜单中可选择相应的插值命令，如图4-12所示。这些插值的作用分别如下：

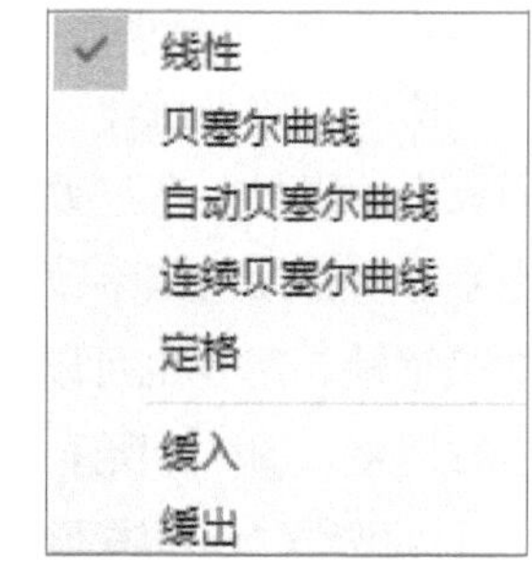

图 4-12　关键帧插值

- **线性：** 创建关键帧之间的匀速变化。
- **贝塞尔曲线：** 允许在关键帧的任一侧手动调整图表的形状及变化速率。
- **自动贝塞尔曲线：** 创建通过关键帧的平滑变化速率。更改关键帧的值后，“自动贝塞尔曲线”的方向手柄也会发生变化，以保持关键帧之间的平滑过渡。
- **连续贝塞尔曲线：** 创建通过关键帧的平滑变化速率，并且用户可以手动调整方向手柄。在关键帧的一侧更改图表的形状时，关键帧另一侧的形状也应变化以维持平滑过渡。
- **定格：** 创建突然的变化效果，位于应用了定格插值的关键帧之后的图表显示为水平直线。
- **缓入：** 减慢进入关键帧的值变化。
- **缓出：** 逐渐加快离开关键帧的值变化。

设置关键帧插值后，用户可以展开相应的属性参数，在图表中调整手柄，以设置关键帧的变化速率，如图4-13所示。

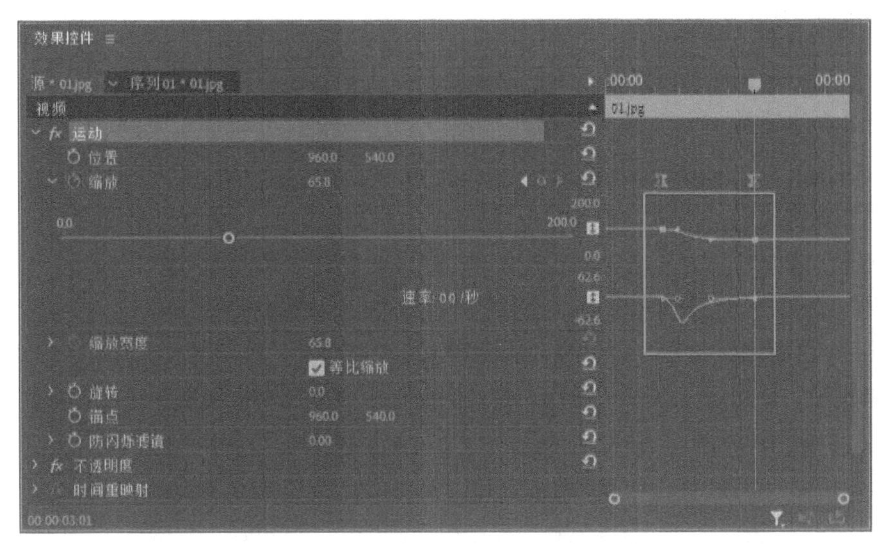

图 4-13 调整手柄以设置关键帧变化速率

3. 蒙版和跟踪效果

使用蒙版可以将应用的效果局限在特定区域，制作出特殊的视觉效果，而蒙版跟踪则可以使蒙版自动跟随运动的对象，减轻操作负担。Premiere软件中包括“创建椭圆形蒙版”、“创建4点多边形蒙版”和“自由绘制贝塞尔曲线”3种形状的蒙版。

- **创建椭圆形蒙版**：单击该按钮，将在“节目”监视器面板中自动生成椭圆形蒙版，用户可以通过控制框对椭圆的大小、比例进行调整。
- **创建4点多边形蒙版**：单击该按钮，将在“节目”监视器面板中自动生成4点多边形蒙版，用户可以通过控制框调整4点多边形的形状。
- **自由绘制贝塞尔曲线**：单击该按钮，将在“节目”监视器面板中绘制自由的闭合曲线创建蒙版。

蒙版创建后，“效果控件”面板中将出现相应的蒙版选项，如图4-14所示。

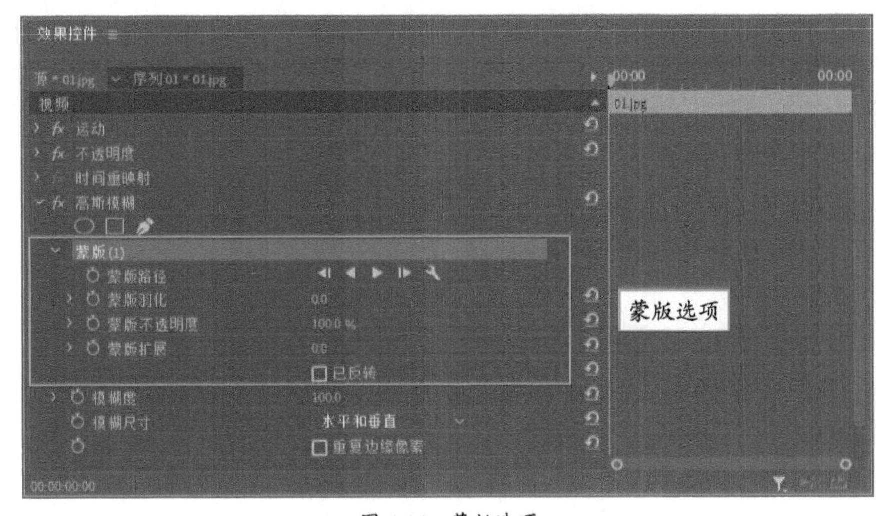

图 4-14 蒙版选项

蒙版选项各参数作用如下：

- **蒙版路径：**用于添加关键帧设置跟踪效果。单击该参数中的不同按钮，可以设置向前或向后跟踪的效果。
- **蒙版羽化：**用于柔化蒙版边缘。
- **蒙版不透明度：**用于调整蒙版的不透明度。当值为100时，蒙版完全不透明并会遮挡图层中位于其下方的区域。不透明度越小，蒙版下方的区域就越清晰可见。
- **蒙版扩展：**用于扩展蒙版范围。正值将外移边界，负值将内移边界。
- **已反转：**勾选该复选框，将反转蒙版范围。

创建蒙版后，用户还可以在“节目”监视器面板中通过控制框手柄直接设置蒙版范围、羽化值等参数，如图4-15所示。

图 4-15　在“节目”监视器面板中调整蒙版

■4.2.6　作品输出

在Premiere中编辑完成视频作品后，可以根据用途将其输出为不同格式。下面对此进行介绍。

1. 渲染预览

渲染是指预处理剪辑内容，通过该项操作可以以全帧速率实时回放复杂的部分。选中要进行渲染的时间段，执行“序列”→“渲染入点到出点的效果”命令或按Enter键，即可进行渲染，渲染后红色渲染条将变为绿色。

提示：渲染较长时间的文件时，可以通过添加入点和出点的方式减轻渲染运算量以提高效率。

2. 输出方式

输出项目内容的常用方式有以下两种。

- 执行“文件”→“导出”→“媒体”命令或按Ctrl+M组合键，打开“导出设置”对话框，设置参数，导出媒体。
- 在“项目”面板中选中要导出的序列，右击鼠标，在弹出的快捷菜单中选择“导出媒体”命令，打开“导出设置”对话框，设置参数，导出媒体。

3. 输出设置

执行“文件”→“导出”→“媒体”命令，打开“导出设置”对话框，如图4-16所示。

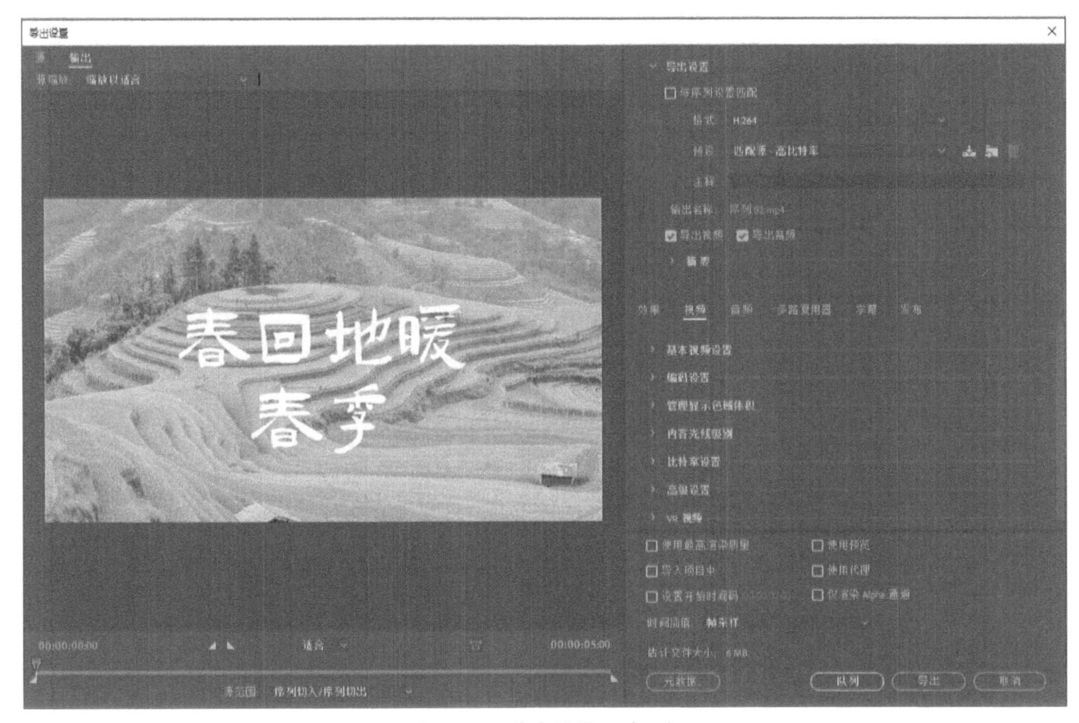

图 4-16 “导出设置”对话框

该对话框中部分选项卡作用如下：

- **源：**该选项卡中显示未应用任何导出设置的源视频，用户可以在该选项卡中通过“裁剪输出视频”按钮裁剪源视频，从而只导出视频的一部分。
- **输出：**该选项卡中显示的是应用于源视频的当前导出设置的预览，用户可以在该对话框中设置“源缩放”和“源范围”参数。其中，“源缩放”参数可以设置输出帧的源图像大小，“源范围”参数可以设置导出视频的持续时间。
- **导出设置：**用于设置导出内容及其格式、路径、名称等参数。单击“输出名称”右侧的蓝色文字，打开“另存为”对话框，即可设置输出文件的名称和路径。
- **视频：**用于设置导出视频的相关参数，选择不同格式导出时，该选项卡中的内容也会略有不同。其中值得注意的一个参数为“比特率设置”，该参数用于设置输出文件的比特率，比特率数值越大，输出文件越清晰，但超过一定数值后，清晰度就不会有明显提升，因而设置为合适的数值即可。
- **音频：**用于设置导出音频的相关参数。

实例：制作照片切换效果

本节以制作照片切换效果的实例来了解并熟悉视频后期制作的操作过程。

步骤01 打开After Effects软件，单击主页中的“新建项目”按钮，新建空白项目。执行“合成”→“新建合成”命令，打开“合成设置”对话框，设置参数，如图4-17所示。完成设置后，单击“确定”按钮新建合成。

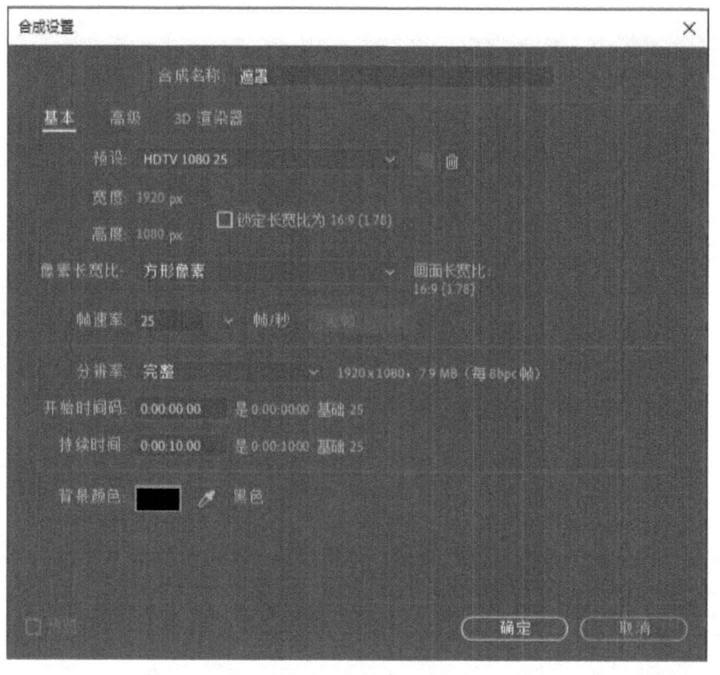

图 4-17　新建合成

步骤 02 新建一个白色纯色素材，在“效果和预设”面板中搜索“CC Mr. Mercury”特效，将其拖曳至该纯色素材上，在“效果控件”面板中设置参数，如图4-18所示。

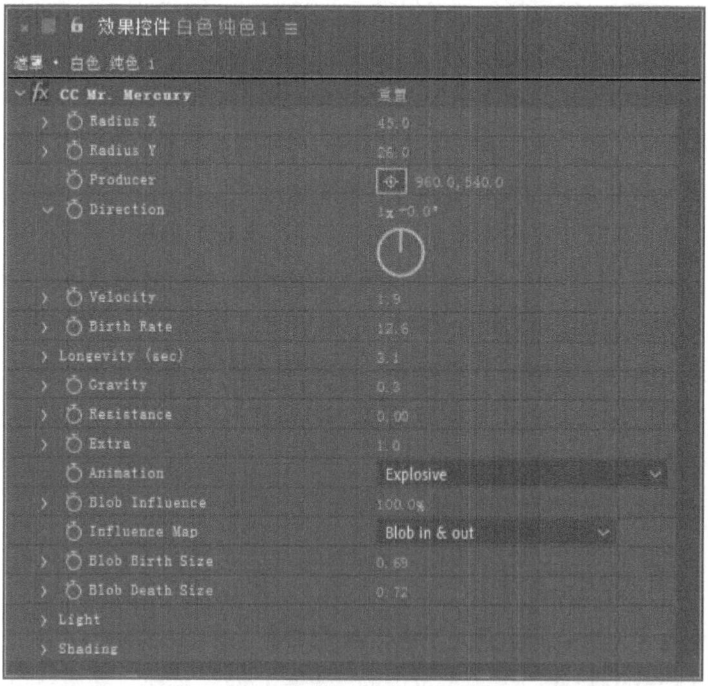

图 4-18　添加并设置“CC Mr. Mercury”特效

步骤03 按空格键，在“合成”面板中预览效果如图4-19所示。

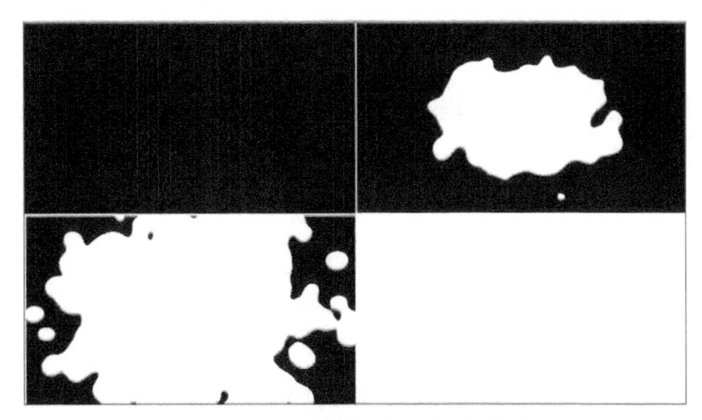

图 4-19 “合成”面板预览效果

步骤04 按Ctrl+S组合键，保存文件为“遮罩”。打开Premiere软件，新建项目和序列。按Ctrl+I组合键，打开“导入”对话框，导入素材文件“照片01.jpg”～“照片05.jpg”，如图4-20所示。

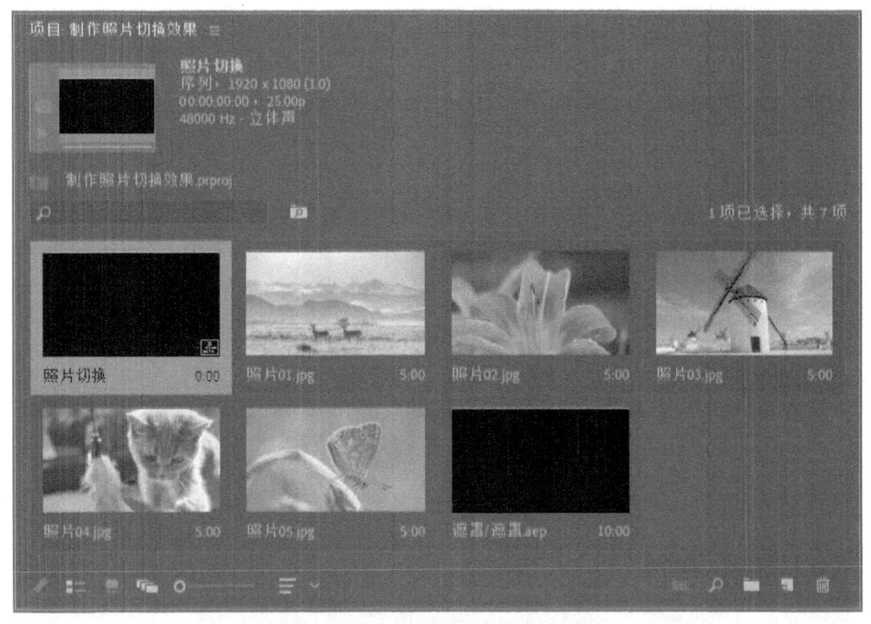

图 4-20 在 Premiere 中导入素材

步骤05 将导入的图像素材依次拖曳至“时间轴”面板的V1轨道中，并调整持续时间为6 s，如图4-21所示。

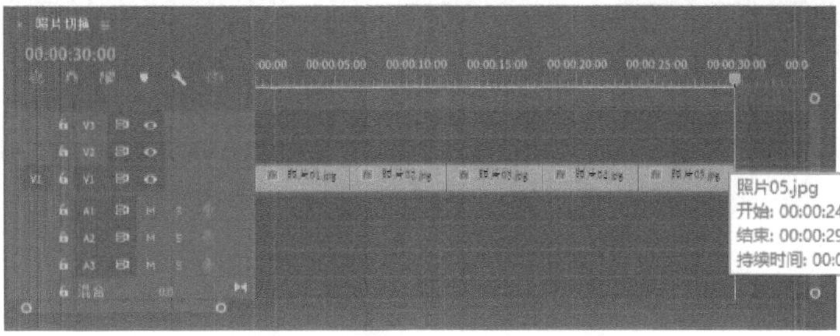

图 4-21 应用素材并设置持续时间

步骤06 双击刚制作的“遮罩”视频素材，使其在“源”监视器面板中打开，并根据画面内容在00:00:02:16处标记出点，如图4-22所示。

图 4-22 标记出点

步骤07 将“源”监视器面板中的素材拖曳至V3轨道中的合适位置，调整其持续时间为2 s，如图4-23所示。

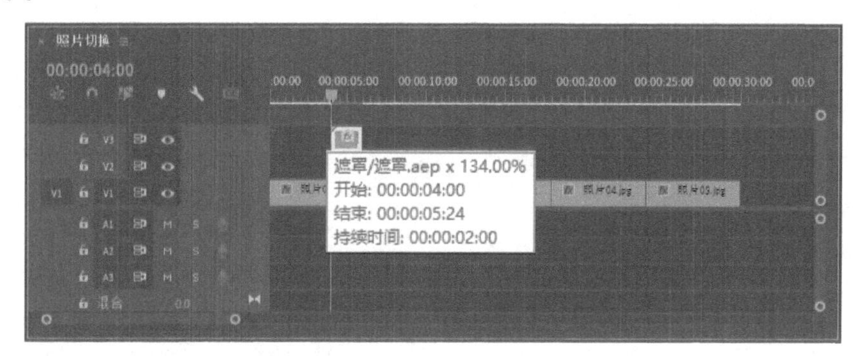

图 4-23 应用素材并设置持续时间

步骤08 将V1轨道中的第2-4个素材分割为4 s和2 s的片段，4 s素材片段移动至V2轨道中，并调整4 s和2 s素材位置，调整后如图4-24所示。

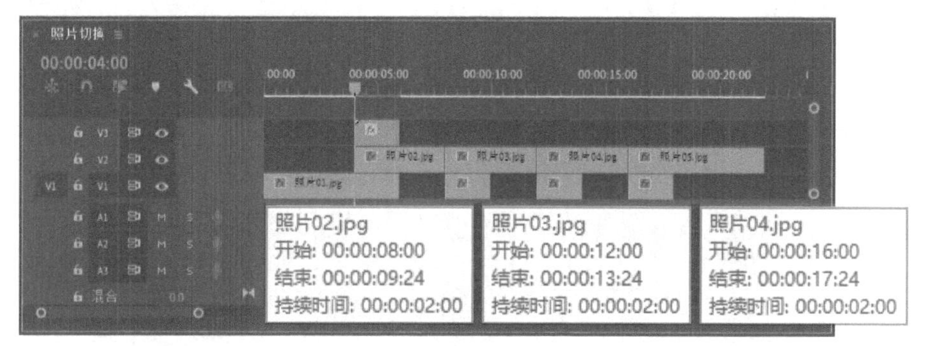

图 4-24 分割素材并调整位置

步骤09 在“效果”面板中搜索“高斯模糊”视频效果，将其拖曳至V3轨道素材上，在“效果控件”面板中设置参数，效果如图4-25所示。

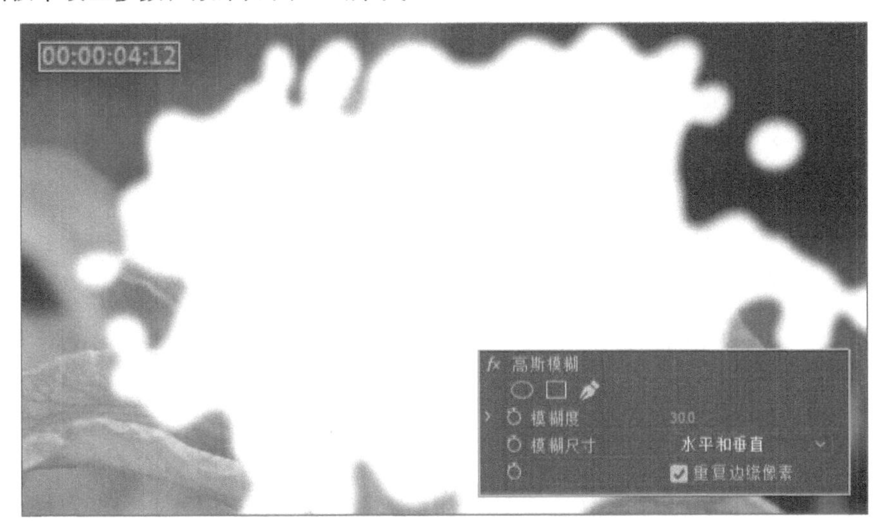

图 4-25 添加“高斯模糊”视频效果并设置参数

步骤10 复制V3轨道素材，效果如图4-26所示。

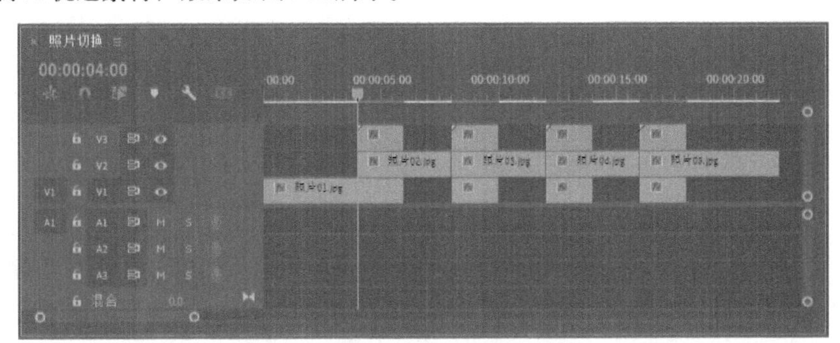

图 4-26 复制素材

步骤11 选中V2轨道素材，右击鼠标，在弹出的快捷菜单中选择“嵌套”命令嵌套素材，如图4-27所示。

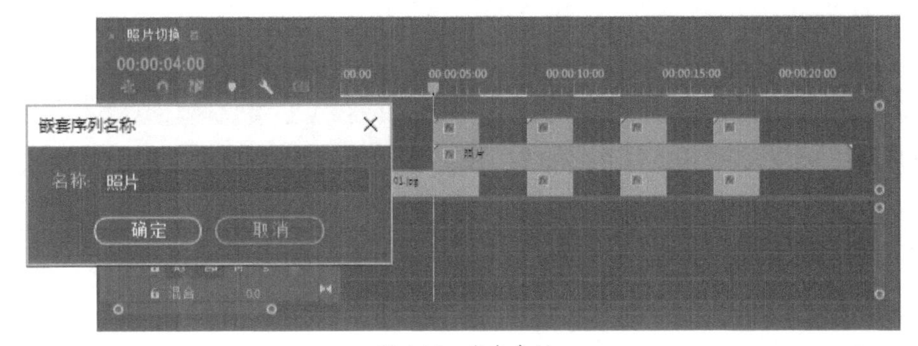

图 4-27 嵌套素材

步骤12 在“效果”面板中搜索“轨道遮罩键”效果，将其拖曳至嵌套素材上，并在“效果控件”面板中设置参数，效果如图4-28所示。

图 4-28　添加“轨道遮罩键”效果并设置

步骤13 至此完成照片切换效果的制作。移动播放指示器至起始处，按Enter键渲染并预览效果，如图4-29所示。

图 4-29　渲染预览效果

4.3　视频特效技术的应用

视频后期特效制作的首选软件为After Effects。该软件可以帮助用户合成视频和制作视频特效，创建动态图形和精彩的视觉效果，结合三维软件和Photoshop软件使用，还可以制作出更具视觉表现力的视频作品。

4.3.1　认识After Effects

After Effects的工作界面由菜单栏、工具栏、“项目”面板、“合成”面板、“时间轴”面板及其他各类面板组成，如图4-30所示。

图 4-30 After Effects 工作界面

其中，常用面板的作用分别如下：

- **工具栏：**用于存放选取工具、手形工具、缩放工具、旋转工具、形状工具、钢笔工具、文字工具等常用工具。其中，部分带有三角标志的工具含有多重工具选项，长按即可看到隐藏的工具。
- **项目：**用于存放After Effects中的所有素材文件、合成文件及文件夹，面板中将显示素材的名称、类型、大小、媒体持续时间、文件路径等信息，用户可以单击下方的按钮进行新建合成、新建文件夹等操作。
- **合成：**用于显示当前合成的画面效果的主要面板，具有预览、控制、操作、管理素材、缩放窗口比例等功能，用户可以直接在该面板上对素材进行编辑。
- **时间轴：**控制图层效果和图层运动的平台，用户可以在该面板中精确设置合成中各种素材的位置、时间、特效和属性等，还可以调整图层的顺序和制作关键帧动画。

4.3.2 项目与合成

After Effects项目中存储了合成、素材等所有信息，一个项目可以包含多个素材和多个合成，其中合成中的层主要是通过导入的素材和软件中的工具直接创建的。本节将对项目与合成的相关知识进行说明。

1. 新建项目

新建项目的常用方式有以下两种：

- 单击主页中的“新建项目”按钮。
- 执行“文件”→“新建”→“新建项目”命令或按Ctrl+Alt+N组合键。

新建项目后单击“项目”面板名称右侧的“菜单”☰按钮，在弹出的快捷菜单中选择“项目设置”命令，将打开“项目设置”对话框，在该对话框中用户可以根据需要设置项目参数。

2. 打开项目

After Effects提供了多种打开项目文件的方式，常用的有以下3种。

- 执行“文件”→“打开项目”命令或按Ctrl+O组合键，打开“打开”对话框，选择要打开的项目文件，单击“打开”按钮将其打开。
- 执行“文件”→“打开最近的文件”命令，在其级联菜单中将显示最近打开的文件，选择具体项目将其打开。
- 在文件夹中找到要打开的项目文件，将其拖曳至“项目”面板或“合成”面板中即可。

3. 保存和备份项目

及时备份保存项目文件，可以有效避免误操作或意外关闭带来的损失。

- **保存项目：**执行“文件”→“保存”命令或按Ctrl+S组合键，打开 “另存为”对话框，在该对话框中可以指定项目文件的名称和存储位置。
- **另存为：**使用“另存为”命令可以将当前项目文件以不同的名字保存到其他位置。执行“文件”→“另存为”→“另存为”命令或按Ctrl+Shift+S组合键，在打开的“另存为”对话框中指定新的存储位置和名称即可。

4. 导入素材

素材是项目文件最基础的内容，用户可以使用工具绘制矢量图形或导入外部素材。导入素材的常用方式有以下5种。

- 执行“文件”→“导入”→“文件”命令，或按Ctrl+I组合键。
- 执行“文件”→“导入”→“多个文件”命令或按Ctrl+Alt+I组合键，打开“导入多个文件”对话框。
- 在“项目”面板素材列表的空白区域右击鼠标，在弹出的菜单中选择“导入”→“文件”命令。
- 在“项目”面板素材列表的空白区域双击鼠标。
- 将素材文件或文件夹直接拖曳至“项目”面板。

5. 创建与编辑合成

合成是影片的基础，包括视频、音频、动画、文本、矢量图形、静止图像等多个图层，同时合成还可以作为素材使用。下面将对合成的创建与编辑进行说明。

（1）创建合成

创建合成有多种方式，常用的包括以下3种。

方式一：创建空白合成。

执行“合成”→“新建合成”命令或按Ctrl+N组合键，打开“合成设置”对话框，如图4-31所示。在该对话框中设置参数后，单击“确定”按钮即可创建空白合成。

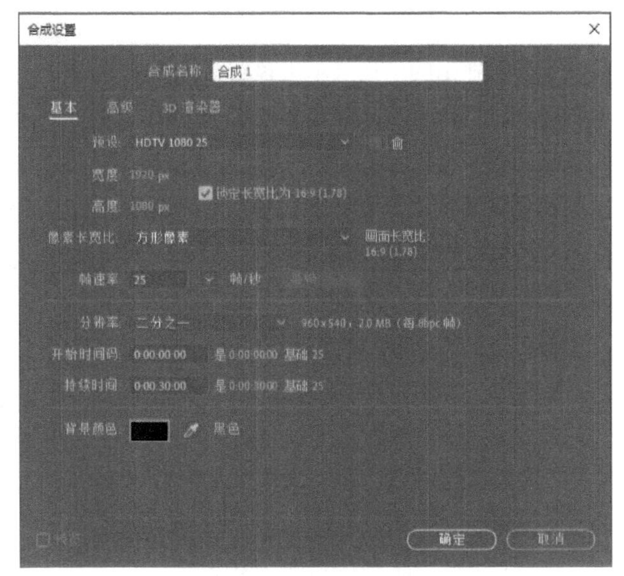

图 4-31 “合成设置”对话框

提示： 单击“项目”面板底部的“新建合成” 按钮，同样可以打开“合成设置”对话框创建空白合成。

方式二：基于单个素材新建合成。

在“项目”面板中导入外部素材文件后，还可以通过素材建立合成。在“项目”面板中选中某个素材，右击鼠标，在弹出的快捷菜单中选择“基于所选项新建合成”命令，或将素材拖曳至“项目”面板底部的“新建合成” 按钮，如图4-32所示，均可基于单个素材新建合成。

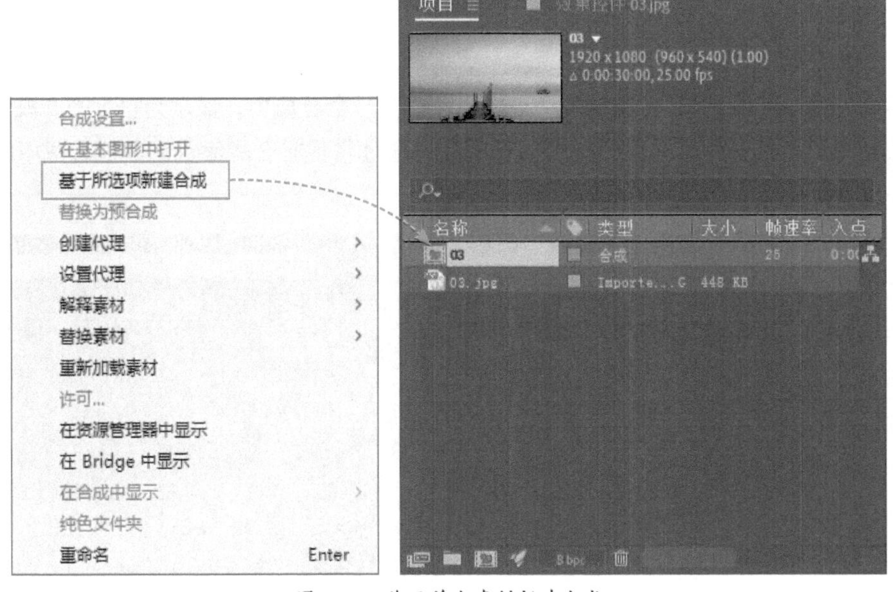

图 4-32 基于单个素材新建合成

方式三：基于多个素材新建合成。

在“项目”面板中同时选择多个文件后右击鼠标，在弹出的快捷菜单中执行“基于所选项新建合成”命令，或将素材拖曳至“项目”面板底部的“新建合成” 按钮上，打开“基于所选项新建合成”对话框，如图4-33所示。在该对话框中设置参数后，单击“确定”按钮即可按照设置创建合成。

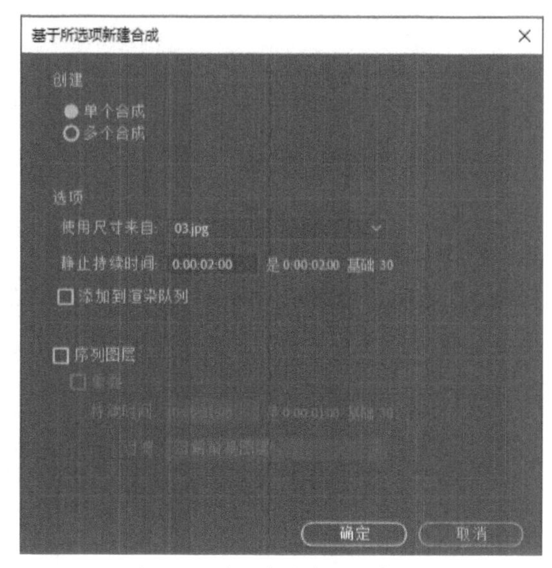

图 4-33　基于多个素材新建合成

该对话框中部分常用选项作用如下：

- **使用尺寸来自：** 用于选择新合成并从中获取合成设置的素材项目。
- **静止持续时间：** 用于设置添加的静止图像的持续时间。
- **添加到渲染队列：** 勾选该复选框，可将新合成添加到渲染队列中。
- **序列图层：** 勾选该复选框，可以按顺序排列图层。例如，使其在时间上重叠、设置过渡的持续时间，以及选择过渡类型。

（2）设置合成参数

创建合成后，可以选中合成，执行“合成”→“合成设置”命令或按Ctrl+K组合键，打开“合成设置”对话框，重新设置合成参数。

提示： 用户可以随时更改合成设置，但考虑到最终输出环节，最好是在创建合成时指定帧长宽比和帧大小等参数。

（3）嵌套合成

嵌套合成又称“预合成”，是指一个合成包含在另一个合成中，显示为包含的合成中的一个图层。嵌套图层多由各种素材和合成组成，用户可通过将现有合成添加到其他合成中的方法创建嵌套合成。

在“时间轴”面板中选择单个或多个图层并右击鼠标，在弹出的快捷菜单中选择“预合成”命令，打开“预合成”对话框，如图4-34所示。用户可以在该对话框中设置嵌套合成名称等参数。

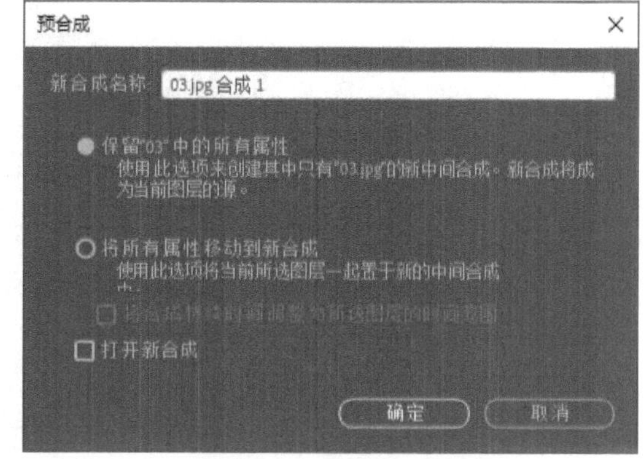

图 4-34　“预合成”对话框

■4.3.3 图层应用

图层是After Effects中构成合成的基本元素。本节将对图层的相关知识进行介绍。

1. 图层种类

After Effects中包括多种不同类型的图层，这些图层的作用分别如下：

- **素材图层：**After Effects中最常见的图层就是素材图层。将图像、视频、音频等素材从外部导入After Effects中，然后应用至“时间轴”面板，会自动形成素材图层，用户可以对其进行移动、缩放、旋转等操作。
- **文本图层：**使用文本图层可以快速创建文本，并对文本图层制作文本动画，还可以进行移动、缩放、旋转及透明度等操作。
- **纯色图层：**用户可以创建任何颜色和最大尺寸为30 000×30 000像素的纯色图层。纯色图层和其他素材图层一样，可以创建遮罩，也可以修改图层的变换属性，还可以添加特效。
- **灯光图层：**灯光图层主要用于模拟不同种类的真实光源，以及真实的阴影效果。
- **摄像机图层：**摄像机图层常用于固定视角。用户可以制作摄像机动画，以模拟真实的摄像机游离效果。
- **空对象图层：**空对象图层是指具有可见图层的所有属性的不可见图层。用户可以将“表达式控制”效果应用于空对象，然后使用空对象控制其他图层中的效果和动画。空对象图层多用于制作父子链接和配合表达式等。
- **形状图层：**形状图层可用于制作多种矢量图形效果。在不选择任何图层的情况下，使用形状工具或钢笔工具可以直接在“合成”面板中绘制形状并生成形状图层。
- **调整图层：**调整图层效果可以影响在图层堆叠顺序中位于该图层之下的所有图层。用户可以通过调整图层同时将效果应用于多个图层。
- **Photoshop图层：**执行“图层”→“新建”→“Adobe Photoshop文件”命令，可创建PSD图层及PSD文件，在Photoshop中打开该文件并进行更改保存后，在After Effects中引用这个PSD源文件的影片也会随之更新。

2. 编辑图层

在“时间轴”面板中不仅可以放置各种类型的图层，还可以对图层进行操作，下面对此进行说明。

（1）创建图层

制作复杂效果时，往往需要应用大量的层。下面对创建图层的两种常用方法进行介绍。

- **创建新图层：**执行“图层”→“新建”命令，在其级联菜单中选择命令即可创建相应的图层。用户也可以在“时间轴”面板的空白处右击鼠标，在弹出的快捷菜单中选择“新建”级联菜单中的命令创建图层。
- **根据导入的素材创建图层：**将“项目”面板中的素材直接拖曳至“时间轴”面板或“合成”面板，即可在“时间轴”面板中生成新的图层。

（2）选择图层

选择图层是编辑的第一步，选择图层的常用方法有以下3种。

- 在“时间轴”面板中单击选择图层。
- 在“合成”面板中单击想要选中的素材，即可在“时间轴”面板中选中其对应的图层。
- 在键盘右侧的数字键盘中按图层对应的数字键，即可选中相应的图层。

提示：按住Ctrl键可加选不连续图层；按住Shift键单击选择两个图层，可选中这两个图层之间的所有图层。

（3）复制图层

复制图层可以快速生成相同的图层，用户可以通过以下3种方式复制图层。

- 在“时间轴”面板中选择要复制的图层，执行“编辑”→“复制”和“编辑”→“粘贴”命令，即可复制图层。
- 选择要复制的图层，分别按Ctrl+C和Ctrl+V组合键，即可复制图层。
- 选择要复制的图层，按Ctrl+D组合键，即可创建图层副本。

（4）删除图层

对于不需要的图层，可以选择将其删除。在“时间轴”面板中选择图层，执行“编辑”→“清除”命令即可将其删除，也可以选中要删除的图层后按Delete键快速将其删除。

（5）重命名图层

当项目文件中的素材过多时，可以通过重命名素材以区分管理素材。选择图层后按Enter键进入编辑状态，输入新的图层名即可。用户也可以选择图层后右击鼠标，在弹出的快捷菜单中选择“重命名”命令，进入编辑状态重命名图层。

（6）调整图层顺序

对于“时间轴”面板中的图层对象，用户可以随意调整其顺序。选择要调整的图层，执行“图层”→“排列”命令，在其级联菜单中选择命令，即可将选中的图层前移或后移。用户也可以直接在“时间轴”面板中选中图层后上下拖曳调整。

（7）剪辑/扩展图层

移动光标至图层的入点或出点处，按住并拖曳即可剪辑图层，剪辑后的图层长度会发生变化；移动当前时间指示器至指定位置，选中图层后按Alt+[组合键和Alt+]组合键同样可以定义该图层出、入点的时间位置。

（8）提升/提取工作区域

使用“提升工作区域”命令和“提取工作区域”命令都可以移除部分镜头，但效果略有不同。

- **提升工作区域：**该命令可以移除工作区域内被选择图层的帧画面，但是被选择图层所构成的总时间长度不变，并且会保留移除后的空隙。
- **提取工作区域：**该命令可以移除工作区域内被选择图层的帧画面，但是被选择图层所构成的总时间长度会缩短，同时图层会被剪切成两段，后段的入点将连接前段的出点，不会留下任何空隙。

(9) 拆分图层

使用“拆分图层”命令可以将一个图层在指定的时间位置拆分为多段独立的图层，以方便用户进行不同的处理。在“时间轴”面板中选择需要拆分的图层，将当前时间指示器移动至要拆分的位置，执行“编辑”→“拆分图层”命令或按Ctrl+Shift+D组合键，即可拆分所选图层，如图4-35所示。

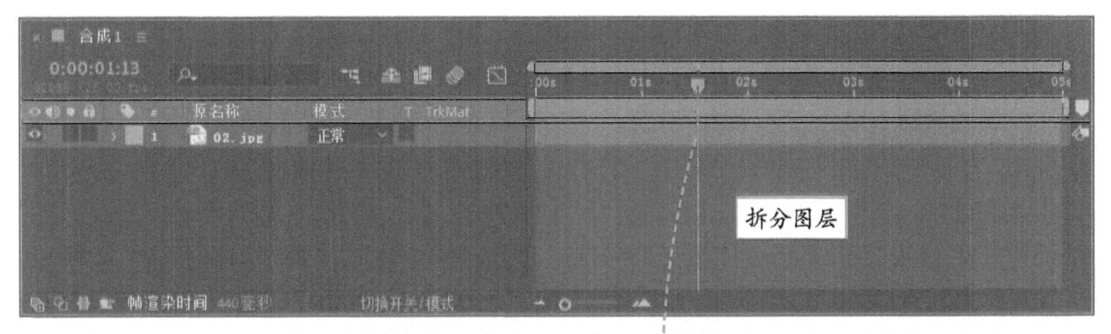

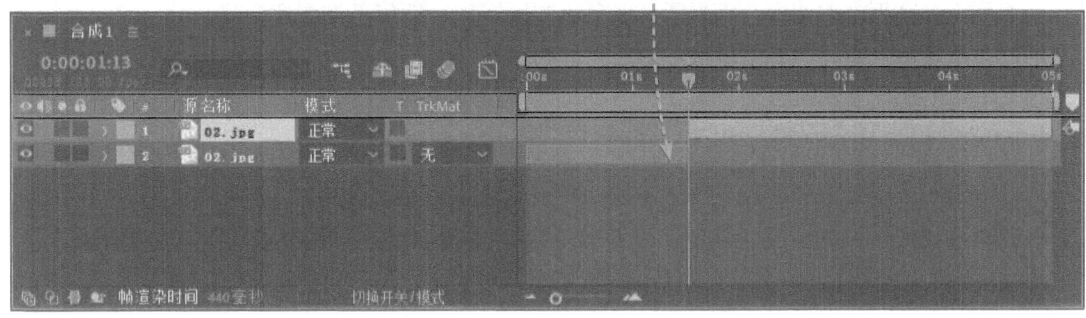

图 4-35　拆分图层

3. 图层样式

使用图层样式可以快速制作发光、投影、描边等效果，提升品质。执行“图层”→“图层样式”命令，在其级联菜单中即可看到图层样式命令，如图4-36所示。这些图层样式的作用分别如下：

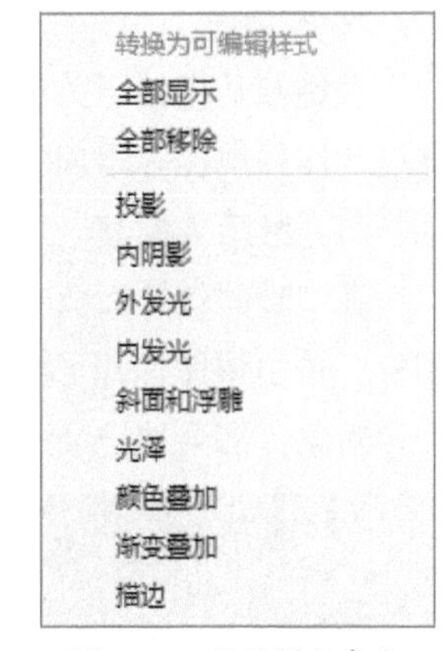

图 4-36　图层样式命令

- **投影：**为图层增加阴影效果。
- **内阴影：**为图层内部添加阴影效果，从而呈现出凹陷感。
- **外发光：**产生图层外部的发光效果。
- **内发光：**产生图层内部的发光效果。
- **斜面和浮雕：**模拟冲压状态，为图层制作浮雕效果，增加图层的立体感。
- **光泽：**使图层表面产生光滑的磨光或金属质感效果。
- **颜色叠加：**在图层上方叠加新的颜色。
- **渐变叠加：**在图层上方叠加渐变颜色。
- **描边：**使用颜色为当前图层的轮廓添加像素，从而使图层轮廓更加清晰。

4. 图层混合模式

图层混合是指将一个图层与其下面的图层叠加以产生特殊效果。After Effects包括8组图层混合模式，其作用分别如下：

- **普通模式组：**包括“正常”“溶解”“动态抖动溶解”3种混合模式。该组混合模式产生的最终效果的颜色不会受底层像素颜色的影响，除非底层像素的不透明度小于当前图层。
- **减少模式组：**包括“变暗”“相乘”“颜色加深”“经典颜色加深”“线性加深”“较深的颜色”6种混合模式，该组混合模式可以使图像的整体颜色变暗。
- **添加模式组：**包括“相加”“变亮”“屏幕”“颜色减淡”“经典颜色减淡”“线性减淡”“较浅的颜色”7种混合模式，该组混合模式可以使当前图像中的黑色消失，从而使颜色变亮。
- **相交模式组：**包括“叠加”“柔光”“强光”“线性光”“亮光”“点光”“纯色混合”7种混合模式，该组混合模式在进行混合时50%的灰色会完全消失，任何高于50%灰色的区域都可能加亮下方的图像，而低于50%灰色的区域都可能使下方图像变暗。
- **反差模式组：**包括“差值”“经典差值”“排除”“相减”“相除”5种混合模式，该组混合模式可以基于源颜色和基础颜色值之间的差异创建颜色。
- **颜色模式组：**包括“色相”“饱和度”“颜色”“发光度”4种混合模式，该组混合模式可以将色相、饱和度和明度三要素中的一种或两种应用于图像中。
- **蒙版模式组：**包括“模板Alpha”“模板亮度”“轮廓Alpha”“轮廓亮度”4种混合模式，该组混合模式可以将当前图层转换为底层的一个遮罩。
- **共享模式组：**包括“Alpha添加”和“冷光预乘”两种混合模式。这种类型的混合模式都可以使底层与当前图层的Alpha通道或透明区域像素产生相互作用。

5. 关键帧

关键帧是指处于关键状态的帧，两个不同状态的关键帧之间就形成了动画效果。用户可以通过为图层属性等添加关键帧制作动画效果。

（1）激活关键帧

在“时间轴”面板中展开属性列表，可以看到每个属性左侧都有一个“时间变化秒表”图标，单击该图标即可激活关键帧，激活后无论是修改属性参数，还是在“合成”面板中修改图像对象，都会被记录成关键帧，如图4-37所示。再次单击该图标可清除所有关键帧。

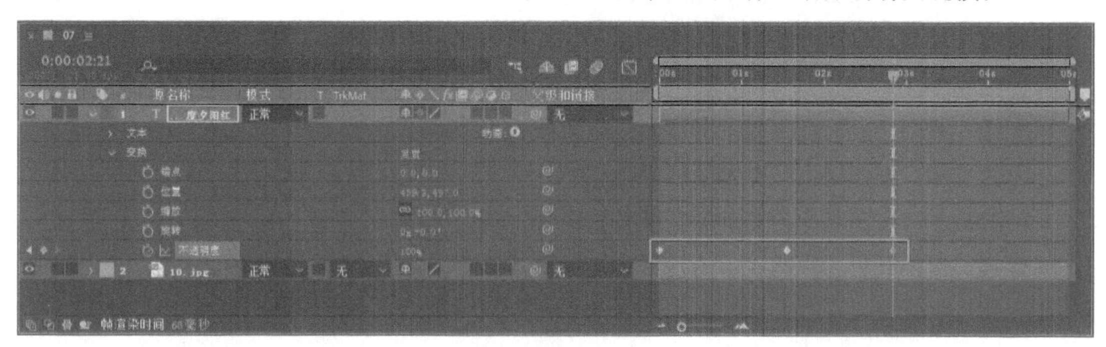

图 4-37　添加关键帧

激活关键帧后移动当前时间指示器，单击属性左侧的“在当前时间添加或移除关键帧” 按钮，即可在当前位置添加关键帧或移除当前位置的关键帧。

（2）编辑关键帧

创建关键帧后，用户可以根据需要对其进行选择、移动、复制、删除等编辑操作。

- **选择关键帧：** 如果要选择关键帧，直接在“时间轴”面板单击 图标即可。如果要选择多个关键帧，按住Shift键的同时框选或者单击多个关键帧即可。
- **复制关键帧：** 如果要复制关键帧，可以选择要复制的关键帧，执行“编辑”→“复制”命令，然后将当前时间指示器移动至目标位置，执行“编辑”→“粘贴”命令即可。也可利用Ctrl+C和Ctrl+V组合键来进行复制粘贴操作。
- **移动关键帧：** 选中关键帧后按住鼠标左键拖动，即可移动关键帧。
- **删除关键帧：** 选择关键帧，执行“编辑”→“清除”命令即可将其删除，也可直接按Delete键删除。

（3）图表编辑器

图表编辑器使用二维图表示属性值，并水平表示（从左到右）合成时间。单击“时间轴”面板中的“图表编辑器” 按钮即可查看图表编辑器，如图4-38所示。用户可以直接在图表编辑器中更改属性值制作动画效果。

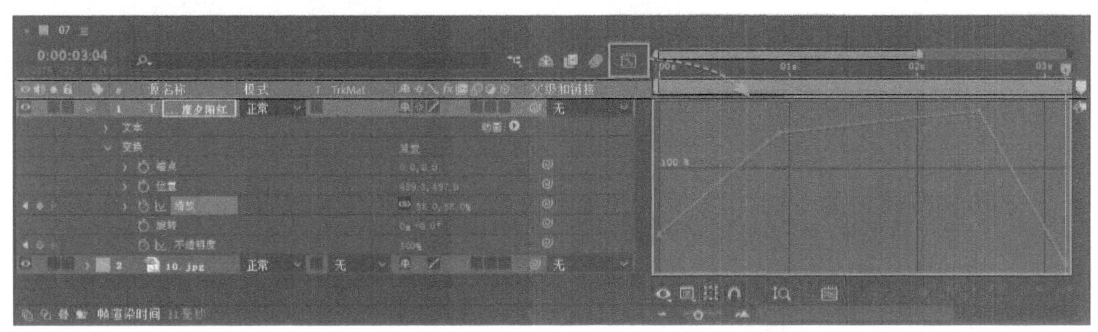

图 4-38　图表编辑器

■4.3.4　蒙版和抠像

蒙版和抠像在视频特效制作中的应用非常广泛，本节将对此进行说明。

1. 蒙版

蒙版是指通过蒙版层中的图形或轮廓对象透出下方图层中的内容。一个图层可以包含多个蒙版，其中蒙版层为轮廓层，决定了能够看到的图像区域；被蒙版层为蒙版下方的图像层，决定了能够看到的内容。蒙版动画的原理简单说就是蒙版层做变化或者被蒙版层做运动。

（1）创建蒙版

蒙版的创建离不开形状工具、钢笔工具等工具。选中素材后，使用工具在“合成”面板中绘制形状，即可创建蒙版。图4-39和图4-40所示为创建的不规则蒙版。

图 4-39　原素材

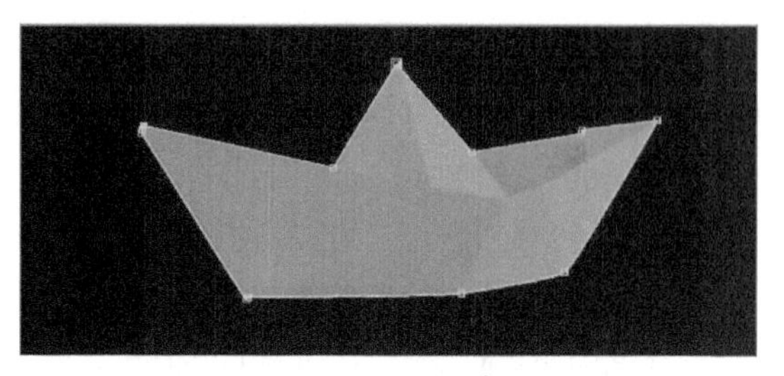
图 4-40　不规则蒙版

用户也可以选择从文本创建形状。选中文本图层，右击鼠标，在弹出的快捷菜单中选择“创建”→“从文字创建形状”命令，即可创建文本轮廓图层。

（2）编辑蒙版

创建蒙版后还可以编辑路径的锚点或基本属性。在“时间轴”面板中展开“蒙版”属性组，如图4-41所示。用户可以通过该组中的选项调整蒙版效果。

图 4-41　蒙版属性

“蒙版”属性组中部分选项作用如下：

- **蒙版路径：**用于修改蒙版形状。
- **蒙版羽化：**用于柔化处理蒙版边缘，制作出边缘虚化的效果。
- **蒙版不透明度：**用于设置蒙版内图像的显示效果。创建蒙版后，默认蒙版内的图像100%显示，而蒙版外的图像0%显示。
- **蒙版扩展：**用于扩大或缩小蒙版范围。当属性值为正值时，将在原始蒙版的基础上进行扩展；当属性值为负值时，将在原始蒙版的基础上进行收缩。

2. 抠像

抠像又被称为“键控”，它是通过将画面中的图像抠取出来合成到一个新的场景中，制作出更加神奇的视频效果。例如，演员在绿幕或蓝幕前表演，可以通过抠像技术抠除绿幕或蓝幕后与其他场景合成，呈现出在影视剧中实际表演的效果。

After Effects中的抠像主要依靠“效果”面板中的效果实现，下面将对常用的抠像效果进行介绍。

（1）Advanced Spill Suppressor（高级颜色溢出抑制）

使用“Advanced Spill Suppressor”（高级颜色溢出抑制）效果可以消除图像边缘残留的溢出色。抠像后，执行“效果”→“抠像”→“Advanced Spill Suppressor”命令，在“效果控件”面板中可以设置相应参数，如图4-42所示。

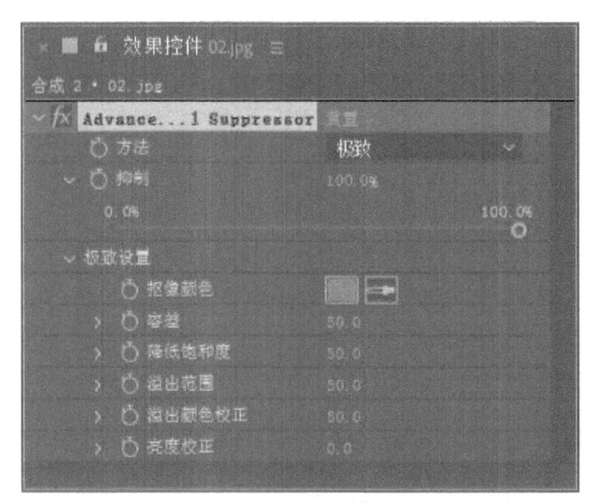

图 4-42 “Advanced Spill Suppressor”效果选项

“Advanced Spill Suppressor”效果部分选项作用如下：

- **方法：**用于选择抑制类型，包括“标准”和“极致”两种。其中，“标准”方法较为简单，使用该方法可自动检测主要抠像颜色；使用“极致”方法可以更加精确地设置抑制效果。
- **抑制：**用于设置颜色抑制程度。
- **极致设置：**当选择“极致”类型时，“极致设置”属性组可用，包括抠像颜色、容差、降低饱和度、溢出范围、溢出颜色校正、亮度校正等参数。

素材抠像后添加“Advanced Spill Suppressor”（高级颜色溢出抑制）效果将去除溢出色，效果对比如图4-43～图4-45所示。

图 4-43 原素材

图 4-44 抠像后

图 4-45 去除溢出色

(2) CC Simple Wire Removal（简单金属丝移除）

使用“CC Simple Wire Removal”（简单金属丝移除）效果可以模糊或替换简单的线性形状，多用于去除拍摄过程中出现的威亚钢丝或一些吊着道具的绳子。选中图层后，执行“效果”→“抠像”→“CC Simple Wire Removal”命令，在“效果控件”面板中可以设置相应参数，如图4-46所示。

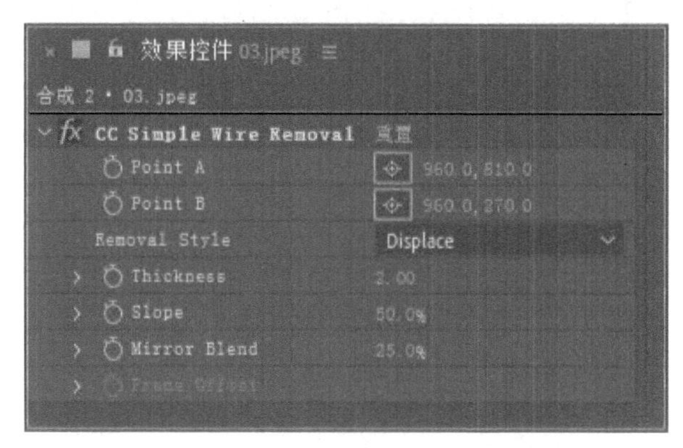

图 4-46 “CC Simple Wire Removal”效果选项

“CC Simple Wire Removal”效果部分选项作用如下：

- **Point A、Point B（点A、点B）**：用于设置金属丝的两个移除点。
- **Removal Style（移除风格）**：用于设置金属丝的移除风格。
- **Thickness（厚度）**：用于设置金属丝移除的密度。
- **Slope（倾斜）**：用于设置水平偏移程度。
- **Mirror Blend（镜像混合）**：用于对图像进行镜像或混合处理。
- **Frame Offset（帧偏移）**：用于设置帧偏移程度。

添加效果并设置参数，对比效果如图4-47和图4-48所示。

图 4-47 原素材

图 4-48 金属丝移除后

提示：该特效只能进行简单处理，并且只能处理直线，对于弯曲的线是无能为力的。

（3）线性颜色键

使用“线性颜色键”效果可以通过RGB、色相或色度信息来创建指定主色的透明度，抠除指定颜色的像素。选中图层后，执行“效果”→“抠像”→“线性颜色键”命令，在“效果控件”面板中可以设置相应参数，如图4-49所示。

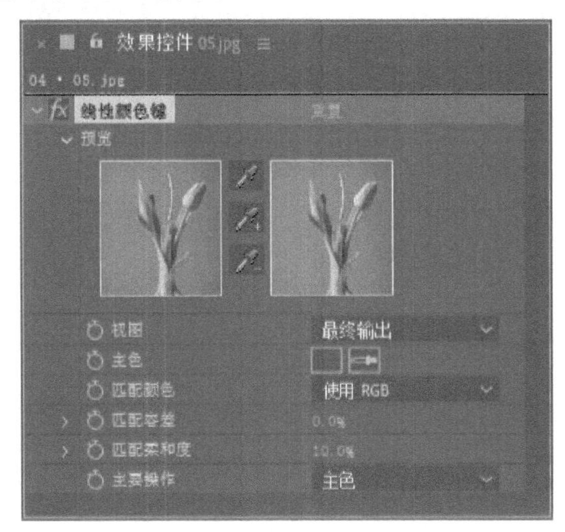

图 4-49 “线性颜色键”效果选项

“线性颜色键”效果部分选项作用如下：

- **预览：**用于直接观察抠像选取效果。
- **视图：**设置“合成”面板中的观察效果。
- **主色：**设置抠像基本色。
- **匹配颜色：**设置匹配颜色空间。
- **匹配容差：**设置匹配范围。
- **匹配柔和度：**设置匹配的柔和程度。
- **主要操作：**设置主要操作方式为主色或者保持颜色。

添加效果并设置参数，对比效果如图4-50和图4-51所示。

图 4-50 原素材

图 4-51 抠像后

（4）颜色范围

使用“颜色范围”效果可以通过指定颜色范围产生透明效果，该效果应用的色彩空间包括Lab、YUV和RGB。可以在背景包含多个颜色、背景亮度不均匀并且包含同一颜色的不同阴影的蓝屏或绿屏上使用此效果，这个新的透明区域就是最终的Alpha通道。选中图层后，执行“效果”→“抠像”→“颜色范围”命令，在“效果控件”面板中可以设置相应参数，如图4-52所示。“颜色范围”效果部分选项作用如下：

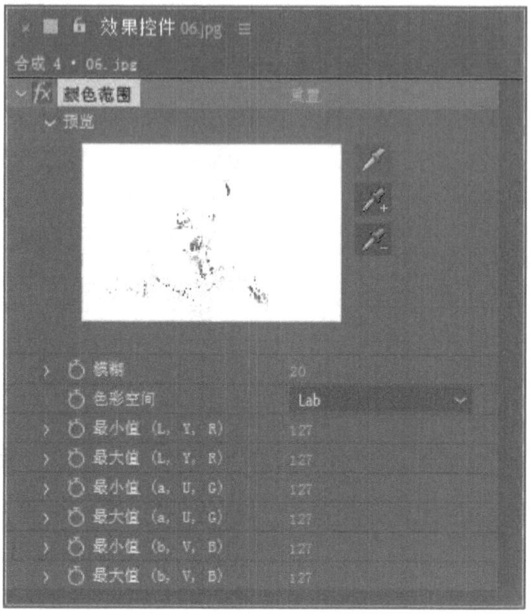

图 4-52 “颜色范围”效果选项

- **键控滴管**：该工具可以从蒙版缩略图中吸取键控色，用于在遮罩视图中选择开始键控颜色。
- **加滴管**：该工具可以增加键控色的颜色范围。
- **减滴管**：该工具可以减少键控色的颜色范围。
- **模糊**：对边界进行柔化模糊，用于调整边缘柔和度。
- **色彩空间**：设置键控颜色范围的颜色空间，包括Lab、YUV和RGB 3种。
- **最小值、最大值**：对颜色范围的开始颜色和结束颜色进行精细调整，精确调整颜色空间参数，（L,Y,R）、（a,U,G）和（b,V,B）代表颜色空间的3个分量。最小值调整颜色范围的开始颜色，最大值调整颜色范围的结束颜色。

添加效果并设置参数，对比效果如图4-53和图4-54所示。

图 4-53　原素材

图 4-54　抠像后

（5）颜色差值键

使用“颜色差值键”效果通过将图像分为“遮罩部分 A”和“遮罩部分 B”两个遮罩，在相对的起始点创建透明度。“遮罩部分 B”使透明度基于指定的主色，而“遮罩部分 A”使透明度基于不含第2种不同颜色的图像区域，通过将这两个遮罩合并为第3个遮罩（称为“Alpha遮罩”），创建明确定义的透明度值。选中图层后，执行“效果”→“抠像”→“颜色差值键”命令，在“效果控件”面板中可以设置相应参数，如图4-55所示。“颜色差值键”效果部分选项作用如下：

- **滴管：**分为键控滴管、黑滴管和白滴管3种。
- **颜色匹配准确度：**指定用于抠像的颜色类型，绿色、红色和蓝色一般选择“更快”选项，其他颜色选择“更精确”选项。

添加效果并设置参数，对比效果如图4-56和图4-57所示。

> **提示：**“颜色差值键”效果多用于包含透明或半透明区域的图像，如烟、玻璃、阴影等。

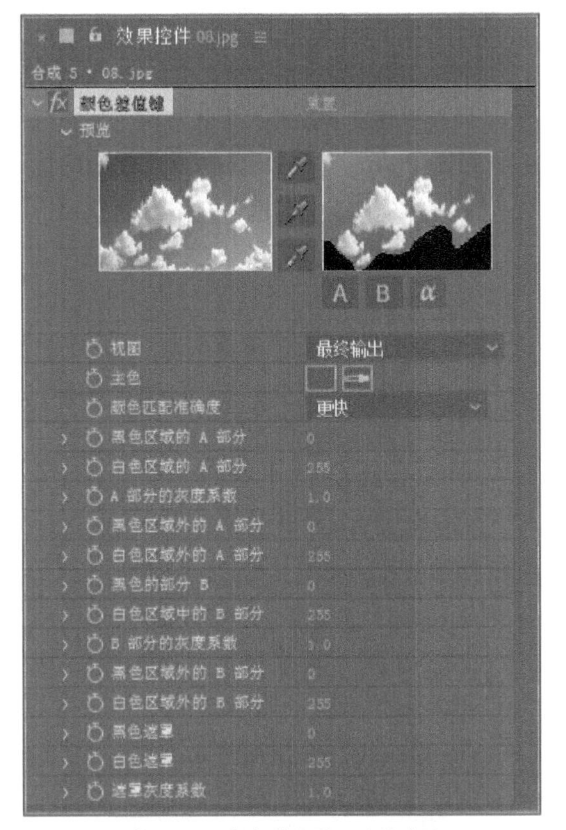

图 4-55 “颜色差值键”效果选项

图 4-56 原素材

图 4-57 抠像后

（6）Keylight（1.2）

“Keylight（1.2）”效果是一款工业级别的插件，在制作专业品质的抠色效果方面格外出色。使用该插件可以精确地控制残留在前景对象中的蓝幕或绿幕反光，并将其替换为新合成背景的环境光，还可以帮助用户轻松抠出所需的人像等内容，极大地提高了视频后期制作的工作效率。

选择图层后，执行“效果”→“Keying”→“Keylight（1.2）”命令，即可为素材添加该效果。添加效果后，可在“效果控件”面板中设置参数，如图4-58所示。

"Keylight（1.2）"效果各选项作用如下：

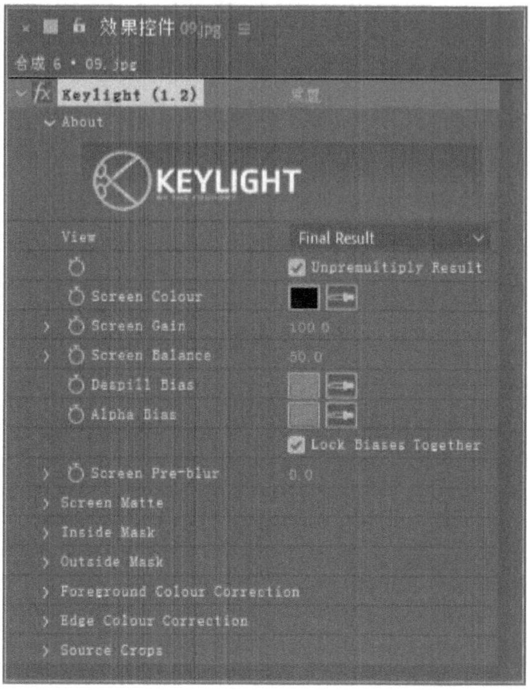

- **View（视图）**：用于设置图像在"合成"面板中的显示方式，共11种。
- **Unpremultiply Result（非预乘结果）**：勾选该复选框，将设置图像为不带Alpha通道显示，反之为带Alpha通道显示效果。
- **Screen Colour（屏幕颜色）**：用于设置需要抠除的颜色。一般在原图像中用吸管直接选取颜色。
- **Screen Gain（屏幕增益）**：用于设置屏幕抠除效果的强弱程度。数值越大，抠除程度就越强。
- **Screen Balance（屏幕均衡）**：用于设置抠除颜色的平衡程度。数值越大，平衡效果越明显。

图 4-58 "Keylight（1.2）"效果选项

- **Despill Bias（反溢出偏差）**：用于恢复过多抠除区域的颜色。
- **Alpha Bias（Alpha偏差）**：用于恢复过多抠除Alpha部分的颜色。
- **Lock Biases Together（同时锁定偏差）**：勾选该复选框，在抠除颜色时设定偏差值。
- **Screen Pre-blur（屏幕预模糊）**：用于设置抠除部分边缘的模糊效果。数值越大，模糊效果越明显。
- **Screen Matte（屏幕蒙版）**：用于设置抠除区域影像的属性参数。其中，"Clip Black/White"（修剪黑色/白色）参数用于去除抠像区域的黑色/白色；"Clip Rollback"（修剪回滚）参数用于恢复修剪部分的影像；"Screen Shrink/Grow"（屏幕收缩/扩展）参数用于设置抠像区域影像的收缩或扩展；"Screen Softness"（屏幕柔化）参数用于柔化抠像区域影像；"Screen Despot Black/ White"（屏幕独占黑色/白色）参数用于显示图像中的黑色/白色区域；"Replace Method"（替换方式）参数用于设置屏幕蒙版的替换方式；"Replace Colour"（替换色）参数用于设置蒙版的替换颜色。
- **Inside Mask（内侧遮罩）**：用于为图像添加遮罩并设置抠像内侧的遮罩属性。
- **Outside Mask（外侧遮罩）**：用于为图像添加遮罩并设置抠像外侧的遮罩属性。
- **Foreground Colour Correction（前景色校正）**：用于设置抠像影像的色彩属性。其中，启用"Enable Colour Correction"（启用颜色校正）复选框后，将校正抠像影像颜色；"Saturation"（饱和度）参数用于设置抠像影像的色彩饱和度；"Contrast"（对比度）参数用于设置抠像影像的对比程度；"Brightness"（亮度）参数用于设置抠像影像的明暗程度；"Colour Suppression"（颜色抑制）参数可通过设定抑制类型来抑制某一颜色的色彩平衡和数量；“Colour Balancing”（颜色平衡）参数可通过Hue（色相）和Sat（饱和度）两个属性，控制蒙版的色彩平衡效果。

- **Edge Colour Correction（边缘色校正）**：用于设置抠像边缘值，属性参数与“前景色校正”属性基本类似。其中，启用“Enable Edge Colour Correction”（启用边缘色校正）复选框后，将校正抠像影像的边缘色；“Edge Hardness”（边缘锐化）参数用于设置抠像蒙版边缘的锐化程度；“Edge Softness”（边缘柔化）参数用于设置抠像蒙版边缘的柔化程度；“Edge Grow”（边缘扩展）参数用于设置抠像蒙版边缘的大小。
- **Source Crops（源裁剪）**：用于设置裁剪影响的属性类型和参数。

3. 运动跟踪与稳定

（1）运动跟踪

运动跟踪又被称为“点跟踪”，是指跟踪一个点或多个点得到跟踪区域的位移数据。在指定追踪路径时，可以在“图层”面板中设置跟踪点，每个跟踪点包含一个附加点、一个特性区域和一个搜索区域。一组跟踪点构成一个跟踪器。

- **附加点**：交叉点用于指定目标的附加位置，以便与跟踪图层中的运动特性同步。
- **特性区域**：内层的方框，可以定义图层中要跟踪的元素，记录目标物体的亮度、色相和饱和度等信息，在后面的合成中匹配该信息。
- **搜索区域**：外层的方框，是为查找跟踪特性而要搜索的区域。

After Effects软件中的运动跟踪包括一点跟踪、两点跟踪和四点跟踪3种。下面将对常用的两种进行介绍。

- **一点跟踪**：跟踪影片剪辑中的单个参考样式以记录位置数据。选中需要跟踪的图层，执行“动画”→“跟踪运动”命令，会打开“跟踪器”面板，如图4-59所示。选择目标对象，在“图层”面板中调整跟踪点，在“跟踪器”面板中单击“向前分析”按钮▶，系统会自动分析并创建关键帧，如图4-60所示。

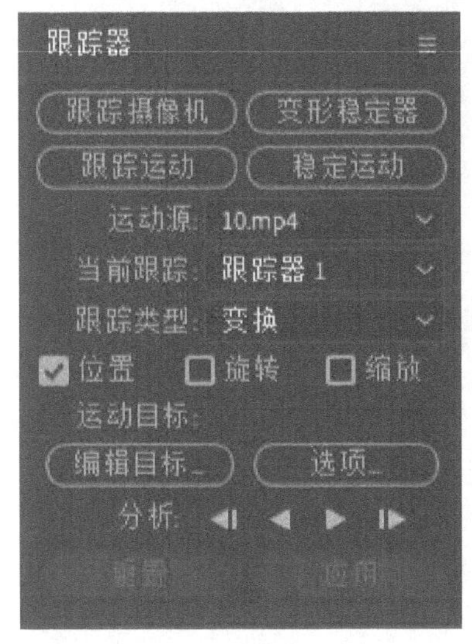

图 4-59 “跟踪器”面板

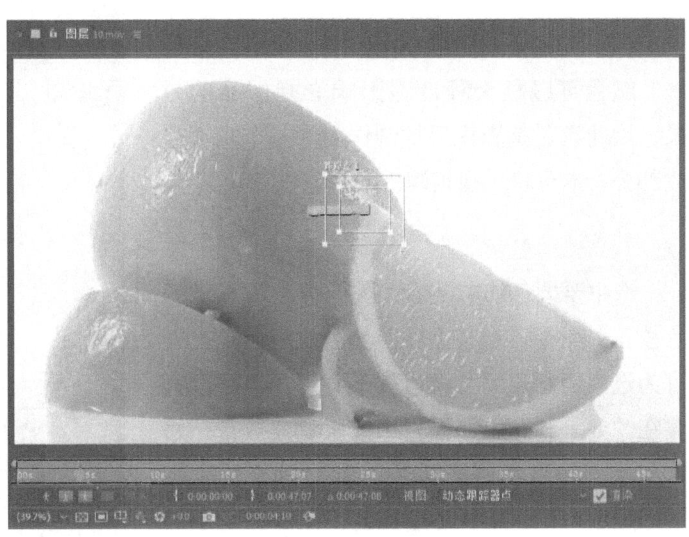

图 4-60 跟踪效果

- **四点跟踪：**跟踪影片剪辑中的4个参考样式以记录位置、缩放和旋转数据。选中需要跟踪的图层，执行“动画”→“跟踪运动”命令，在打开的“跟踪器”面板中单击“跟踪运动”按钮，设置“跟踪类型”为“透视边角定位”，如图4-61所示。在“图层”面板中调整4个跟踪点的位置，如图4-62所示。完成后单击“向前分析”按钮▶，即可预览跟踪效果。

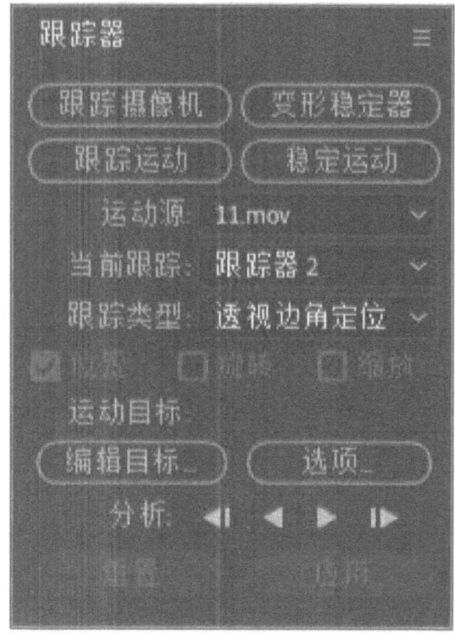

图 4-61　设置跟踪类型

图 4-62　设置跟踪点位置

提示：移动视频中的对象时，伴随灯光、周围环境和对象角度的变化，有可能使原本明显的特征变得无法识别。因此在追踪时需要及时重新调整特性区域和搜索区域、更改跟踪选项并重试。

（2）运动稳定

运动稳定是After Effects通过对前期拍摄的影片素材进行画面稳定处理，消除前期拍摄过程中出现的画面抖动问题，使画面变得平稳。

■4.3.5　调整视频颜色

颜色可以极大程度地影响影视作品的效果，因此调色是影视后期制作中的一个重要组成部分。本节将对视频颜色的调整进行介绍。

1. 添加调色效果

选中要调色的图层后，执行“效果”→“颜色校正”命令，在其级联菜单中执行命令，即可为选中的图层添加调色效果。用户也可以直接在“效果和预设”面板中搜索调色效果，将其拖曳至图层上进行添加。添加效果后可在“效果控件”面板中设置参数，图4-63所示为“色阶”效果的“效果控件”面板。

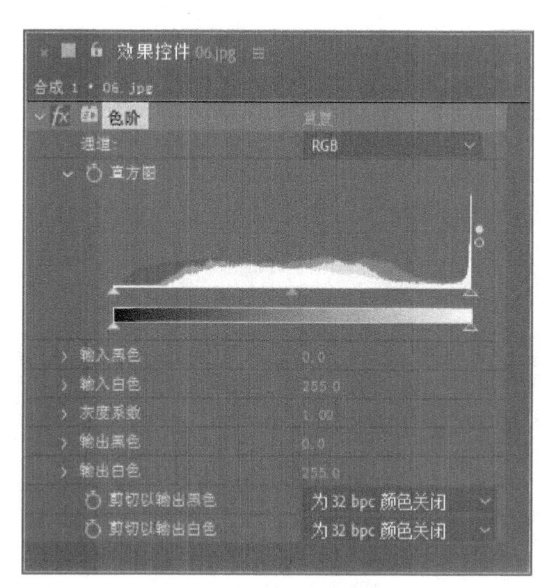

图 4-63　“色阶”效果选项

2. 常用调色效果

After Effects软件中提供了多种调色效果，其中比较常用的有以下17种。

- **色阶：**色阶是指通过改变图像中不同灰度级别的亮度来调整图像的对比度和色彩平衡。使用该效果可以扩大图像的动态范围、查看和修正曝光，以及提高对比度等。
- **色相/饱和度：**通过调整某个通道颜色的色相、饱和度或亮度，可对图像的某个色域局部进行调节。
- **亮度和对比度：**用于调整画面的亮度和对比度。
- **曲线：**通过曲线可精确控制画面整体或单独颜色通道的色调范围。
- **三色调：**用于将色彩映射到画面中的阴影、中间调和高光，从而使画面色调发生改变。
- **通道混合器：**通过混合当前的颜色通道来修改颜色通道。
- **阴影/高光：**根据周围的像素单独调整阴影和高光，多用于修复有逆光问题的影像。
- **照片滤镜：**模拟为素材添加彩色滤镜的效果，为图像进行调整色温的操作，并快速校正白平衡。
- **Lumetri颜色：**专业品质的颜色分级和颜色校正。
- **灰度系数/基值/增益：**单独调整每个通道的响应曲线。
- **色调均化：**重新分布像素值，以使亮度和颜色分布更加均衡。
- **广播颜色：**改变像素颜色值，使影像颜色位于广播安全颜色范围内。
- **保留颜色：**保留指定的颜色，并通过脱色量去除其他颜色。
- **更改颜色：**更改指定颜色的色相、饱和度和亮度，从而改变画面效果。
- **颜色平衡：**分别调整图像暗部、中间调和高光部分的红、绿、蓝数量，从而改变画面效果。
- **颜色平衡（HLS）：**通过改变图像的色相、亮度和饱和度来调整图像的颜色。
- **颜色链接：**使用一个图层的平均像素值着色另一个图层。

实例：制作青绿色调效果

下面练习制作青绿色调效果。综合本节的知识点，熟练掌握操作。具体实现过程如下：

步骤01 启动After Effects，单击开始界面上的“新建项目”按钮新建空白项目。按Ctrl+I组合键导入素材文件“麦田.mp4”，选中素材文件后右击鼠标，在弹出的快捷菜单中选择“基于所选项新建合成”命令新建合成，如图4-64所示。

步骤02 执行“图层”→“新建”→“调整图层”命令，新建一个调整图层，如图4-65所示。

步骤03 在“效果和预设”面板中搜索“亮度和对比度”效果，将其拖曳至调整图层上，在“效果控件”面板中设置参数，如图4-66所示。

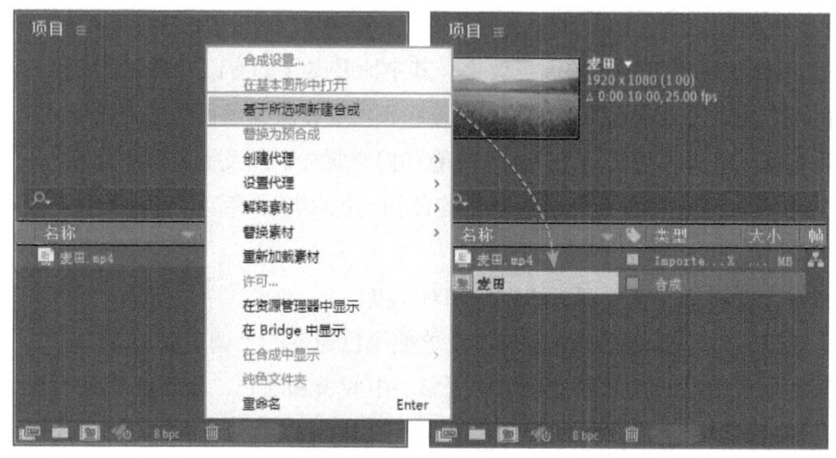

图 4-64 新建合成

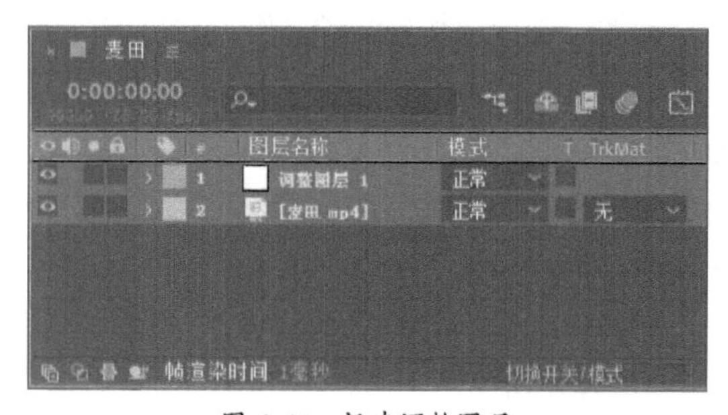

图 4-65 新建调整图层

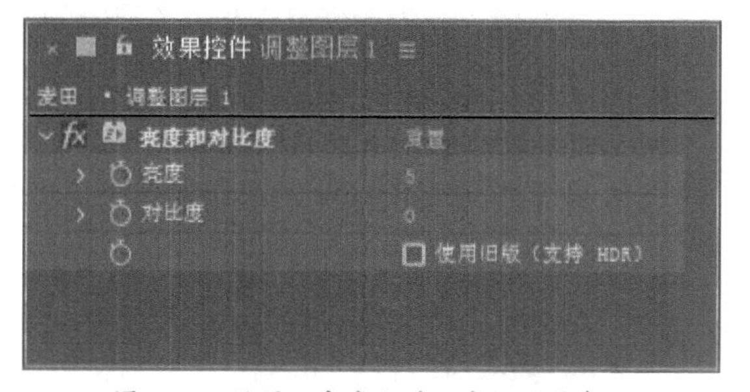

图 4-66 设置“亮度和对比度”效果参数

步骤 04 此时“合成”面板中的效果如图4-67所示。

图 4-67 调整后效果

步骤05 在“效果和预设”面板中搜索“色阶”效果，将其拖曳至调整图层上，在“效果控件”面板中设置各通道参数，如图4-68所示。

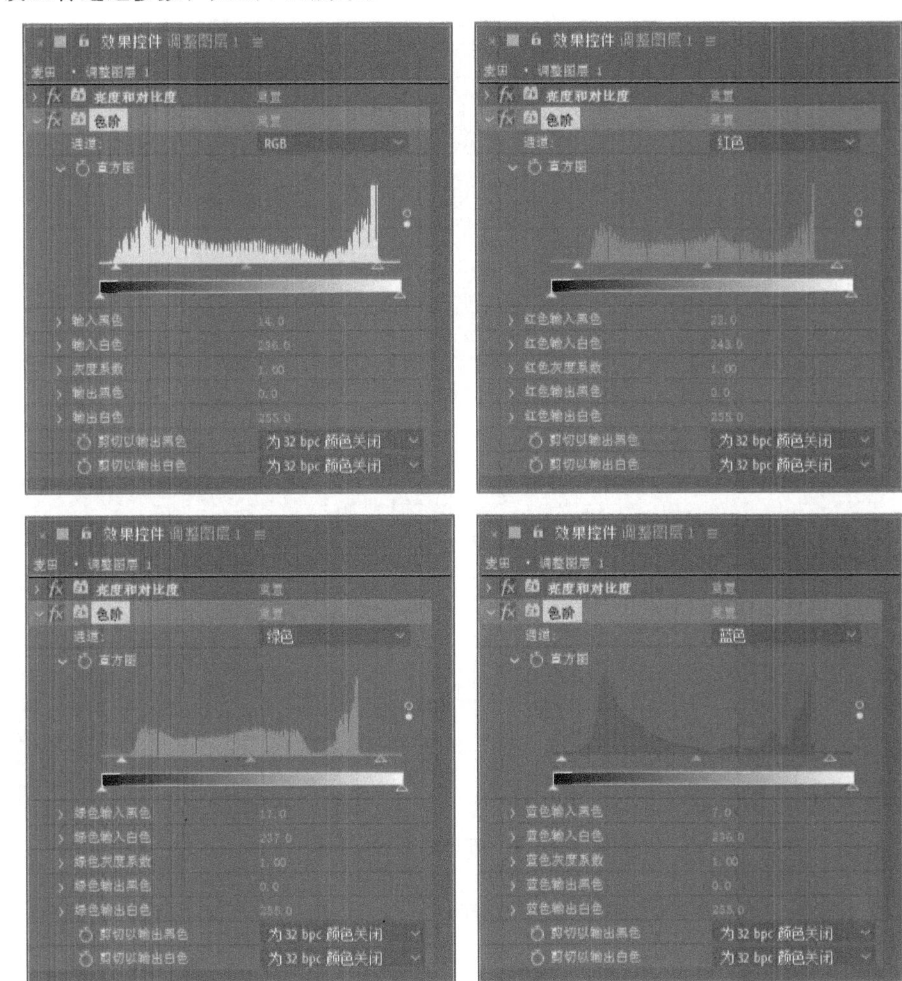

图 4-68　设置“色阶”效果参数

步骤06 此时“合成”面板中的效果如图4-69所示。

图 4-69　调整后效果

步骤07 在“效果和预设”面板中搜索“可选颜色”效果，将其拖曳至调整图层上，在“效果控件”面板中设置“红色”“黄色”“绿色”参数，如图4-70所示。

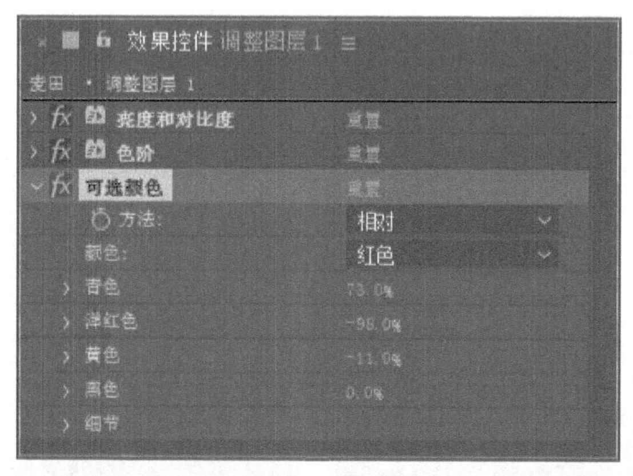

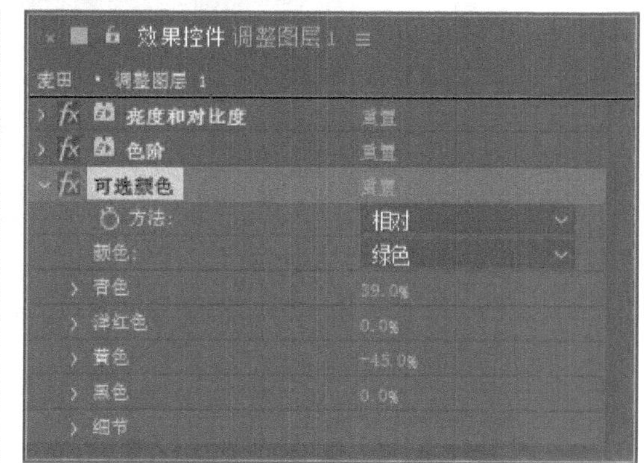

图 4-70　设置“可选颜色”效果参数

步骤08 此时“合成”面板中的效果如图4-71所示。

图 4-71　调整后效果

步骤09 在“效果和预设”面板中搜索“照片滤镜”效果，将其拖曳至调整图层上，在“效果控件”面板中设置参数，如图4-72所示。

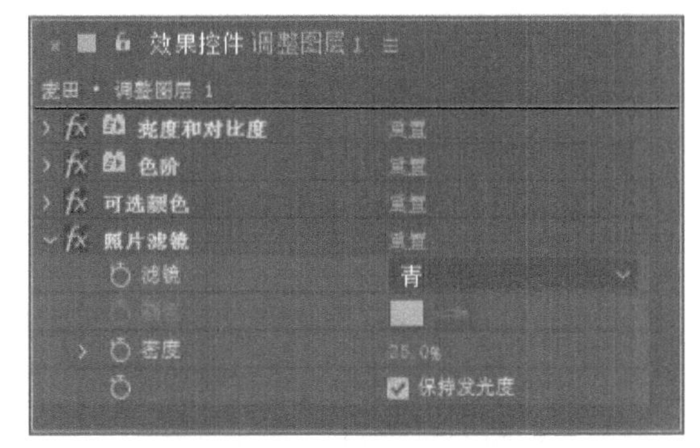

图 4-72 设置“照片滤镜”效果参数

步骤10 此时“合成”面板中的效果如图4-73所示。至此，完成青绿色调效果的制作。

图 4-73 最终效果

■4.3.6 特效制作

使用After Effects中的特效可以动态化处理静态图像，或使动态影像呈现出更加绚丽的效果。下面将对其中较为特殊的效果进行介绍。

1. “模拟”特效组

使用模拟效果可以模拟出自然界中大量相似物体（如雨点、雪花等）独立运动的效果。该特效组中包括18个滤镜特效，其中常用的包括以下5种。

（1）CC Drizzle（细雨）——雨滴涟漪效果

使用“CC Drizzle”（细雨）特效可以模拟雨滴落入水面产生的涟漪效果。添加该效果后，可以在“效果控件”面板中设置参数，如图4-74所示。

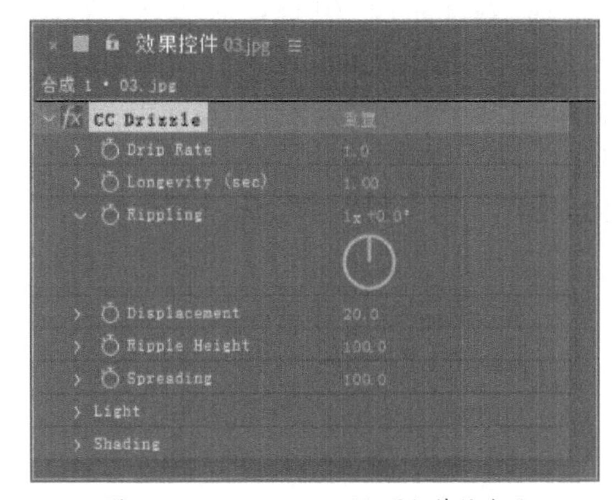

图 4-74 “CC Drizzle”（细雨）特效选项

“CC Drizzle”（细雨）特效常用属性作用如下：

- **Drip Rate（雨滴速率）**：用于设置雨滴滴落的速度。
- **Longevity（sec）[寿命（秒）]**：用于设置涟漪存在的时间。
- **Rippling（涟漪）**：用于设置涟漪扩散的角度。
- **Displacement（置换）**：用于设置涟漪位移的程度。
- **Ripple Height（波高）**：用于设置涟漪扩散的高度。
- **Spreading（传播）**：用于设置涟漪扩散的范围。

（2）CC Partical World（粒子世界）——三维粒子运动

使用“CC Partical World”（粒子世界）特效可以生成三维粒子运动效果。添加该效果后，可以在“效果控件”面板中设置参数，如图4-75所示。“CC Partical World”（粒子世界）特效常用属性作用如下：

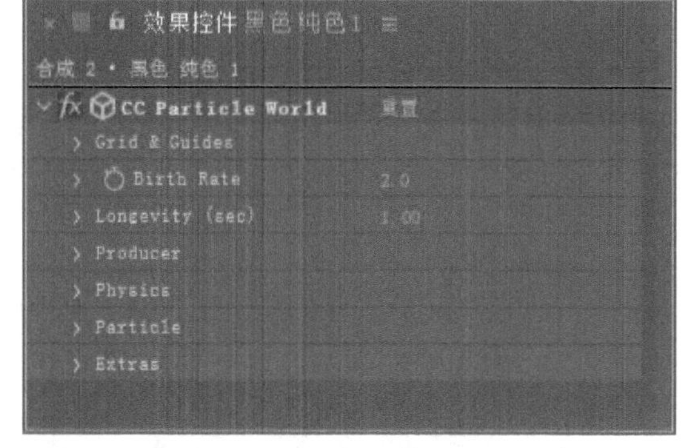

图 4-75 “CC Partical World”（粒子世界）特效选项

- **Grid&Guides（网格和参考线）**：用于设置网格的显示和大小参数。
- **Birth Rate（出生率）**：用于设置粒子的数量。
- **Longevity（sec）[寿命（秒）]**：用于设置粒子的存活寿命。
- **Producer（生产者）**：用于设置生产粒子的位置和半径等相关属性。
- **Physics（物理）**：用于设置粒子的物理相关属性，包括动画类型、速率、重力效果、附加角度等。
- **Particle（粒子）**：用于设置粒子的相关属性，包括粒子类型、粒子纹理效果、粒子起始大小、粒子结束大小等。
- **Extras（附加功能）**：用于设置粒子相关附加功能。

（3）CC Rainfall（下雨）——降雨效果

使用“CC Rainfall”（下雨）特效可以模拟降雨效果。添加该效果后，可以在“效果控件”面板中设置参数，如图4-76所示。“CC Rainfall”（下雨）特效常用属性作用如下：

图 4-76 “CC Rainfall”（下雨）特效选项

- **Drops（数量）**：用于设置降雨的雨量。数值越小，雨量越小。
- **Size（大小）**：用于设置雨滴的尺寸。
- **Scene Depth（场景深度）**：用于设置远近效果。景深越深，效果越远。
- **Speed（速度）**：用于设置雨滴移动的速

度。数值越大，雨滴移动速度越快。
- **Wind（风力）**：用于设置风速，会对雨滴产生一定的干扰。
- **Variation %（Wind）[变量%（风）]**：用于设置风场的影响度。
- **Spread（伸展）**：用于设置雨滴的扩散程度。
- **Color（颜色）**：用于设置雨滴的颜色。
- **Opacity（不透明度）**：用于设置雨滴的透明度。

添加该特效并设置参数，效果对比如图4-77和图4-78所示。

图 4-77 原素材

图 4-78 下雨效果

（4）碎片——粉碎和爆炸效果

使用“碎片”特效可以用粉碎或爆炸方式处理图像，在“效果控件”面板中还可以对爆炸的位置、力量和半径等参数进行控制，如图4-79所示。“碎片”特效常用属性作用如下：

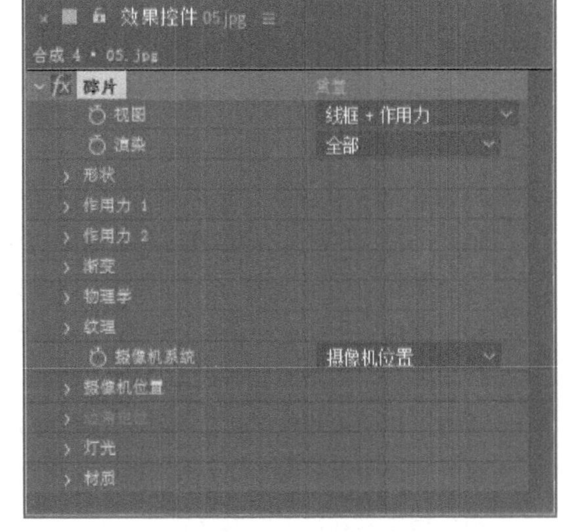

图 4-79 “碎片”特效选项

- **视图**：用于设置爆炸效果的显示方式。
- **渲染**：用于设置显示的目标对象，包括全部、图层和碎片3个选项。
- **形状**：用于设置碎片的图案类型、方向、凸出深度等。
- **作用力1、作用力2**：用于设置力产生的位置、深度、半径、强度等参数。
- **渐变**：用于设置爆炸碎片的界限和图层。
- **物理学**：用于设置碎片物理方面的属性，如旋转速度、重力等。
- **纹理**：用于设置纹理效果。
- **摄像机系统**：用于设置爆炸特效的摄像机系统。
- **边角定位**：当选择“边角定位”作为摄像机系统时，可激活该属性组的相关属性。
- **灯光**：用于设置灯光相关参数，包括灯光类型、灯光强度、灯光色等。
- **材质**：用于设置碎片的材质效果，包括漫反射、镜面反射、高光锐度等。

添加该特效并设置参数，效果对比如图4-80和图4-81所示。

图 4-80　原素材

图 4-81　碎片效果

（5）粒子运动场——粒子运动效果

使用“粒子运动场”特效可以从物理学和数学角度对各类自然效果进行描述，模拟出现实世界中各种符合自然规律的粒子运动效果。选中图层后，执行“效果”→“模拟”→“粒子运动场”命令，即可为图层添加该特效。添加该效果后，可以在“效果控件”面板中设置参数，如图4-82所示。“粒子运动场”特效常用属性作用如下：

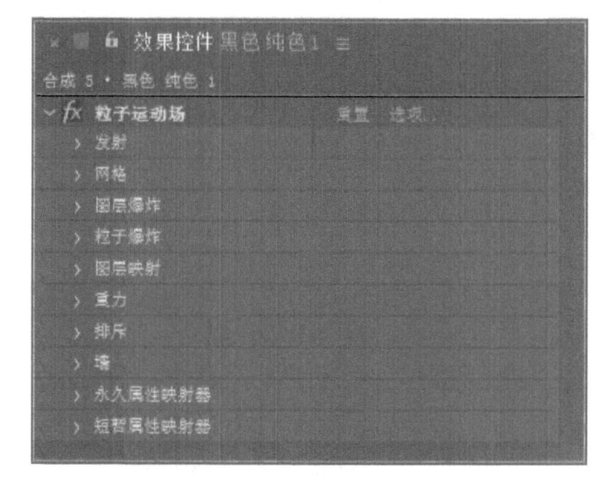

图 4-82　“粒子运动场”特效选项

- **发射：**用于设置粒子发射的相关属性，包括粒子发射位置、半径、方向、速度等。
- **网格：**用于设置在一组网格的交叉点生成一个连续的粒子面，包括网格中心坐标、宽度、高度、网格水平/垂直区域分布的粒子数等。
- **图层爆炸：**用于分裂一个层作为粒子模拟爆炸效果。
- **粒子爆炸：**用于把一个粒子分裂成很多新的粒子，迅速增加粒子数量。
- **图层映射：**用于设置合成图像中任意图层作为粒子的贴图来替换粒子。
- **重力：**用于设置粒子的重力场，包括重力大小、速率、方向等。
- **排斥：**用于设置粒子间的排斥力，包括排斥力大小、排斥力半径范围、排斥源等。
- **墙：**用于设置粒子的边界属性。
- **永久属性映射器、短暂属性映射器：**用于设置持续性或短暂性的属性映射器。

2.“生成”特效组

使用“生成”特效组可以为图像添加各种各样的填充或纹理，也可以通过添加音频来制作特效。该特效组中包括26个滤镜特效，其中常用的包括以下4种。

（1）镜头光晕

使用“镜头光晕”特效可以模拟将明亮的光源照射到摄像机镜头所引发的折射。添加该效果后，在“效果控件”面板中设置参数，如图4-83所示。

"镜头光晕"特效常用属性作用如下：

- **光晕中心**：用于设置光晕中心点的位置。
- **光晕亮度**：用于设置光源的亮度。
- **镜头类型**：用于设置镜头光源类型，有"50-300毫米变焦""35毫米定焦""105毫米定焦"3种可供选择。
- **与原始图像混合**：用于设置当前效果与原始图层的混合程度。

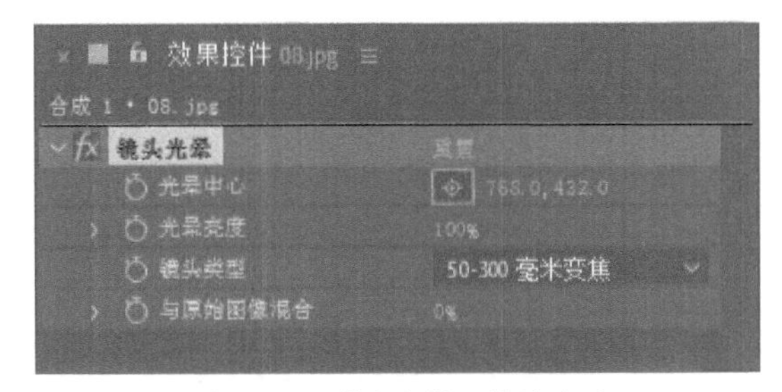

图 4-83 "镜头光晕"特效选项

添加该特效并设置参数，效果对比如图4-84和图4-85所示。

图 4-84 原素材

图 4-85 镜头光晕效果

（2）CC Light Burst 2.5（光线缩放2.5）

"CC Light Burst 2.5"（光线缩放2.5）特效类似于径向模糊，可以使图像局部产生强烈的光线放射效果。添加该效果后，在"效果控件"面板中设置参数，如图4-86所示。"CC Light Burst 2.5"（光线缩放2.5）特效常用属性作用如下：

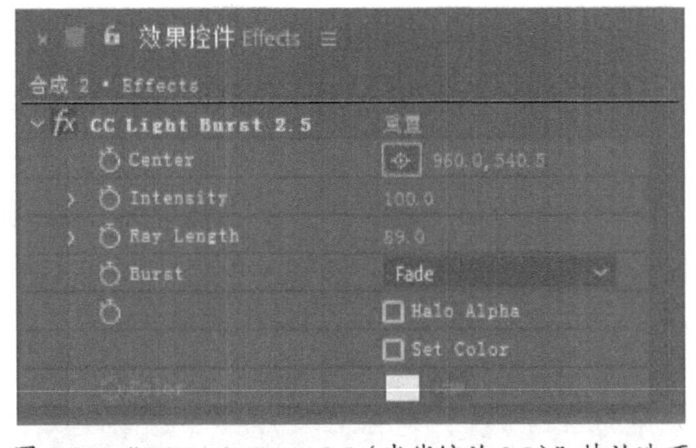

图 4-86 "CC Light Burst 2.5（光线缩放 2.5）"特效选项

- **Center（中心）**：用于设置爆裂中心点的位置。
- **Intensity（强度）**：用于设置光线的亮度。
- **Ray Length（光线长度）**：用于设置光线的长度。
- **Burst（爆裂）**：用于设置爆裂的方式，包括"Straight"（直线）、"Fade"（衰减）和"Center"（中心） 3种。
- **Set Color（设置颜色）**：用于设置光线的颜色。

添加该特效并设置参数，效果对比如图4-87和图4-88所示。

EFFECTS

图 4-87 原素材

图 4-88 光线放射效果

（3）CC Light Rays（射线光）

使用“CC Light Rays”（射线光）特效可以利用图像上的不同颜色产生不同的放射光，并且具有变形效果，该特效在视频后期制作中较为常用。添加该效果后，在“效果控件”面板中设置参数，如图4-89所示。“CC Light Rays”（射线光）特效常用属性作用如下：

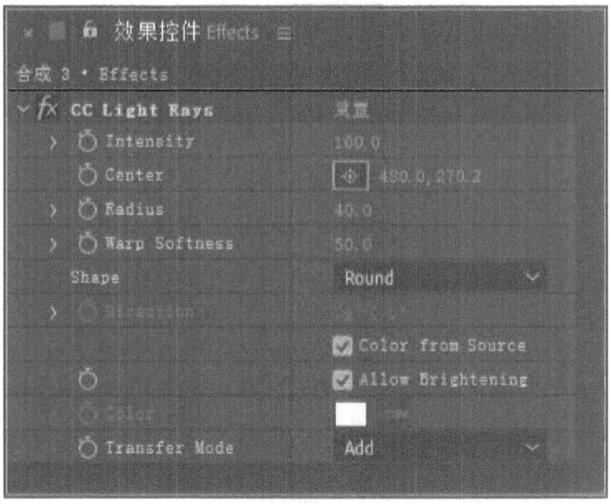

图 4-89　“CC Light Rays”（射线光）特效选项

- **Intensity（强度）**：用于调整射线光的强度。数值越大，光线越强。
- **Center（中心）**：用于设置射线光的中心点位置。
- **Radius（半径）**：用于设置射线光的半径。
- **Warp Softness（柔化光芒）**：用于设置射线光的柔化程度。
- **Shape（形状）**：用于调整射线光光源的发光形状，包括“Round”（圆形）和“Square”（方形）两种形状。
- **Direction（方向）**：用于调整射线光的照射方向。
- **Color from Source（颜色来源）**：勾选该复选框，光芒会呈放射状。
- **Allow Brightening（中心变亮）**：勾选该复选框，光芒的中心变亮。
- **Color（颜色）**：用于调整射线光的发光颜色。
- **Transfer Mode（转换模式）**：用于设置射线光与源图像的叠加模式。

添加该特效并设置参数，效果对比如图4-90和图4-91所示。

图 4-90　原素材

图 4-91　射线光效果

（4）CC Light Sweep（CC光线扫描）

使用“CC Light Sweep”（CC光线扫描）特效可以在图像上制作出光线扫描的效果。添加该效果后，可以在“效果控件”面板中设置参数，如图4-92所示。“CC Light Sweep”（CC光线扫描）特效常用属性作用如下：

- **Center（中心）**：用于设置扫光的中心点位置。
- **Direction（方向）**：用于设置扫光的旋转角度。
- **Shape（形状）**：用于设置扫光的形状，包括“Linear”（线性）、“Smooth”（光滑）、“Sharp”（锐利）3种形状。

- **Width（宽度）**：用于设置扫光的宽度。
- **Sweep Intensity（扫光亮度）**：用于调节扫光的亮度。
- **Edge Intensity（边缘亮度）**：用于调节光线与图像边缘相接触时的明暗程度。
- **Edge Thickness（边缘厚度）**：用于调节光线与图像边缘相接触时的光线厚度。
- **Light Color（光线颜色）**：用于设置产生光线的颜色。
- **Light Reception（光线接收）**：用于设置光线与源图像的叠加方式，包括“Add”（叠加）、“Composite”（合成）和“Cutout”（切除）3种。

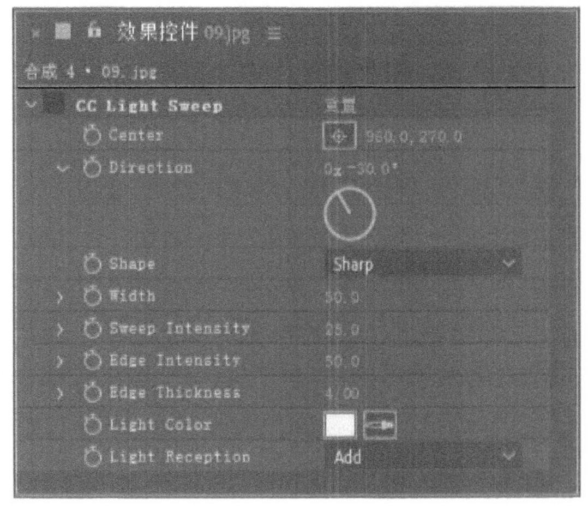

图 4-92 “CC Light Sweep”（CC 光线扫描）特效选项

添加该特效并设置参数，效果对比如图4-93和图4-94所示。

图 4-93 原素材

图 4-94 添加光线扫描效果

■4.3.7 渲染输出

渲染是从合成创建影片帧的过程。通过渲染和输出，可以将项目文件以不同格式输出，方便与其他软件配合使用。

1. 预览效果

使用预览可以及时查看合成效果，便于用户进行视频后期制作工作。执行“窗口”→“预览”命令，打开“预览”面板，如图4-95所示。在该面板中单击“播放/停止”按钮，即可控制“合成”面板中素材的播放。“预览”面板中部分选项作用如下：

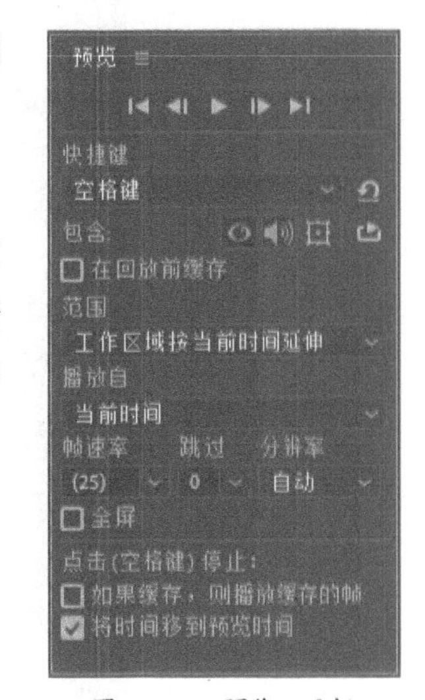

图 4-95 “预览”面板

- **快捷键**：用于设置播放/停止预览的键盘快捷键。
- **在预览中播放视频**：启用后预览会播放视频。
- **在预览中播放音频**：启用后预览会播放音频。
- **范围**：用于设置要预览的帧的范围。
- **帧速率**：用于设置预览的帧速率，当“分辨率”选择“自动”

时则与合成的帧速率一致。

- **跳过**：用于设置预览时要跳过的帧数，以提高回放性能。
- **分辨率**：用于设置预览分辨率。

提示：用户也可以按空格键或数字小键盘上的0键快速播放预览。

2. “渲染队列”面板

“渲染队列”面板是渲染和导出影片的主要方式。将合成放入“渲染队列”面板中后，合成将变为渲染项，用户可以将多个渲染项添加至渲染队列中成批渲染。

选中要渲染的合成，执行“合成”→“添加到渲染队列”命令或按Ctrl+M组合键即可将合成添加至渲染队列，如图4-96所示。用户也可以直接将合成拖曳至“渲染队列”面板。

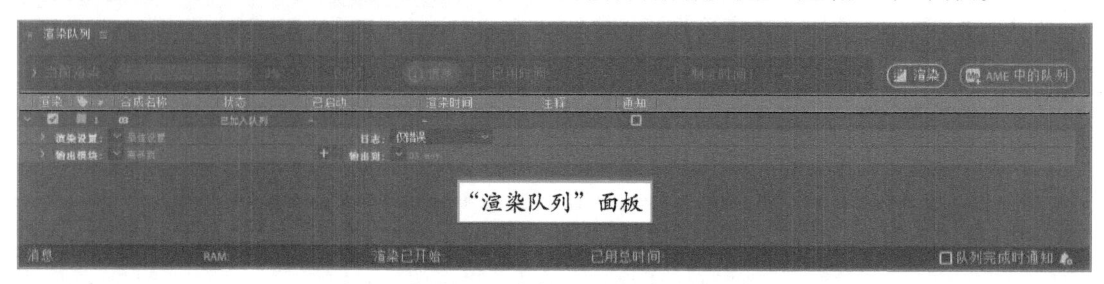

图 4-96　将合成添加至渲染队列

(1) 渲染设置

渲染设置将应用于每个渲染项，并确定如何渲染该特定渲染项的合成。单击“渲染队列”面板“渲染设置”右侧的模块名称，打开“渲染设置”对话框，如图4-97所示，从中设置参数即可。

图 4-97　“渲染设置”对话框

（2）输出模块

输出模块设置将应用于每个渲染项，并确定如何针对最终输出处理渲染的影片。单击“渲染队列”面板“输出模块”右侧的模块名称，打开“输出模块设置”对话框，如图4-98所示，从中设置参数即可。

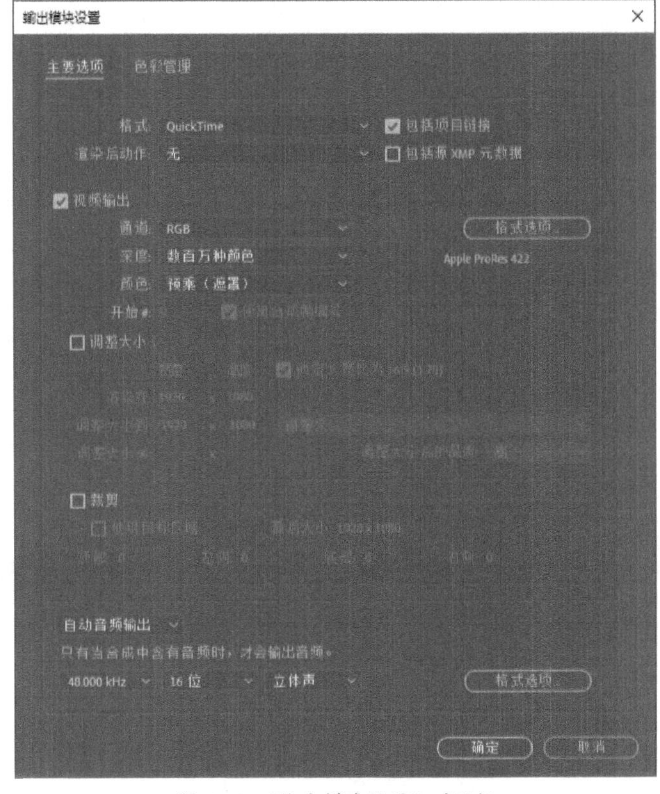

图 4-98 “输出模块设置”对话框

实例：制作粒子流动画

下面将练习制作粒子流动画，具体操作过程为：

步骤01 打开After Effects，单击开始界面中的“新建项目”按钮新建空白项目。执行“合成”→“新建合成”命令，打开“合成设置”对话框，设置参数，如图4-99所示。完成后，单击“确定”按钮新建合成。

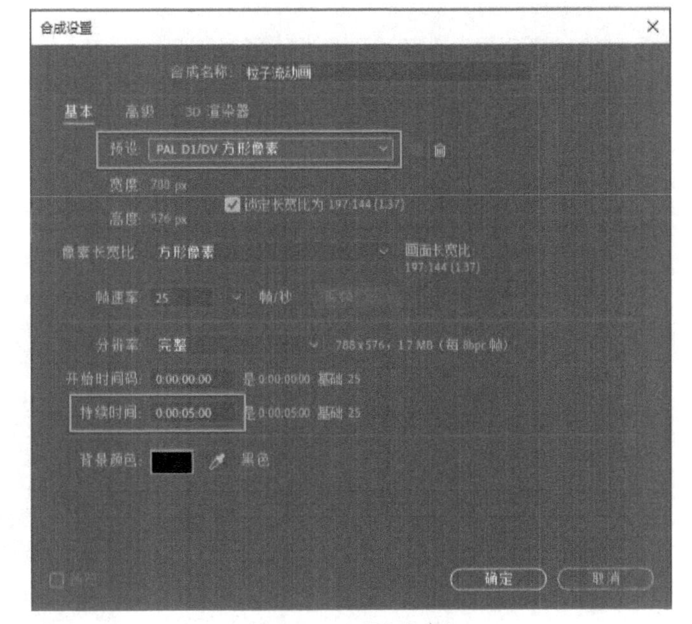

图 4-99 设置合成参数

步骤02 新建一个黑色纯色素材，在“效果和预设”面板中搜索“粒子运动场”特效，将其拖曳至该纯色素材上，在“效果控件”面板中单击“选项”按钮，打开“粒子运动场”对话框，如图4-100所示。

步骤03 单击“编辑发射文字”按钮，打开“编辑发射文字”对话框，输入文本并进行设置，如图4-101所示。完成后，依次单击“确定”按钮关闭对话框。

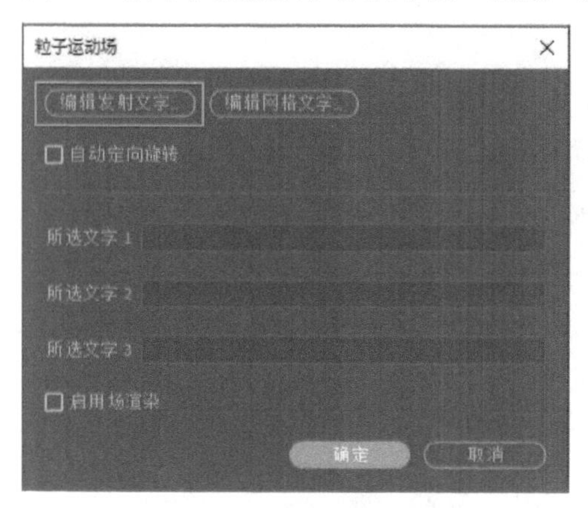

图 4-100 “粒子运动场”对话框

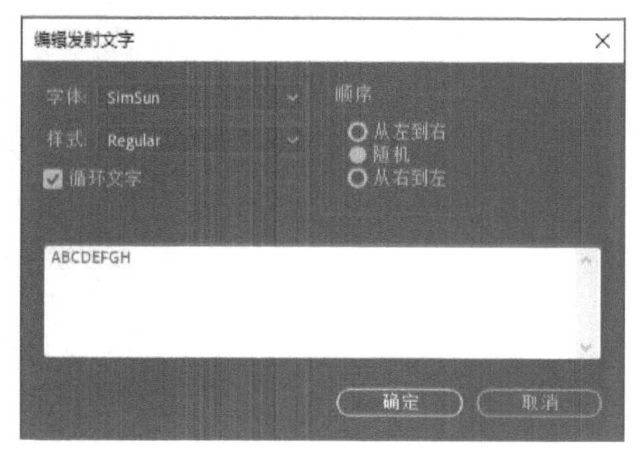

图 4-101 在“编辑发射文字”对话框中输入文本

步骤04 在“效果控件”面板中设置“发射”和“重力”属性组参数，如图4-102所示。

步骤05 移动当前时间指示器，预览粒子喷射效果，如图4-103所示。

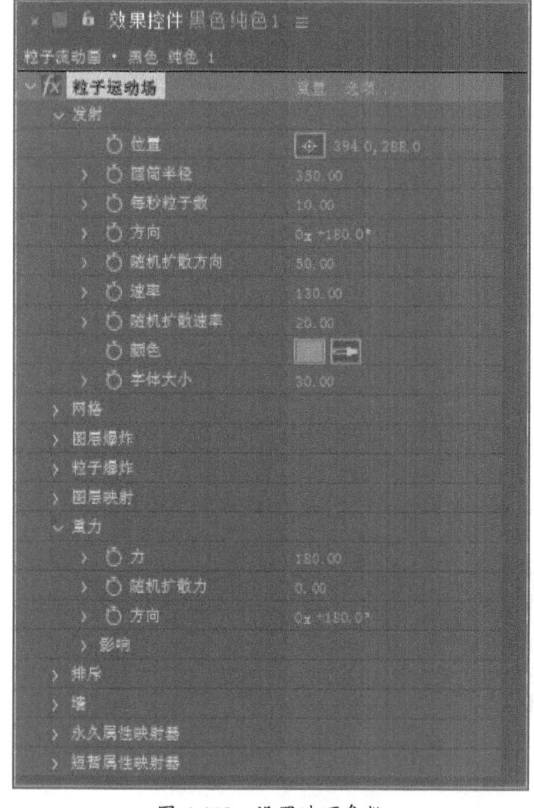

图 4-102 设置选项参数

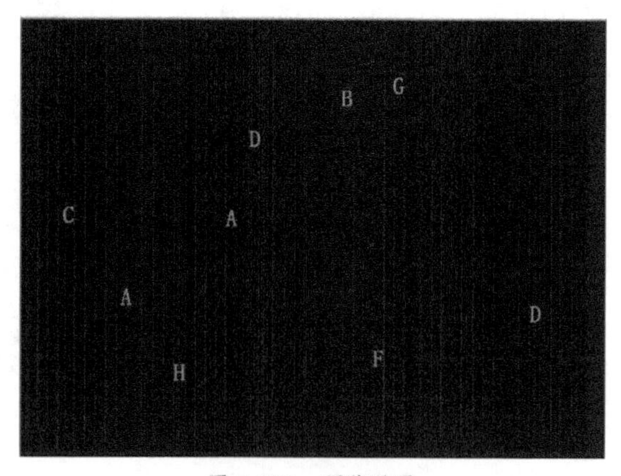

图 4-103 预览效果

步骤06 选中图层，按Ctrl+D组合键复制图层，在“效果控件”面板中设置参数，如图4-104和图4-105所示。

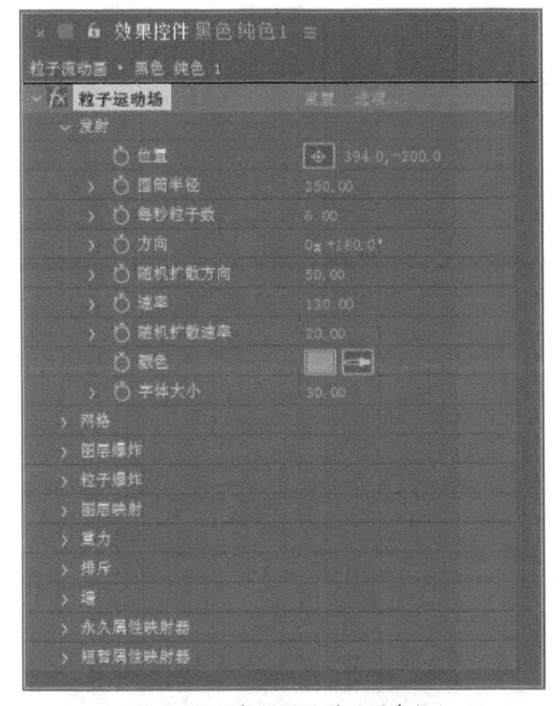

图 4-104　复制图层并设置参数

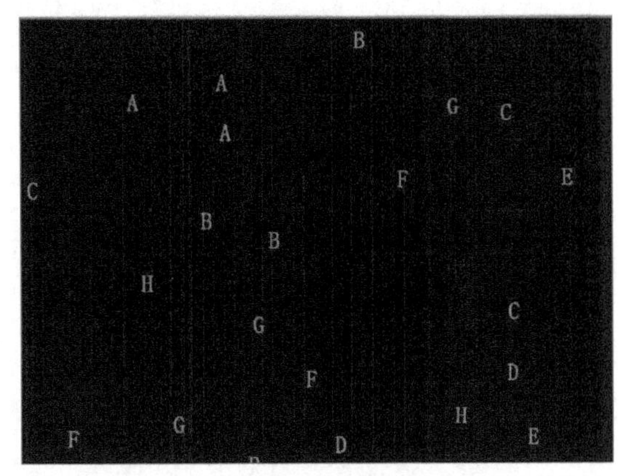

图 4-105　预览效果

步骤07 选中两个图层后右击鼠标，在弹出的快捷菜单中选择“预合成”命令，在打开的“预合成”对话框中将其嵌套，如图4-106所示。

步骤08 在“效果和预设”面板中搜索“残影”特效，将其拖曳至预合成图层上，在“效果控件”面板中设置参数，如图4-107所示。

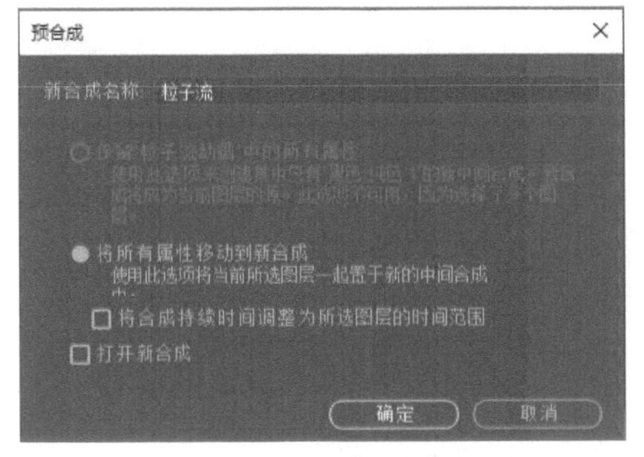

图 4-106　创建预合成

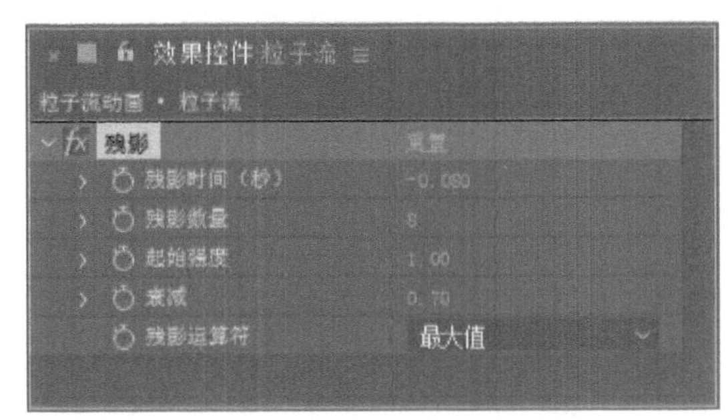

图 4-107　设置“残影”特效参数

步骤 09 至此，完成粒子流动画的制作。按空格键在“合成”面板中预览效果，如图4-108所示。

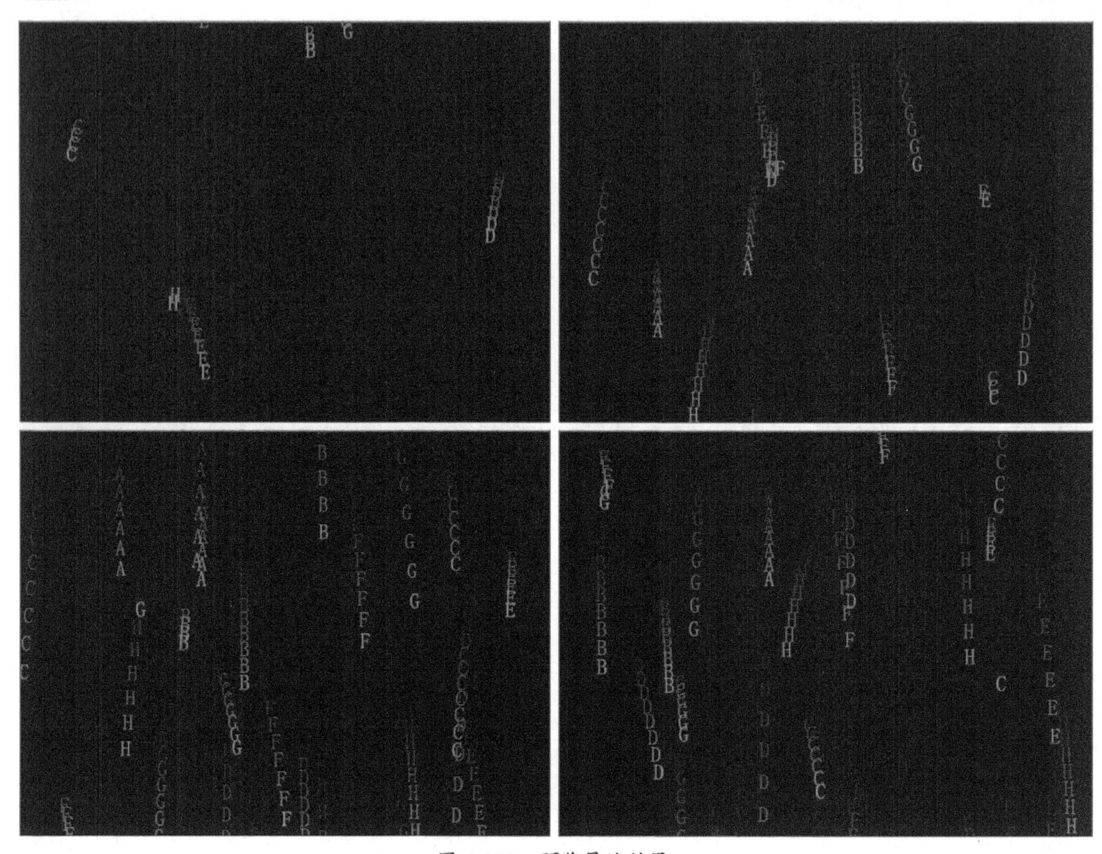

图 4-108　预览最终效果

课后作业

一、填空题

1. 常用的电视制式包括________、________和________3种。

2. 在Premiere中，一般可以通过________和________两种方式创建文本。

3. 在After Effects中，________是具有可见图层的所有属性的不可见图层。

4. 在After Effects中，蒙版层为轮廓层，决定着看到的________；被蒙版层为蒙版下方的图像层，决定看到的________。

二、选择题

1. 在Premiere中，用于帮助用户检验视频通道的传输质量的素材是（　　）。

A. 黑场视频

B. 调整图层

C. 彩条

D. 颜色遮罩

2. 在After Effects中，用于控制图层效果和图层运动的面板是（　　）。

A. 时间轴

B. 合成

C. 项目

D. 工具栏

3. 在After Effects中，用于模拟降雨效果的特效是（　　）。

A. CC Rainfall（下雨）

B. CC Partical World（粒子世界）

C. CC Drizzle（细雨）

D. 碎片

三、操作题

在Premiere中，制作倒计时片头效果，如图4-109所示。

图 4-109　倒计时片头效果

模块 5

二维动画制作技术

内容导读

Animate是动画制作中的常用软件。本模块将针对动画的概念，Animate中的时间轴、帧、元件、实例、逐帧动画、补间动画等基础动画及ActionScript交互动画进行介绍。通过对本模块的学习，可以帮助读者了解动画的基础知识及Animate软件的应用。

数字资源

【本模块素材】："素材文件\模块5"目录下

5.1 动画概述

动画是一种集成绘画、数字媒体、音乐等多个门类的综合艺术，其定义为采用图形与图像处理技术，借助于编程或软件生成一系列图像画面，以一定的速度连续播放静止图像，从而产生物体运动的效果。本节将对动画的基础知识进行讲解。

5.1.1 动画的类型

动画一般可以分为传统二维动画、矢量动画、三维动画、定格动画等类型。

1. 传统二维动画

传统二维动画是最为古老的动画形式之一，它是通过绘制原画和中间画制作静态图像，再利用人眼的视觉暂留现象，将连续的静态图像经过逐帧地拍摄编辑，在屏幕中进行播放。《大闹天宫》《雪孩子》《狮子王》等均为传统二维动画。

2. 矢量动画

矢量动画属于二维动画的一种，它是通过计算机来制作动画，使用Animate制作出的SWF格式动画即为矢量动画。该类型动画具有无限放大不失真、占用存储空间小等优点，但较难制作复杂真实的画面效果，一般为抽象卡通风。

3. 三维动画

三维动画是目前最常见的动画种类，它是通过三维动画技术模拟真实物体，以生动形象的形式表现出复杂、抽象的内容。三维动画具有更逼真的表现力。除了动画领域外，三维动画还适用于教育、医学、军事等领域。《秦时明月》《大圣归来》《玩具总动员》等均属于三维动画。

4. 定格动画

定格动画是一种特殊的动画形式，它通过逐帧拍摄对象后连续播放，使画面呈现出一种真实世界与卡通结合的效果。定格动画一般都会有一个鲜明的角色对象，通常用黏土、橡胶、毛毡、石膏、木偶等材料制作。

定格动画在制作上较为繁琐，自由度较低，一般不适合制作复杂动画。但是与其他动画类型相比，定格动画的制作门槛低，投资也较少。随着数字技术的发展，定格动画的入门门槛也随之降低，越来越多的爱好者自行制作定格动画。

5.1.2 二维动画制作软件简介

数字技术的发展也带动了动画制作领域的革新，可供动画制作选择专业的计算机软件更加便捷、快速，常用的二维动画制作软件有Animate、Illustrator、Photoshop等。

1. Animate

Animate的前身为Flash，是一款专业的二维动画制作软件。该软件支持Flash的SWF、

HTML 5的Canvas等几乎所有动画格式，而且学习门槛较低，易上手，图5-1所示为Animate启动界面。

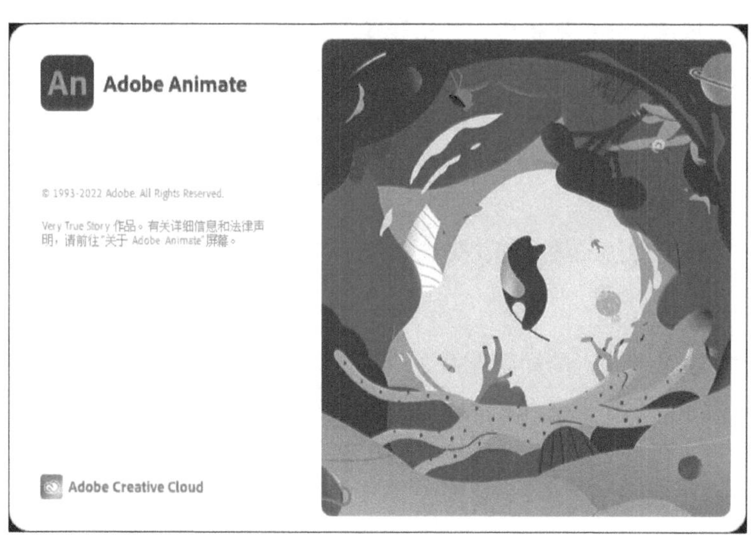

图 5-1 Animate 启动界面

2. Illustrator

Illustrator是Adobe公司推出的专业矢量绘图软件，该软件最大的特点在于钢笔工具的使用，操作简单且功能强大。它集成文字处理、上色等功能，广泛应用于插图制作、印刷品设计制作等方面。图5-2所示为Illustrator启动界面。

图 5-2 Illustrator 启动界面

3. Photoshop

Photoshop与Animate、Illustrator同属于Adobe公司，是一款专业的图像处理软件。该软件主要处理由像素构成的数字图像，用户可以直接将Photoshop制作的平面作品导入Animate或Illustrator中协同工作，以满足日益复杂的动画制作需求。图5-3所示为Photoshop启动界面。

图 5-3 Photoshop 启动界面

5.2 时间轴和帧

时间轴是Animate动画创建的核心部分，帧是动画制作的基础。本节将对时间轴和帧进行介绍。

■5.2.1 认识时间轴

使用时间轴可以组织和控制一定时间内的图层和帧中的文档内容。启动Animate后，若工作界面中没有“时间轴”面板，可以执行“窗口”→“时间轴”命令，或按Ctrl+Alt+T组合键打开“时间轴”面板，如图5-4所示。

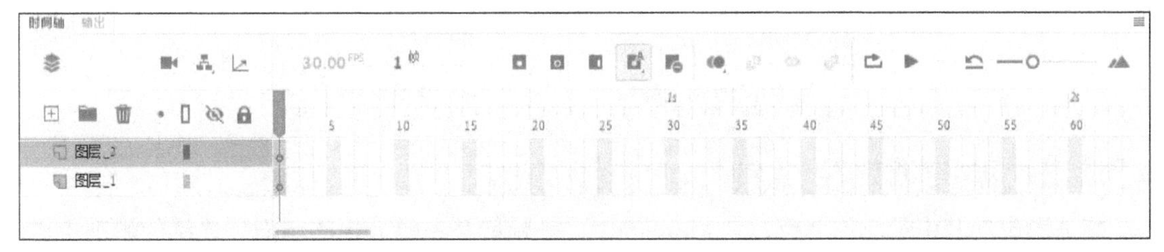

图 5-4 “时间轴”面板

“时间轴”面板中部分常用组成部分的作用如下：

- **图层：**在不同的图层中放置对象，可以制作层次丰富、变化多样的动画效果。
- **播放头：**用于指示当前在舞台中显示的帧。
- **帧：**Animate动画的基本单位，代表不同的时刻。
- **帧速率：**用于显示当前动画每秒钟播放的帧数。
- **仅查看现用视图：**用于切换多图层视图和单图层视图，单击即可切换。
- **添加/删除摄像头：**用于添加或删除摄像头。
- **显示/隐藏父级视图：**用于显示或隐藏图层的父子层次结构。

- **单击以调用图层深度面板**：单击该按钮，将打开“图层深度”面板，以便修改列表中提供的现用图层的深度，如图5-5所示。

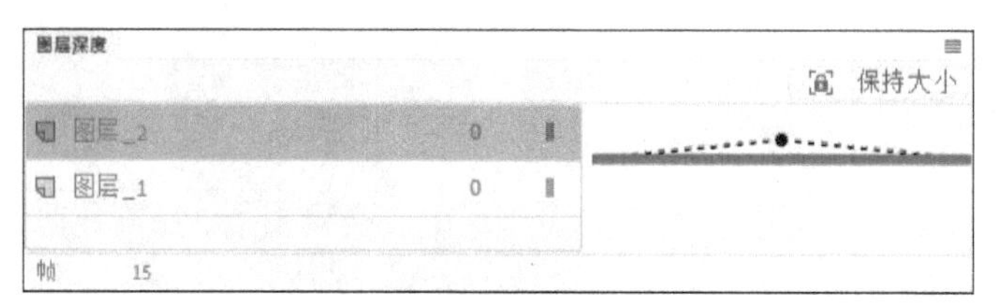

图 5-5 “图层深度”面板

- **帧操作组**：各按钮从左到右分别是“插入关键帧”“插入空白关键帧”“插入帧”“自动插入关键帧”“删除帧”。使用鼠标左键单击相应按钮，即可进行相应操作。右击“自动插入关键帧”按钮，可在弹出的快捷菜单（图5-6）中选择“自动关键帧”或“自动插入空白关键帧”命令进行操作。
- **绘图纸外观**：用于启用或禁用绘图纸外观。启用后，在“起始绘图纸外观”和“结束绘图纸外观”标记（在时间轴中）之间的所有帧都会被重叠为“文档”窗口中的一个帧。右击“绘图纸外观”按钮，在弹出的快捷菜单（图5-7）中选择命令可以设置绘图纸外观的效果。
- **编辑多个帧**：单击该按钮，可查看和编辑选定范围内多个帧的内容。
- **补间动画操作组**：各按钮从左到右分别是“创建传统补间”“创建补间动画”“创建补间形状”，使用鼠标左键单击相应按钮，即可进行相应操作。

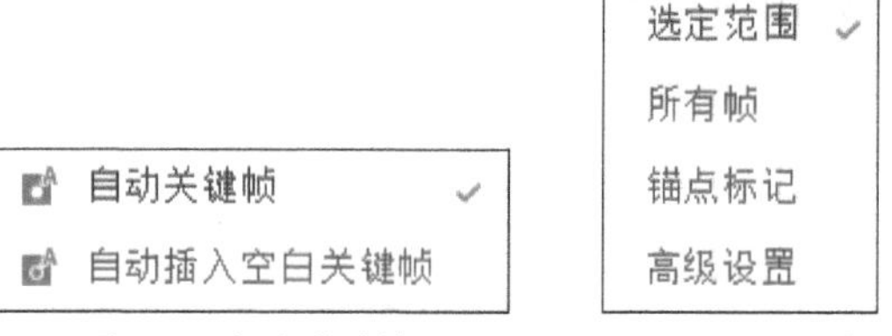

图 5-6 自动关键帧　　图 5-7 绘图纸外观

5.2.2 帧的创建与编辑

帧是影像动画中最小的单位。在Animate中，一帧就是一幅静止的画面，连续的帧则生成了动画。帧速率是指在1 s内传输的图片的帧数，通常用f/s（frame per second）表示。帧速率越高，动画越流畅逼真。下面将介绍帧的相关知识。

1. 帧的类型

Animate中的帧主要分为普通帧、关键帧和空白关键帧3种类型，如图5-8所示。

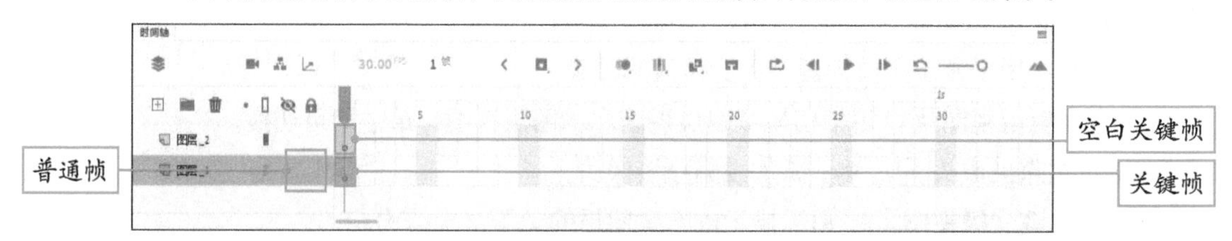

图 5-8 帧的类型

不同类型帧的作用也有所不同，这3种帧的作用分别如下：

- **关键帧：**关键帧是指在动画播放过程中，呈现关键性动作或内容变化的帧。关键帧定义了动画的变化环节。在时间轴中，关键帧以一个实心的小黑点来表示。
- **普通帧：**普通帧一般居于关键帧后方，其作用是延长关键帧中动画的播放时间，一个关键帧后的普通帧越多，该关键帧的播放时间越长。普通帧以灰色方格来表示。
- **空白关键帧：**这类关键帧在时间轴中以一个空心圆表示，该关键帧中没有任何内容。若在其中添加内容，将转变为关键帧。

2. 设置帧的显示状态

单击“时间轴”面板右上角的“菜单”按钮，在弹出的下拉菜单（图5-9）中执行相应的命令，可改变帧的显示状态。

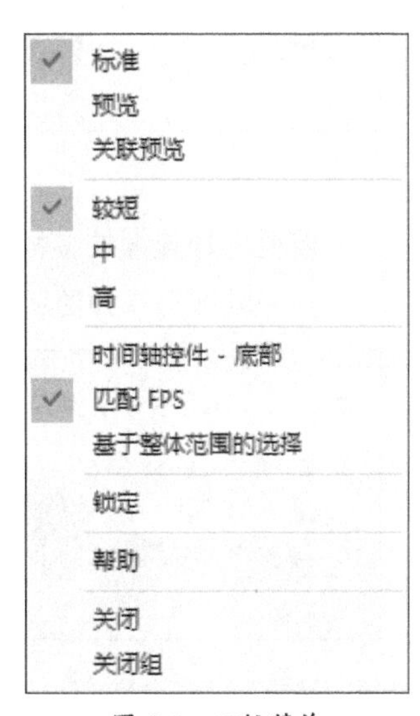

图 5-9 下拉菜单

该下拉菜单中部分常用选项的作用如下：

- **较短、中、高：**用于设置时间轴中的帧的显示高度。
- **预览：**以缩略图的形式显示每帧的状态。
- **关联预览：**显示对象在各帧中的位置，有利于观察对象在整个动画过程中的位置变化。

3. 设置帧速率

帧速率就是1 s内播放的帧数。太低的帧速率会使动画卡顿，太高的帧速率会使动画的细节变得模糊。默认情况下，Animate文档的帧速率是30 f/s。

设置帧速率的方法主要有以下3种。

- 新建文档时在“新建文档”对话框中设置。
- 在“文档设置”对话框中的“帧频”文本框中进行设置，如图5-10所示。
- 在“属性”面板中的“FPS”文本框中输入，如图5-11所示。

图 5-10 “文档设置”对话框

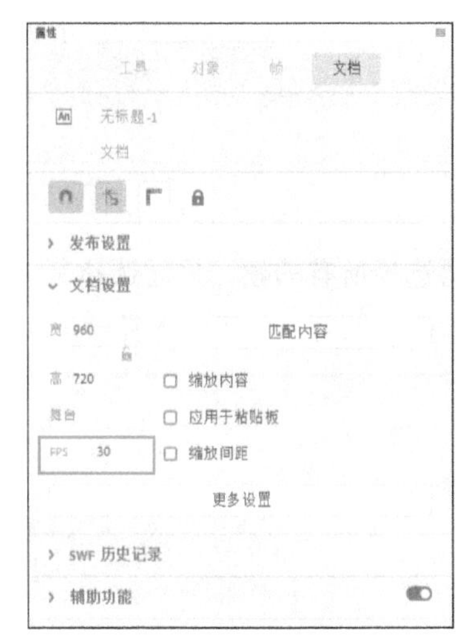

图 5-11 “属性”面板

4. 选择帧

在Animate中，需要先选中帧，才可以对帧进行编辑。根据选择范围的不同，帧的选择有以下4种情况。

- 若要选中单帧，只需在时间轴上单击要选中的帧即可，如图5-12所示。选中的帧呈蓝色高亮显示。

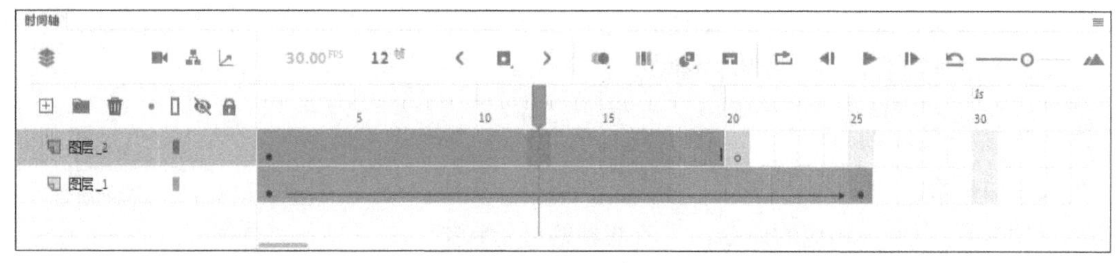

图 5-12　选中单帧

- 若要选择连续的多帧，可以直接按住鼠标左键拖动，或先选择第帧，然后按住键单击最后一帧即可，如图所示。

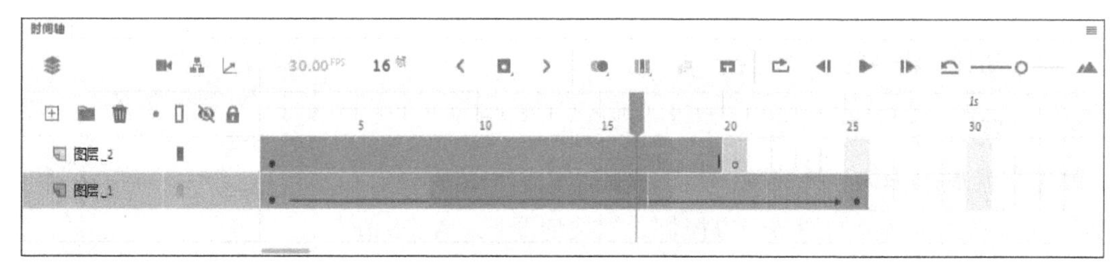

图 5-13　选择连续多帧

- 若要选择不连续的多帧，按住Ctrl键依次单击要选择的帧即可，如图5-14所示。

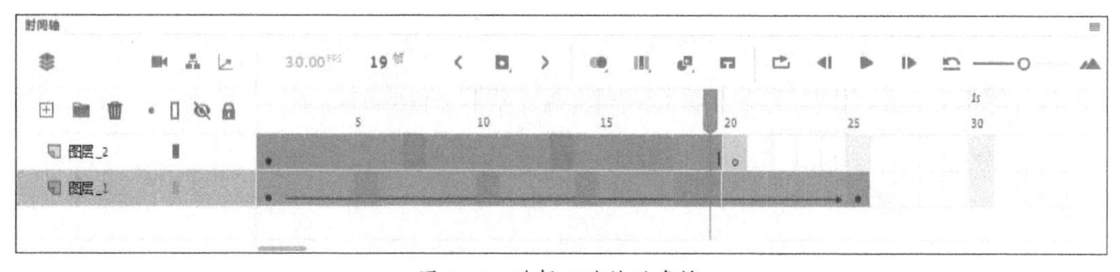

图 5-14　选择不连续的多帧

- 若要选择所有的帧，只需选择某一帧后右击鼠标，在弹出的快捷菜单中选择“选择所有帧”命令即可，如图5-15所示。

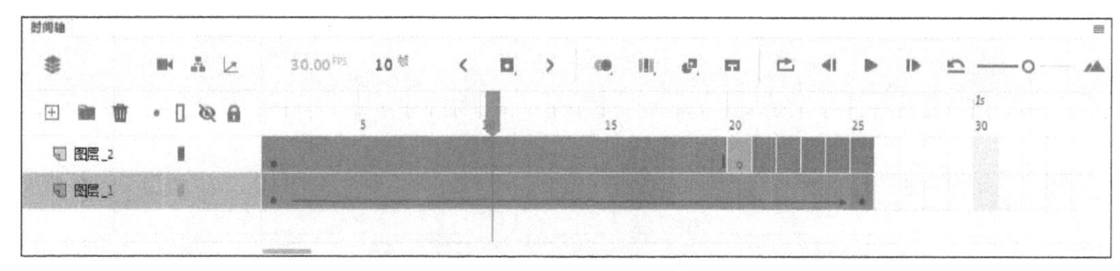

图 5-15　选择所有的帧

5. 插入帧

在编辑动画的过程中，用户可以根据需要插入普通帧、关键帧和空白关键帧。下面对这3种类型帧的插入方式进行介绍。

（1）插入普通帧

插入普通帧的方法主要有以下4种。

- 在需要插入帧的位置右击鼠标，在弹出的快捷菜单中选择“插入帧”命令。
- 在需要插入帧的位置单击鼠标，执行“插入”→“时间轴”→“帧”命令。
- 在需要插入帧的位置单击鼠标，按F5键。
- 在需要插入帧的位置单击鼠标，右击“时间轴”面板中的“插入关键帧”按钮，在弹出的快捷菜单中选择“帧”命令。

（2）插入关键帧

插入关键帧的方法主要有以下3种。

- 在需要插入关键帧的位置右击鼠标，在弹出的快捷菜单中选择“插入关键帧”命令。
- 在需要插入关键帧的位置单击鼠标，执行“插入”→“时间轴”→“关键帧”命令。
- 在需要插入关键帧的位置单击鼠标，单击“时间轴”面板中的“插入关键帧”按钮。

（3）插入空白关键帧

插入空白关键帧的方法主要有以下4种。

- 在需要插入空白关键帧的位置右击鼠标，在弹出的快捷菜单中选择“插入空白关键帧”命令。
- 若前一个关键帧中有内容，在需要插入空白关键帧的位置单击鼠标，执行“插入”→“时间轴”→“空白关键帧”命令。
- 若前一个关键帧中没有内容，直接插入关键帧即可得到空白关键帧。
- 在需要插入空白关键帧的位置单击鼠标，右击“时间轴”面板中的“插入关键帧”按钮，在弹出的快捷菜单中选择“空白关键帧”命令。

6. 移动帧

制作动画时，用户可以根据需要调整时间轴上帧的顺序。选中要移动的帧，然后按住鼠标左键，将其拖曳至目标位置即可，如图5-16和图5-17所示。

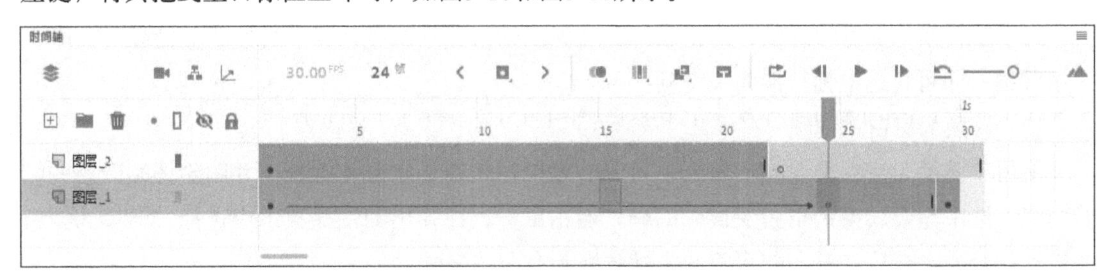

图 5-16 选中帧

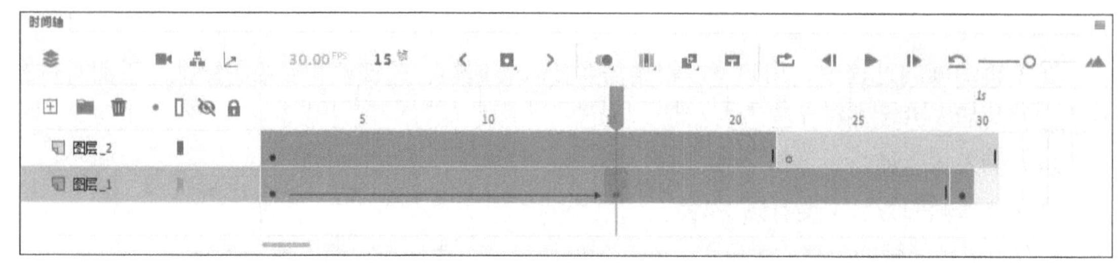

图 5-17　移动效果

7. 复制帧

制作动画时，用户可以通过复制、粘贴帧得到内容完全相同的帧，从而缩短工作时间，提升工作效率。复制、粘贴帧的方法主要有以下两种。

- 选中要复制的帧，按住Alt键并按住鼠标左键，将其拖曳至目标位置。
- 选中要复制的帧，右击鼠标，在弹出的快捷菜单中选择“复制帧”命令，移动光标至目标位置，右击鼠标，在弹出的快捷菜单中选择“粘贴帧”命令。

8. 删除和清除帧

若想删除文档中错误的或多余的帧有两种常用的方式：删除帧和清除帧。其中，删除帧可以将帧删除；而清除帧只清除帧中的内容，将选中的帧转换为空白帧并不删除帧。

（1）删除帧

选中要删除的帧，右击鼠标，在弹出的快捷菜单中选择“删除帧”命令，或按Shift+F5组合键，即可将帧删除。

（2）清除帧

选中要清除的帧，右击鼠标，在弹出的快捷菜单中选择“清除帧”命令即可。

提示：选中关键帧后，右击鼠标，在弹出的快捷菜单中选择“清除关键帧”命令，可将选中的关键帧转换为普通帧。

9. 转换帧

可以根据需要将Animate中的帧转换为关键帧或空白关键帧。下面对此进行介绍。

（1）转换为关键帧

选中要转换为关键帧的帧，右击鼠标，在弹出的快捷菜单中选择“转换为关键帧”命令，或按F6键，即可将选中帧转换为关键帧。

（2）转换为空白关键帧

使用“转换为空白关键帧”命令，可以将当前帧转换为空白关键帧，并删除该帧以后的帧的内容。选中需要转换为空白关键帧的帧，右击鼠标，在弹出的快捷菜单中选择“转换为空白关键帧”命令，或按F7键，即可将选中帧转换为空白关键帧。

5.3 元件和实例

元件是构成动画的主体，将元件从“库”面板中拖曳至舞台中就变成了实例，即实例是元件的具体应用。本节将对Animate动画中的元件和实例进行说明。

■5.3.1 元件的创建与编辑

元件是Animate中可以重复使用的基本元素，通过元件可以加强团队协作、提高工作效率。

1. 元件的类型

动画一般由多个元件组成。在Animate中，用户只需创建一次元件，就可以在整个文档中重复使用。元件中的小动画可以独立于主动画进行播放，每个元件可由多个独立的元素组合而成。

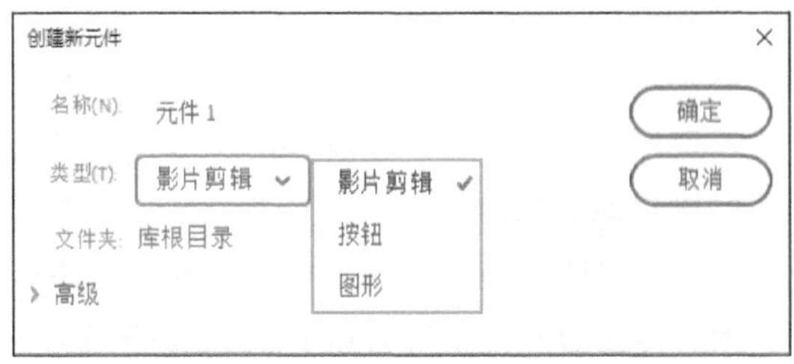

图 5-18 “创建新元件”对话框

根据功能和内容的不同，可以将元件分为“图形”元件、“影片剪辑”元件和“按钮”元件3种类型，如图5-18所示。下面对这3种类型的元件进行介绍。

（1）“图形”元件

“图形”元件用于制作动画中的静态图形，是制作动画的基本元素之一。它也可以是“影片剪辑”元件或场景的一个组成部分，但是没有交互性，不能添加声音，也不能为“图形”元件的实例添加脚本动作。应用“图形”元件到场景中时，会受到帧序列和交互设置的影响，“图形”元件与主时间轴同步运行。

（2）“影片剪辑”元件

使用“影片剪辑”元件可以创建可重复使用的动画片段，该类型的元件拥有独立的时间轴，能独立于主动画进行播放。影片剪辑是主动画的一个组成部分，可以将影片剪辑看作主时间轴内的嵌套时间轴，包含交互式控件、声音和其他影片剪辑实例。

（3）“按钮”元件

“按钮”元件是一种特殊的元件，具有一定的交互性，主要用于创建动画的交互控制按钮。“按钮”元件有“弹起”“指针经过”“按下”“点击”4个不同状态的帧，如图5-19所示。用户可以在按钮的不同状态帧上创建不同的内容，既可以是静止图形，也可以是影片剪辑，还可以给按钮添加时间的交互动作，使按钮具有交互功能。

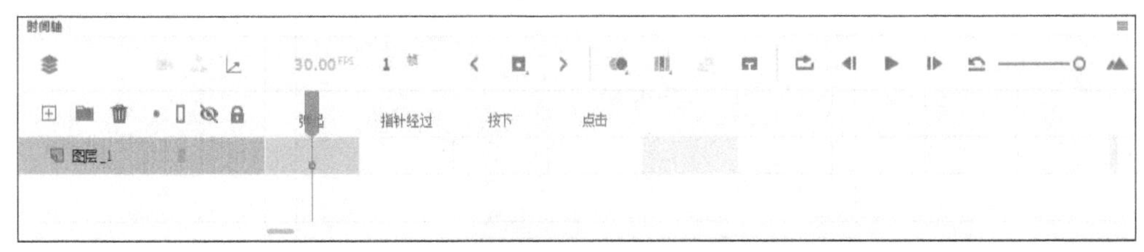

图 5-19 “按钮”元件

按钮元件对应时间轴上各帧的含义分别如下：

- **弹起**：表示鼠标没有经过按钮时的状态。
- **指针经过**：表示鼠标经过按钮时的状态。
- **按下**：表示鼠标单击按钮时的状态。
- **点击**：表示用来定义可以响应鼠标事件的最大区域。如果这一帧没有图形，鼠标的响应区域则由指针经过和弹起两帧的图形来定义。

提示：在制作动画时，用户也可以通过多次复制某个对象来达到创作的目的，但每个复制的对象都具有独立的文件信息，整个文件的容量也会加大；而将对象制作成元件后再加以应用，Animate就会反复调用同一个对象，而不会影响文件的容量。

---

2. 元件的创建

用户可以创建新的空白元件，也可以将文档中的对象转换为元件，下面对此进行介绍。

（1）创建空白元件

执行“插入”→“新建元件”命令或按Ctrl＋F8组合键，打开“创建新元件”对话框，在该对话框中设置参数，如图5-20所示。完成后单击“确定”按钮，进入元件编辑模式添加对象即可。

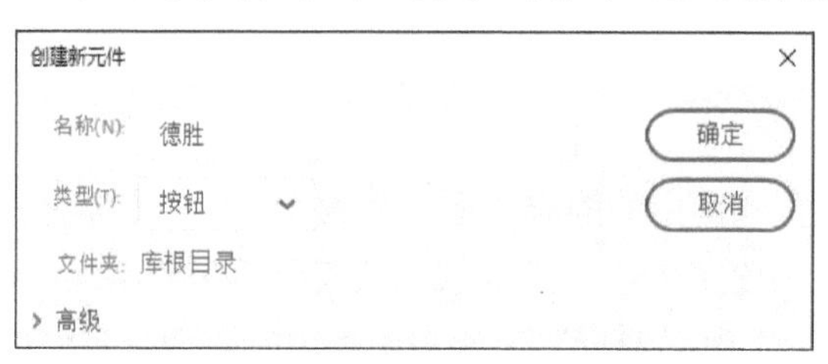

图 5-20 “创建新元件”对话框

“创建新元件”对话框中部分常用选项作用如下：

- **名称**：用于设置元件的名称。
- **类型**：用于设置元件的类型，包括“图形”“按钮”“影片剪辑”3个选项。
- **文件夹**：在“库根目录”上单击，将打开“移至文件夹…”对话框，如图5-21所示。在该对话框中可以设置元件放置的位置。

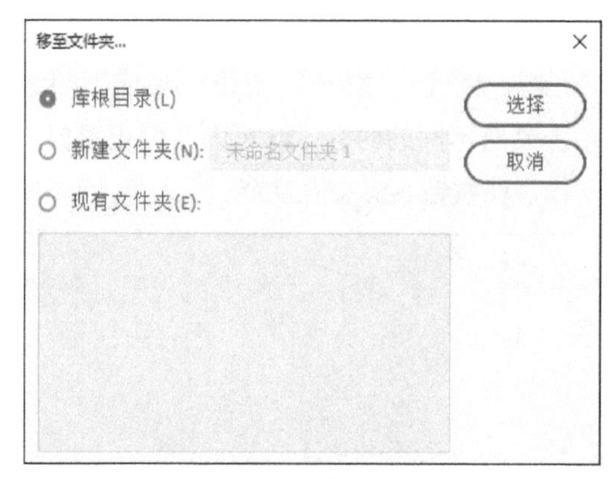

图 5-21 “移至文件夹...”对话框

- **高级**：单击“高级”左侧的箭头按钮，可展开“高级”区域，对元件进行更进一步的设置，如图5-22所示。

除了通过执行“新建元件”命令创建新元件外，用户还可以通过“库”面板实现该操作，具体的操作方法如下：

- 在“库”面板中的空白处右击鼠标，在弹出的快捷菜单中选择“新建元件”命令。
- 单击“库”面板右上角的“菜单”▤按钮，在弹出的下拉菜单中选择“新建元件”命令。
- 单击“库”面板底部的“新建元件”按钮▣。

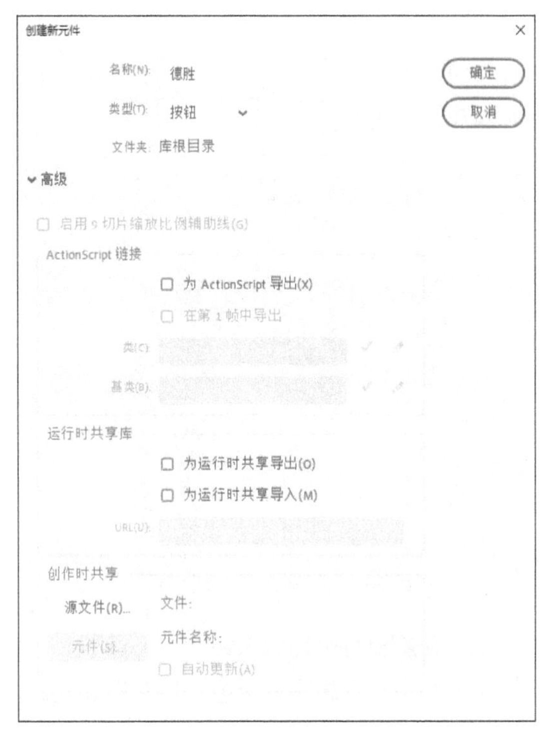

图 5-22 “高级”面板

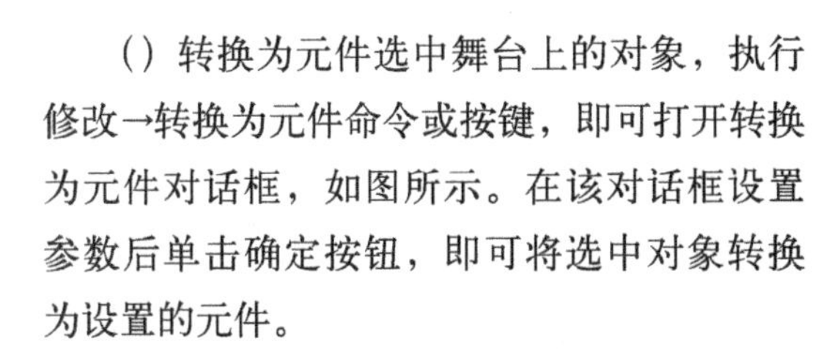

()转换为元件选中舞台上的对象，执行修改→转换为元件命令或按键，即可打开转换为元件对话框，如图所示。在该对话框设置参数后单击确定按钮，即可将选中对象转换为设置的元件。

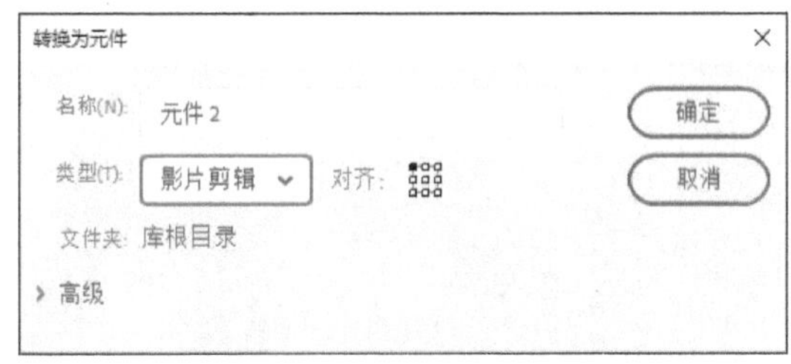

图 5-23 “转换为元件”对话框

提示：选中舞台上的对象并右击鼠标，在弹出的快捷菜单中选择“转换为元件”命令，也可将其转换为元件。

3. 元件的编辑

创建或转换为元件后，用户可以对元件进行编辑。编辑元件时，舞台上所有该对象的实例都会发生相应的变化。下面对编辑元件的相关知识进行介绍。

(1) 在当前位置编辑元件

用户可以采用以下3种方法在当前位置编辑元件。

- 在舞台上双击要进入编辑状态的元件的一个实例。
- 在舞台上选择元件的一个实例，右击鼠标，在弹出的快捷菜单中选择“在当前位置编辑”命令。
- 在舞台上选择要进入编辑状态的元件的一个实例，执行“编辑”→“在当前位置编辑”命令。

在当前位置编辑元件时，其他对象以灰显方式出现，以便将它们和正在编辑的元件区别开来。正在编辑的元件的名称显示在舞台顶部的编辑栏内，位于当前场景名称的右侧，如图5-24和图5-25所示。

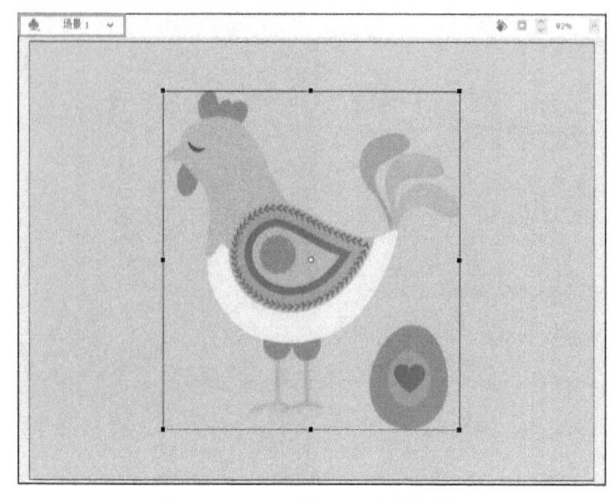

图 5-24 “场景 1”编辑模式

图 5-25 “鸡”元件编辑模式

（2）在新窗口中编辑元件

当舞台中存在较多的对象、颜色时，用户可以选择在新窗口中编辑元件。选择在舞台中要进行编辑的元件，右击鼠标，在弹出的快捷菜单中选择“在新窗口中编辑”命令，进入在新窗口中编辑元件的模式，正在编辑的元件的名称会显示在舞台顶部的编辑栏内，并且位于当前场景名称的右侧，如图5-26和图5-27所示。

图 5-26 “场景 1”编辑模式

图 5-27 在新窗口中编辑元件

提示：直接单击标题栏的关闭按钮关闭新窗口，即可退出“在新窗口中编辑元件”模式并返回文档编辑模式。

（3）在元件的编辑模式下编辑元件

用户可以采用以下4种方法在元件的编辑模式下编辑元件。

- 在“库”面板中双击要编辑的元件名称左侧的图标。
- 按Ctrl＋E组合键。

- 选择需要进入编辑模式的元件所对应的实例，右击鼠标，在弹出的快捷菜单中选择“编辑元件”命令。
- 选择需要进入编辑模式的元件所对应的实例，执行“编辑”→“编辑元件”命令。

使用该编辑模式，可将窗口从舞台视图更改为只显示该元件的单独视图对其进行编辑，如图5-28和图5-29所示。

图 5-28 “场景 1”编辑模式

图 5-29 元件单独视图

■5.3.2 实例的创建与编辑

实例是在舞台中应用的元件，本节将对实例的创建与编辑进行介绍。

1. 实例的创建

从“库”面板中选择元件，按住鼠标左键将其拖曳至舞台中释放鼠标，即可创建实例，如图5-30所示。用户还可以直接在舞台中复制已经创建好的实例。选择要复制的实例，按住Alt键拖动实例至目标位置，释放鼠标即可复制选中的实例对象，如图5-31所示。

图 5-30 创建实例

图 5-31 复制实例对象

提示：使用多帧的影片剪辑元件创建实例时，在舞台中设置一个关键帧即可；而多帧的图形元件则需要设置与该元件完全相同的帧数，动画才能完整地播放。

2. 实例信息的查看

使用“属性”面板和“信息”面板可以查看与编辑在舞台上选定实例的相关信息。在处理同一元件的多个实例时，舞台上元件的特定实例比较复杂，此时就可以使用“属性”面板或“信息”面板进行识别。

在“属性”面板中用户可以查看实例的行为和设置，如图5-32所示。对于所有实例类型，均可以查看其色彩效果、位置和大小等参数并对其进行设置。

在“信息”面板中用户可以查看实例的大小和位置、实例注册点的位置、光标的位置，以及实例的红色值（R）、绿色值（G）、蓝色值（B）和Alpha（A）值。图5-33所示为“信息”面板。

图 5-32 “属性”面板

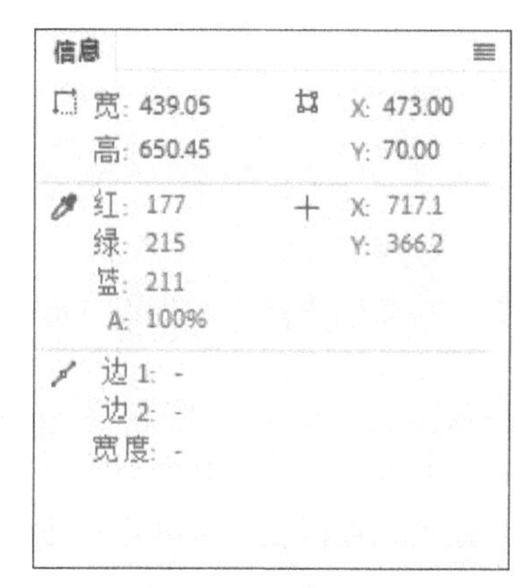

图 5-33 “信息”面板

提示： 每个实例都有自己的属性，用户可以在“属性”面板中设置实例的色彩效果等信息，也可以变形实例，如倾斜、旋转或缩放等。修改特征只会显示在当前所选的实例上，对元件和场景中的其他实例没有影响。

3. 实例类型的转换

创建实例后，用户可以通过改变实例的类型，重新定义它在Animate中的行为。

选中舞台中的实例对象，在“属性”面板中单击“实例行为”下拉按钮，在弹出的下拉列表中选择实例类型即可进行转换，如图5-34所示。当一个图形实例包含独立于主时间轴播放的动画时，可以将该图形实例重新定义为影片剪辑实例，以使其可以独立于主时间轴进行播放。改变实例的类型后，“属性”面板中的参数也将发生相应的变化。

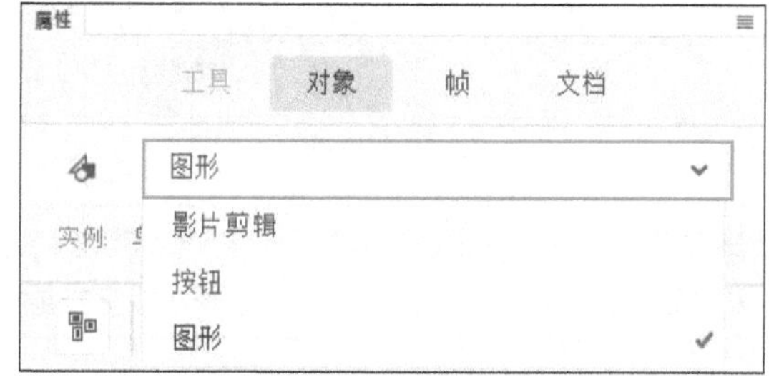

图 5-34 “实例行为”下拉列表

4. 实例色彩的设置

用户可以在“属性”面板中根据需要设置元件实例的色彩效果。选择实例，在“属性”面板的“色彩效果”区域中展开“样式”下拉列表，在其中选择相应的选项，如图5-35所示，即可对实例的颜色和透明度进行设置。

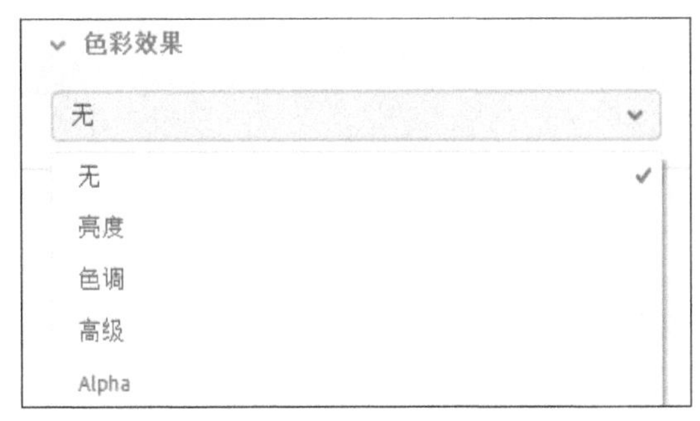

图 5-35 “样式”下拉列表

提示：应用补间动画可以制作颜色更改的渐变效果。在实例的开始关键帧和结束关键帧中设置不同的色彩效果，然后创建传统补间动画，即可让实例的颜色随着时间逐渐变化。

“样式”下拉列表中5个选项的作用分别如下：

（1）无

选择该选项，不设置颜色效果。

（2）亮度

该选项用于设置实例的明暗对比度，调节范围为-100%～100%。选择“亮度”选项，拖动右侧的滑块，或在文本框中直接输入数值，即可设置对象的亮度属性。图5-36和图5-37所示分别为设置亮度值为0和60%的效果。

图 5-36 亮度值为 0 的效果

图 5-37 亮度值为 60% 的效果

（）色调该选项用于设置实例的颜色，如图所示。单击颜色色块，从颜色面板中选择一种颜色，或在文本框中输入红、绿和蓝色的值，都可以改变实例的色调。用户可以使用属性面板中的色调滑块设置色调百分比。调整色调后的效果如图所示。

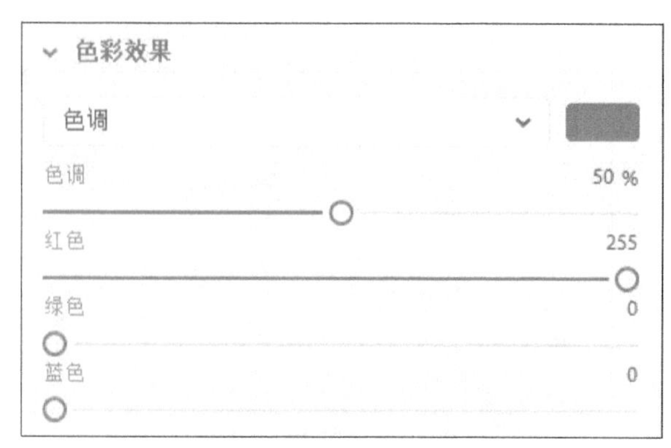

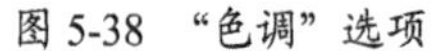

图 5-38 “色调”选项

图 5-39 调整色调后的效果

（4）高级

该选项用于设置实例的红、绿、蓝和透明度的值，如图5-40所示。选择“高级”选项，左侧的控件可以使用户按指定的百分比降低颜色或透明度的值；右侧的控件可以使用户按常数值降低或提高颜色或透明度的值。调整“高级”选项后的效果如图5-41所示。

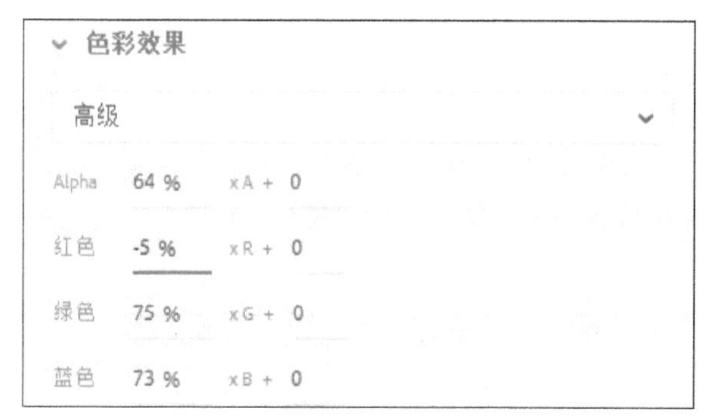

图 5-40 “高级”选项

图 5-41 调整“高级”选项后效果

（5）Alpha

该选项用于设置实例的透明度，调节范围为0%～100%。选择“Alpha”选项后拖动滑块，或者在文本框中输入一个值，即可调整Alpha值。图5-42和图5-43所示分别为设置70%和20% Alpha值的效果。

图 5-42 设置 70% Alpha 值的效果

图 5-43 设置 20% Alpha 值的效果

5. 实例的分离

若想断开实例与元件之间的链接，可以通过分离实例实现，这一操作还可以将实例放入未组合形状和线条的集合中。

选中要分离的实例，执行“修改”→“分离”命令或按Ctrl+B组合键即可将实例分离，分离实例前后的对比效果如图5-44和图5-45所示。若在分离实例之后修改该源元件，新实例不会随之更新。

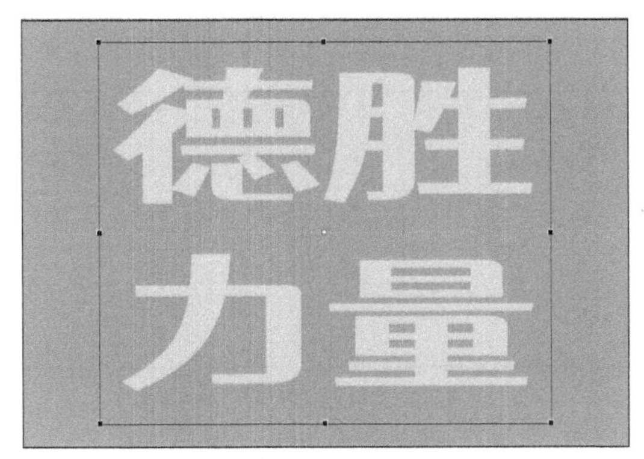

图 5-44 分离实例前的效果

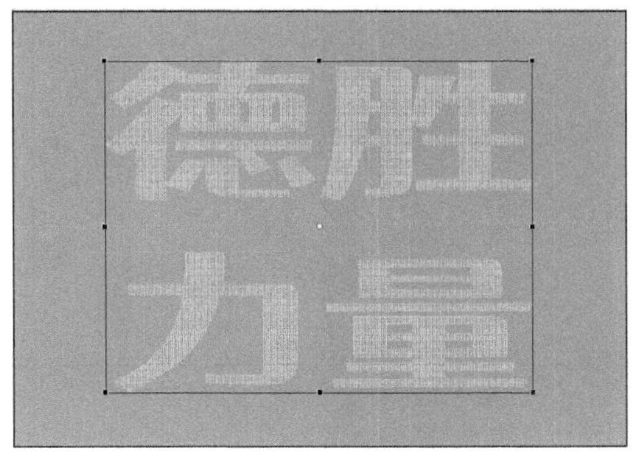

图 5-45 分离实例后的效果

提示： 分离实例仅仅分离实例本身，而不影响其他元件。

实例：制作下雪效果

下面练习制作下雪效果，具体的实现过程如下：

步骤01 新建550×400像素的空白文档，设置帧速率为24，并保存文件。执行“文件”→“导入”→“导入到库”命令，导入本实例的4个素材文件，如图5-46所示。

步骤02 修改“图层1”的名称为“背景”，从“库”面板中拖曳素材文件“背景.jpg”至舞台中，如图5-47所示。在“背景”图层第100帧按F5键插入帧，锁定“背景”图层。

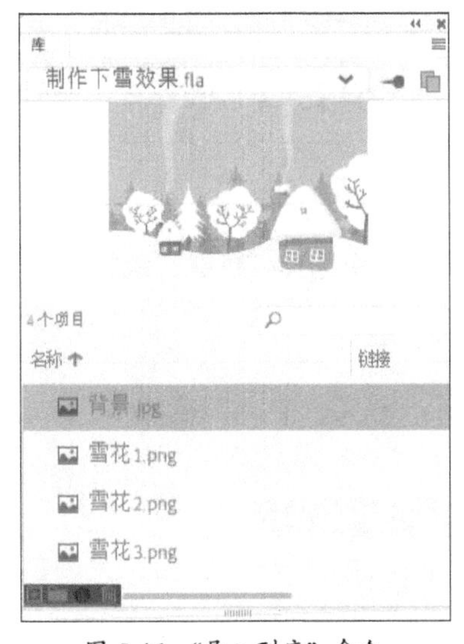

图 5-46 “导入到库”命令

图 5-47 置入背景

步骤03 在“背景”图层的上方新建“雪花1”图层，从“库”面板中拖曳“雪花1.png”至舞台中，并调整至合适大小，如图5-48所示。

步骤04 选中舞台中的雪花，按F8键打开“转换为元件”对话框并进行设置，如图5-49所示，创建图形元件。

图 5-48 新建“雪花 1”图层

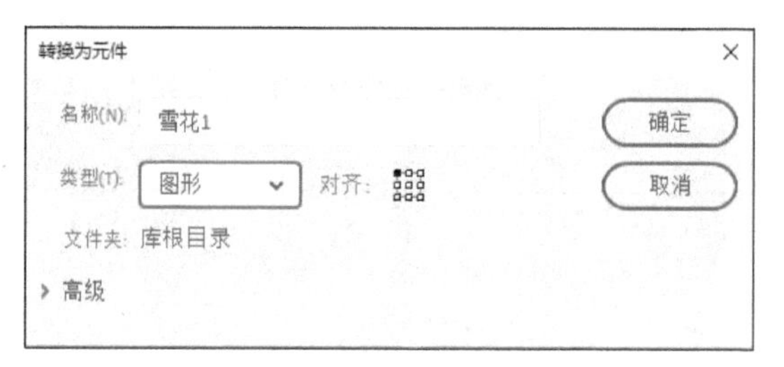

图 5-49 “转换为元件”对话框

步骤05 选中新创建的元件，双击进入其编辑模式，按F8键再次创建图形元件，如图5-50所示。

步骤06 在第20帧处按F6键插入关键帧，调整雪花的位置与大小，并进行旋转，如图5-51所示。

图 5-50 创建图形元件

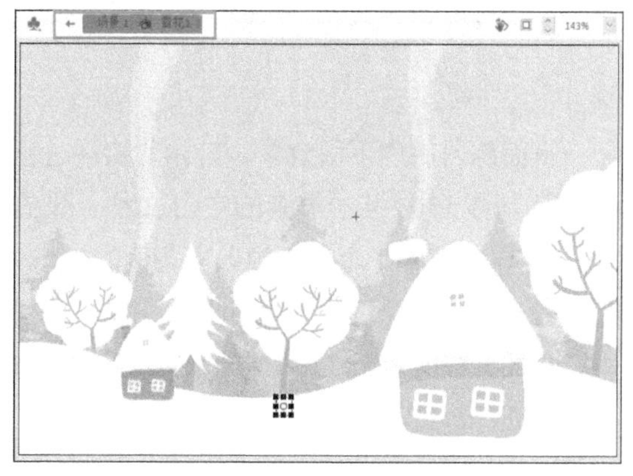

图 5-51 设置雪花大小

提示： 此时操作是在“雪花1”元件的编辑模式下进行的。

步骤07 选中1～20帧之间的任意帧，右击鼠标，在弹出的快捷菜单中选择“创建传统补间”命令，创建补间动画，如图5-52所示。

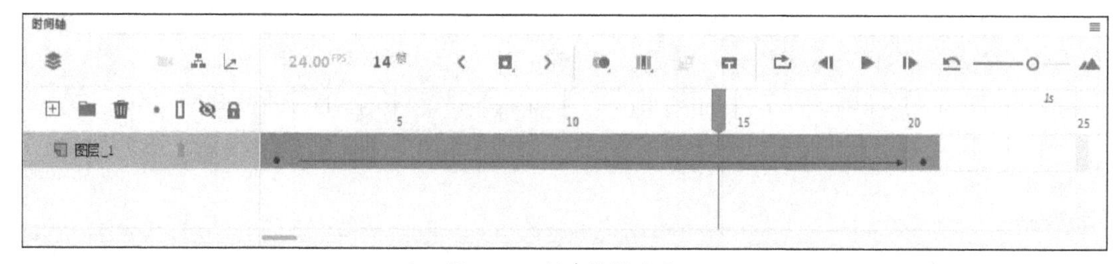

图 5-52 创建补间动画

步骤08 选中第20帧的对象，在“属性”面板中设置“色彩效果”中的样式为“Alpha”，设置Alpha值为0%，如图5-53所示。

步骤09 切换至“场景1”，选中舞台中的雪花，按F8组合键将其转换为图形元件“雪花1-2”，双击进入其编辑模式，如图5-54所示。在第20帧按F5键插入帧。

图 5-53 设置 Alpha 值

图 5-54 进入编辑模式

提示： 此时操作是在“雪花1-2”元件的编辑模式下进行的。

步骤10 选中舞台中的雪花，按住Alt键拖曳复制，效果如图5-55所示。预览效果如图5-56所示。

图 5-55 复制雪花

图 5-56 预览效果

步骤11 全选舞台中的对象，右击鼠标，在弹出的快捷菜单中选择“分散到图层”命令，如图5-57所示。

步骤12 调整图层长度与起始时间，制作不同飘落效果的雪花，如图5-58所示。

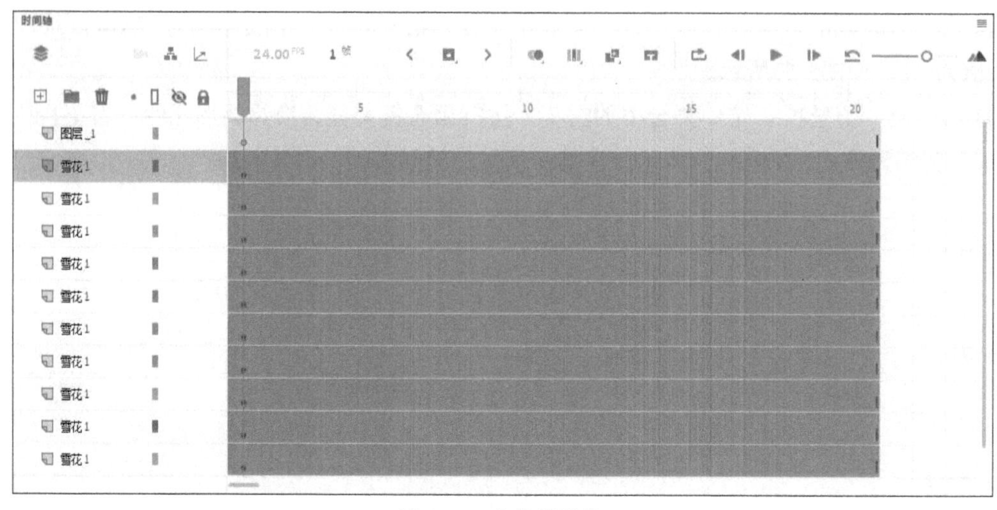

图 5-57　分散到图层

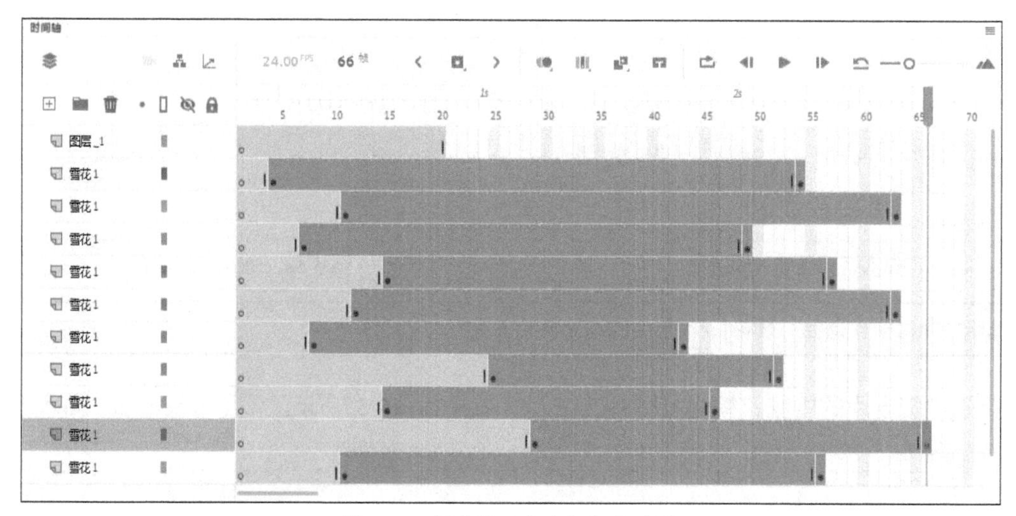

图 5-58　调整图层长度与起始时间

切换至场景，选中舞台中的雪花，按住键拖曳复制并调整大小，如图所示。使用相同的方法制作另外两种雪花的飘落效果，如图所示。

图 5-59　复制调整

图 5-60　雪花飘落效果

步骤 15 至此，完成下雪效果的制作，按Ctrl+Enter组合键测试，效果如图5-61和图5-62所示。

图 5-61 效果展示

图 5-62 效果展示

提示： 制作本案例时，需要明确当前操作在哪个场景中。

5.4 制作简单动画

Animate是专门制作动画的二维软件，通过该软件用户可以制作逐帧动画、补间动画、引导动画、遮罩动画等不同类型的动画。本节将针对不同动画的特点与创建方法进行介绍。

5.4.1 逐帧动画

逐帧动画是一种传统的动画形式，其原理是在连续的关键帧中绘制不同的内容，当快速播放时，由于人的眼睛会发生视觉暂留的现象，就产生了动画的效果。该类型动画的工作量比较大，但具有极大的灵活性，常用于表现细腻的动画作品。

1. 逐帧动画的特点

逐帧动画适合制作相邻关键帧中对象变化不大的复杂动画，而不仅仅是简单的移动、缩放等。在逐帧动画中，Animate会存储每个完整帧的值。逐帧动画具有如下5个特点。

- 逐帧动画会占用较大的内存，因此文件很大。
- 逐帧动画由许多单个的关键帧组合而成，每个关键帧均可独立编辑，并且相邻关键帧中的对象变化不大。
- 逐帧动画具有非常大的灵活性，几乎可以表达任何形式的动画。
- 逐帧动画分解的帧越多，动作就会越流畅，适合于制作细节特别复杂的动画。
- 逐帧动画中的每一帧都是关键帧，每个帧的内容都要进行手动编辑，工作量很大，这也是传统动画的制作方式。

2. 制作逐帧动画

用户可以通过在软件中绘制每一帧的内容制作逐帧动画。常用的逐帧动画的制作方法有以下3种。

（1）绘制矢量逐帧动画

使用绘图工具在场景中依次画出每帧的内容，如图5-63和图5-64所示。

图 5-63　原图

图 5-64　逐帧动画效果

（2）文字逐帧动画

使用文字作为帧中的元件，实现文字跳跃、旋转等特效。

（3）指令逐帧动画

在“时间轴”面板中，逐帧写入动作脚本语句完成元件的变化。

3. 导入逐帧动画

除了通过绘制的方式制作逐帧动画外，用户还可以通过在不同帧导入JPEG、PNG、GIF等格式的图像制作逐帧动画。导入GIF格式的位图与导入同一序列的JPEG格式的位图类似，只需将GIF格式的图像直接导入到舞台，即可在舞台上直接生成动画，如图5-65和图5-66所示。

图 5-65　导入图像

图 5-66　生成动画效果

■5.4.2　补间动画

补间动画是指制作者只完成动画过程中首尾两个关键帧画面的制作，中间的过渡画面由计算机通过各种插值方法计算生成的动画技术。Animate中可以创建3种类型的补间动画：传统补间动画、补间动画和形状补间动画。其中，传统补间动画是在Flash CS3及更早版本中使用的补间动画。本节将对这3种类型的补间动画进行介绍。

1. 传统补间动画

传统补间是早期Flash/Animate中创建动画的一种方式，与补间动画类似，但创建过程更为复杂，也不够灵活。选择两个关键帧之间的任意一帧，右击鼠标，在弹出的快捷菜单中选择

"创建传统补间"命令，即可创建传统补间动画，此时时间轴的背景色变为淡紫色，在起始帧和结束帧之间有一个长箭头，如图5-67所示。

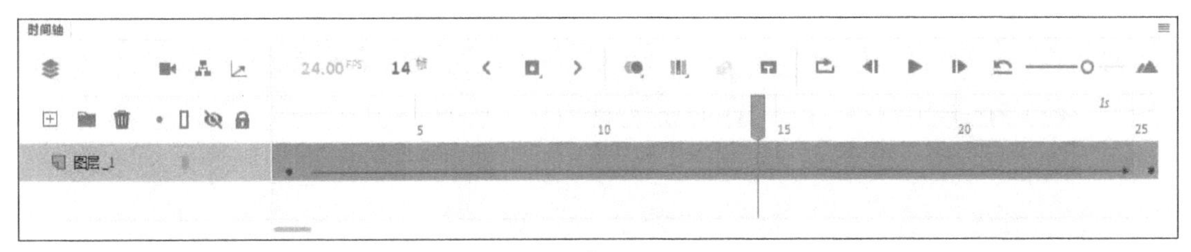

图 5-67　创建传统补间动画

使用传统补间动画可以在两个具有相同或不同元件的关键帧之间进行补间。

提示：若前后两个关键帧中的对象不是元件，Animate会自动将前后两个关键帧中的对象分别转换为元件。

选择图层中传统补间动画之间的帧，在"属性"面板的"补间"区域中可以对其属性进行设置，如图5-68所示。

该区域部分常用选项作用如下：

- **缓动**：用于设置变形运动的加速或减速。0表示变形为匀速运动，负数表示变形为加速运动，正数表示变形为减速运动。
- **旋转**：用于设置对象渐变过程中是否旋转，以及旋转的方向和次数。
- **贴紧**：勾选该复选框，能够使动画自动吸附到路径上移动。
- **同步元件**：勾选该复选框，使图形元件的实例动画和主时间轴同步。
- **调整到路径**：用于引导层动画，勾选该复选框，可以使对象紧贴路径来移动。
- **缩放**：勾选该复选框，可以改变对象的大小。

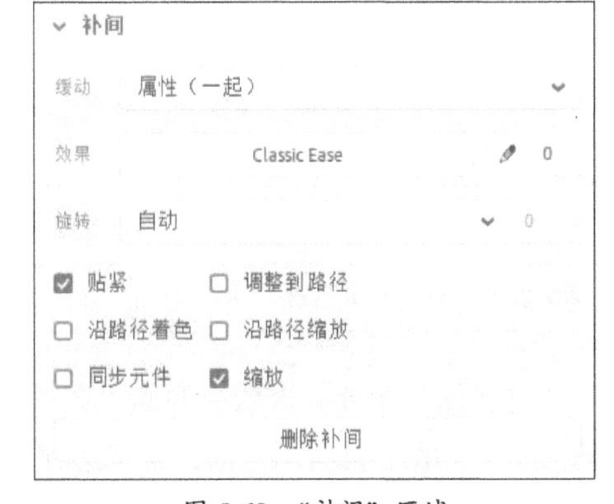

图 5-68　"补间"区域

2. 补间动画

补间动画用于在Animate中创建由对象的连续运动或变形构成的动画。该类型动画是通过为第1帧和最后一帧之间的某个对象属性指定不同的值来创建的。对象属性包括位置、大小、颜色、效果、滤镜和旋转。

在创建补间动画时，可以选择补间中的任一帧，然后在该帧上移动动画元件或设置对象的其他属性，Animate会自动构建运动路径，以便为第1帧和下一关键帧之间的各帧设置动画，图5-69所示为添加补间动画后的"时间轴"面板，其中黑色菱形表示最后一帧和任何其他属性关键帧。

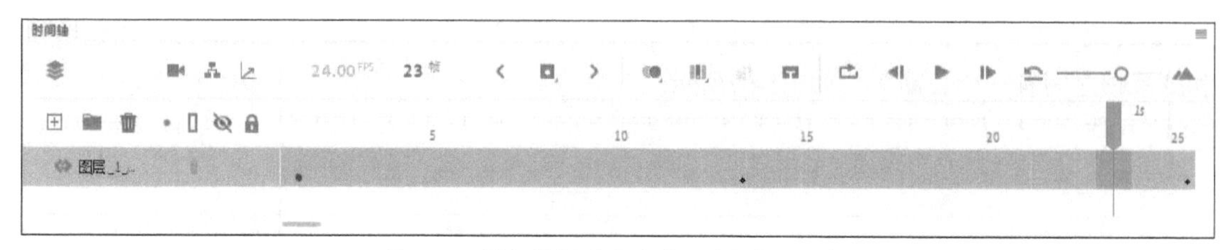

图 5-69　添加补间动画后的“时间轴”面板

3. 补间形状动画

使用补间形状动画可以在两个具有不同矢量形状的帧之间创建中间形状，制作出从一个形状变形为另一个形状的动画效果。补间形状动画可以实现两个图形之间颜色、大小、形状和位置的变化，其变化的灵活性介于逐帧动画和传统补间动画之间。

对前后两个关键帧的形状指定属性后，在两个关键帧之间右击鼠标，在弹出的快捷菜单中选择“创建补间形状”命令，即可创建补间形状动画。创建补间形状动画后，时间轴的背景色变为棕色，在起始帧和结束帧之间有一个长箭头，如图5-70所示。

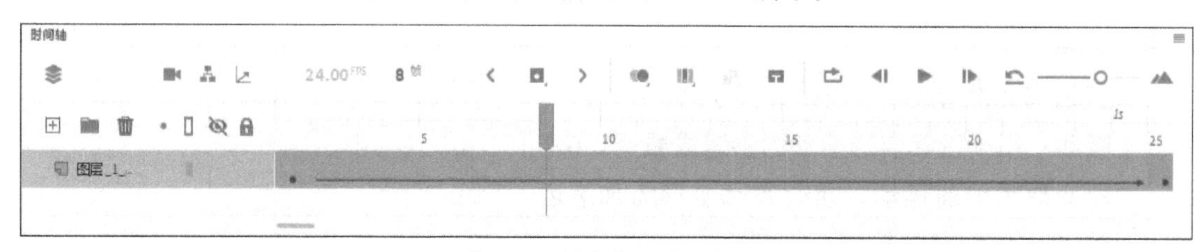

图 5-70　创建补间形状动画

提示： 若想使用图形元件、按钮、文字制作补间形状动画，需先将其分离为形状。

选择图层中补间形状中的帧，在“属性”面板的“补间”区域中可以对补间形状的属性进行设置，如图5-71所示。部分常用选项作用如下：

- **缓动：** 单击“缓动”选项右侧的下拉按钮，在弹出的下拉列表中可以选择“属性（一起）”和“属性（单独）”两种缓动类型。
- **效果：**“效果”选项中包括一些常用的效果预设，用户可以从效果列表中选择预设，如图5-72所示，然后将其应用于选定属性。

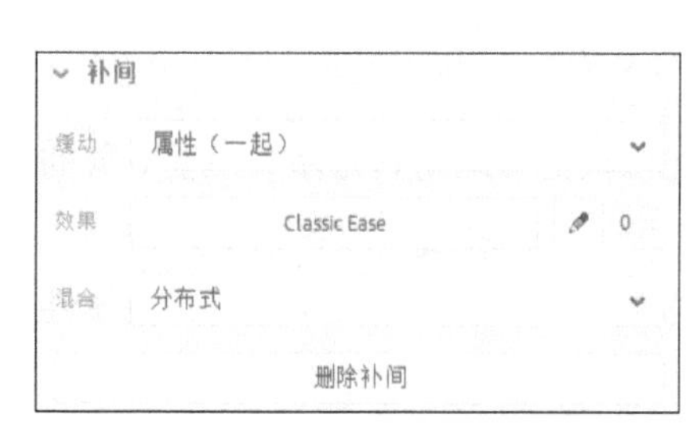

图 5-71　设置补间形状属性

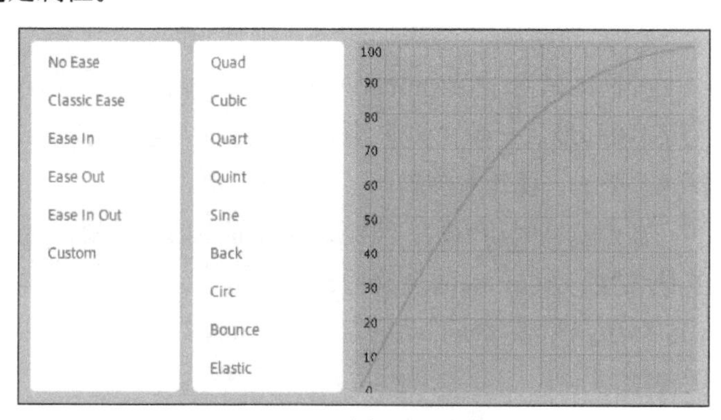

图 5-72　选择预设效果

- **编辑缓动**：单击“效果”选项右侧的“编辑缓动”按钮，可以打开“自定义缓动”对话框设置缓动效果，如图5-73所示。在“自定义缓动”对话框中显示一个表示运动程度随时间而变化的曲线，水平轴表示帧，垂直轴表示变化的百分比。第1个关键帧表示为0%，最后一个关键帧表示为100%。曲线的斜率表示对象的变化速率。曲线水平时（无斜率），变化速率为零；曲线垂直时，变化速率最大，一瞬间完成变化。

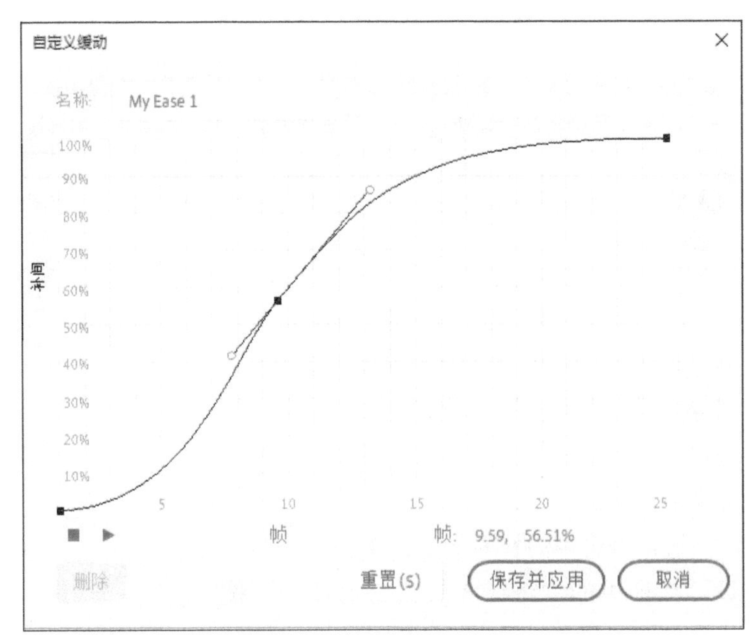

图 5-73 “自定义缓动”对话框

- **混合**：用于设置补间形状动画的变形形式。在该下拉列表中，包含“分布式”和“角形”两个选项。选择“分布式”选项，表示创建的动画的中间形状比较平滑；选择“角形”选项，表示创建的动画的中间形状会保留明显的角和直线，适合具有锐化角度和直线的混合形状。

4. 使用动画预设

用户还可以通过动画预设为对象添加补间动画。动画预设是预先配置的补间动画，将它们应用于舞台中的对象，可以减少重复工作，提高效率。

执行“窗口”→“动画预设”命令，打开“动画预设”面板，如图5-74所示。“动画预设”面板中包括30项默认的动画预设。任选其中一个动画预设，在窗口预览中将会出现相应的动画效果。选中舞台中的对象，在“动画预设”面板中选中动画效果，单击“应用”按钮，即可为对象添加预设的动画效果。

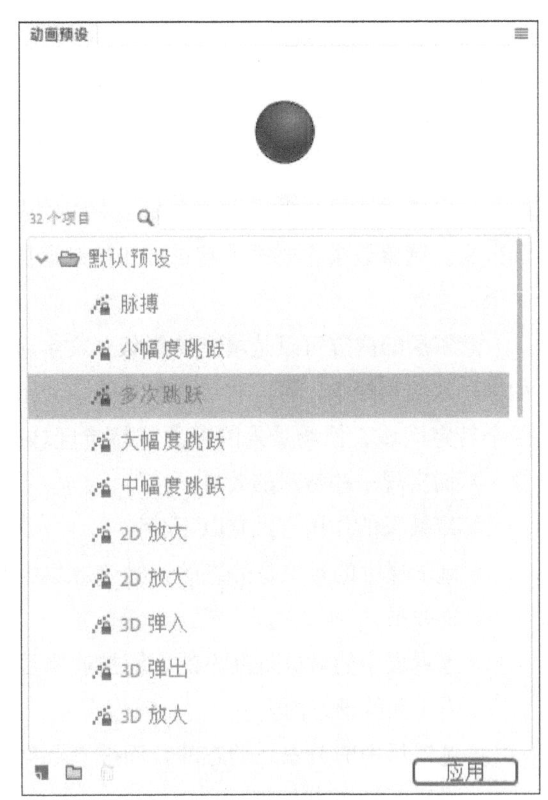

图 5-74 “动画预设”面板

提示： 动画预设的功能就像是一种动画模板，可以将其直接加载到元件上。每个动画预设都包含特定数量的帧，应用预设时，在时间轴中创建的补间范围将包含此数量的帧。如果目标对象已应用了不同长度的补间，补间范围将进行调整，以符合动画预设的长度，然后在应用预设后调整时间轴中补间范围的长度。

提示： 每个对象只能应用一个预设。如果将第2个预设应用于相同的对象，则第2个预设将替换第1个预设。

除了默认的动画预设外，用户还可以创建并保存自定义预设，或修改现有的动画预设并另存为新的动画预设，新的动画预设效果将出现在"动画预设"面板中的"自定义预设"文件夹中。

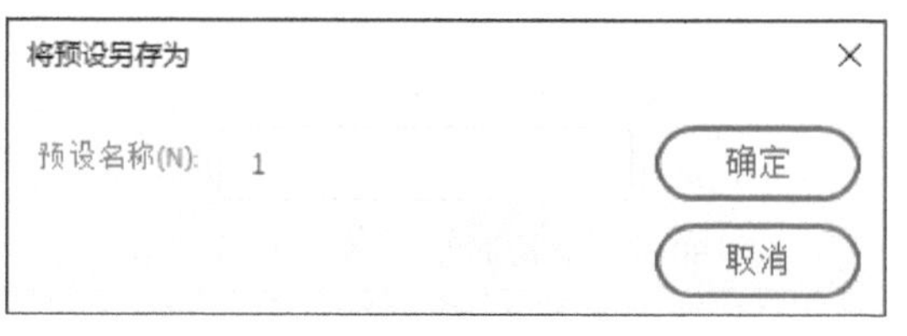

图 5-75 "将预设另存为"对话框

选择舞台中的补间对象，单击"动画预设"面板中的"将选区另存为预设"按钮，打开"将预设另存为"对话框，设置预设名称，如图5-75所示。完成后单击"确定"按钮，新预设将显示在"动画预设"面板中，如图5-76所示。

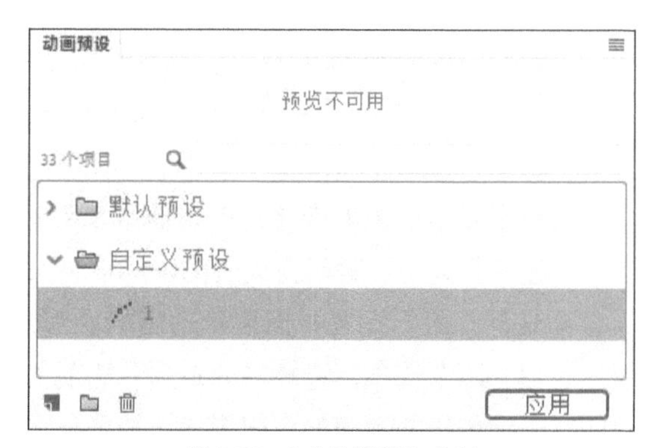

图 5-76 "动画预设"面板

提示： 动画预设只能包含补间动画。传统补间不能保存为动画预设。

5.4.3 遮罩动画

可以使用遮罩层来显示下方图层中图片或图形的部分区域，从而制作出更加丰富的遮罩动画效果。遮罩效果主要通过遮罩层和被遮罩层实现，其中遮罩层只有一个，但被遮罩层可以有多个。

遮罩层的内容可以是填充的形状、文字对象、图形元件的实例或影片剪辑，不能是直线。如果一定要用线条，可以将线条转换为填充形状。遮罩主要有两种用途：一是用在整个场景或一个特定区域，使场景外的对象或特定区域外的对象不可见；二是用来遮住某一元件的一部分，从而实现一些特殊的效果。

遮罩效果的作用方式有以下4种。

- 遮罩层中的对象是静态的，被遮罩层中的对象也是静态的，这样生成的效果就是静态遮罩效果。
- 遮罩层中的对象是静态的，而被遮罩层中的对象是动态的，这样透过静态的对象可以观看后面的动态内容。
- 遮罩层中的对象是动态的，而被遮罩层中的对象是静态的，这样透过动态的对象可以观看后面静态的内容。

- 遮罩层中的对象是动态的，被遮罩层中的对象也是动态的，这样透过动态的对象可以观看后面的动态内容。此时，遮罩对象和被遮罩对象之间会进行一些复杂的交互，从而得到一些特殊的视觉效果。

提示： 在设计动画时，合理地运用遮罩效果会使动画看起来更流畅，元件与元件之间的衔接时间更准确，同时也更具有丰富的层次感和立体感。

遮罩层由普通图层转换而来，在要转换为遮罩层的图层上右击鼠标，在弹出的快捷菜单中选择“遮罩层”命令，即可将该图层转换为遮罩层。此时，该图层图标会从普通层图标变为遮罩层图标，系统也会自动将遮罩层下方的一层关联为被遮罩层，在图层右缩进的同时图标变为。若需要关联更多层被遮罩，只要把这些层拖至被遮罩层下方或者将图层属性类型改为“被遮罩”即可。

在制作遮罩动画时，应注意以下几点。

- 若要创建遮罩层，应将遮罩内容置于要用作遮罩的图层上。
- 若要创建动态效果，可以让遮罩层动起来。
- 若要获得聚光灯效果和过渡效果，可以使用遮罩层创建一个孔，通过这个孔可以看到下方的图层。遮罩内容可以是填充的形状、文字对象、图形元件的实例或影片剪辑。将多个图层组织在一个遮罩层下，可创建复杂的效果。

5.4.4 引导动画

引导动画是一种特殊的传统补间动画，该类型动画可以控制传统补间动画中的对象移动，制作出一个或多个元件沿曲线或不规则路径运动的效果。

1. 引导动画的特点

引导动画中包括引导层和被引导层两种类型的图层。其中，引导层是一种特殊的图层，在影片中起辅助作用，引导层不会导出，因此不会显示在发布的SWF文件中。引导层位于被引导层的上方，引导线就位于引导层中，在引导动画中只要固定起始点和结束点，与之相连接的被引导层中的对象就可以沿着设定的引导线运动。

提示： 引导层是用于指示对象运动路径的，必须是打散的图形。路径不要出现太多交叉点。被引导层中的对象必须依附在引导线上。简单地说，在动画的开始和结束帧上让元件实例的变形中心点吸附到引导线上。

2. 制作引导动画

创建引导动画必须具备以下两个条件。

- 路径。
- 在路径上运动的对象。

一条路径上可以有多个对象运动，引导路径都是一些静态线条，在播放动画时路径线条不会显示。

选中要添加引导层的图层，右击鼠标，在弹出的快捷菜单中选择“添加传统运动引导层”命令，即可在选中图层的上方添加引导层，如图5-77所示。在引导层中绘制路径，并调整被引导层中对象的中心点，使其起始点和结束点都在引导线上即可。

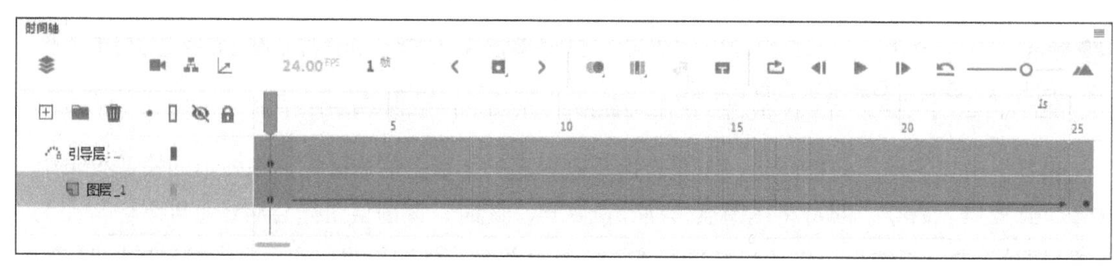

图 5-77　添加引导层

提示： 引导动画最基本的操作就是使一个运动动画附着在引导线上。所以操作时要特别注意引导线的两端，被引导的对象起始点、结束点的两个中心点一定要对准引导线的两个端头。

实例：制作照片切换效果

下面练习制作照片切换效果，具体实现过程如下：

步骤01 新建一个550×400像素、帧速率为24的的空白文档，并导入素材文件“海.jpg”和“雪.jpg”，如图5-78所示。

图 5-78　导入素材

步骤02 修改“图层1”的名称为“海”，拖曳“库”面板中对应名称的项目至舞台中，如图5-79所示。

步骤03 选中导入的素材，按F8键打开“转换为元件”对话框并进行设置，将其转换为影片剪辑元件，如图5-80所示。

图 5-79　置入舞台中

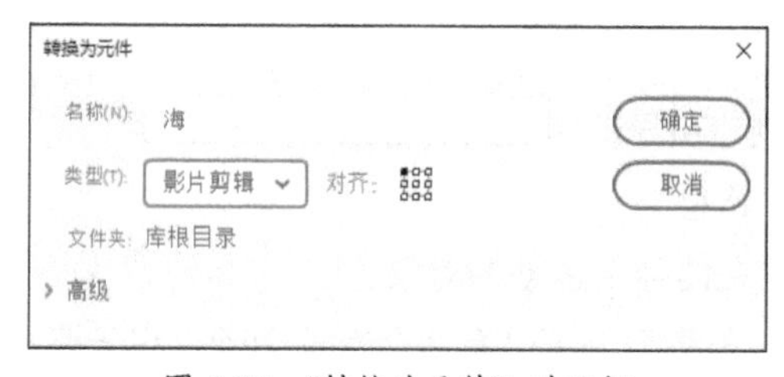

图 5-80　“转换为元件”对话框

步骤04 在“海”图层的第20帧、第26帧、第30帧处按F6键插入关键帧，如图5-81所示。

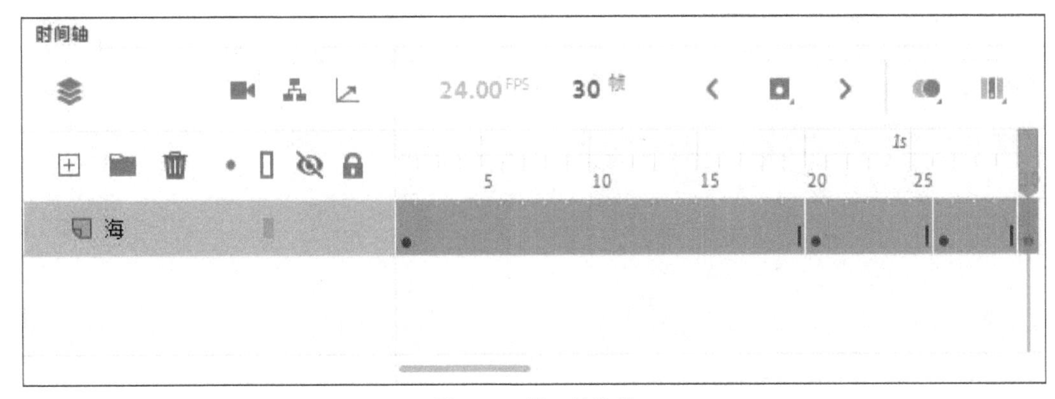

图 5-81　插入关键帧

步骤05 选中“海”图层的第26帧，在舞台中选中对象，在“属性”面板中单击“添加滤镜”⊞按钮，在弹出的快捷菜单中选择“模糊”滤镜。

步骤06 对“模糊”滤镜进行设置，如图5-82所示，设置后的效果如图5-83所示。

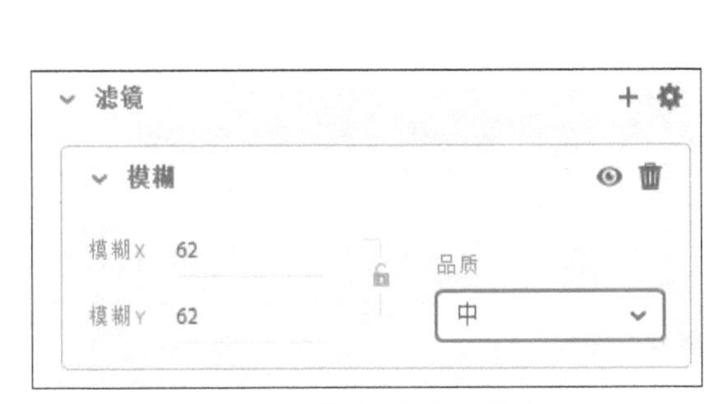

图 5-82　设置“模糊”滤镜

图 5-83　设置后的效果

步骤07 选择“海”图层第20～26帧之间的任意帧，右击鼠标，在弹出的快捷菜单中选择“创建传统补间”命令，制作补间动画，如图5-84所示。

步骤08 选中“海”图层的第30帧，在舞台中选中对象，在“属性”面板中单击“添加滤镜”⊞按钮，在弹出的快捷菜单中选择“模糊”滤镜，并进行设置，如图5-85所示。

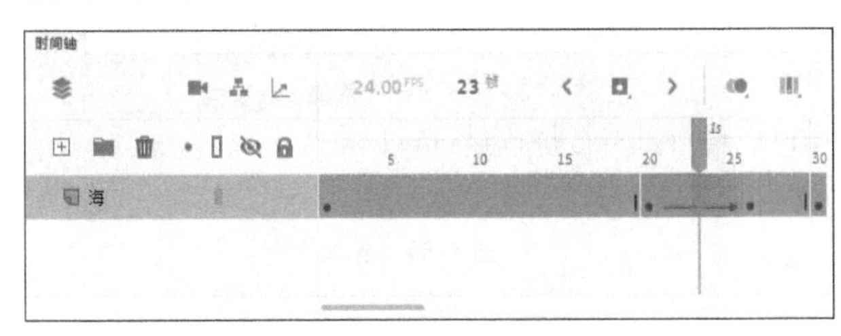

图 5-84　制作补间动画

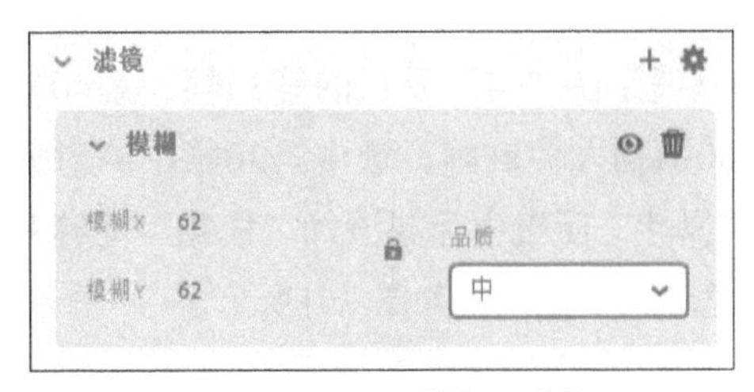

图 5-85　设置“模糊”滤镜

步骤09 使用相同的方法，在第30帧中的对象上添加“调整颜色”滤镜并进行设置，如图5-86所示，设置后的效果如图5-87所示。

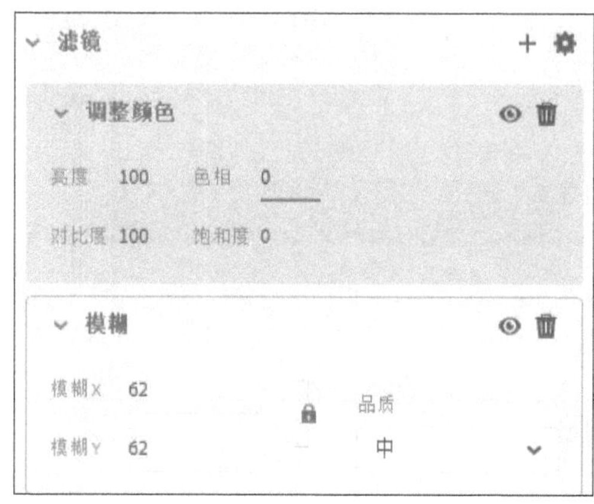

图 5-86 设置“调整颜色”滤镜

图 5-87 设置后的效果

步骤10 在第26帧和第30帧之间创建传统补间动画，效果如图5-88所示。

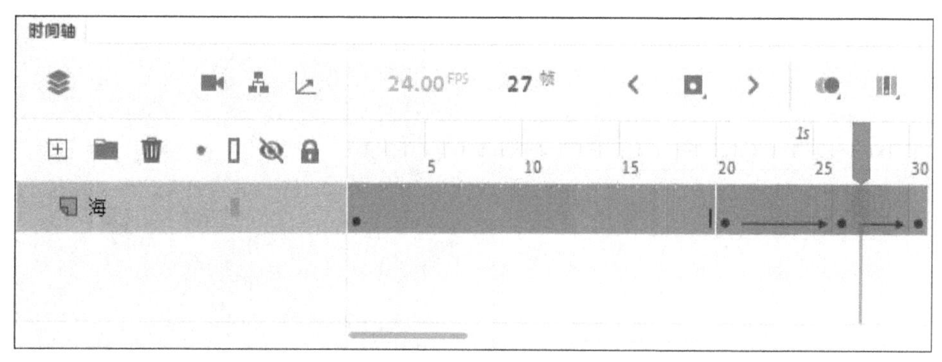

图 5-88 创建传统补间动画

步骤11 在“海”图层的上方新建“雪”图层，在第30帧按F7键插入空白关键帧，从“库”面板中拖曳素材文件“雪.jpg”至舞台中的合适位置，如图5-89所示。

图 5-89 置入素材

步骤12 选中“雪”图层中的对象，按F8键将其转换为影片剪辑元件，如图5-90所示。

步骤13 在“雪”图层的第34帧、第40帧、第60帧插入关键帧，选中第30帧中的对象，在“属性”面板中为其添加“模糊”滤镜和“调整颜色”滤镜，如图5-91所示。

图 5-90　转换为影片剪辑元件

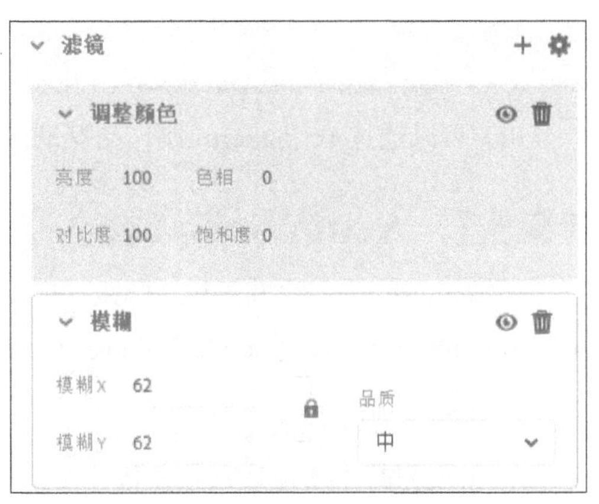

图 5-91　添加滤镜

在雪图层的第帧处选中对象，在属性面板中为其添加模糊滤镜，如图所示。在雪图层的第～帧、第～帧之间创建传统补间动画，如图所示。

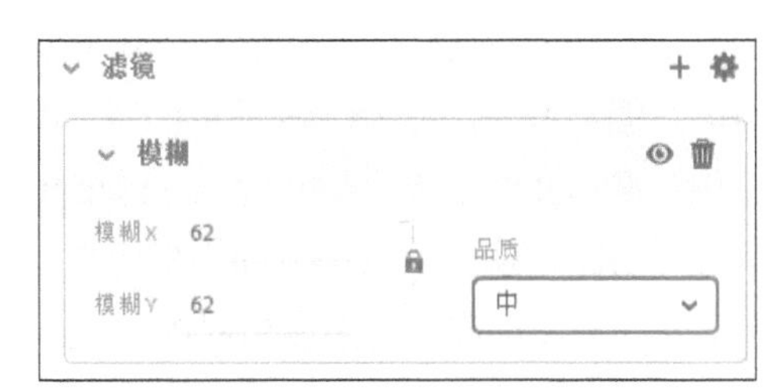

图 5-92　添加“模糊”滤镜

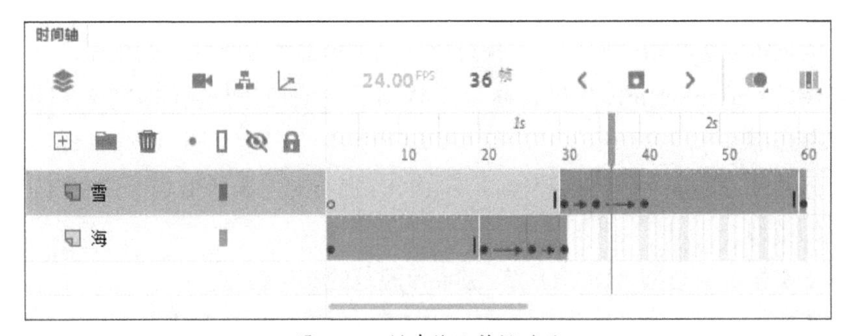

图 5-93　创建传统补间动画

步骤16 至此，完成照片切换效果的制作，按Ctrl+Enter组合键测试，效果如图5-94和图5-95所示。

图 5-94　测试效果

图 5-95　测试效果

5.5 制作交互动画

用户可以通过ActionScript制作交互动画，使动画更加有趣。本节将对此进行介绍。

■5.5.1 ActionScript概述

ActionScript是一种基于ECMAScript的编程语言，主要用于编写Flash电影和应用程序。其中，ActionScript 3.0标志着Flash Player Runtime演化过程中的一个重要阶段。

1. 认识ActionScript

Animate影片中实现互动主要依托于ActionScript，这也是Animate优越于其他动画制作软件的主要原因。ActionScript 1.0最初随Flash 5一起发布，这是第1个完全可编程的版本。在Flash 7中引入了ActionScript 2.0，这是一种强类型的语言，支持基于类的编程特性，如继承、接口和严格的数据类型等。Flash 8进一步扩展了ActionScript 2.0，添加了新的类库、用于在运行时控制位图数据和文件上传的API。ActionScript 3.0为基于Web的应用程序提供了更多的可能性，其脚本编写功能超越了ActionScript早期版本，主要目的在于方便创建拥有大型数据集和面向对象的可重用代码库的高度复杂应用程序。

ActionScript 3.0提供了可靠的编程模型，它包含了ActionScript编程人员所熟悉的许多类和功能。相对于早期ActionScript版本，其改进的一些重要功能包括以下5个方面。

- 一个更为先进的编译器代码库，可执行比早期编译器版本更深入的优化。
- 一个新增的ActionScript虚拟机，称为“AVM2”，它使用全新的字节代码指令集，可使性能显著提高。
- 一个扩展并改进的应用程序编程接口（API），拥有对对象的低级控制和真正意义上的面向对象的模型。
- 一个基于文档对象模型（DOM）第3级事件规范的事件模型。
- 一个基于ECMAScript for XML（E4X）规范的XML API。E4X是ECMAScript的一种语言扩展，它将XML添加为语言的本机数据类型。

2. 变量

变量是计算机语言中能存储计算结果或能表示值的抽象概念。在源代码中通过定义变量来申请并命名存储空间，最后通过变量的名字来使用这段存储空间。变量用来存储程序中使用的值，声明变量的一种方式是使用Dim语句、Public语句和Private语句在Script中显式声明变量。要声明变量，必须将var语句和变量名结合使用。

在ActionScript 2.0中，只有当用户使用类型注释时，才需要使用var语句。在 ActionScript 3.0中，var语句不能省略使用。例如，要声明一个名为“x”的变量，ActionScript代码的格式为：

```
var x;
```

若在声明变量时省略了var语句，则在严格模式下会出现编译器错误，在标准模式下会出现运行时错误。若未定义变量x，则下面的代码行将产生错误：

```
x; // error if a was not previously defined
```

在 ActionScript 3.0 中，一个变量实际上包含3个不同部分。

- 变量的名称。
- 可以存储在变量中的数据类型，如String（文本型）、Boolean（布尔型）等。
- 存储在计算机内存中的实际值。

变量的开头字符必须是字母、下划线，后续字符可以是字母、数字等，但不能是空格、句号、关键词和逻辑常量等字符。

要将变量与一个数据类型相关联，则必须在声明变量时进行此操作。在声明变量时不指定变量的类型是合法的，但这在严格模式下会产生编译器警告。可通过在变量名后面追加一个后跟变量类型的冒号（:）来指定变量类型。例如，下面的代码用于声明一个int类型的变量i。

```
var i : int;
```

变量可以赋值一个数字、字符串、布尔值和对象等。Animate会在变量赋值的时候自动决定变量的类型。在表达式中，Animate会根据表达式的需要自动改变数据的类型。

可以使用赋值运算符 (=) 为变量赋值。例如，下面的代码声明一个变量c并将值赋给它。

```
var c:int;
a = 6;
```

用户可能会发现在声明变量的同时为变量赋值更加方便，代码如下所示。

```
var c:int = 6;
```

通常，在声明变量的同时为变量赋值的方法不仅在赋予基元值（如整数和字符串等）时很常用，而且在创建数组或实例化类的实例时也很常用。

3. 常量

常量是相对于变量来说的，它是使用指定的数据类型表示计算机内存中的值的名称。常量与变量的区别在于，在ActionScript应用程序运行期间只能为常量赋值一次。

常量是指在应用程序运行中保持不变的参数。常量包括数值型、字符串型和逻辑型。数值型就是具体的数值，如b=5。字符串型是用引号括起来的一串字符，如y="VBF"。逻辑型用于判断条件是否成立，如true或1表示真（成立）、false或0表示假（不成立），逻辑型常量也被称为“布尔常量”。

若需要定义在整个项目中多个位置使用且正常情况下不会更改的值，则定义常量非常有用。使用常量而不是字面值可提高代码的可读性。

声明常量需要使用关键词 const，代码如下所示。

```
const SALES_TAX_RATE:Number = 0.8;
```

提示： 假设用常量定义的值需要更改，在整个项目中若使用常量表示特定值，则可以在一处位置更改此值（常量声明）。相反，若使用硬编码的字面值，则必须在各个位置更改此值。

4. 数据类型

ActionScript 3.0的数据类型可以分为简单数据类型和复杂数据类型两大类。简单数据类型只是表示简单的值，是在最低抽象层存储的值，运算速度相对较快。例如，字符串、数字都属于简单数据，保存它们变量的数据类型都是简单数据类型。而类类型属于复杂数据类型，如Stage类型、MovieClip类型和TextField类型等都属于复杂数据类型。

ActionScript 3.0的简单数据类型的值可以是数字、字符串和布尔值等。其中，int类型、uint类型和Number类型表示数字类型；String类型表示字符串类型；Boolean类型表示布尔值类型，布尔值只能是true或false。所以，简单数据类型的变量只有3种，即字符串、数字和布尔值。

- **String**：字符串类型。
- **Numeric**：对于numeric型数据，ActionScript 3.0包含3种特定的数据类型，分别是：
  - **Number**：任何数值，包括有小数部分或没有小数部分的值。
  - **Int**：一个整数（不带小数部分的整数）。
  - **Uint**：一个“无符号”整数，即不能为负数的整数。
- **Boolean**：布尔类型，其属性值为true或false。

在ActionScript中定义的大多数数据类型可能是复杂数据类型。它们表示单一容器中的一组值，例如，数据类型为Date的变量表示单一值（某个时刻），然而，该日期值以多个值表示，即天、月、年、小时、分钟、秒等，这些值都为单独的数字。

当通过“属性”面板定义变量时，这个变量的类型也被自动声明了。例如，定义影片剪辑实例的变量时，变量的类型为MovieClip类型；定义动态文本实例的变量时，变量的类型为TextField类型。

常见的复杂数据类型列举如下：

- **MovieClip**：影片剪辑元件。
- **TextField**：动态文本字段或输入文本字段。
- **SimpleButton**：按钮元件。
- **Date**：有关时间中的某个片刻的信息（日期和时间）。

5.5.2 “动作”面板

脚本语言是指实现某一具体功能的命令语句或实现一系列功能的命令语句组合。在Animate中，用户可以在“动作”面板中编写动作脚本，制作复杂的交互效果。

1. “动作”面板的组成

在Animate中，执行“窗口”→“动作”命令，或按F9快捷键，即可打开“动作”面板，如图5-96所示。

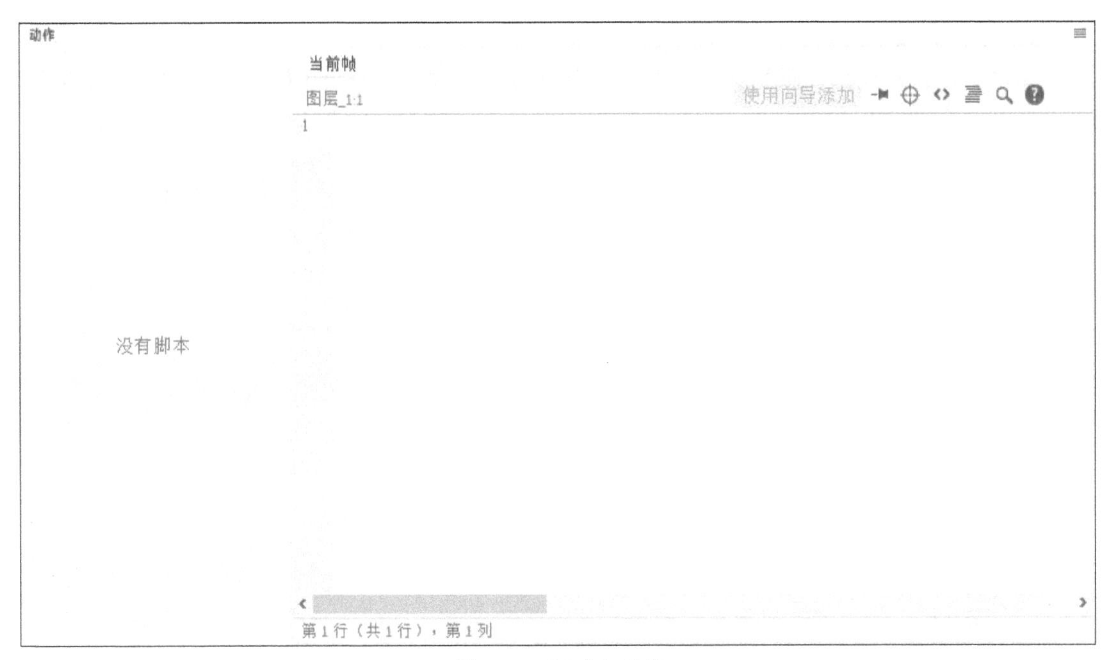

图 5-96 “动作”面板

“动作”面板由脚本导航器和“脚本”窗口两部分组成，这两部分的功能分别如下：

（1）脚本导航器

脚本导航器位于“动作”面板的左侧，其中列出了当前选中对象的具体信息，如名称、位置等，如图5-97所示。单击脚本导航器中的某一项目，与该项目相关联的脚本就会出现在“脚本”窗口中，如图5-98所示。此时场景中的播放头也将移到时间轴上的对应位置。

图 5-97 脚本导航器

当前帧

Actions:1 使用向导添加

```
1
2   /*水平动画移动
3   通过在 ENTER_FRAME 事件中减少或增加元件实例的 x 属性，使其在舞台上向左或向右移动。
4
5   说明:
6   1. 默认动画移动方向为右。
7   2. 要将动画移动方向更改为左，将以下数字 10 更改为负值。
8   3. 要更改元件实例的移动速度，将以下数字 10 更改为希望元件实例在每帧中移动的像素数。
9   4. 由于动画使用 ENTER_FRAME 事件，仅当播放头移动到新帧时动画才播放。动画播放速度也受文档帧频
10  */
11
12  movieClip_3.addEventListener(Event.ENTER_FRAME, fl_AnimateHorizontally);
13
14  function fl_AnimateHorizontally(event:Event)
15  {
16      movieClip_3.x += 10;
17  }
18
```

第18行（共18行），第1列

图 5-98 “脚本”窗口

（2）“脚本”窗口

“脚本”窗口是添加代码的区域。用户可以直接在“脚本”窗口中输入与当前所选帧相关联的ActionScript代码，如图5-99所示。

当前帧

Actions:1　　使用向导添加

```
1
2  /* 在此帧处停止
3  时间轴将在插入此代码的帧处停止/暂停。
4  也可用于停止/暂停影片剪辑的时间轴。
5  */
6
7  this.stop();
8
9  /* 单击以转到 Web 页
10 单击指定的元件实例会在新浏览器窗口中加载 URL。
11
12 说明:
13 1. 用所需 URL 地址替换 http://www.adobe.com。
14    保留引号 ("")。
15 */
16
17 this.movieClip_3.addEventListener("click", fl_ClickToGoToWebPage);
18
19 function fl_ClickToGoToWebPage() {
20     window.open("http://www.adobe.com", "_blank");
21 }
22
```

第 22 行（共 22 行），第 1 列

图 5-99 “脚本”窗口

“脚本”窗口中有一排工具图标，如图5-100所示。在编辑脚本的时候，用户可以通过这些工具提高工作效率，节省工作时间。

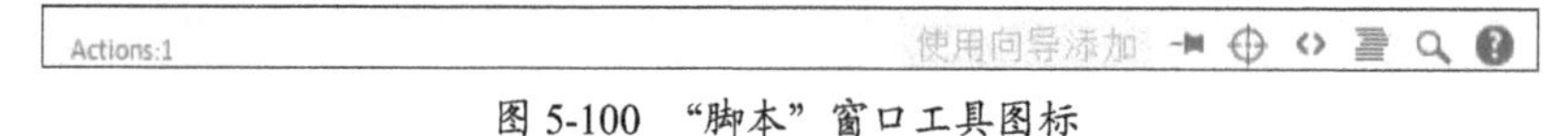

图 5-100 “脚本”窗口工具图标

其中部分选项作用如下：

- **使用向导添加**：单击该按钮，将使用简单易用的向导添加动作，而不用编写代码。仅可用于HTML 5 Canvas文件类型。
- **固定脚本**：用于将脚本固定到“脚本”窗口中各个脚本的固定标签，然后相应地移动它们。本功能在调试时非常有用。
- **插入实例路径和名称**：用于设置脚本中某个动作的绝对或相对目标路径。
- **代码片断**：单击该按钮，将打开“代码片断”面板，显示代码片断示例，如图5-101所示。
- **设置代码格式**：用于帮助用户设置代码格式。
- **查找**：用于查找并替换脚本中的文本。

图 5-101 “代码片断”面板

2. 动作脚本的编写

通过代码控制动画，可以增加动画的吸引力。Animate中的所有脚本命令语言都在“动作”面板中编写。

（1）播放动画

执行“窗口”→“动作”命令，打开“动作”面板，在“脚本”窗口中输入相应的代码即可。

如果将动作附加到某一按钮上，那么该动作会被自动包含在处理函数on (mouse event)内，其代码如下所示。

```
on (release) {
   play();
}
```

如果将动作附加到某一影片剪辑中，那么该动作会被自动包含在处理函数onClipEvent内，其代码如下所示。

```
onClipEvent (load) {
   play();
}
```

（2）停止播放动画

停止播放动画脚本的添加与播放动画脚本的添加相类似。

如果将动作附加到某一按钮上，那么该动作会被自动包含在处理函数on (mouse event)内，其代码如下所示。

```
on (release) {
   stop();
}
```

如果将动作附加到某个影片剪辑中，那么该动作会被自动包含在处理函数onClipEvent内，其代码如下所示。

```
onClipEvent (load) {
   stop();
}
```

（3）跳到某一帧或场景

要跳到影片中的某一特定帧或场景，可以使用goto动作。该动作在“动作”工具中作为两个动作列出：gotoAndPlay和gotoAndStop。当影片跳到某一帧时，可以选择参数来控制是从新的一帧播放影片（默认设置）还是在当前帧停止。

例如，将播放头跳到第20帧，然后从那里继续播放。

```
gotoAndPlay(20);
```

例如，将播放头跳到该动作所在帧之前的第8帧，然后暂停播放。

```
gotoAndStop(_currentframe+8);
```

例如，当单击指定的元件实例后，将播放头移动到时间轴中的下一场景并在此场景中继续回放。

```
button_1.addEventListener(MouseEvent.CLICK, fl_ClickToGoToNextScene);
function fl_ClickToGoToNextScene(event:MouseEvent):void
{
        MovieClip(this.root).nextScene();
}
```

（4）跳到不同的URL地址

若要在浏览器窗口中打开网页，或将数据传递到所定义URL处的另一个应用程序，可以使用getURL动作。

如下代码片段表示单击指定的元件实例会在新浏览器窗口中加载URL，即单击后跳转到相应Web页面。

```
button_1.addEventListener(MouseEvent.CLICK, fl_ClickToGoToWebPage);
function fl_ClickToGoToWebPage(event:MouseEvent):void
{
        navigateToURL(new URLRequest("http://www.sina.com"), "_blank");
}
```

对于窗口来讲，可以指定要在其中加载文档的窗口或帧。

- **_self**：用于指定当前窗口中的当前帧。
- **_blank**：用于指定一个新窗口。
- **_parent**：用于指定当前帧的父级。
- **_top**：用于指定当前窗口中的顶级帧。

3. 脚本的调试

在Animate中，有一系列的工具帮助用户预览、测试、调试ActionScript脚本程序，其中包括专门用来调试ActionScript脚本的调试器。

> **提示：** 高级语言的编程和程序的调试一般都是在特定的平台上进行的。ActionScript可以在“动作”面板中进行编写，但不能在“动作”面板中进行测试。

ActionScript 3.0调试器将Animate工作区转换为显示调试所用面板的调试工作区，包括“动作”面板、“调试控制台”和“变量”面板。“调试控制台”显示调用堆栈并包含用于跟踪脚本的工具。“变量”面板显示了当前范围内的变量及其值，并允许用户自行更新这些值。

ActionScript 3.0调试器仅用于ActionScript 3.0 FLA和AS文件。启动一个ActionScript 3.0调试会话时，Animate将启动独立的调试版Flash Player来播放SWF文件。调试版Flash Player从Animate创作应用程序窗口的单独窗口中播放SWF文件。开始调试会话的方式取决于正在处理的文件类型。例如，从FLA文件开始调试，则执行“调试”→“调试影片”→“在Animate中”命令，打开调试所用面板的调试工作区，如图5-102所示。调试会话期间，Animate遇到断点或运行时错误时将中断执行ActionScript。

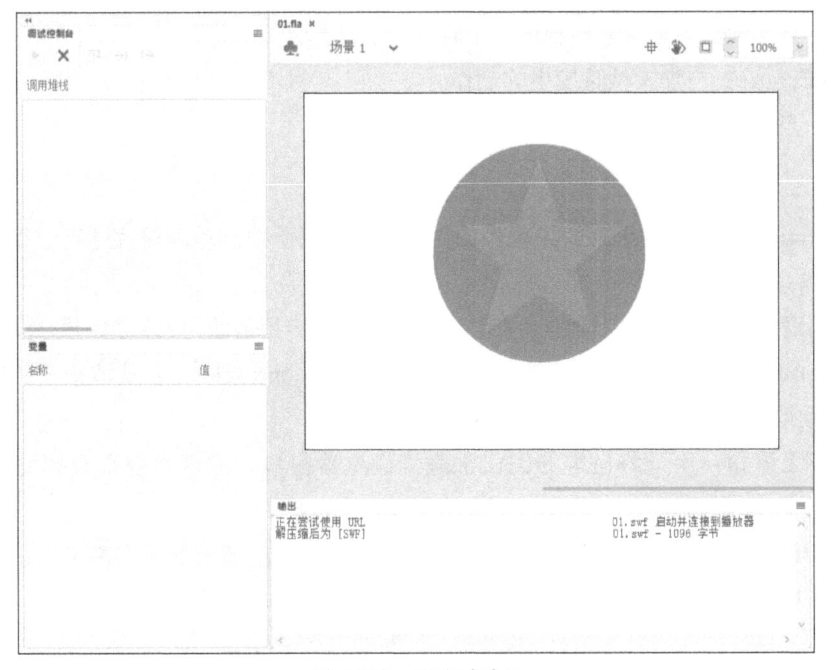

图 5-102 调试器界面

提示： Animate启动调试会话时，将在为会话导出的SWF文件中添加特定信息。此信息允许调试器提供代码中遇到错误的特定行号。用户可以将此特殊调试信息包含在所有从发布设置中通过特定FLA文件创建的SWF文件中。这将允许用户调试SWF文件，即使并未显式启动调试会话。

5.5.3 制作交互式动画

交互式动画是指在动画作品播放时支持事件响应和交互功能的一种动画，而不是像普通动画那样从头到尾进行播放。该类型动画主要通过按钮元件和动作脚本语言ActionScript实现。

事件、对象和动作打造了Animate中的交互功能。创建交互式动画就是设置在某种事件下对某个对象执行某个动作。事件是指用户单击按钮或影片剪辑实例、按下键盘等操作，而动作是指使播放的动画停止、使停止的动画重新播放等操作。

1. 事件

事件可以根据触发方式的不同分为帧事件和用户触发事件两种类型。帧事件是基于时间的，例如，当动画播放到某一时刻时，事件就会被触发；而用户触发事件是基于动作的，包括鼠标事件、键盘事件和影片剪辑事件。下面简单介绍一些用户触发事件。

- **press：**当鼠标指针移到按钮上时，按下鼠标发生的动作。
- **release：**在按钮上方按下鼠标，然后松开鼠标发生的动作。
- **rollOver：**当鼠标滑入按钮时发生的动作。
- **dragOver：**按住鼠标不放，鼠标滑入按钮发生的动作。
- **keyPress：**当按下指定键时发生的动作。
- **mouseMove：**当移动鼠标时发生的动作。
- **load：**当加载影片剪辑元件到场景中时发生的动作。
- **enterFrame：**当加入帧时发生的动作。
- **date：**当数据接收到和数据传输完时发生的动作。

2. 动作

动作是ActionScript脚本语言的灵魂和编程的核心，用于控制动画播放过程中相应的程序流程和播放状态。

- **Stop()语句：**用于停止当前播放的影片，最常见的运用是使用按钮控制影片剪辑。
- **gotoAndPlay()语句：**跳转并播放，跳转到指定的场景或帧，并从该帧开始播放。如果没有指定场景，则跳转到当前场景的指定帧。
- **getURL语句：**用于将指定的URL加载到浏览器窗口，或者将变量数据发送给指定的URL。
- **stopAllSounds语句：**用于停止当前在Animate Player中播放的所有声音，该语句不影响动画的视觉效果。

实例：制作网页轮播图效果

交互式动画播放时可接收某种控制，用户可以通过事件与动作创建交互式动画。下面以网页轮播图效果的制作为例进行介绍。

步骤01 打开素材文件“制作网页轮播图效果素材.fla”，将“库”面板中的“01.jpg”拖曳至舞台中的合适位置，如图5-103所示。

步骤02 选中舞台中的图片，按F8键打开“转换为元件”对话框，将其转换为图形元件，如图5-104所示。修改“图层1”的名称为“图像”，在第50帧处按F6键插入关键帧。

图 5-103 置入素材

图 5-104 “转换为元件”对话框

步骤03 在第15帧处按F6键插入关键帧，选择第1帧中的对象，在“属性”面板中设置其Alpha值为0。在第1~15帧之间创建传统补间动画，如图5-105所示。

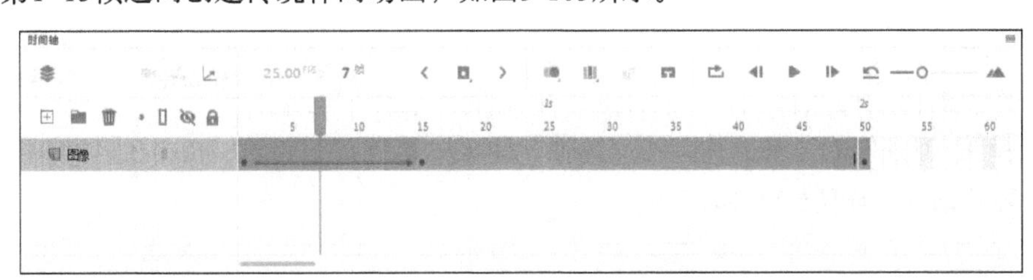

图 5-105 创建传统补间动画

步骤04 在第51帧处按F7键插入空白关键帧，将“库”面板中的“02.jpg”拖曳至舞台中的合适位置，如图5-106所示。

步骤05 选择第51帧处舞台中的对象，按F8键打开“转换为元件”对话框，将其转换为图形元件，如图5-107所示。在第65帧处按F6键插入关键帧，在第100帧处按F5键插入帧。

图 5-106 置入素材

图 5-107 “转换为元件”对话框

步骤06 选择第51帧舞台中的对象，在“属性”面板中调整其Alpha为0，在第51~65帧之间创建传统补间动画，如图5-108所示。

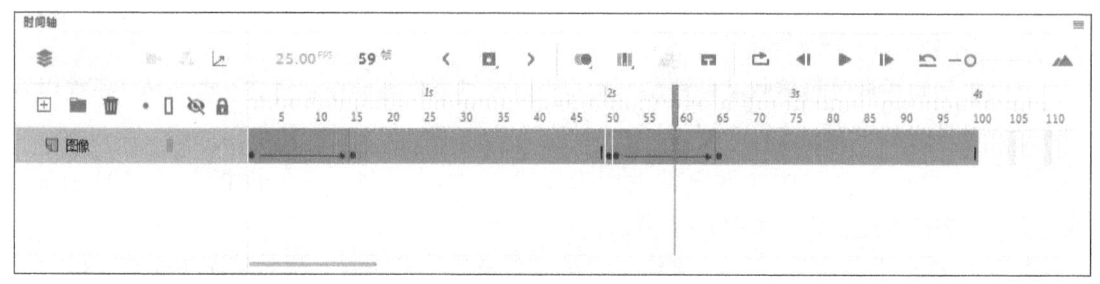

图 5-108　创建传统补间动画

步骤07 在第101帧处按F7键插入空白关键帧，将“库”面板中的“03.jpg”拖曳至舞台中的合适位置，如图5-109所示。

步骤08 选择第101帧处舞台中的对象，按F8键打开“转换为元件”对话框，将其转换为图形元件，如图5-110所示。在第115帧处按F6键插入关键帧，在第150帧处按F5键插入帧。

图 5-109　置入素材

图 5-110　“转换为元件”对话框

步骤09 选择第101帧处的背景图片，在“属性”面板中调整其Alpha值为0，在第101~115帧之间创建传统补间动画，如图5-111所示。

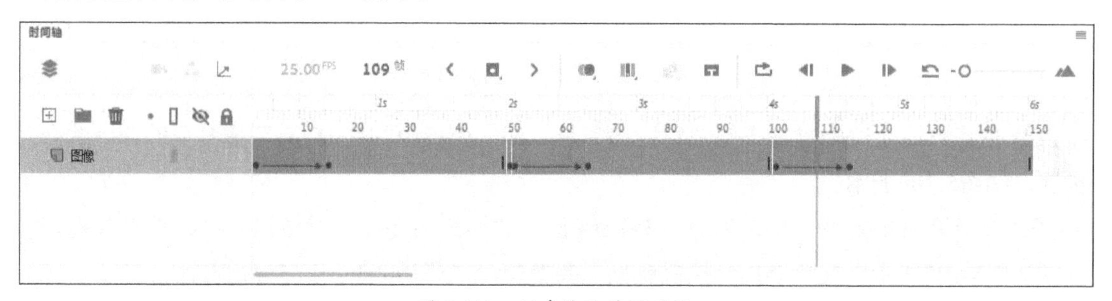

图 5-111　创建传统补间动画

步骤10 在“图像”图层上方新建“按钮”图层。使用“椭圆工具”绘制椭圆，并将该椭圆转换为按钮元件，如图5-112所示。

步骤11 复制两个按钮元件，如图5-113所示。

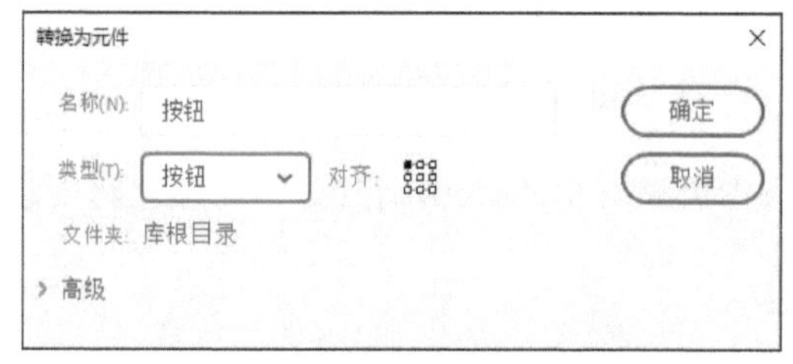

图 5-112　将椭圆转换为按钮元件

图 5-113　复制按钮元件

步骤12 选择第1个按钮，在“属性”面板中将实例命名为“button1”，如图5-114所示。使用同样方法，依次为后面两个按钮命名。

图 5-114 为实例命名

步骤13 在“按钮”图层上方新建“动作”图层，在第1帧处右击鼠标，在弹出的快捷菜单中选择“动作”命令，打开“动作”面板，添加如下代码，如图5-115所示。

```
button1.addEventListener(MouseEvent.CLICK,a1ClickHandler);
function a1ClickHandler(event:MouseEvent)
{
        gotoAndPlay(1);
}
button2.addEventListener(MouseEvent.CLICK,a2ClickHandler);
function a2ClickHandler(event:MouseEvent)
{
        gotoAndPlay(51);
}
button3.addEventListener(MouseEvent.CLICK,a3ClickHandler);
function a3ClickHandler(event:MouseEvent)
{
        gotoAndPlay(101);
}
```

```
动作
场景 1
动作：第 1 帧
当前帧
动作:1
1
2  button1.addEventListener(MouseEvent.CLICK, a1ClickHandler);
3  function a1ClickHandler(event:MouseEvent)
4  {
5      gotoAndPlay(1);
6  }
7  button2.addEventListener(MouseEvent.CLICK, a2ClickHandler);
8  function a2ClickHandler(event:MouseEvent)
9  {
10     gotoAndPlay(51);
11 }
12 button3.addEventListener(MouseEvent.CLICK, a3ClickHandler);
13 function a3ClickHandler(event:MouseEvent)
14 {
15     gotoAndPlay(101);
16 }
17
第 17 行（共 17 行），第 1 列
```

图 5-115　添加代码

步骤 14 至此，完成网页轮播图效果的制作。按Ctrl+Enter组合键测试效果，网页既可以随着时间播放，也可以单击圆形按钮进行切换，如图5-116和图5-117所示。

图 5-116　制作效果

图 5-117　测试效果

课后作业

一、填空题

1. 补间动画包括________、补间动画和________3种类型。

2. 时间轴是创建Animate动画的核心部分，用于组织和控制一定时间内的_______和_______中的文档内容。

3. 在Animate中，帧主要分为3种：普通帧、________和空白关键帧。

4. 在动画播放过程中，呈现关键性动作或内容变化的帧是指________。

二、选择题

1. 默认情况下，Animate影片帧频率是（　）f/s。

A. 30　　B. 12

C. 15　　D. 24

2. 按（　）键可以在时间轴上指定帧位置插入帧。

A. F5　　B. F6

C. F7　　D. F8

3. 下列选项中不属于Animate元件类型的是（　）。

A. 图形　　B. 影片剪辑

C. 按钮　　D. 文字

4. 遮罩层的内容不能是（　）。

A. 填充的形状　　B. 文字对象

C. 直线　　D. 影片剪辑

5. 下列选项中不属于简单数据类型变量的是（　）。

A. 影片剪辑元件　　B. 字符串

C. 数字　　D. 布尔值

三、操作题

练习制作图书翻页的效果，在播放时，图书会自行翻页，如图5-118所示。本案例涉及的知识点包括绘图工具、文本工具的使用及逐帧动画的制作。

图 5-118　图书翻页效果

模块 6

三维动画制作技术

内容导读

3ds Max是一款拥有强大建模、动画制作和渲染功能的三维动画制作软件，可以创建恢宏的游戏世界、布置精美绝伦的场景以实现设计可视化，并打造身临其境的虚拟现实体验。与同类型的其他软件相比，3ds Max的操作更加简单、更易上手。本模块将对3ds Max的工作界面、视口设置、绘图环境的设置，三维建模技术，材质贴图的应用，动画技术，摄像机与渲染技术等知识进行讲解。通过对本模块的学习，用户可以初步认识3ds Max并掌握其基本操作。

数字资源

【本模块素材】："素材文件\模块6"目录下

6.1 三维动画制作工具

是一款集三维建模、动画渲染和效果制作于一体的设计软件，图和图所示为三维动画中的角色设计。

图 6-1 三维动画角色设计

图 6-2 三维动画角色设计

■6.1.1 3ds Max的工作界面

3ds Max安装完毕后，双击其快捷方式即可启动程序。3ds Max的工作界面主要包括菜单栏、主工具栏、命令面板、视图区、动画控制栏、视图导航栏、状态和提示栏等，如图6-3所示。

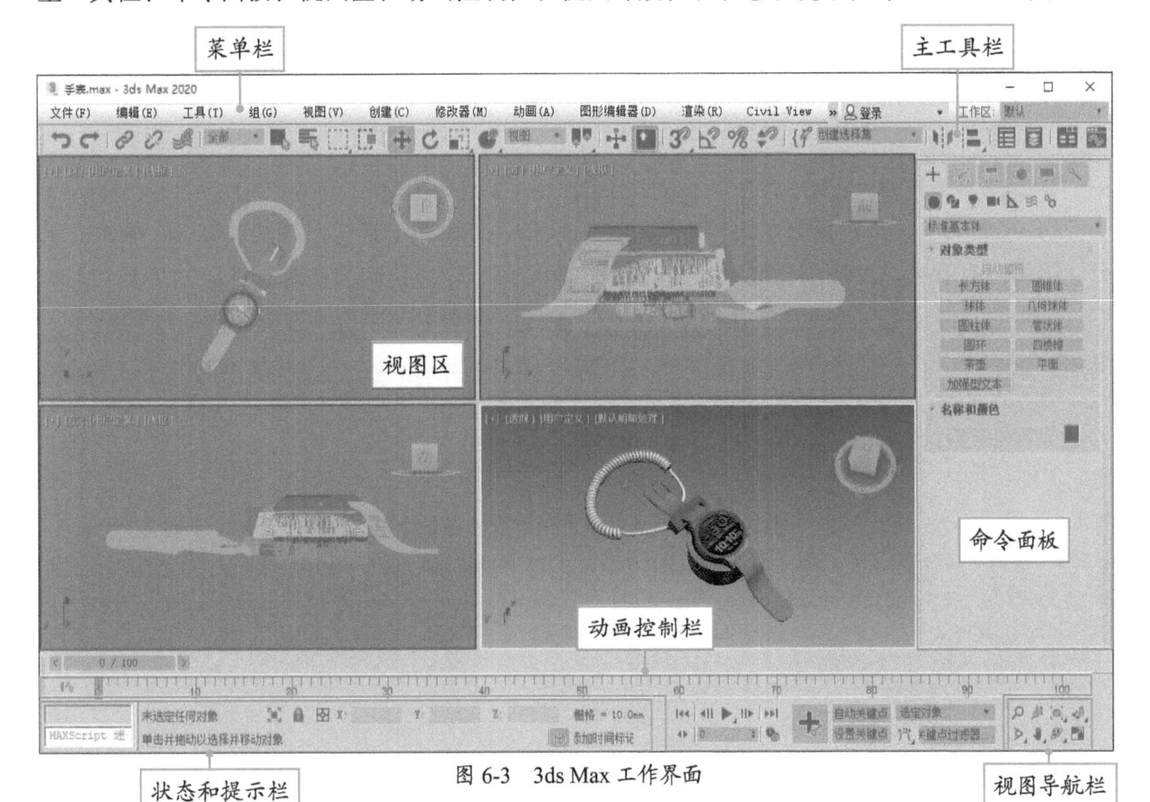

图 6-3 3ds Max 工作界面

1. 菜单栏

菜单栏囊括了几乎所有操作命令，共个菜单项，分别为文件编辑工具组视图创建修改器动画图形编辑器渲染自定义脚本内容帮助，最右侧是用户登录和工作区设置。

- **文件：**文件的打开、保存、导入与导出，以及摘要信息、文件属性等命令。
- **编辑：**对象的克隆、删除、选择等功能。
- **工具：**常用的各种制作工具。
- **组：**将多个物体组成一个组，或分解一个组为多个物体。
- **视图：**对视图进行操作，但对对象不起作用。
- **创建：**创建物体、灯光、摄影机等。
- **修改器：**编辑修改物体或动画的命令。
- **动画：**控制动画。
- **图形编辑器：**创建和编辑视图。
- **渲染：**通过某种算法，体现场景的灯光、材质和贴图等效果。
- **自定义：**方便用户按照自己的爱好设置工作界面。的工具栏、菜单栏和命令面板可以被放置在任意的位置。
- **帮助：**软件的帮助文件，包括在线帮助、插件信息等。

知识点拨

当打开某个菜单，若列表中命令名称的右侧有“…”符号，即表示单击该命令将弹出一个对话框。若列表中命令名称的右侧有一个“▶”符号，即表示该命令还包括其他命令，单击可以弹出一个级联菜单。

2. 主工具栏

3ds Max的主工具栏集合了比较常用的命令按钮，如链接、选择、移动、旋转、缩放、捕捉、镜像、对齐等，如图6-4所示。通过该主工具栏可以快速访问很多常见任务的工具和对话框，用户可以将其理解为快捷工具栏。对于新手来说，需要熟练掌握主工具栏的命令按钮。

图 6-4　主工具栏

下面介绍主工具栏中常用命令按钮的含义，如表6-1所示。

表 6-1　主工具栏中常用命令按钮的含义

图标	名　称	含　义
	选择并链接	用于将不同的物体进行链接
	取消链接选择	用于将链接的物体断开
	绑定到空间扭曲	用于粒子系统，把场景空间绑定到粒子上，这样才能产生作用

（续表）

图标	名　称	含　义
	选择对象	只能用于场景中的物体，而无法对其他物体进行操作
	按名称选择	单击弹出操作窗口，在其中输入名称可以更容易地找到相应的物体，方便操作
	矩形选择区域	矩形选择，是一种选择类型，按住鼠标左键拖动进行选择
	窗口/交叉	设置选择物体时的选择类型
	选择并移动	用于对选择的物体进行移动操作
	选择并旋转	用于对选择的物体进行旋转操作
	选择并均匀缩放	用于对选择的物体进行等比例的缩放操作
	选择并放置	将对象准确地定位到另一个对象的曲面上，随时可以使用，不仅限于在创建对象时
	使用轴点中心	选择了多个物体时可以通过此按钮设定轴中心点坐标的类型
	捕捉开关	用于提供对三维空间范围内处于活动状态的捕捉的控制
	角度捕捉切换	按设置的增量围绕指定轴旋转
	百分比捕捉切换	通过指定百分比增加对象的缩放比例
	微调器捕捉切换	设置3ds Max中所有微调器的一次单击所增加或减少的值
	镜像	用于对选择的物体进行镜像操作，如复制、关联复制等
	对齐	方便用户对物体进行对齐操作
	曲线编辑器	用户对动画信息最直接的编辑窗口，在其中可以调节动画的运动方式、编辑动画的起始时间等
	材质编辑器	用于对物体进行材质的赋予和编辑
	渲染设置	调节渲染参数
	渲染帧窗口	单击后可以对渲染参数进行设置
	渲染产品	制作完毕后可以使用该按钮渲染输出，查看效果

3. 命令面板

命令面板是最基本的面板，用户创建模型、修改参数等操作都在这个区域。命令面板由个面板组成，分别是创建面板、修改面板、层次面板、运动面板、显示面板和实用程序面板，通过这些面板可访问绝大部分的建模和编辑命令，如图所示。

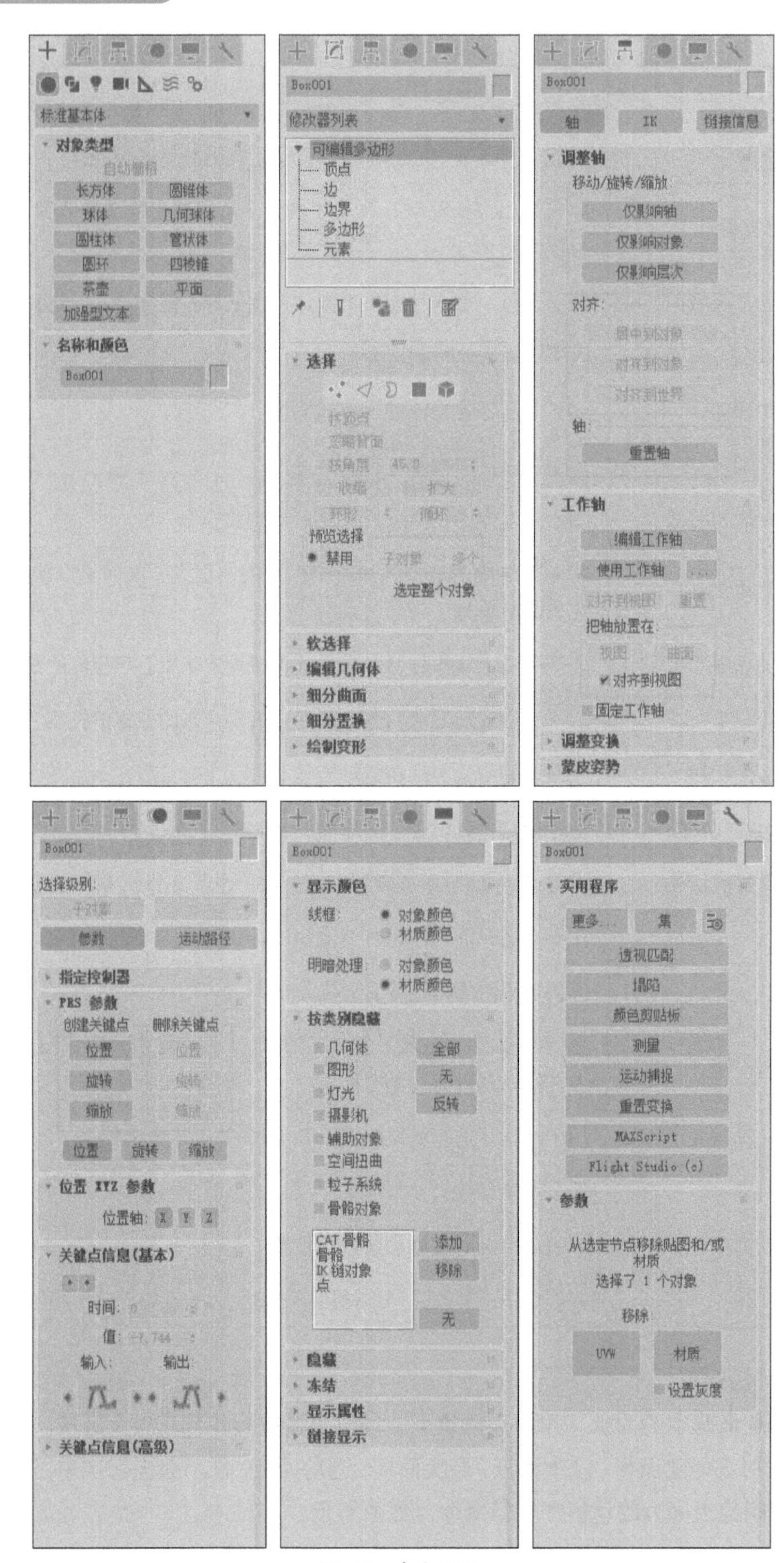
标准基本体
对象类型
自动栅格
长方体
圆锥体
球体
几何球体
圆柱体
管状体
圆环
四棱锥
茶壶
平面
加强型文本
名称和颜色
Box001
修改器列表
可编辑多边形
顶点
边
边界
多边形
元素
选择
预览选择
禁用
子对象
多个
选定整个对象
软选择
编辑几何体
细分曲面
细分置换
绘制变形
轴
IK
链接信息
调整轴
移动/旋转/缩放:
仅影响轴
仅影响对象
仅影响层次
对齐:
居中到对象
对齐到对象
对齐到世界
轴:
重置轴
工作轴
编辑工作轴
使用工作轴
对齐到视图
重置
把轴放置在:
视图
曲面
对齐到视图
固定工作轴
调整变换
蒙皮姿势
选择级别:
子对象
参数
运动路径
指定控制器
PRS 参数
创建关键点
删除关键点
位置
旋转
缩放
位置 XYZ 参数
位置轴:
X
Y
Z
关键点信息(基本)
时间:
值:
输入:
输出:
关键点信息(高级)
显示颜色
线框:
对象颜色
材质颜色
明暗处理:
对象颜色
材质颜色
按类别隐藏
几何体
图形
灯光
摄影机
辅助对象
空间扭曲
粒子系统
骨骼对象
全部
无
反转
CAT 骨骼
骨骼
IK 链对象
点
添加
移除
无
隐藏
冻结
显示属性
链接显示
实用程序
更多...
集
透视匹配
塌陷
颜色剪贴板
测量
运动捕捉
重置变换
MAXScript
Flight Studio (c)
参数
从选定节点移除贴图和/或材质
选择了 1 个对象
移除:
UVW
材质
设置灰度

图 6-5　命令面板

（1）“创建”命令面板

“创建”命令面板用于创建对象，这是在3ds Max中构建新场景的第一步。“创建”命令面板将所创建的对象分为7个类别，包括几何体、图形、灯光、摄影机、辅助对象、空间扭曲、系统。

（2）“修改”命令面板

通过“创建”命令面板，可以在场景中放置一些基本对象，包括3D几何形、2D几何形、灯光、摄影机、空间扭曲及辅助对象。创建对象的同时，系统会为每一个对象指定一组创建参数，该参数根据对象类型定义其几何特性和其他特性。可以根据需要在“修改”命令面板中更改这些参数。

（3）“层次”命令面板

通过“层次”命令面板可以访问用来调整对象间链接关系的工具。通过将一个对象与另一个对象相链接，可以创建父子关系，应用到父对象的变换同时传递给子对象。通过将多个对象同时链接到父对象和子对象，可以创建复杂的层次。此外，还可以调整每个对象代表其局部坐标中心和局部坐标系统的轴点。

（4）“运动”命令面板

“运动”命令面板用于设置各个对象的运动方式和轨迹，以及高级动画控制。

（5）“显示”命令面板

通过“显示”命令面板可以访问场景中控制对象显示方式的工具。可以隐藏/取消隐藏、冻结/解冻对象、改变显示特性、加速视口显示及简化建模步骤。

（6）“实用程序”命令面板

通过“实用程序”命令面板可以访问3ds Max各种小型工具程序，并可以编辑各个插件，它是3ds Max系统与用户之间对话的桥梁。

4. 视图区

视图区是3ds Max的主要工作区域，通常称之为“视口”或者“视图”。默认情况下，视图区被分为4个区域，分别为顶视图、前视图、左视图和透视视图，用于显示同一场景的不同视图，方便用户从不同的角度观察和编辑场景。

5. 动画控制栏

动画控制栏位于工作界面的底部，如图6-6所示。其中，左上方标有“0/100”的长方形滑块为时间滑块，拖动它可以将视图显示到某一帧的位置；配合使用时间滑块和中部的正方形按钮（设置关键点）及其周围的功能按钮，可以制作最简单的动画。

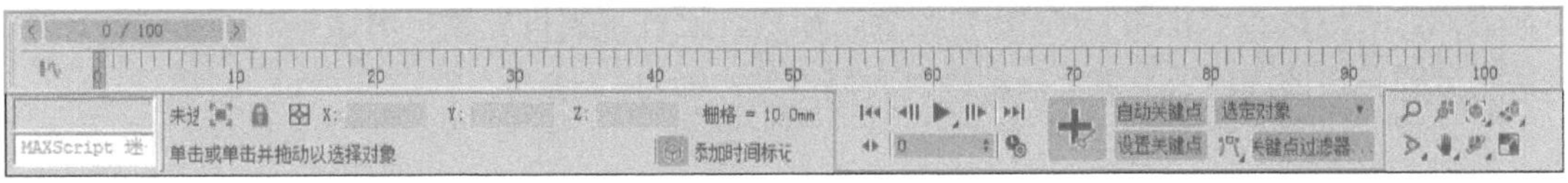

图 6-6　动画控制栏

提示：动画制作者可以对动画部分进行重定时，以加快或降低其播放速度。但是不能对该部分中存在的关键帧进行重定时，并且不能在生成的高质量曲线中部创建其他关键帧。

6. 视图导航栏

视图导航栏主要用于控制视图的大小和方位，通过导航栏内相应的按钮，可以更改视图中物体的显示状态。视图导航栏会根据当前视图的类型进行相应的更改，如图6-7所示。

图 6-7　视图导航栏

下面介绍导航栏中常用命令按钮的含义，如表6-2所示。

表 6-2　导航栏中常用命令按钮的含义

按钮	含义	按钮	含义
	缩放		最大化视口切换
	缩放所有视图		视野
	最大化显示选定对象		缩放区域
	所有视图最大化/所有视图最大化显示选定对象		平移视图

7. 状态和提示栏

状态和提示栏位于工作界面的左下角，主要用于提示当前选择的物体数目、激活的命令、坐标位置和当前栅格的单位等。

■6.1.2　设置视口

在3ds Max中进行的大部分操作都是在视口中单击和拖曳，因此，有一个便于观察和操作的视口非常重要。许多用户发现，默认的视口布局可以满足他们的大部分需要，但是有时还需要对视口的布局、大小或者显示方式做些改动，这些都可以在“视口配置”对话框中进行设置。

1. 视口布局

3ds Max默认有4个视口，对于日常操作来说是比较合适的。如果用户希望使用其他类型的布局方式，可以执行“视图”→“视口配置”命令，通过“视口配置”对话框的“布局”选项卡进行设置，在该选项卡中包含14种视口布局类型，如图6-8所示。

图 6-8 “布局”选项卡

2. 切换视口

当按下改变窗口的快捷键时，所对应的窗口就会切换为所需的视图。快捷键所对应的视图如表6-3所示。

表 6-3 快捷键对应的视图

快捷键	视图	快捷键	视图
T	顶视图	B	底视图
L	左视图	P	透视视图
U	正交用户视图	F	前视图
Shift+$	聚光灯/平行光视图	C	摄影机视图

3. 视觉样式

为了方便建模人员的各种观察和操作，3ds Max提供了9种视觉样式。在视口左上角单击“线框”选项会打开样式列表，如图6-9所示。

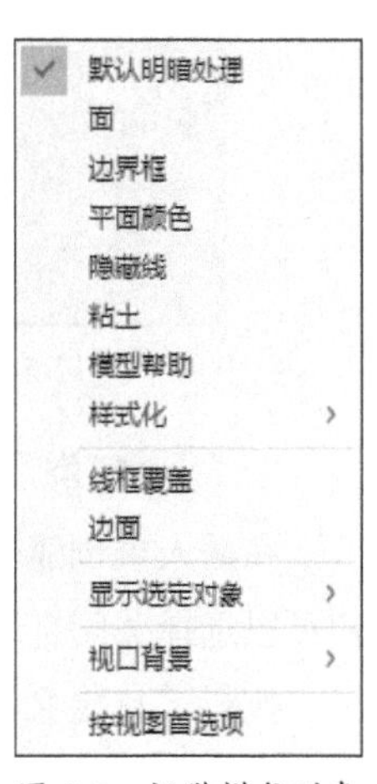

图 6-9 视觉样式列表

- **默认明暗处理：**使用Phong明暗处理对几何体进行平滑明暗处理。
- **面：**将几何体显示为面状。
- **边界框：**仅显示每个对象边界框的边。
- **平面颜色：**使用原始颜色对几何体进行明暗处理，忽略照明。
- **隐藏线：**隐藏法线指向远离视口的面和顶点和被邻近对象遮挡的对象的任意部分，会出现阴影效果。
- **粘土：**将几何体显示为均匀的赤土色。
- **样式化：**将整个视口显示为特殊的样式效果，包括石墨、彩色铅

笔、墨水、彩色墨水、亚克力、彩色蜡笔、技术7种。

- **线框覆盖：**将几何体显示为线框。
- **边面：**在默认明暗处理或者面的基础上显示边，默认为禁用。

■6.1.3　设置绘图环境

在创建模型之前，可以对3ds Max进行“单位”“自动保存”等设置。通过以上基础设置，可以方便用户创建模型，提高工作效率。

1. 绘图单位

单位是连接3ds Max三维世界与物理世界的关键。在插入外部模型时，如果插入的模型和软件中设置的单位不同，插入的模型可能会显示得过小，所以在创建和插入模型之前都需要进行单位设置。

执行“自定义”→“单位设置”命令，会打开“单位设置”对话框，如图6-10所示。在“单位设置”对话框中，可以建立单位显示的方式，在通用单位和标准单位（英尺、英寸或公制）间进行选择。单击“系统单位设置”按钮，打开“系统单位设置”对话框，在其中可以选择系统单位，如图6-11所示。

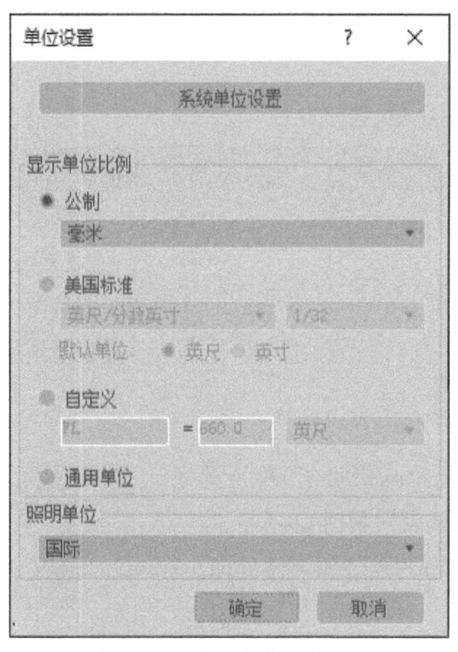

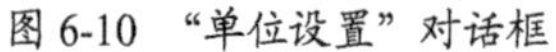
图 6-10　“单位设置”对话框

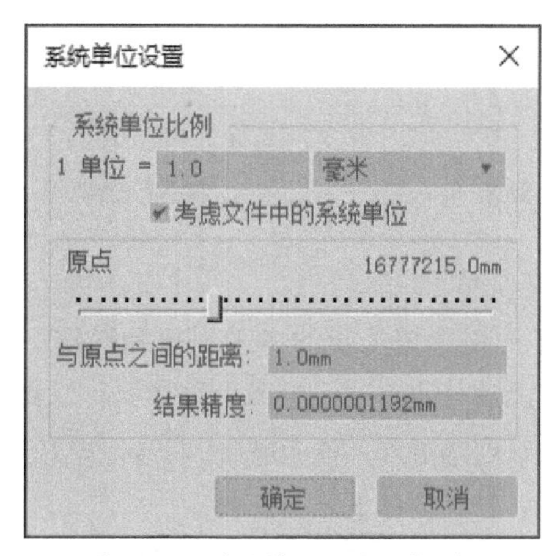

图 6-11　“系统单位设置”对话框

2. 自动备份

在插入或创建较大的图形时，计算机的屏幕显示速度会越来越慢。为了提高运行性能，用户可以选择关闭自动备份或更改自动备份间隔时间。

执行“自定义”→“首选项”命令，在“首选项设置”对话框的“文件”选项卡中可以对自动备份功能进行设置，如图6-12所示。

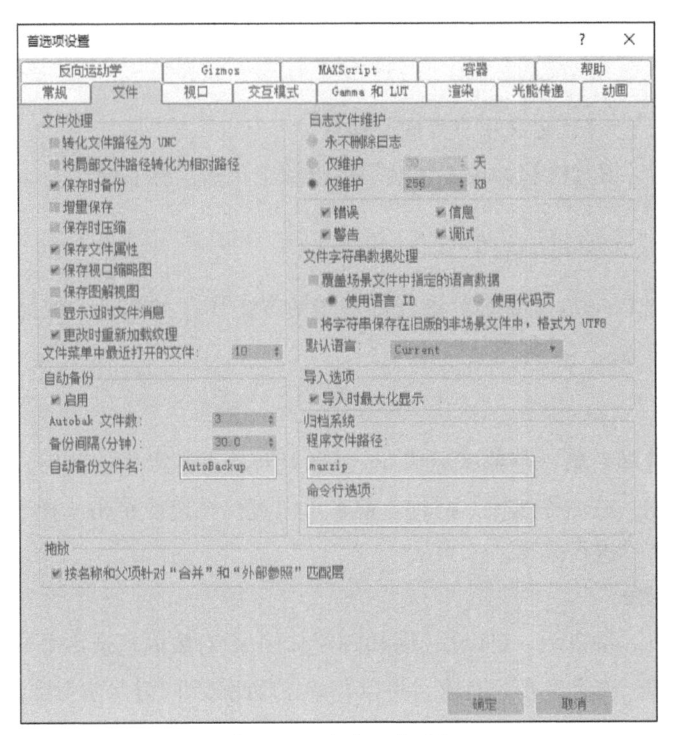

图 6-12 “文件”选项卡

3. 设置快捷键

利用快捷键创建模型可以极大地提高工作效率，节省寻找菜单命令或者工具的时间。为了避免快捷键和外部软件发生冲突，用户可以通过“自定义用户界面”对话框的“键盘”选项卡设置快捷键，如图6-13所示。

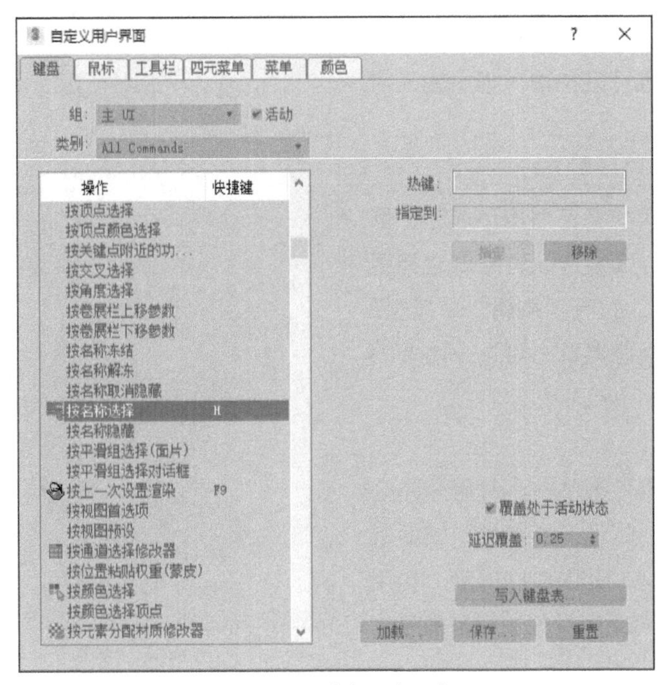

图 6-13 “键盘”选项卡

在“自定义用户界面”对话框中可以设置快捷键，通过以下方式打开“自定义用户界面”对话框：

- 执行“自定义”→“自定义用户界面”命令。
- 在主工具栏的“键盘快捷键覆盖切换”按钮上单击鼠标右键。

6.1.4 对象的变换操作

在场景的创建过程中常常要对对象进行一些基本操作，如选择、捕捉、变换、克隆、阵列、对齐、镜像对象等。

1. 选择对象

快速并准确地选择对象，是熟练运用3ds Max对对象进行操作的基础。选择对象的工具主要有“选择对象”和“按名称选择”两种，前者可以直接框选或单击选择一个或多个对象，后者则可以通过对象名称进行选择。

（1）单击选择对象

单击“选择对象”按钮后，可以用鼠标单击选择一个对象或框选多个对象，被选中的对象将以高亮显示。若想一次选中多个对象，可以在按住Ctrl键的同时单击对象。

（2）按名称选择对象

在复杂的场景中通常会有很多对象，用鼠标单击选择很容易造成误选。3ds Max提供了一个可以通过名称选择对象的功能，利用该功能还可以通过颜色或者材质选择具有某种属性的所有对象。

在主工具栏中单击“按名称选择”按钮，可以打开“从场景选择”对话框，如图6-14所示。用户可以在下方的对象列表中双击对象名称进行选择，也可以在输入框中输入对象名称进行选择。

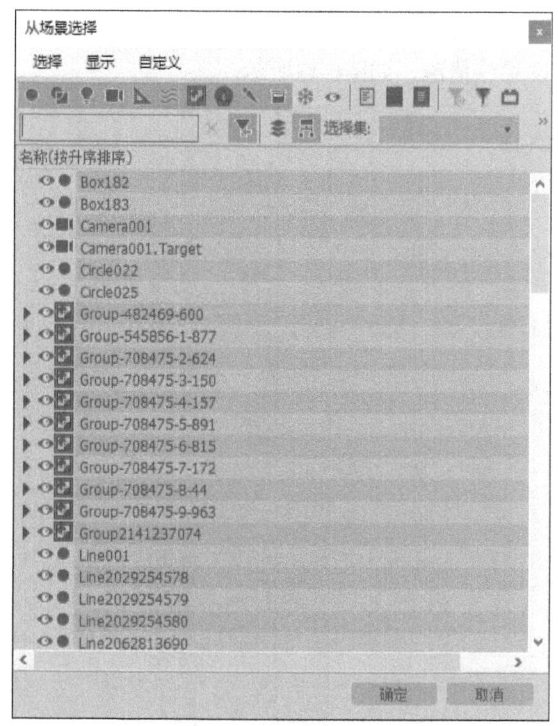

图 6-14 “从场景选择”对话框

（3）选择区域

选择区域的形状类型包括矩形选区、圆形选区、围栏选区、套索选区、绘制选择区域、窗口和交叉7种。执行“编辑”→“选择区域”命令，在其级联菜单中可选择需要的选择方式，如图6-15所示。

（4）过滤选择

在“选择过滤器”菜单中将对象分为全部、几何体、图形、灯光、摄影机、辅助对象、扭曲等12个类型，如图6-16所示。利用“选择过滤器”菜单可以对对象进行范围限定以便于选择，屏蔽其他对象而只显示限定类型的对象。当场景比较复杂，并且需要对某一类对象进行操作时，可以使用“选择过滤器”菜单。

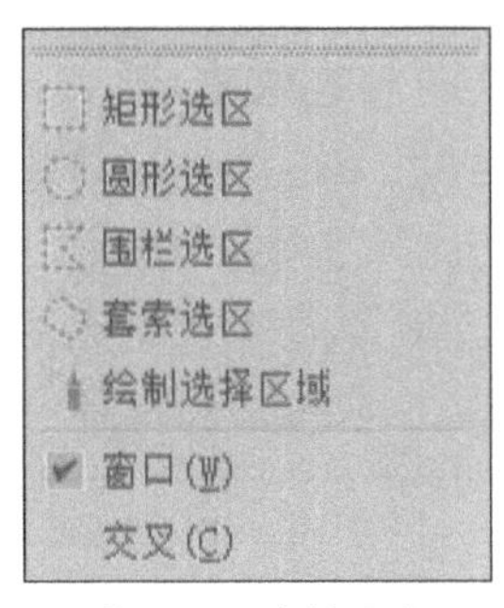

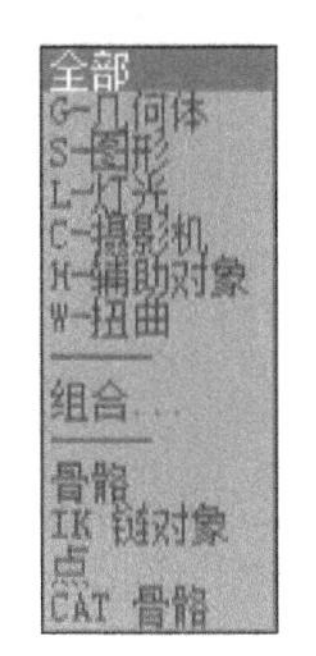

图 6-15　选择区域　　　图 6-16 “选择过滤器”菜单

2. 捕捉对象

使用捕捉操作可以在创建、移动、旋转和缩放对象时提供附加控制，而且可以激活不同的捕捉类型，包括3D捕捉切换、角度捕捉、百分比捕捉、微调器捕捉等。右键单击主工具栏上的任意捕捉按钮，在打开的“栅格和捕捉设置”对话框中可以设置捕捉栅格点、切点、中点、轴心、中心面等。

（1）3D捕捉切换

这3个捕捉按钮表示3种捕捉模式，用于提供对三维空间范围内处于活动状态的捕捉的控制。捕捉对话框中有很多捕捉类型可用，可以用于激活不同的捕捉类型。

（2）角度捕捉

角度捕捉用于以度数为单位确定多个功能的增量旋转角度，包括标准旋转变换。当旋转一个对象（或对象组）时，其以设置的增量围绕指定轴旋转。

（3）百分比捕捉

百分比捕捉用于按照指定的百分比增加对象的缩放比例。

（4）微调器捕捉

用于设置3ds Max中所有微调器的一次单击所增加或减少的值。

3. 变换对象

变换对象是指改变对象的位置、旋转角度或者变换对象的比例等。用户可先选择对象，然后使用主工具栏中的各种变换按钮进行变换操作。移动、旋转和缩放属于对象的基本变换。

（1）移动对象

移动是最常使用的变换操作，可以改变对象的位置，在主工具栏中单击“选择并移动”按钮，即可激活该工具。单击物体对象后，视口中会出现一个三维坐标系，如图6-17所示。当一个坐标轴被选中时，它会显示为高亮黄色，可以在3个轴向上对对象进行移动；把光标放在两个坐标轴的中间，可将对象在两个坐标轴形成的平面上随意移动。

右键单击“选择并移动”按钮，会弹出“移动变换输入”输入框，如图6-18所示。在该输入框的“偏移：世界”选项组中输入数值，可以控制对象在3个坐标轴向上的精确移动。

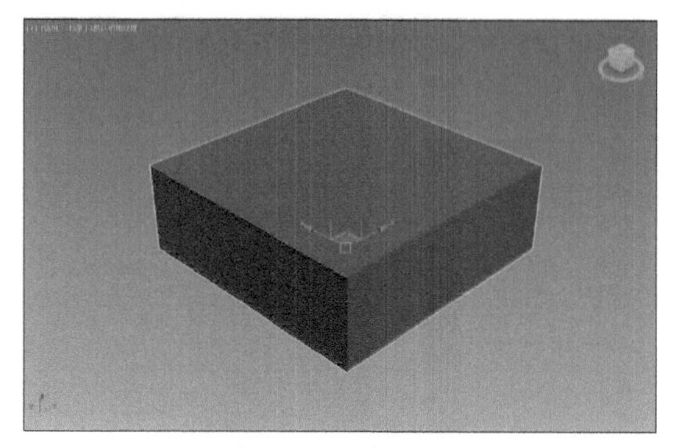

图 6-17　三维坐标系

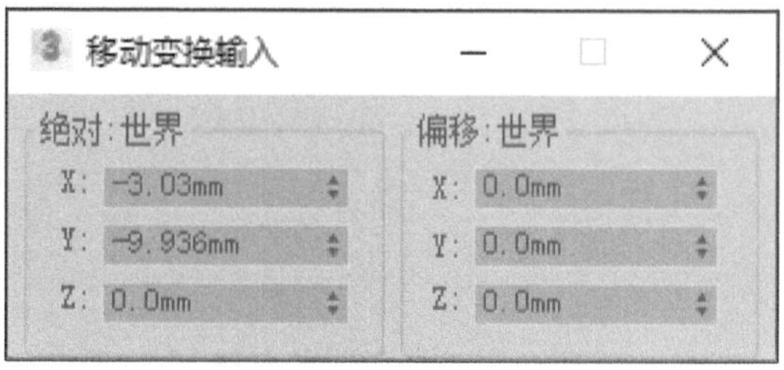

移动变换输入
绝对:世界
X: -3.03mm
Y: -9.936mm
Z: 0.0mm
偏移:世界
X: 0.0mm
Y: 0.0mm
Z: 0.0mm

图 6-18　“移动变换输入”输入框

（2）旋转对象

需要调整对象的视角时，可以单击主工具栏中的“选择并旋转”按钮，当前被选中的对象可以沿3个坐标轴向进行旋转，如图6-19所示。

右键单击“选择并旋转”按钮，会弹出“旋转变换输入”输入框，如图6-20所示。在该输入框的“偏移：世界”选项组中输入数值，可以控制对象在3个坐标轴向上的精确旋转。

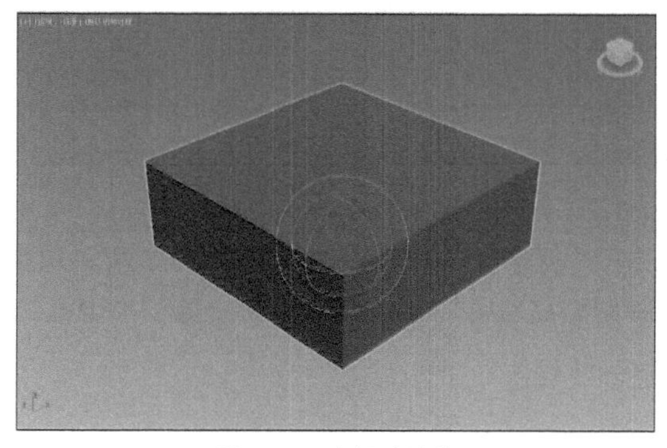

图 6-19　选择并旋转

旋转变换输入
绝对:世界
X: 0.0
Y: -0.0
Z: 0.0
偏移:世界
X: 0.0
Y: 0.0
Z: 0.0

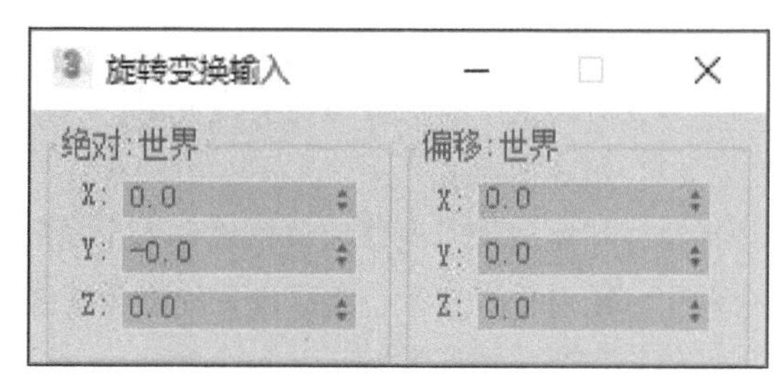

图 6-20　“移动变换输入”输入框

（）缩放对象若要调整场景中对象的比例大小，单击主工具栏中的选择并均匀缩放按钮，即可对对象进行等比例缩放，如图所示。右键单击选择并均匀缩放按钮，会弹出缩放变换输入输入框，如图所示。在该输入框的偏移：世界选项组中输入百分比数值，可以控制对象进行精确缩放。

图 6-21　缩放对象

缩放变换输入
绝对:局部
X: 100.0
Y: 100.0
Z: 100.0
偏移:世界
%: 100.0

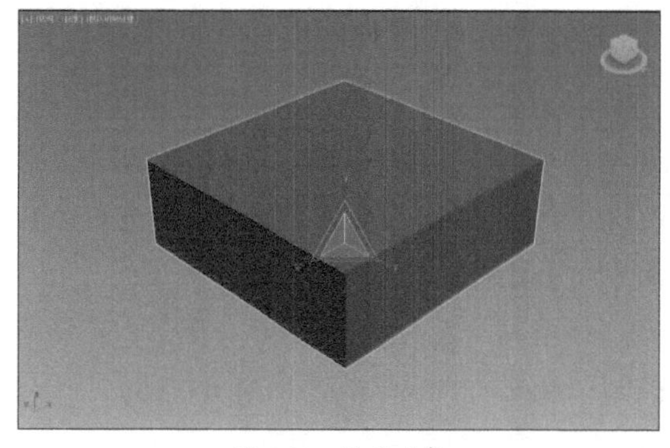

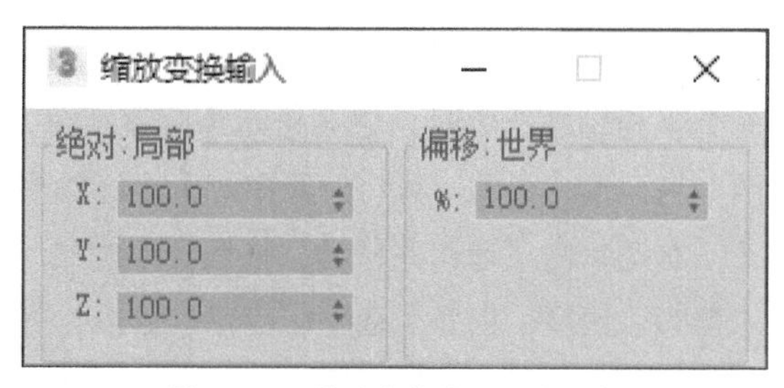

图 6-22　“缩放变换输入”输入框

4. 克隆对象

克隆对象就是创建对象的副本，是建模过程中经常会使用的操作，3ds Max提供了多种克隆方式。

- 选择对象后，执行“编辑”→“克隆”命令，打开“克隆选项”对话框，如图6-23所示。
- 选择对象后，按Ctrl+V组合键。
- 选择对象后，按住Shift键的同时拖动鼠标，打开“克隆选项”对话框，如图6-24所示。

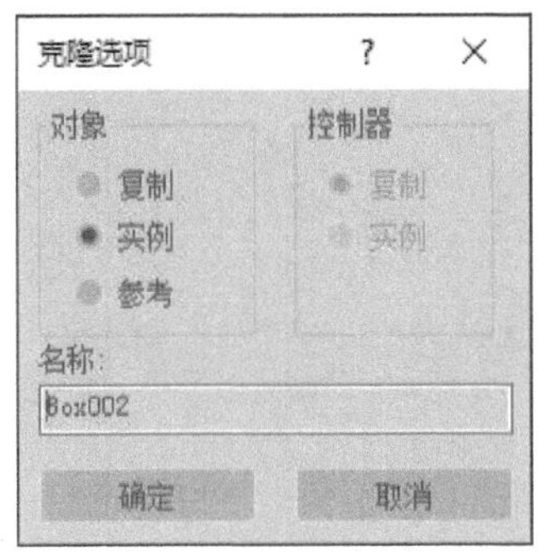

图 6-23 “克隆选项”对话框

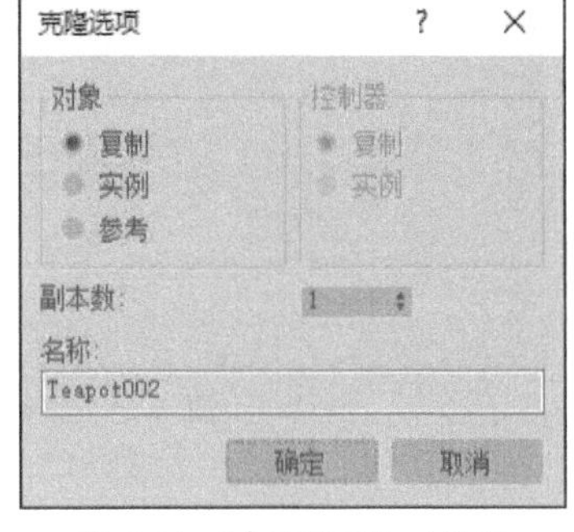

图 6-24 “克隆选项”对话框

克隆方式包括复制、实例、参考3种，各选项含义介绍如下：

- **复制：**创建一个与原始对象完全无关的克隆对象。修改一个对象时，不会对另一个对象产生影响。
- **实例：**创建与原始对象完全可交互的克隆对象。修改实例对象时，原始对象也会发生相同的改变。
- **参考：**克隆对象时，创建依赖于原始对象的克隆对象，直到该对象被克隆。更改在对象被参考之前应用于该对象的修改器的参数时，将会同时更改这两个对象。但是，新的修改器可以应用于参考对象之一，因此只影响应用该修改器的对象。
- **副本数：**用于设置复制对象的数量。

5. 阵列对象

使用“阵列”命令可以以当前选择对象为参考，进行一系列复制操作。在视图中选择一个对象，然后执行“工具”→“阵列”命令，系统会弹出“阵列”对话框，如图6-25所示。在该对话框中，用户可指定阵列增量、偏移量、对象类型和变换数量等。

- **增量：**用于设置阵列对象在各个坐标轴上的移动距离、旋转角度和缩放程度。
- **总计：**用于设置阵列对象在各个坐标轴上的移动距离、旋转角度和缩放程度的总量。
- **重新定向：**勾选该复选框，阵列对象围绕世界坐标轴旋转时也将围绕自身坐标轴旋转。
- **对象类型：**用于设置阵列复制对象的副本类型。
- **阵列维度：**用于设置阵列复制的维数。

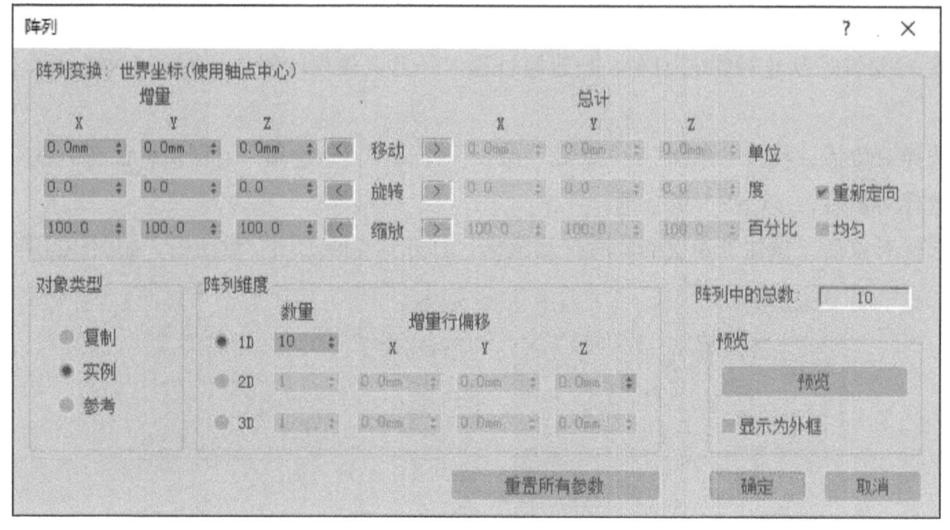

图 6-25 “阵列”对话框

6. 对齐对象

使用“对齐”命令可以用来将一个对象和另一个对象按照指定的坐标轴进行精确的对齐操作。在视图中选择要对齐的对象，然后在主工具栏中单击“对齐”按钮，系统会弹出“对齐当前选择”对话框，如图6-26所示。在该对话框中，用户可对对齐位置、对齐方向等进行设置。

- **对齐位置：**用于设置位置的对齐方式。
- **当前对象、目标对象：**分别用于当前对象和目标对象的设置。
- **对齐方向：**用于指定特殊方向对齐依据的轴向，右侧括号中显示的是当前使用的坐标系统。
- **匹配比例：**用于将目标对象的缩放比例沿指定的坐标轴向施加到当前对象上。

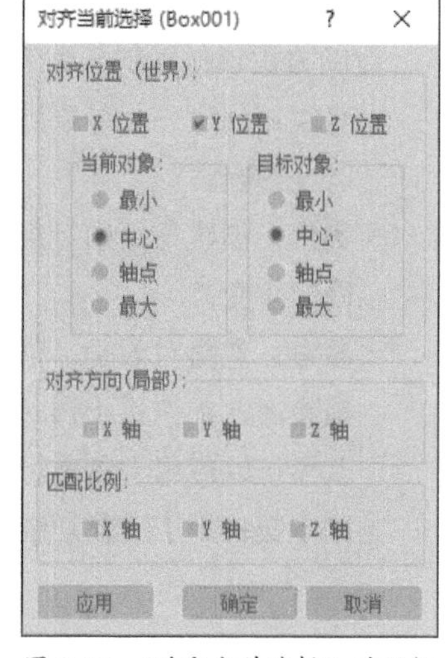

图 6-26 “对齐当前选择”对话框

7. 镜像对象

在视口中选择任一对象，在主工具栏上单击“镜像”按钮会打开“镜像”对话框，如图6-27所示。在对话框中设置镜像参数，然后单击“确定”按钮即可完成镜像操作。

- **“镜像轴”选项组：**可以选择镜像轴为*x*、*y*、*z*、*xy*、*yz*和*zx*之一，以指定镜像的方向。这些选项等同于“轴约束”工具栏上的选项按钮。
  - **偏移：**指定镜像对象轴点距原始对象轴点之间的距离。
- **“克隆当前选择”选项组：**确定由“镜像”功能创建的副本的类型。默认设置为“不克隆”。
  - **不克隆：**在不制作副本的情况下，镜像选定对象。

- **复制**：将选定对象的副本镜像到指定位置。可以通过此选项对物体进行镜像复制。
- **实例**：将选定对象实例镜像到指定位置。
- **参考**：将选定对象参考镜像到指定位置。

- **镜像IK限制**：当围绕单个轴镜像几何体时，会导致IK限制与几何体一起镜像。如果不希望IK限制受"镜像"命令的影响，可禁用此选项。

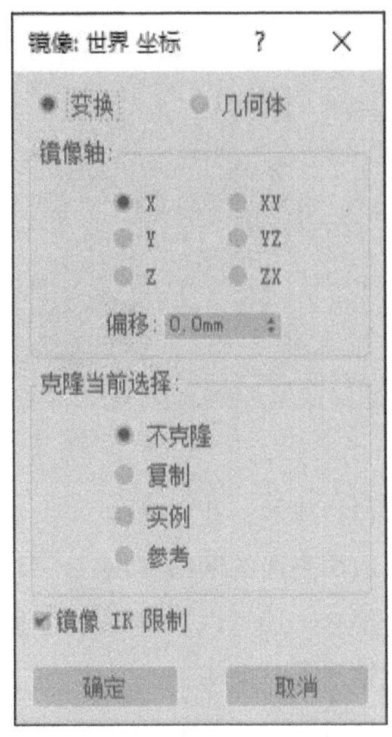

图 6-27 "镜像"对话框

6.2 三维建模技术

三维建模是三维设计的第一步，是三维世界的核心和基础。没有一个好的模型，一切好的效果都难以呈现。本节对主要的建模方法进行介绍。

6.2.1 几何体建模

复杂的模型都是由许多几何体编辑而成的，所以学习如何创建几何体非常关键。几何体是3ds Max中最简单的三维对象，在视图中拖动鼠标即可创建。

1. 标准基本体

标准基本体是3ds Max中最常用的基本模型，包括长方体、圆锥体、球体、几何球体、圆柱体、管状体、圆环、四棱锥、茶壶、平面和加强型文本共11种，可以通过"标准基本体"命令面板进行创建，如图6-28所示。

（1）长方体

长方体是基础建模应用最广泛的标准基本体之一，用户可以使用长方体创建出很多模型，如方桌、墙体等，同时还可以将长方体用作多边形建模的基础物体。利用"长方体"命令可以创建出长方体或立方体，如图6-29所示。

（2）圆锥体

圆锥体的创建大多用于创建天台、吊坠等，利用"参数"卷展栏中的选项，可以将圆锥体定义成许多形状，如图6-30所示。

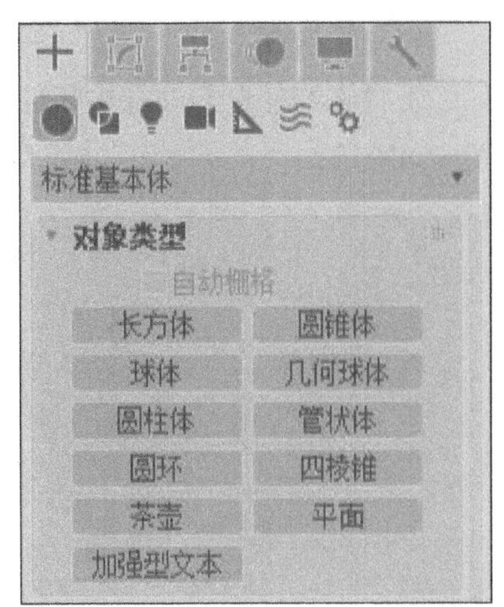

图 6-28 "标准基本体"命令面板

图 6-29　长方体

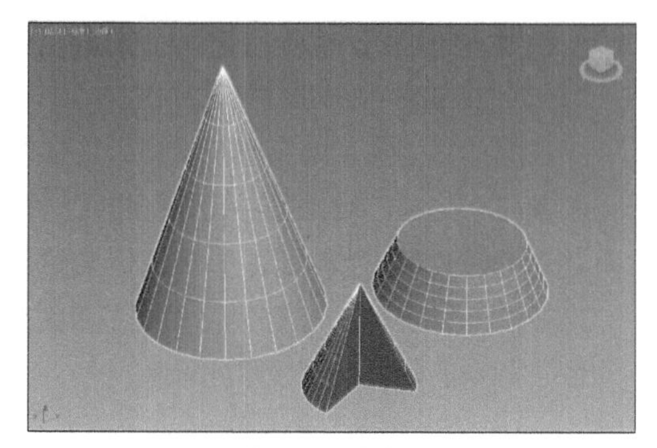

图 6-30　圆锥体

（3）球体、几何球体

球体表面的网格线由经、纬线构成，利用球体模型可以生成完整的球体、半球体或球体的水平部分，还可以围绕球体的垂直轴对其进行切片，如图6-31所示。与标准球体相比，几何球体能够基于四面体、八面体、二十面体生成更加规则的曲面，如图6-32所示。

图 6-31　球体

图 6-32　几何球体

（4）圆柱体

圆柱体在现实中很常见，如玻璃杯和桌腿等。和创建球体类似，用户可以创建完整的圆柱体或者圆柱体的一部分，如图6-33所示。

（5）管状体

管状体的外形与圆柱体相似，是带有同心孔的圆柱体，主要应用于管道类模型的制作，如图6-34所示。

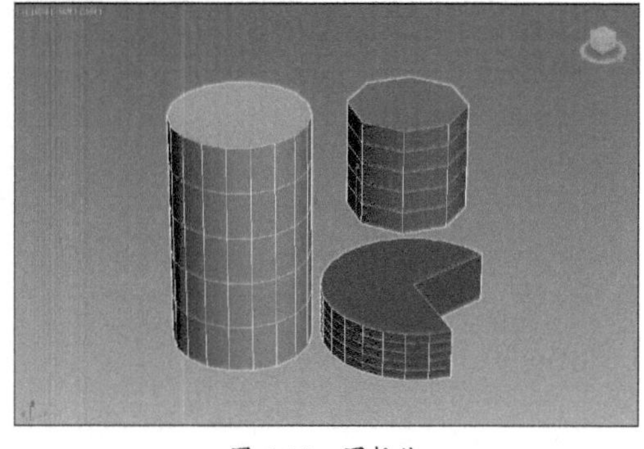

图 6-33　圆柱体

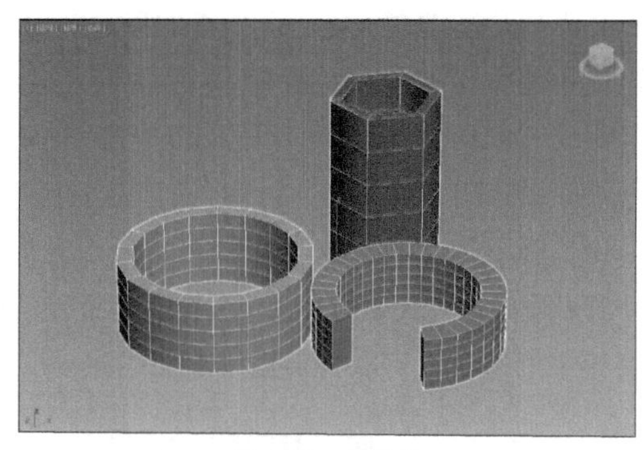

图 6-34　管状体

()圆环圆环可以用于创建具有圆形横截面的环状物体，如图所示。创建圆环的方法和创建其他标准基本体有许多相同点，用户可以创建完整的圆环，也可以创建圆环的一部分。()四棱锥四棱锥可以用于创建具有方形或矩形底部和三角形侧面的物体，如金字塔、帐篷等，如图所示。

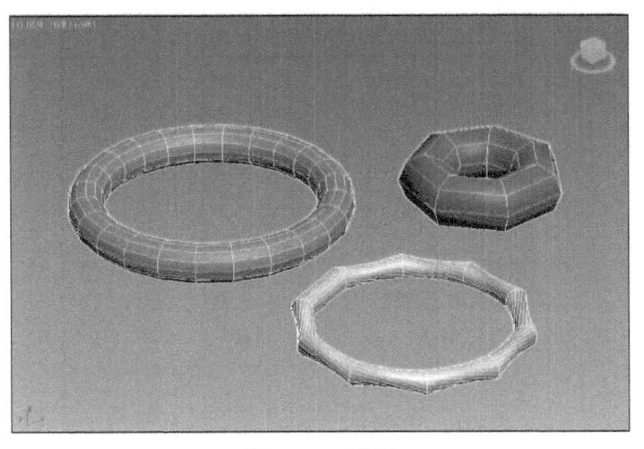

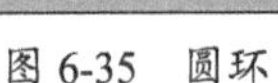

图 6-35 圆环

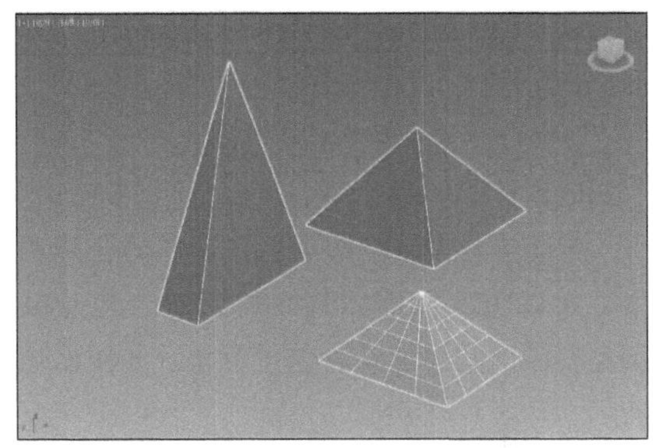

图 6-36 四棱锥

(8) 茶壶

茶壶是标准基本体中唯一完整的三维模型实体，单击并拖曳鼠标即可创建茶壶的三维实体，通过设置参数也可以创建出茶杯、茶壶盖等，如图6-37所示。

(9) 平面

平面是一种没有厚度的多边形网格，在渲染时可以无限放大。平面常用来创建大型场景的地面或墙体。此外，用户可以为平面模型添加噪波等修改器，用来创建陡峭的地形或波涛起伏的海面。

(10) 加强型文本

利用加强型文本提供的内置文本对象，可以创建样条线轮廓或实心、挤出、倒角几何体文字模型，并且可以设置文字的字体、大小、间距、高度等参数，如图6-38所示。

图 6-37 茶壶

图 6-38 加强型文本

2. 扩展基本体

扩展基本体是3ds Max复杂基本体的集合，可以创建带有倒角、圆角和特殊形状的物体，包括异面体、环形结、切角长方体、切角圆柱体、油罐、胶囊、纺锤、L-Ext、球棱柱、C-Ext、环形波、软管、棱柱共13个类型。可以通过“扩展基本体”命令面板进行创建，如图6-39所示。

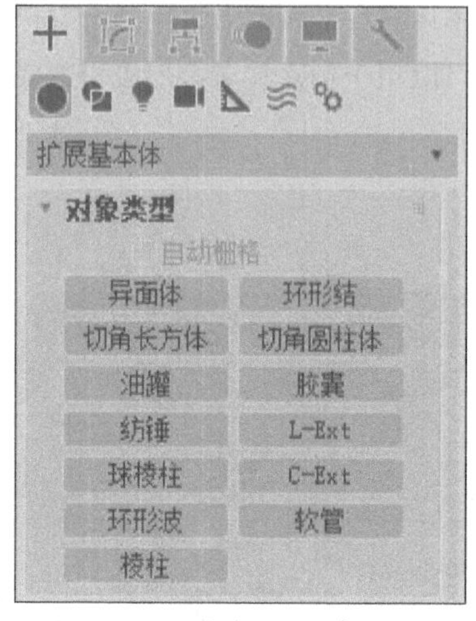

图 6-39 “扩展基本体”命令面板

下面介绍常用的扩展基本体。

（1）异面体

异面体是由多个边面组合而成的三维实体，可以调整异面体边面的状态，也可以调整实体面的数量以改变其形状，如图6-40所示。

（2）切角长方体

切角长方体在创建模型时应用十分广泛，常被用于创建带有圆角的长方体结构，如图6-41所示。

图 6-40 异面体

图 6-41 切角长方体

（3）切角圆柱体

切角圆柱体是圆柱体的扩展物体，其创建方法与切角长方体大致相同，可以快速创建出带圆角效果的圆柱体，如图6-42所示。

（4）油罐、胶囊、纺锤、软管

油罐、胶囊、纺锤是效果较为特殊的圆柱体，而软管则是一个能连接两个对象的弹性对象，因而能反映这两个对象的运动，如图6-43所示。

图 6-42 切角圆柱体

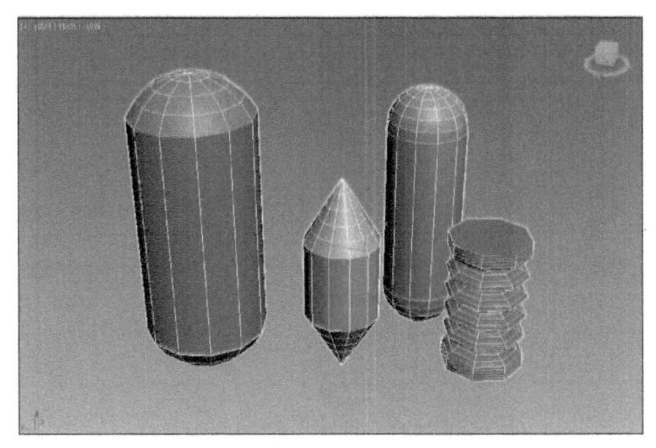

图 6-43 特殊的圆柱体

■6.2.2 样条线建模

3ds Max中的样条线包括线、矩形、圆、椭圆、弧、圆环、多边形、星形、文本、螺旋线、卵形、截面、徒手共13种，可以通过“创建”面板的“样条线”命令面板选择要创建的对象，如图6-44所示。

1. 线

线是样条线对象中较为特殊的一种，没有可编辑的参数，只能利用顶点、线段和样条线进行编辑。单击鼠标左键时若立即松开便形成折角，若继续拖动一段距离后再松开便形成圆滑的弯角，图6-45所示为利用“线”命令绘制的图形。

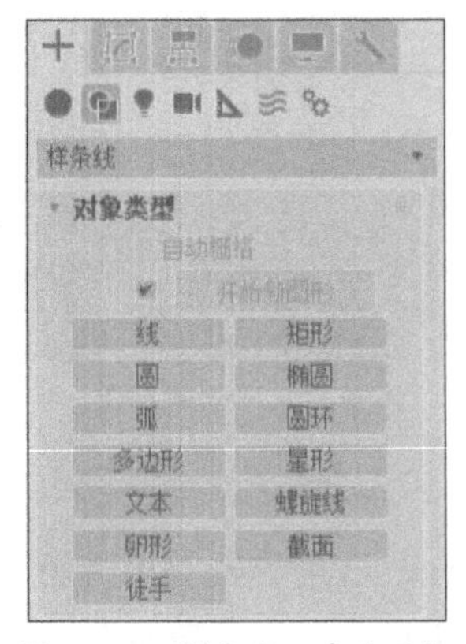

图 6-44 “样条线”命令面板

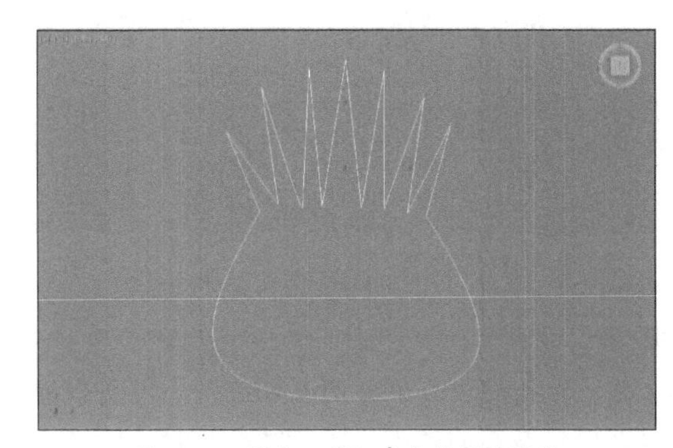

图 6-45 利用“线”命令绘制的图形

2. 其他样条线

掌握线的创建后，其他样条线的创建相对就简单了很多，下面对常用的样条线进行介绍。

（1）矩形

矩形常用于创建简单家具的拉伸原形。单击“矩形”按钮，在顶视图中拖动鼠标即可创建矩形样条线，如图6-46所示。进入“修改”命令面板，在“参数”卷展栏中可以设置样条线的参数，如图6-47所示。

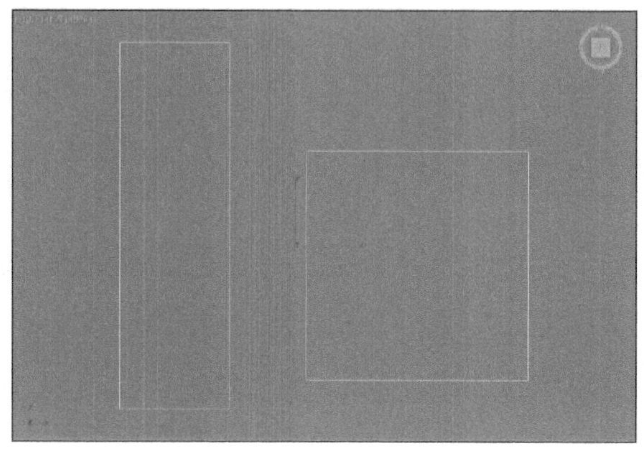
图 6-46　创建矩形样条线

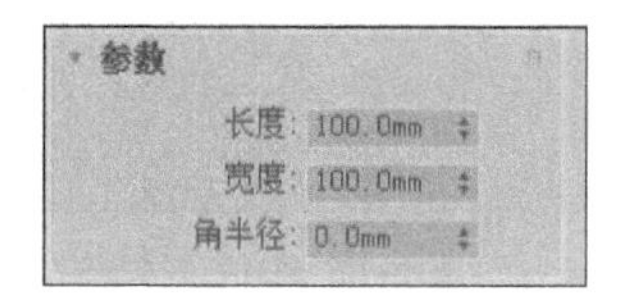

图 6-47　设置样条线的参数

（2）圆/椭圆

在“样条线”命令面板中单击“圆”按钮，在任意视图中单击并拖动鼠标即可创建圆，如图6-48所示。

创建椭圆样条线和圆样条线的方法类似，通过“参数”卷展栏可以设置半轴的长度和宽度，如图6-49所示。

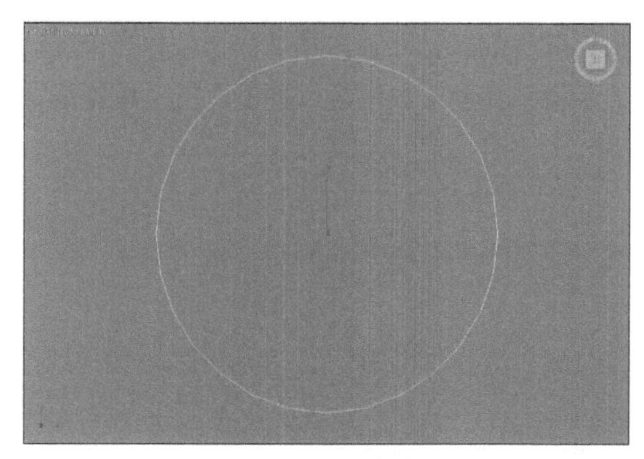
图 6-48　创建圆

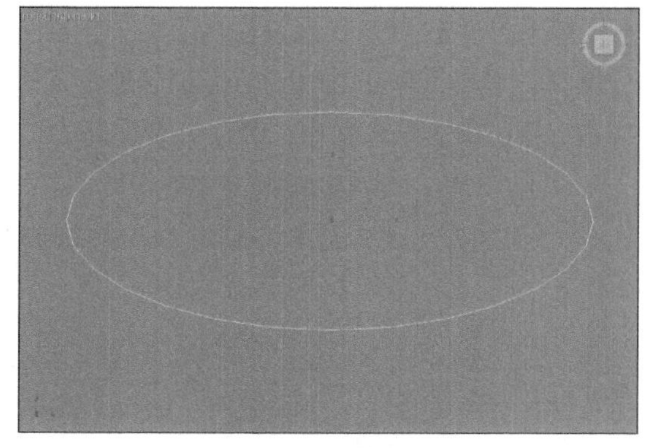
图 6-49　创建椭圆

（3）弧

利用“弧”样条线可以创建圆弧和扇形，并可以通过修改器生成带有平滑圆角的弧状图形。在“样条线”命令面板中单击“弧”按钮，在绘图区中单击并拖动鼠标创建线段，释放左键后上下拖动鼠标或者左右拖动鼠标可显示弧线，再次单击鼠标左键确认操作，完成弧的创建，如图6-50所示。

在命令面板下方的“创建方法”卷展栏中可以设置样条线的创建方式，在“参数”卷展栏中可以设置弧样条线的各项参数，如图6-51所示。

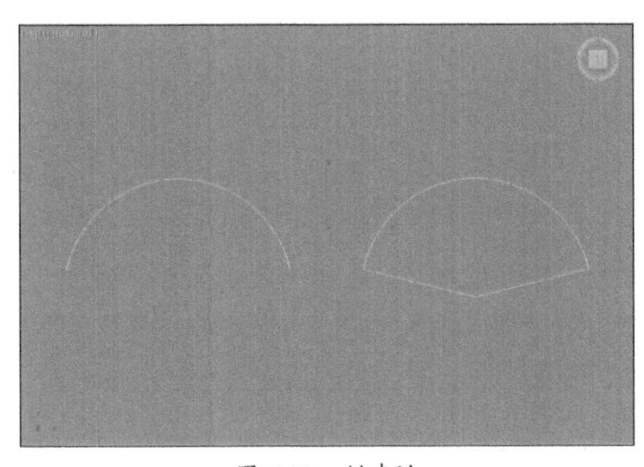
图 6-50　创建弧

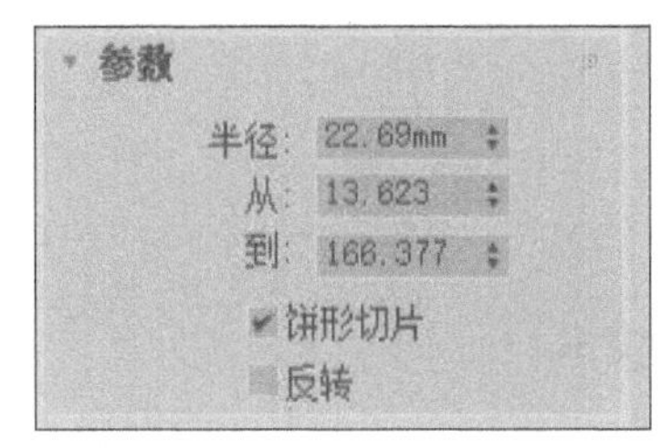

图 6-51　设置弧样条线参数

(4) 圆环

创建圆环需要设置内框线和外框线，在“样条线”命令面板中单击“圆环”按钮，在“顶”视图中拖动鼠标创建圆环外框线，释放鼠标左键并拖动鼠标，即可创建圆环内框线，如图6-52所示。单击鼠标左键完成创建圆环的操作，在“参数”卷展栏中可以设置半径1和半径2的大小，如图6-53所示。

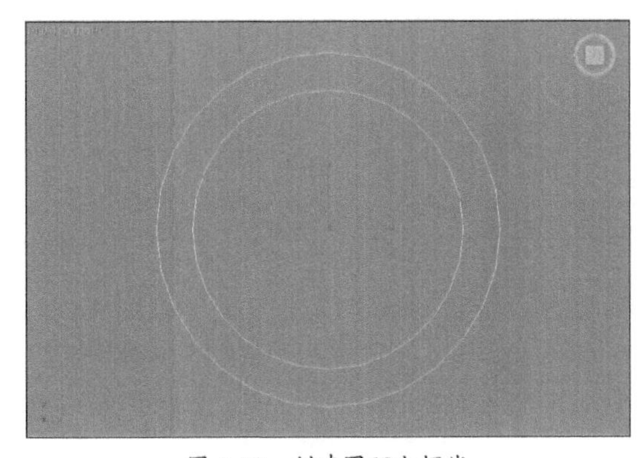
图 6-52　创建圆环内框线

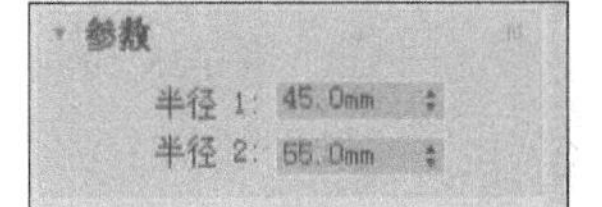

图 6-53　设置半径大小

(5) 多边形、星形

多边形和星形属于包含多条样条线的图形，通过边数和点数可以设置样条线的形状，如图6-54和图6-55所示。

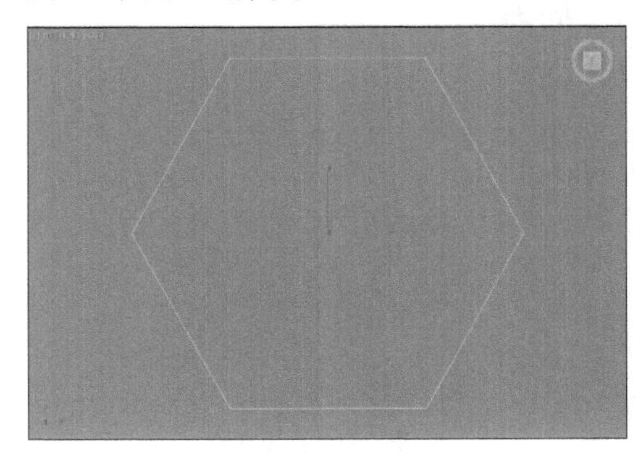
图 6-54　多边形

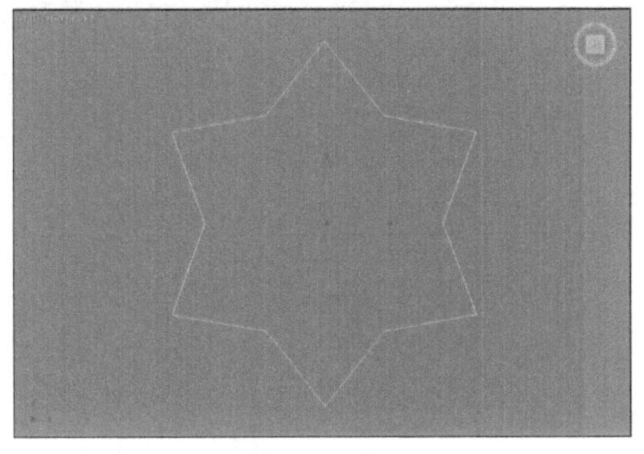
图 6-55　星形

在“参数”卷展栏中有多个设置多边形或星形的选项，如图6-56和图6-57所示。

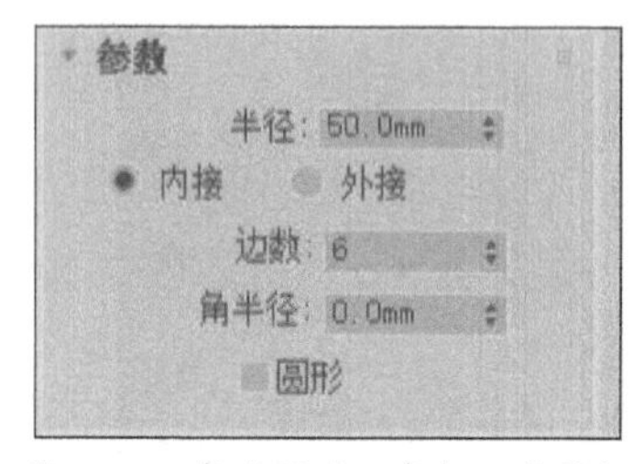

图 6-56　多边形的“参数”卷展栏

图 6-57　星形的“参数”卷展栏

（6）文本

在设计过程中，许多方面都需要创建文本，如店面的名称、商品的品牌等。在“样条线”命令面板中单击“文本”按钮，再在视图中单击，即可创建一个默认的文本，文本内容为“MAX 文本”，如图6-58所示。在文本“参数”卷展栏中可以对文本的字体、大小、字/行间距等特性进行设置，如图6-59所示。

图 6-58　创建默认文本

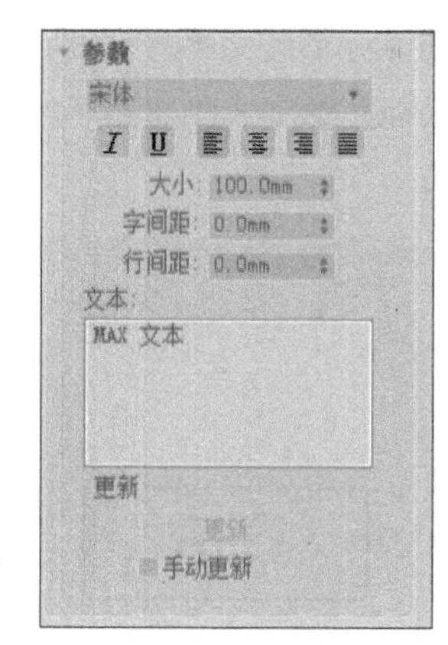

图 6-59　设置参数

（7）螺旋线

利用“螺旋线”图形工具可以创建弹簧、旋转楼梯扶手等不规则的圆弧形状，如图6-60所示。可以通过半径1、半径2、高度、圈数、偏移、顺时针和逆时针等选项设置螺旋线，其“参数”卷展栏如图6-61所示。

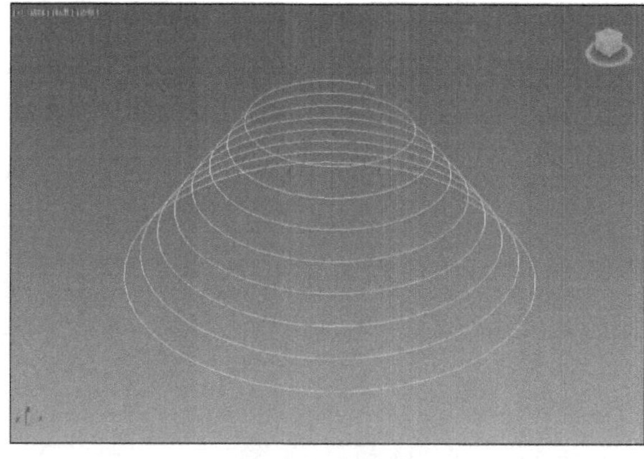

图 6-60　螺旋线

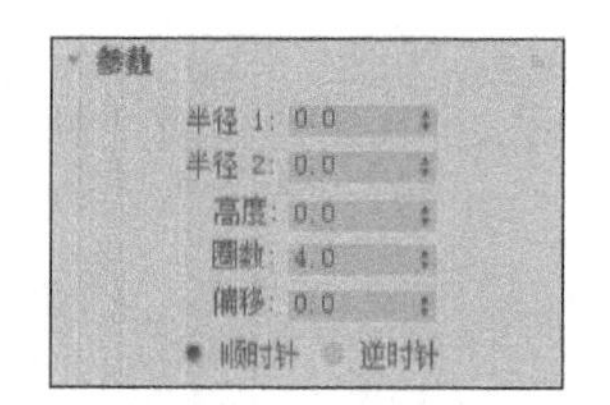

图 6-61　设置参数

■6.2.3 修改器的应用

修改器是用于修改场景中几何体的修改工具，它们根据参数的设置修改对象。可以为同一对象添加多个修改器，后一个修改器接收前一个修改器传递来的参数，并且添加修改器的次序对最后的结果影响很大。

1. 挤出

使用“挤出”修改器可以将绘制的二维样条线挤出厚度，从而产生三维实体。如果绘制的线段为封闭的，即可挤出带有平面面积的三维实体；如果绘制的线段不是封闭的，那么挤出的实体则是片状的。

在使用“挤出”修改器后，命令面板的下方将弹出“参数”卷展栏，如图6-62所示。下面具体介绍“参数”展卷栏中各选项组的含义。

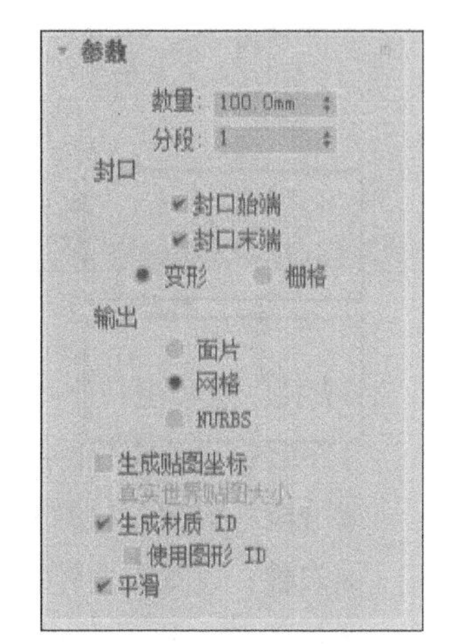

图 6-62 “参数”卷展栏

- **数量**：设置挤出实体的深度。
- **分段**：设置挤出厚度上的分段数量。
- **封口始端**：在顶端加面封盖物体。
- **封口末端**：在底端加面封盖物体。
- **变形**：以可预测、可重复的方式排列封口面，用于变形动画的制作，可保证点面数恒定不变。
- **栅格**：在边界上的方形修剪栅格中排列封口面，以最精简的点面数获取优秀的模型。
- **输出**：设置挤出的实体输出模型的类型。
- **生成贴图坐标**：为挤出的三维实体生成贴图材质坐标，将独立的贴图坐标应用到封口末端，并在每个封口上放置一个1×1的平铺图案。勾选该复选框，将激活“真实世界贴图大小”复选框。
- **真实世界贴图大小**：控制应用于该对象的纹理贴图材质所使用的缩放方法。缩放值由位于应用材质的“坐标”卷展栏中的“使用真实世界比例”参数控制。
- **生成材质ID**：将不同的材质ID指定给挤出对象的侧面和封口。设置顶面封口材质ID为1，底面封口材质ID为2，侧面材质ID则为3。
- **使用图形ID**：勾选该复选框，使用指定给挤出的样条曲线中的线段或挤出的NURBS曲线中的曲线子对象的材质ID值。
- **平滑**：将挤出的实体平滑显示。

2. 晶格

使用“晶格”修改器可以将图形的线段或边转换为圆柱形结构，并在顶点上生成可选的关节多面体，用于创建可渲染的几何体结构，或作为获得线框渲染效果的另一种方法，如图6-63所示。

在使用“晶格”修改器之后，命令面板的下方将弹出“参数”卷展栏，如图6-64所示。下

面具体介绍“参数”卷展栏中各常用选项的含义。

- **应用于整个对象**：勾选该复选框，选择晶格显示的物体类型，在该复选框下包含“仅来自顶点的节点”“仅来自边的支柱”“二者”3个单选按钮，其中，“仅来自顶点的节点”是指仅显示原始网格的顶点生成的节点，“仅来自边的支柱”是指仅显示原始网格的线段生成的支柱，“二者”是指显示支柱和节点。

图 6-63　应用晶格效果

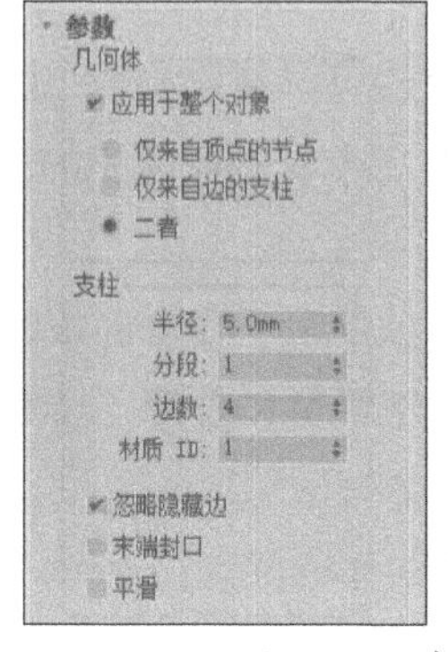

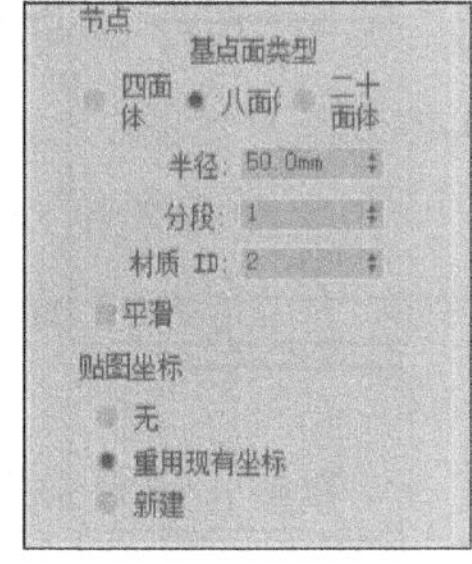

图 6-64　“参数”卷展栏

“支柱”选项组：

- **半径**：设置支柱的半径大小。
- **分段**：设置支柱的分段数。
- **边数**：设置支柱外缘的边数。
- **材质ID**：设置支柱的材质ID，使支柱和节点具有不同的材质ID，以便为它们指定不同的材质。
- **平滑**：使支柱平滑显示。

“节点”选项组：

- **基点面类型**：设置用于节点的多面体类型，其中包括四面体、八面体和二十面体。
- **半径**：设置节点的半径大小。

3. 车削

使用“车削”修改器可以将二维样条线绕轴旋转一周，生成旋转体，通过设置旋转角度可以更改实体旋转效果，常用于制作轴对称物体，如图6-65所示。

图 6-65　应用车削效果

在使用车削修改器后，命令面板将显示参数卷展栏，如图6-66所示。下面具体介绍参数卷展栏中各选项的含义。

- **度数：**设置车削实体的旋转度数。
- **焊接内核：**通过将旋转轴上的顶点焊接在一起以简化网格。
- **翻转法线：**将模型表面的法线方向反向。
- **分段：**确定在曲面的起始点和结束点之间创建的插值分段数，值越高，实体表面越光滑。
- **封口：**该选项组主要用于设置在挤出实体的顶面和底面上是否封盖实体。
- **方向：**该选项组用于设置实体进行车削旋转的坐标轴。
- **对齐：**该选项组用于控制曲线旋转时的对齐方式。
- **输出：**该选项组用于设置车削的实体输出模型的类型。
- **生成材质ID：**将不同的材质指定给车削对象的侧面和封口。设置封口材质为和，侧面材质为。
- **使用图形ID：**勾选该复选框，使用指定给车削样条曲线中的线段或车削曲线中的曲线子对象的材质值。
- **平滑：**将车削的实体平滑显示。

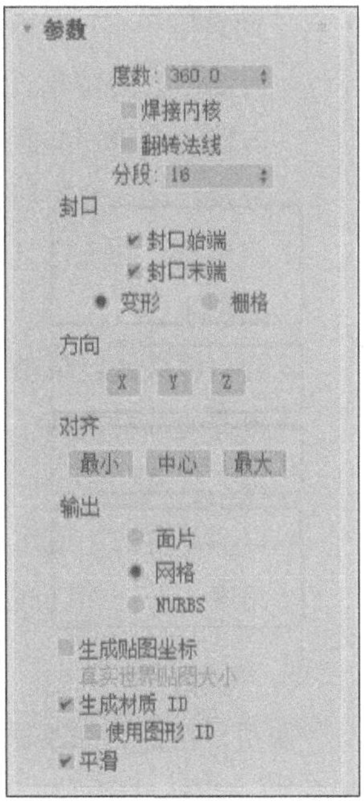

图 6-66 “参数”卷展栏

4. 壳

使用壳修改器可以通过添加一组朝向现有面相反方向的额外面，以及连接原始对象中缺少面的内、外表面的边，固化或赋予对象厚度。可以将其应用于三维物体或二维物体，制作杯碟等，如图6-67所示。添加壳修改器后，可以在其参数卷展栏中设置相关参数，如图6-68所示。

图 6-67 应用壳效果

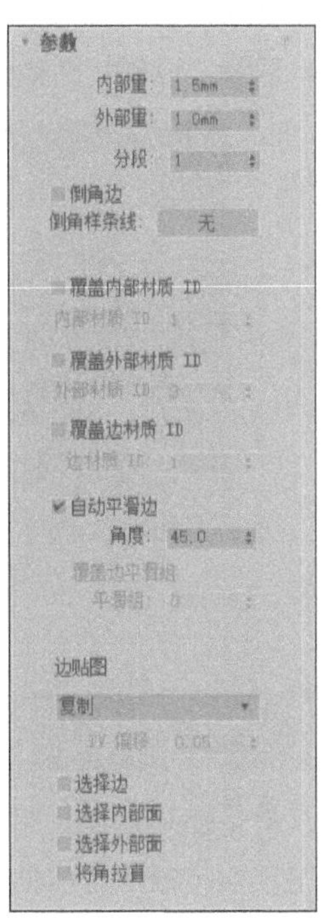

图 6-68 “参数”卷展栏

下面具体介绍“参数”卷展栏中各选项的含义。

- **内部量、外部量：**以3ds Max通用单位表示的距离，按此距离从原始位置将内部曲面向内移动或将外部曲面向外移动。
- **分段：**每条边的细分值。
- **倒角边：**勾选该复选框，并指定“倒角样条线”，3ds Max会使用样条线定义边的剖面和分辨率。
- **倒角样条线：**单击此按钮后，可选择开放样条线定义边的形状和分辨率。
- **覆盖内部材质ID：**勾选此复选框，使用“内部材质ID”参数可为所有的内部曲面多边形指定材质ID。
- **自动平滑边：**使用“角度”参数可在边面上应用基于角度的自动平滑。
- **角度：**在边面之间指定最大角度，该边面将由“自动平滑边”平滑。

5. 扭曲

使用“扭曲”修改器可在对象的几何体中进行旋转，使其产生扭曲的特殊效果（就像拧湿抹布），如图6-69所示。

该修改器的“参数”卷展栏如图6-70所示。下面介绍“参数”卷展栏中各选项的含义。

- **角度：**确定围绕垂直轴的扭曲量。
- **偏移：**使扭曲旋转在对象的任意末端聚集。
- **X、Y、Z：**指定发生扭曲所沿的轴。
- **限制效果：**对扭曲效果应用限制约束。
- **上限：**设置扭曲效果的上限。
- **下限：**设置扭曲效果的下限。

图 6-69　应用扭曲效果

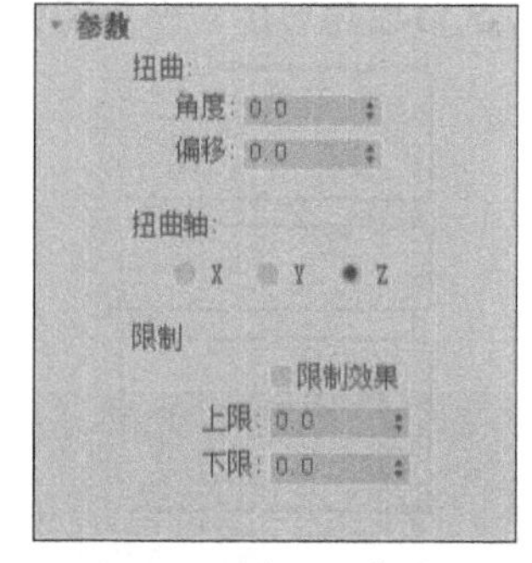

图 6-70　“参数”卷展栏

6.3　材质贴图的应用

材质是描述对象反射或透射灯光的方式。通过设置材质，可以将三维模型的质地、颜色等效果与现实生活中物体的质感相对应，以达到逼真的效果。

■6.3.1 认识材质编辑器

3ds Max中设置材质的过程都是在“材质编辑器”中进行的，用户可以通过单击主工具栏中的相关按钮或者执行“渲染”菜单中的命令打开“材质编辑器”，如图6-71所示。“材质编辑器”分为菜单栏、材质示例窗、工具栏和参数卷展栏4个组成部分。通过“材质编辑器”，可以将材质赋予3ds Max的场景对象。

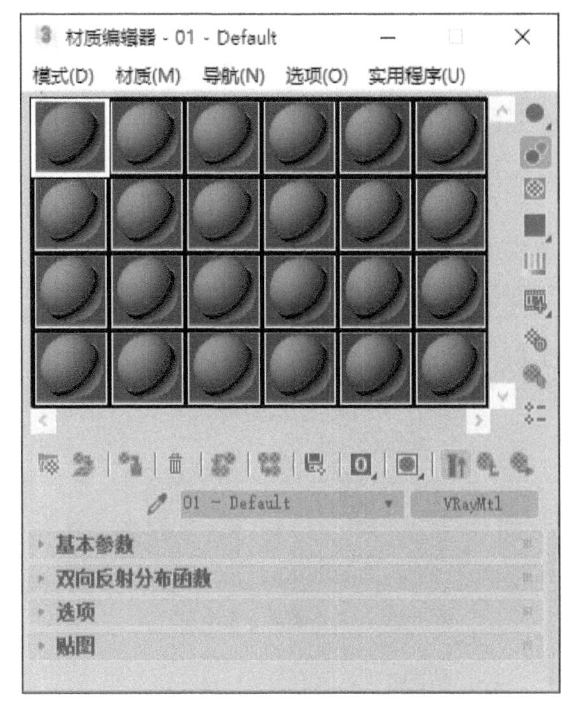

图 6-71 “材质编辑器”面板

1. 工具栏

“材质编辑器”的工具栏位于示例窗的右侧和下方，右侧工具栏中是用于管理和更改贴图及材质的按钮。为了帮助记忆，通常将位于示例窗右侧的工具栏称为“垂直工具栏”，将位于示例窗下方的工具栏称为“水平工具栏”。

2. 菜单栏

“材质编辑器”的菜单栏位于“材质编辑器”面板的顶部，包括“模式”“材质”“导航”“选项”“实用程序”5个菜单，它提供了另一种调用各种“材质编辑器”工具的方式。

3. 参数卷展栏

示例窗的下方是在3ds Max中使用最为频繁的区域——材质参数卷展栏，材质的明暗模式、着色和基本属性都可以在这里进行设置。不同的材质类型有不同的参数卷展栏。在各种贴图层级中，也会出现相应的卷展栏。

■6.3.2 常用材质类型

3ds Max提供了多种材质类型，每一种材质都有相应的效用，如默认的“标准”材质可以表现大多数真实世界中的材质。本节将对常用的几种材质类型进行介绍。

1. 标准材质

标准材质是默认的通用材质。在现实生活中，对象的外观取决于它表面的反射光线，标准材质为表面建模提供了非常直观的方式。在3ds Max中，标准材质主要用于模拟对象表面的反射属性，在不使用贴图的情况下，标准材质为对象提供了单一、均匀的表面颜色效果。

使用标准材质时可以选择各种明暗器，为各种反射表面设置颜色和使用贴图通道等，这些设置都可以在卷展栏中进行，这里以默认材质为例进行介绍。

（1）Blinn基本参数

“Blinn基本参数”卷展栏主要用于设置材质的颜色、反光度、透明度等，并指定用于材质各种组件的贴图，如图6-72所示。

（2）扩展参数

在“扩展参数”卷展栏中提供了透明度和反射相关的参数，通过该卷展栏可以制作更具有真实效果的透明材质，如图6-73所示。

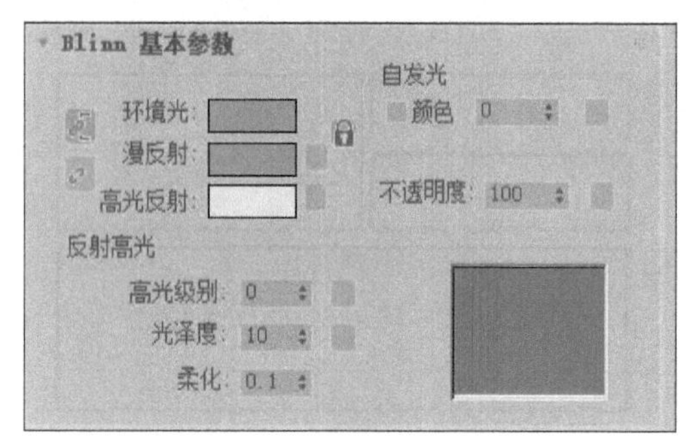

图 6-72 “基本参数”卷展栏

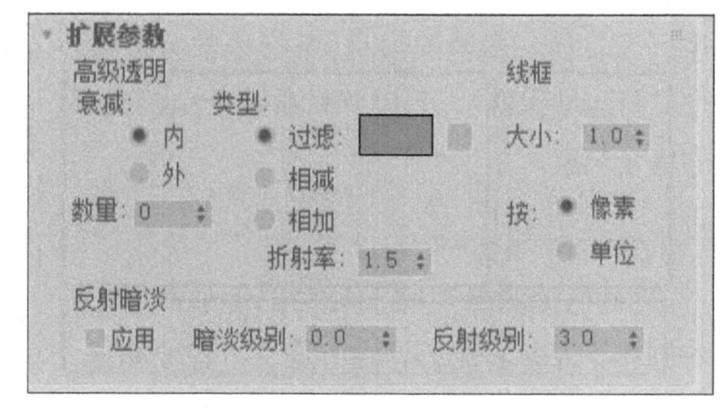

图 6-73 “扩展参数”卷展栏

（3）贴图

在“贴图”卷展栏中，可以访问材质的各个组件，部分组件还能使用贴图代替原有的颜色，如图6-74所示。

（4）其他

标准材质还可以通过高光控件组控制表面接受高光的强度和范围，也可以通过其他选项组制作特殊的效果，如线框等。

贴图	数量	贴图类型
环境光颜色	100	无贴图
漫反射颜色	100	无贴图
高光颜色	100	无贴图
高光级别	100	无贴图
光泽度	100	无贴图
自发光	100	无贴图
不透明度	100	无贴图
过滤颜色	100	无贴图
凹凸	30	无贴图
反射	100	无贴图
折射	100	无贴图
置换	100	无贴图

图 6-74 “贴图”卷展栏

2. 混合材质

混合材质是指在曲面的单个面上将两种材质进行混合。用户可以通过设置“混合量”参数控制材质的混合程度，它能够实现两种材质之间的无缝混合，常用于制作诸如花纹玻璃、烫金玻璃等材质表现。

混合材质将两种材质以百分比的形式混合在曲面的单个面上，通过不同的融合度，控制两种材质表现出的强度，另外还可以指定一张图作为融合的遮罩，利用它本身的明暗度来决定两种材质融合的程度，设置混合发生的位置和效果。其参数卷展栏如图6-75所示。

3. 顶/底材质

使用顶/底材质可以为对象的顶部和底部指定两个不同的材质，并允许将两种材质混合在一起，得到类似“双面”材质的效果。顶/底材质参数提供了访问子材质、混合、坐标等参数，其参数卷展栏如图6-76所示。

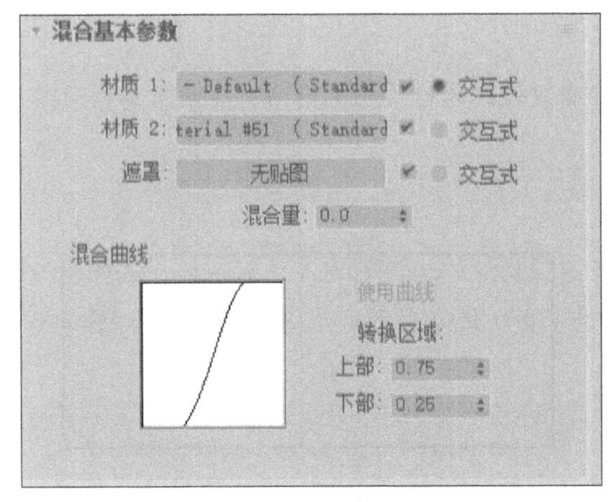

图 6-75 混合材质参数卷展栏

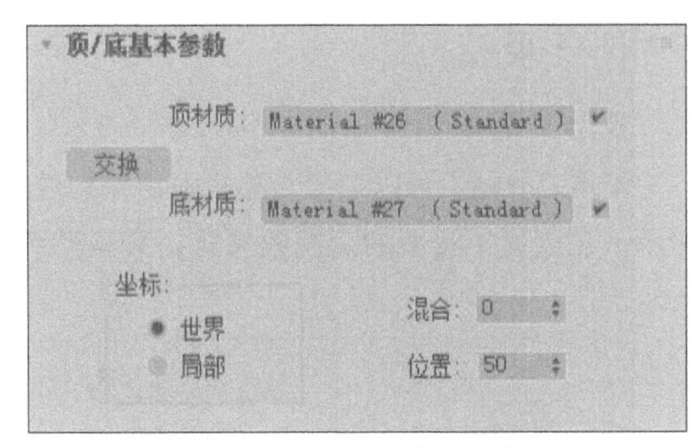

图 6-76 顶/底材质参数卷展栏

4. VRayMtl材质

VRayMtl材质是VRay渲染系统的专用材质。使用材质和应用不同的纹理贴图可以在场景中获得更好和正确的光照（能量分布）、更快的渲染和更方便的反射和折射参数控制。在选择VRayMtl材质之后，材质编辑器中的基本参数界面会随之变换为VRay基本参数界面，如图6-77所示。

5. VRay灯光材质

VRay灯光材质可用于模拟物体发光的效果，常用来制作顶棚灯带、霓虹灯、火焰等效果，其参数卷展栏如图6-78所示。

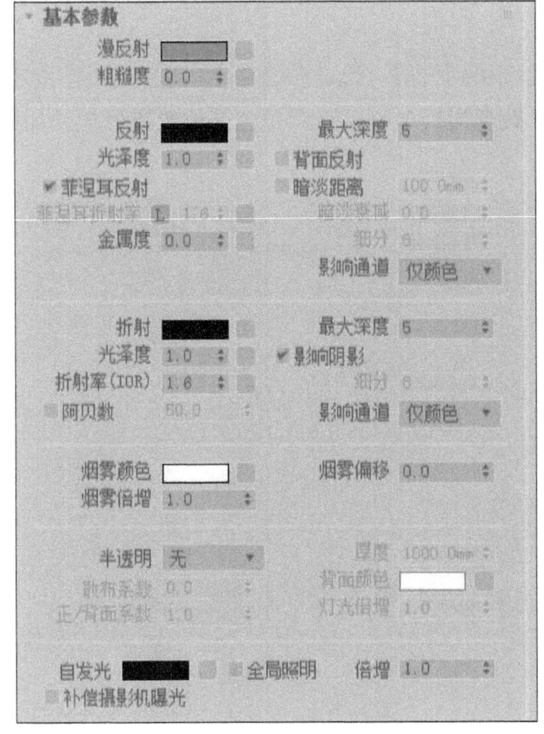

图 6-77 VRay 基本参数界面

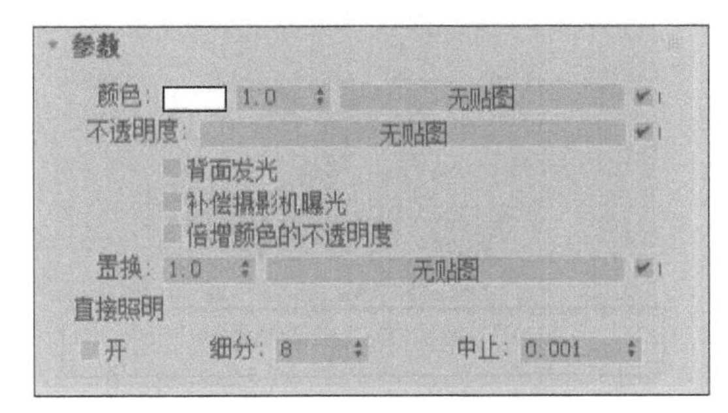

图 6-78 VRay 灯光材质参数卷展栏

■6.3.3 常用贴图类型

使用贴图可以模拟纹理、反射、折射和其他特殊效果，为材质添加细节，有效改善材质的外观和真实感。

1. 衰减贴图

使用衰减贴图可以模拟对象表面由深到浅或者由浅到深的过渡效果或反射效果，如图6-79所示。在创建不透明的衰减效果时，衰减贴图提供了更大的灵活性，其参数卷展栏如图6-80所示。

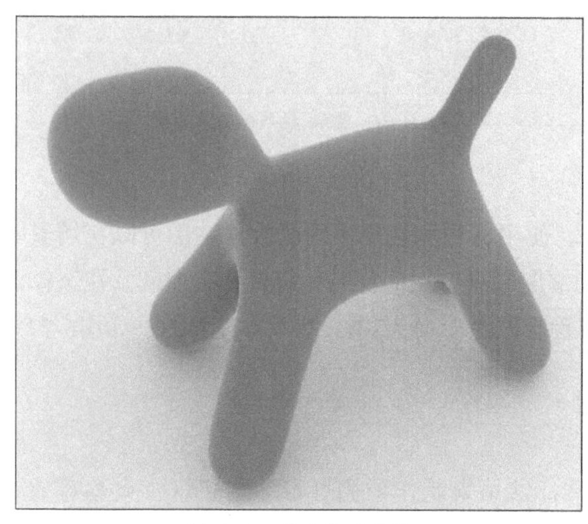

图 6-79 衰减贴图效果

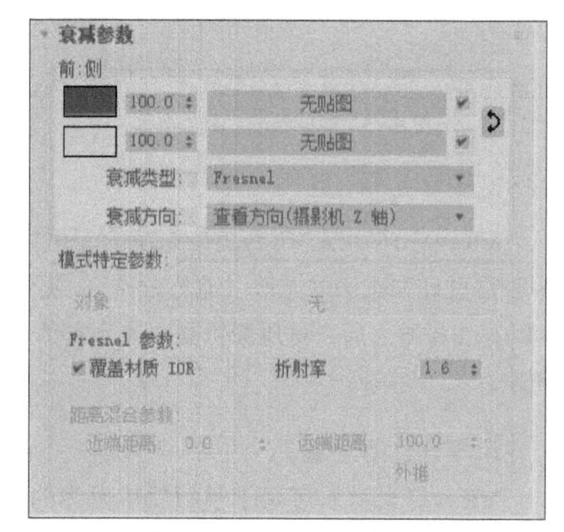

图 6-80 “衰减参数”卷展栏

2. 渐变贴图

使用渐变贴图可将两种或三种颜色的色彩过渡应用到材质。通过贴图可以生成无限级别的渐变和图像嵌套效果，效果如图6-81所示。在其参数卷展栏中可以设置颜色、位置等参数，如图6-82所示。

图 6-81 渐变贴图效果

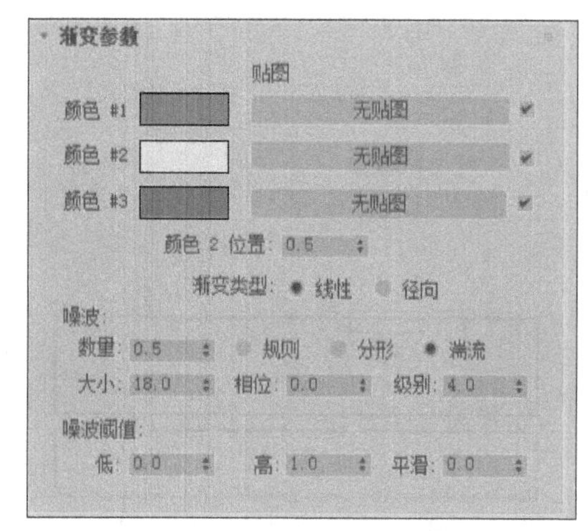

图 6-82 “渐变参数”卷展栏

3. 平铺贴图

使用颜色或材质贴图作为平铺贴图可以创建砖或其他平铺材质，如图6-83所示。在“标准控制”卷展栏中可以设置预定义的建筑砖图案，也可以自定义平铺，如图6-84所示。在“高级控制”卷展栏中可以设置图案的表面和砖缝等参数。

图 6-83　平铺贴图效果

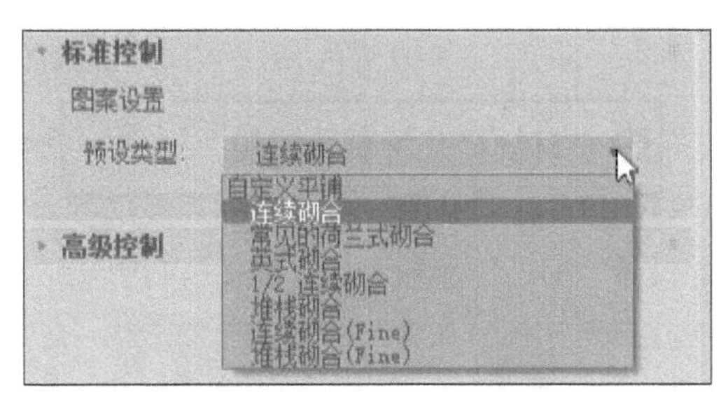

图 6-84　“标准控制”卷展栏

4. 位图贴图

位图是由彩色像素的固定矩阵生成的图像，支持多种图像格式，包括JPEG、TIFF、AVI、TAG等，可以用来创建多种材质，还可以使用动画或视频文件替代位图创建动画材质。位图贴图的使用范围广泛，通常用在漫反射贴图通道、凹凸贴图通道、反射贴图通道、折射贴图通道中，位图贴图效果如图6-85所示，其参数卷展栏如图6-86所示。

图 6-85　位图贴图效果

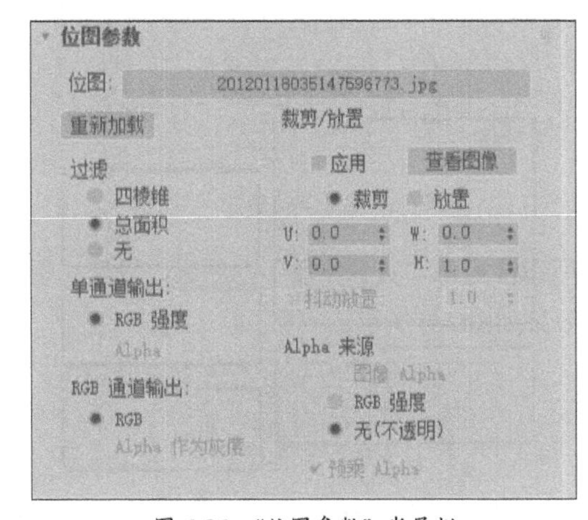

图 6-86　“位图参数”卷展栏

实例：制作游戏币材质

位图贴图在动画设计中是较为常用的一种贴图，本案例简单介绍位图贴图的应用，具体操作步骤如下：

步骤01 打开素材场景文件“制作游戏币材质.max”，可以看到场景中的模型，如图6-87所示。

图 6-87　打开素材场景

步骤02 按M键打开材质编辑器，选择一个空白材质球，命名为“木纹理”，设置材质类型为VRayMtl，在“贴图”卷展栏中为漫反射通道和凹凸通道添加相同的位图贴图“210348.jpg”，并设置“凹凸”参数为30，如图6-88所示。贴图预览效果如图6-89所示。

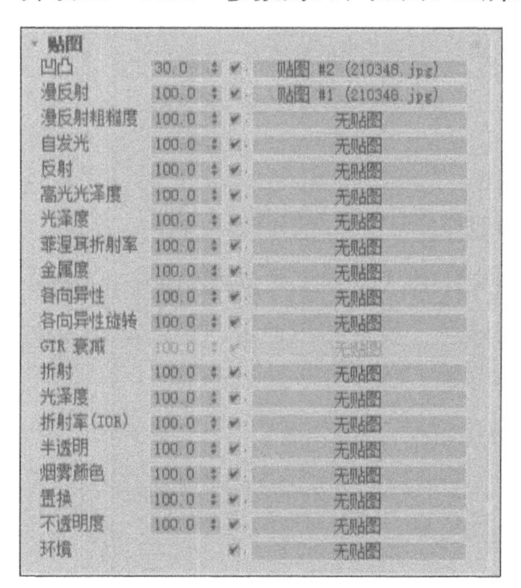

图 6-88　设置凹凸参数

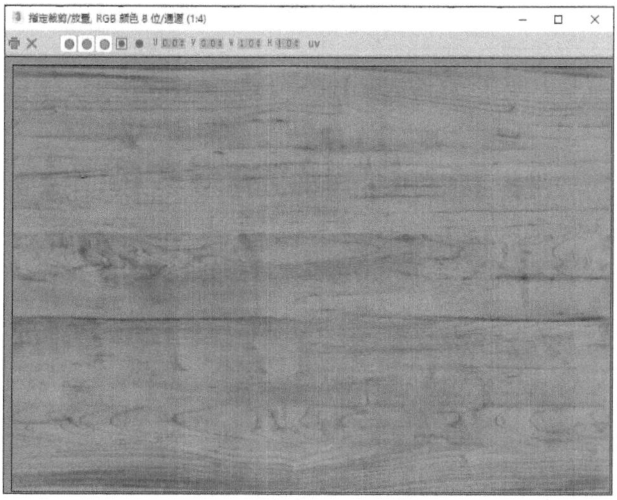

图 6-89　贴图预览效果

步骤03 返回“基本参数”卷展栏，设置反射光泽度和细分等参数，如图6-90所示。材质球预览效果如图6-91所示。

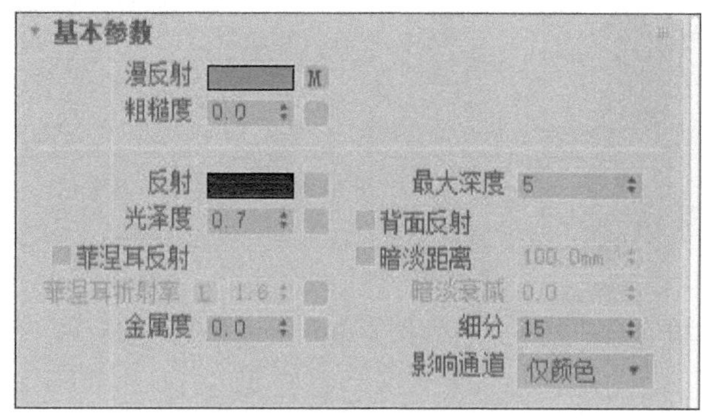

图 6-90　“基本参数”卷展栏

图 6-91　材质球预览效果

步骤04 再选择一个空白材质球命名为“金属”，设置材质类型为VRayMtl，在“贴图”卷展栏中为漫反射通道和凹凸通道添加相同的位图贴图“250162.jpg”，并设置“凹凸”参数为50，如图6-92所示。

步骤05 返回“基本参数”卷展栏，设置反射颜色和反射光泽度等参数，如图6-93所示。设置好的材质球预览效果如图6-94所示。

贴图

凹凸	50.0	✔	贴图 #6 (250162.jpg)
漫反射	100.0	✔	贴图 #7 (250162.jpg)
漫反射粗糙度	100.0	✔	无贴图
自发光	100.0	✔	无贴图
反射	100.0	✔	无贴图
高光光泽度	100.0	✔	无贴图
光泽度	100.0	✔	无贴图
菲涅耳折射率	100.0	✔	无贴图
金属度	100.0	✔	无贴图
各向异性	100.0	✔	无贴图
各向异性旋转	100.0	✔	无贴图
GTR 衰减	100.0	✔	无贴图
折射	100.0	✔	无贴图
光泽度	100.0	✔	无贴图
折射率(IOR)	100.0	✔	无贴图
半透明	100.0	✔	无贴图
烟雾颜色	100.0	✔	无贴图
置换	100.0	✔	无贴图
不透明度	100.0	✔	无贴图
环境		✔	无贴图

图 6-92　设置凹凸值

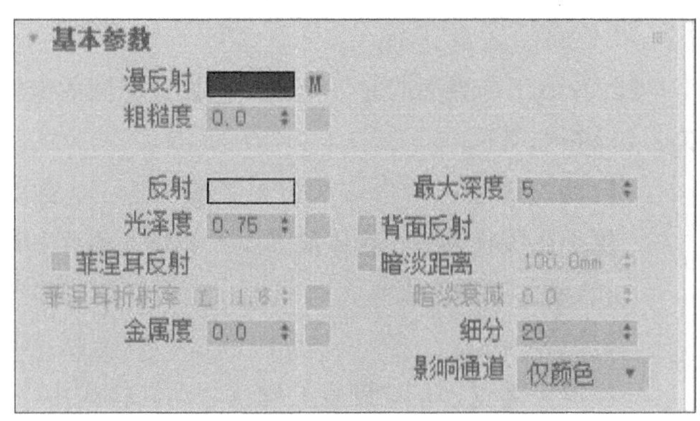

图 6-93　“基本参数”卷展栏

步骤06 将材质分别指定给对象，渲染视口，效果如图6-95所示。

图 6-94　材质球预览效果

图 6-95　渲染效果

即刻扫码

• 学习装备库 • 课程放映室

• 软件实操台 • 电子笔记本

6.4 动画技术

在3ds Max中，用户可以轻松地制作动画，可以将自己想象中的精美画面通过3ds Max实现。下面对动画技术相关知识进行简单介绍。

6.4.1 动画控制

本节主要介绍制作动画的一些基本工具，如关键帧设置工具、播放控制器和“时间配置”对话框。掌握好了这些基本工具的用法，就可以制作出一些简单动画。

1. 关键帧设置工具

3ds Max工作界面的右下角是一些设置动画关键帧的相关工具，如图6-96所示。

图 6-96 关键帧设置

- **自动关键点：**单击该按钮或者按N键可以自动记录关键帧。在该状态下，物体的模型、材质、灯光和渲染都将被记录为不同属性的动画。启动“自动关键点”以后，时间轴会变成红色，拖曳时间滑块可以控制动画的播放范围和关键帧等。
- **设置关键点：**在“设置关键点”动画模式中，可以使用“设置关键点”和“关键点过滤器”的组合为选定对象的各个轨迹创建关键点的对象及时间。
- **选定对象：**使用“设置关键点”动画模式时，单击该按钮可以快速访问命名选择集和轨迹集。
- **关键点过滤器：**单击该按钮，可以打开“设置关键点过滤器”面板，在该面板中可以选择要设置关键点的轨迹，如图6-97所示。

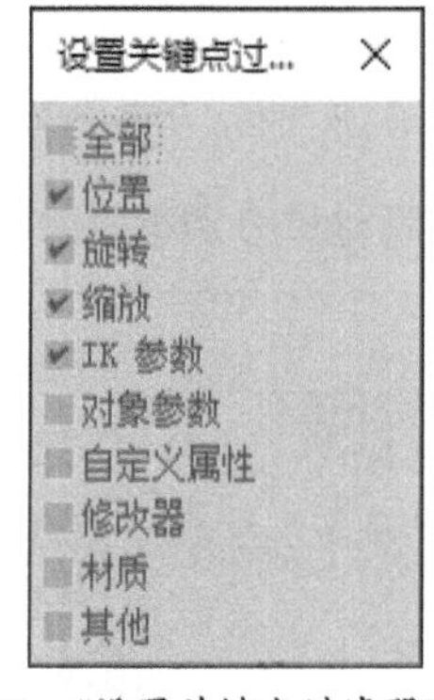

图 6-97 “设置关键点过滤器”面板

2. 播放控制器

3ds Max还提供了一些控制动画播放的相关工具，如图6-98所示。

图 6-98 播放控制器

- **“转至开头”按钮**：如果当前时间滑块没有处于第0帧位置，那么单击该按钮可以跳转到第0帧。
- **“上一帧”按钮**：将当前时间滑块向前移动一帧。
- **“播放动画”按钮 / “播放选定对象”按钮**：单击“播放动画”按钮，可以播放整个场景中的所有动画；单击“播放选定对象”按钮，可以播放选定对象的动画，而未选定的对象将静止不动。

- **“下一帧”按钮**：将当前时间滑块向后移动一帧。
- **“转至结尾”按钮**：如果当前时间滑块没有处于结束帧位置，那么单击该按钮可以跳转到最后一帧。
- **“当前帧（转到帧）”**：显示当前帧的编号或时间，也可以输入帧编号或时间以跳转到该帧。例如，输入“60”，按Enter键就可以将时间滑块跳转到第60帧。

3. “时间配置”对话框

使用“时间配置”对话框可以设置动画时间的长短及时间显示格式等。单击“时间配置”按钮，打开“时间配置”对话框，如图6-99所示。

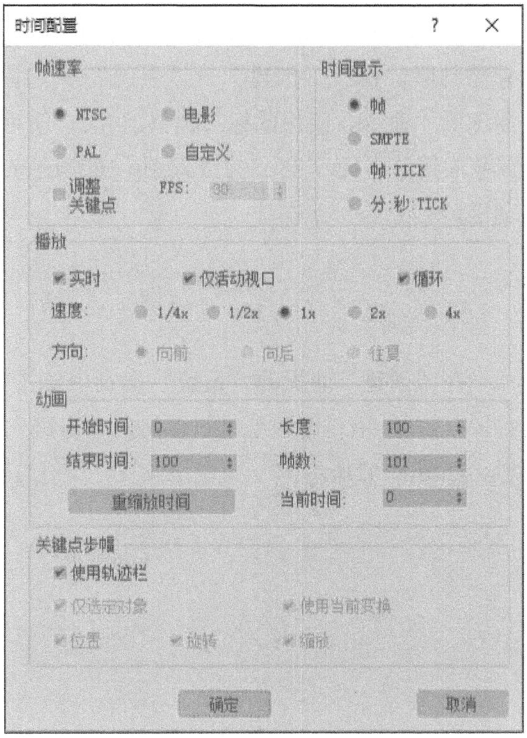

图 6-99 “时间配置”对话框

- **帧速率**：有NTSC（30 f/s）、电影（24 f/s）PAL（25 f/s）和自定义4种方式可供选择，但一般情况下都采用PAL（25 f/s）方式。
- **时间显示**：有帧、SMPTE、“帧:TICK”、“分:秒:TICK”4种方式可供选择。
- **播放**：
  - **实时**：使视图中播放的动画与当前帧速率的设置保持一致。
  - **仅活动视口**：使播放操作只在活动视口中进行。
  - **循环**：控制动画只播放一次或者反复播放。
  - **方向**：指定动画的播放方向。
- **动画**：
  - 开始时间、结束时间：设置在时间滑块中显示的活动时间段。
  - 长度：设置活动时间段的帧数。
  - 帧数：设置要渲染的帧数。
  - 当前时间：指定时间滑块的当前帧。
  - 重缩放时间：拉伸或收缩活动时间段内的动画，以匹配指定的新时间段。
- **关键点步幅**：
  - 使用轨迹栏：启用该选项后，可使关键点模式遵循轨迹栏中的所有关键点。
  - 仅选定对象：在使用“关键点步幅”模式时，该选项仅考虑选定对象的变换。
  - 使用当前变换：禁用位置、旋转、缩放选项时，该选项可以在关键点模式中使用当前变换。
  - 位置、旋转、缩放：指定关键点模式所使用的变换。

■6.4.2　骨骼与蒙皮

骨骼主要用来支撑身体，而身体的运动则由肌肉带动，由筋腱拉动骨骼各个关节，从而产生动作，表现出整个形体上的运动效果。

1. 骨骼的创建与编辑

骨骼系统是骨骼对象的一个有关节的层次链接，可用于设置其他对象或层次的动画。在3ds Max中常使用骨骼系统为角色创建骨骼动画。执行“创建”→“系统”→“骨骼IK链”命令，使用鼠标左键单击4次，使用鼠标右键单击1次，即可完成如图6-100所示的创建。

图 6-100　创建骨骼效果

在“创建”面板的“系统”类别中单击“骨骼”按钮，可以看到“IK链指定”卷展栏，如图6-101所示。选择创建的骨骼，单击进入“修改”命令面板，即可看到“骨骼参数”卷展栏，如图6-102所示。

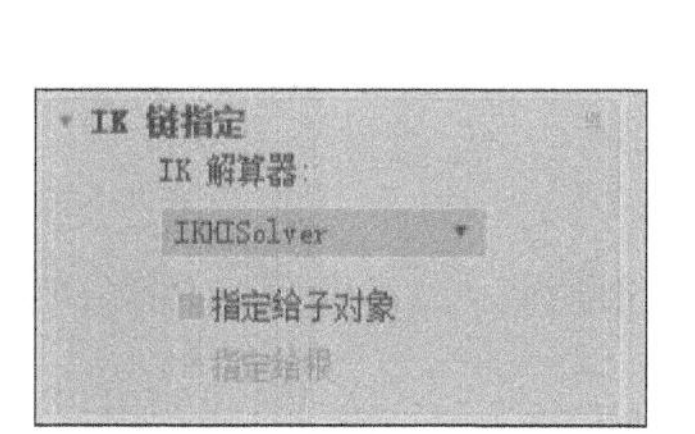

图 6-101　“IK 链指定”卷展栏

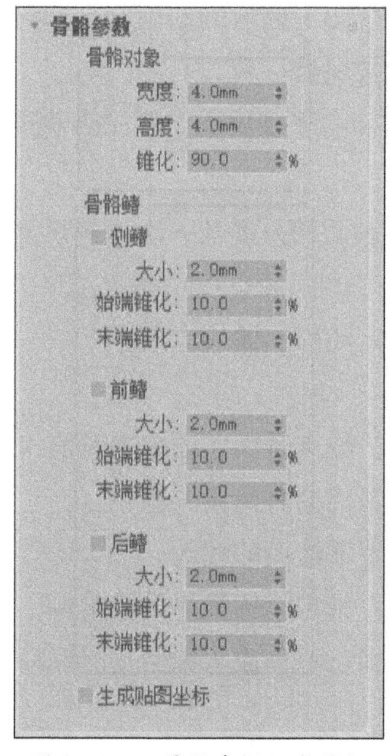

图 6-102　“骨骼参数”卷展栏

2. 蒙皮技术

为角色创建好骨骼后，需要将角色模型和骨骼绑定在一起，使骨骼能够带动角色模型发生变化，这个过程就称为“蒙皮”。

创建角色模型和骨骼后，选择角色模型，为其添加“蒙皮”修改器，在“参数”卷展栏中单击“编辑封套”按钮，即可激活其他参数，参数卷展栏如图6-103所示。

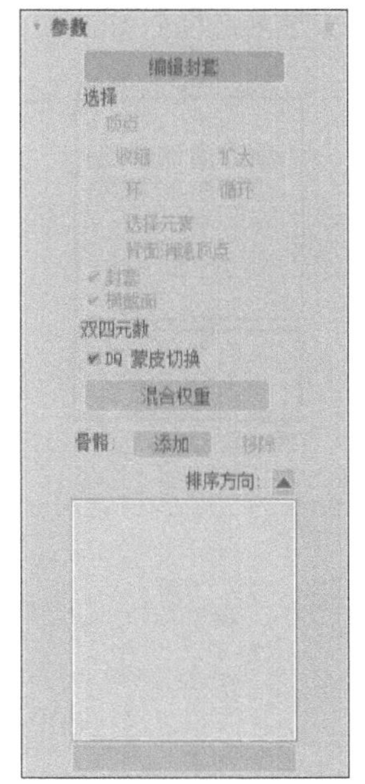

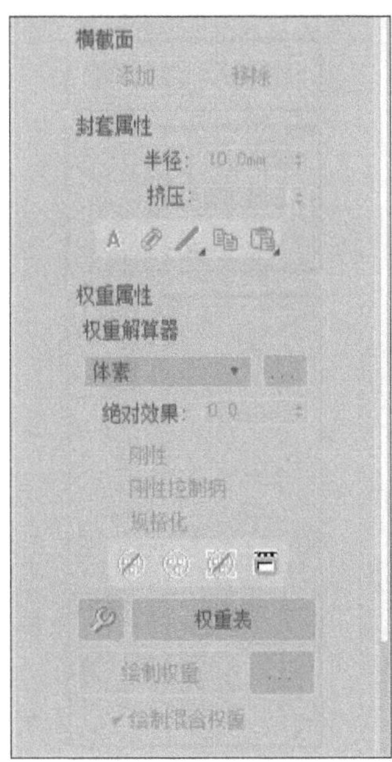

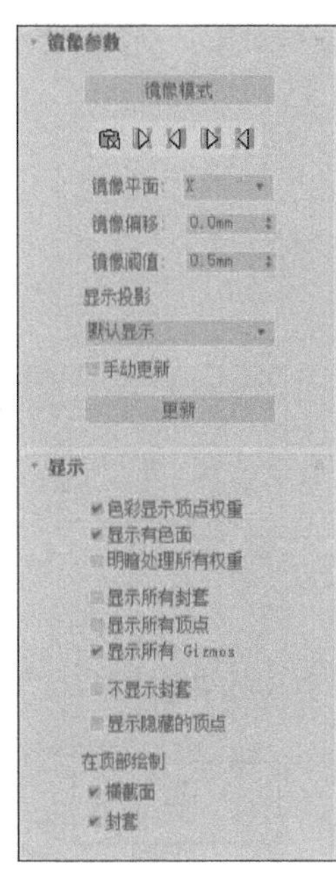

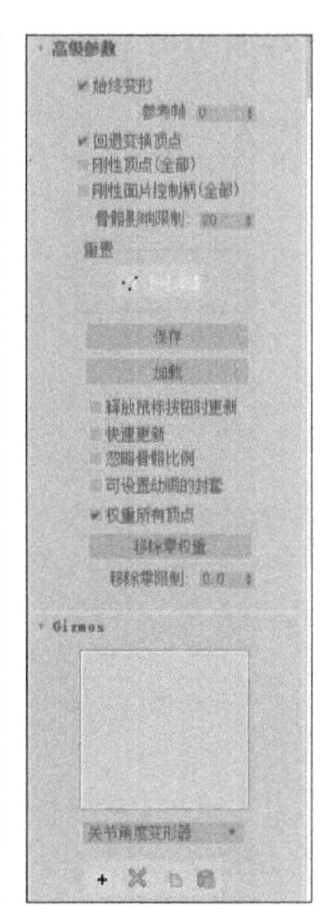

图 6-103　参数卷展栏

6.4.3 动画约束

所谓约束，就是将事物的变化限制在一个特定的范围内。动画约束可以约束对象的运动状态，例如，可以使对象沿特定的路径运动或使对象始终注视另一个对象等。3ds Max中提供了多种约束动画控制器，这里对较为常用的几种进行介绍。

1. 链接约束

使用链接约束可以创建对象与目标对象之间彼此链接的动画，使对象继承目标对象的位置、旋转度和比例。

选择对象，执行“动画”→“约束”→“链接约束”命令，移动光标到目标对象，单击即可链接目标对象。其参数卷展栏如图6-104所示。

2. 路径约束

使用路径约束可以使对象沿指定的路径运动，并且可以产生绕路径旋转的效果。用户可以为一个对象设置多条运动轨迹，通过调节重力的权重值来控制对象的位置。其参数卷展栏如图6-105所示。

3. 注视约束

使用注视约束可以控制对象的方向，使其一直注视另外一个或多个对象；还可以锁定对象的旋转，使对象的一个轴指向目标对象或目标位置的加权平均值。其参数卷展栏如图6-106所示。

4. 方向约束

使用方向约束可以使某个对象的方向沿着目标对象的方向或若干目标对象的平均方向。该约束可应用于任何可旋转对象，受约束的对象将从目标对象继承其旋转。参数卷展栏如图6-107所示。

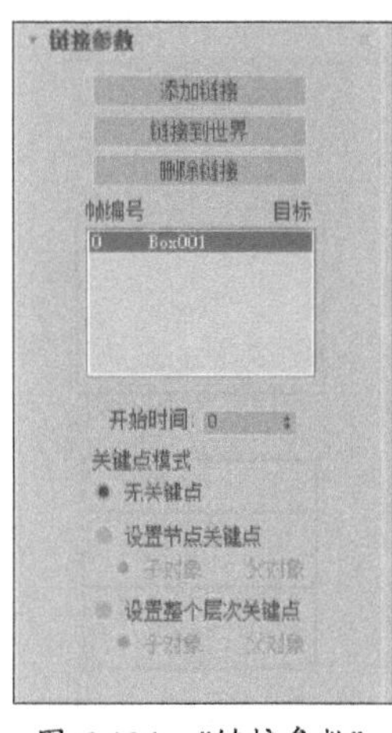

图 6-104 “链接参数”卷展栏

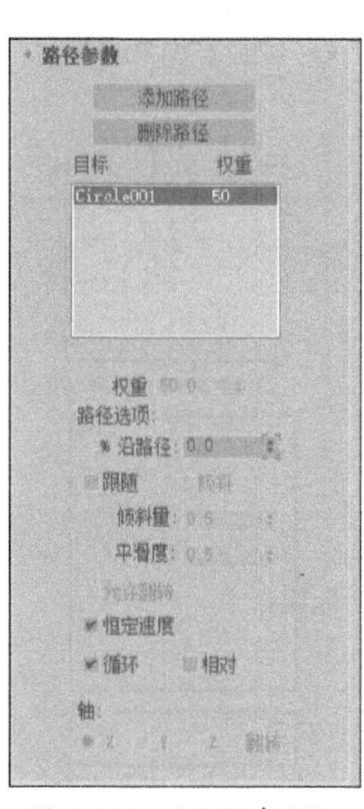

图 6-105 “路径参数”卷展栏

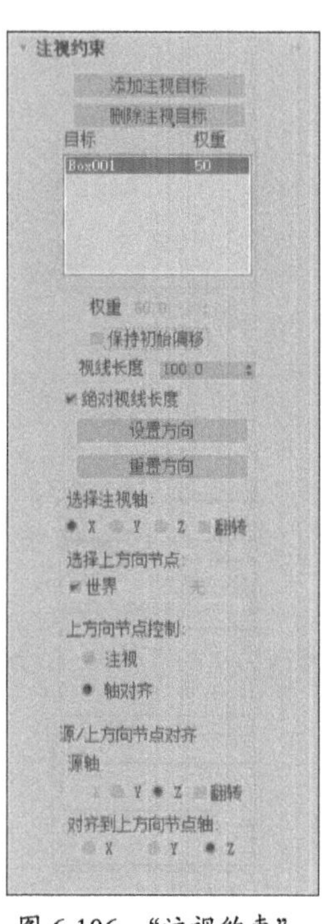

图 6-106 “注视约束”卷展栏

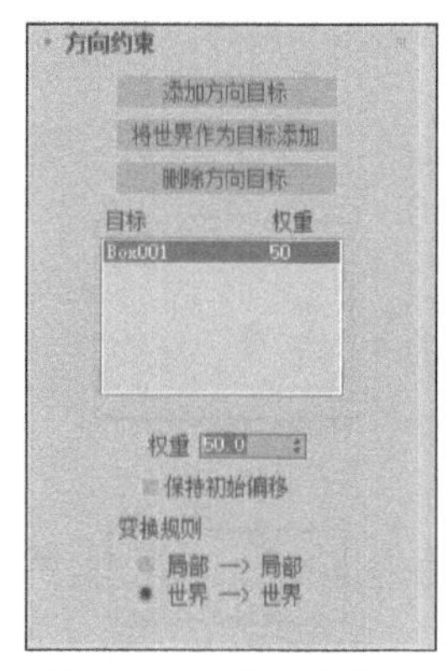

图 6-107 “方向约束”卷展栏

实例：制作矿车沿轨道运动动画

扫码观看视频

下面利用动画约束功能制作一个矿车沿轨道运动的动画，具体操作步骤介绍如下：

步骤01 打开素材场景文件“制作矿车沿轨道运动动画.max”，如图6-108所示。

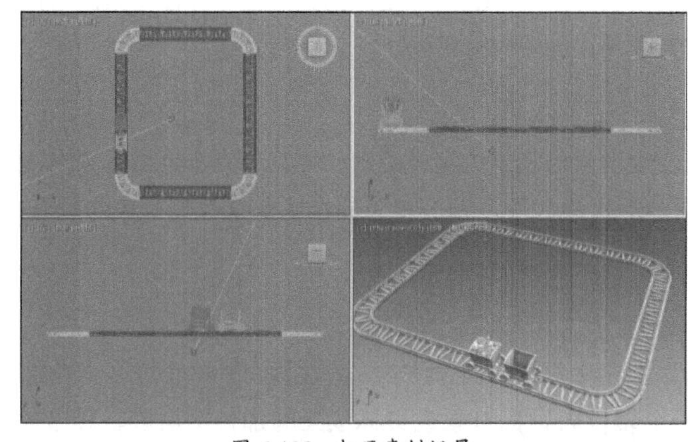

图 6-108 打开素材场景

步骤02 单击“矩形”按钮，在顶视图中绘制一个圆角矩形样条线，并设置参数，在左视图中调整圆角矩形的位置到轨道表面，如图6-109和6-110所示。

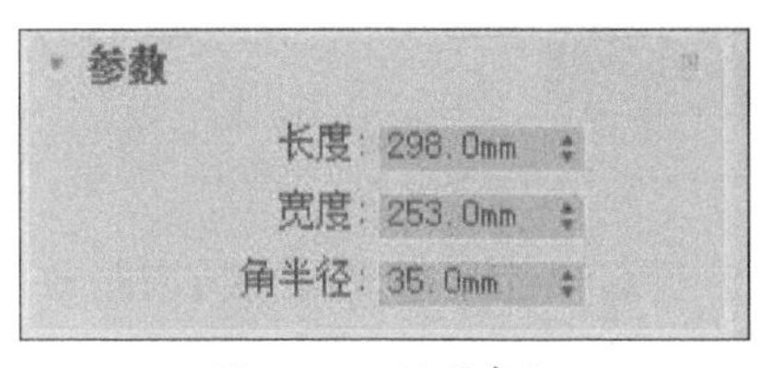

图 6-109　设置参数

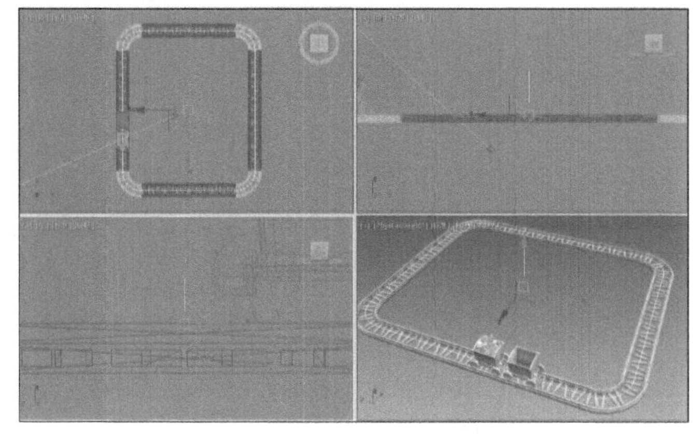

图 6-110　调整圆角矩形的位置

步骤03 选择满载矿物的矿车模型，在“层次”面板中单击“仅影响轴”按钮，再单击“居中到对象”按钮，然后在左视图中调整轴位置，如图6-111所示。

步骤04 同样调整另一辆空矿车的坐标轴位置，如图6-112所示。

图 6-111　调整矿车的坐标轴位置

图 6-112　调整空矿车的坐标轴位置

步骤05 选择满载矿物的矿车，执行“动画”→“约束”→“路径约束”命令，在视口中单击拾取样条线作为路径，如图6-113所示。

步骤06 添加路径约束后，矿车模型的位置发生了改变，如图6-114所示。

图 6-113　拾取样条线

图 6-114　位置改变

拖动时间滑块，可以看到矿车沿着路径运动，但角度不对，如图所示。

图 6-115　路径运动

步骤 08 在右侧的“路径参数”卷展栏中勾选“跟随”复选框，再选择y轴，使矿车的方向跟随路径方向，如图6-116和图6-117所示。

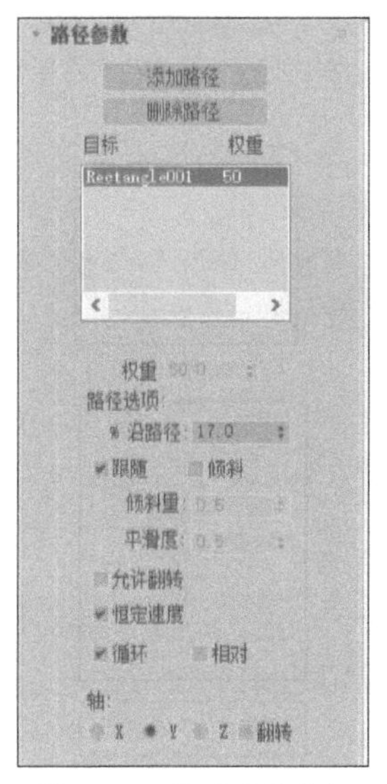

图 6-116　设置路径参数

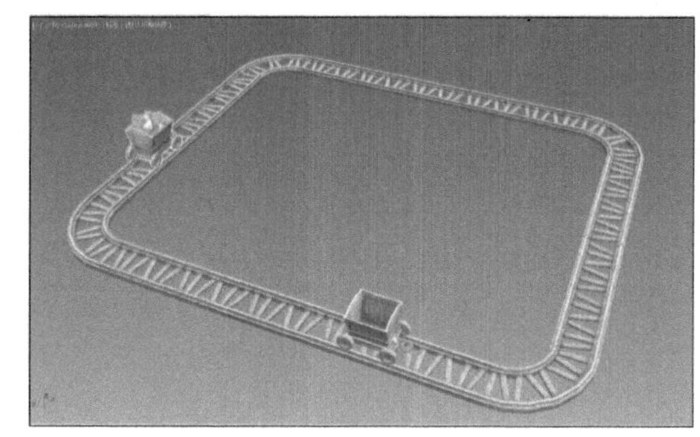

图 6-117　跟随路径方向效果

步骤 09 再为空矿车添加路径约束，并设置路径跟随，此时可以看到矿车模型发生了重叠，如图6-118所示。

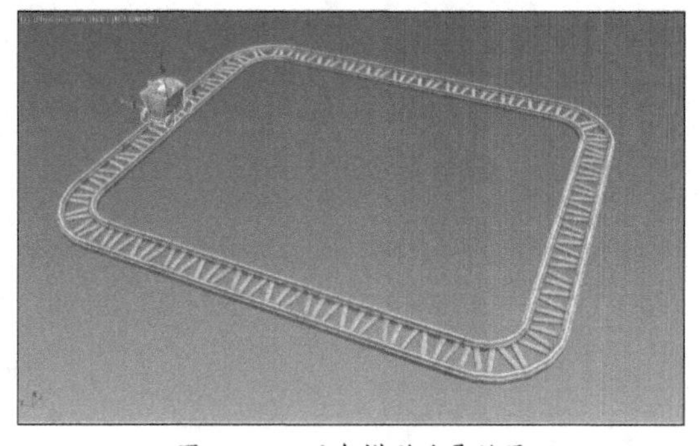

图 6-118　矿车模型重叠效果

步骤10 在顶视图中沿x轴调整空矿车的位置，如图6-119所示。

步骤11 切换到摄影机视口，单击“播放动画”按钮，即可看到矿车沿轨道运动的动画，如图6-120所示。

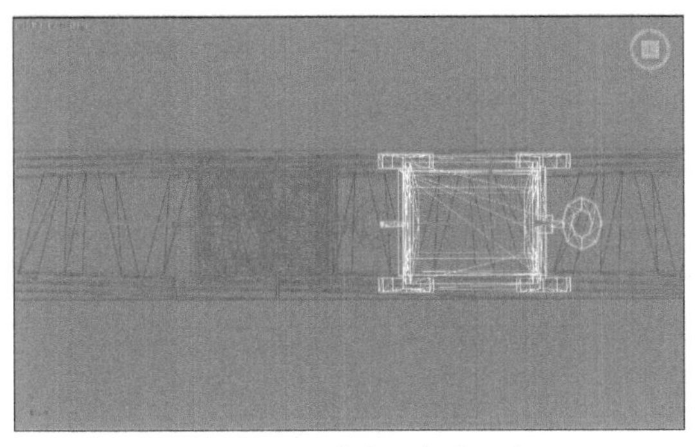

图 6-119 调整空矿车的位置

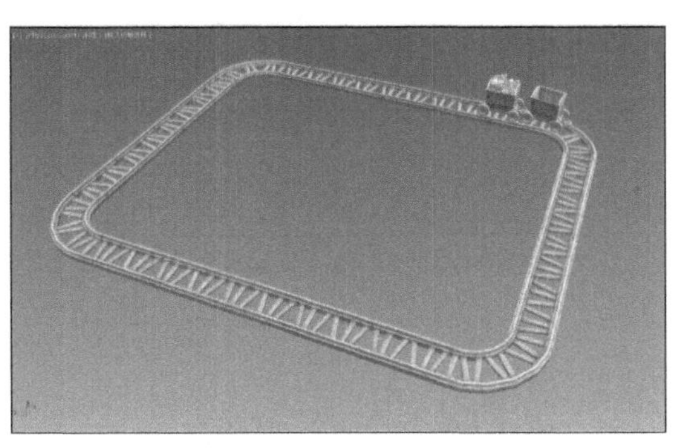

图 6-120 运动动画效果

6.5 摄影机与渲染技术

摄影机的应用是效果图制作过程中一个重要的环节。在设计创作中，可以通过切换透视视角和摄影机视角来观察局部与整体的效果。除此之外，渲染技术也非常关键。本节对摄影机类型、渲染器基础和V-Ray渲染器等知识进行介绍。

6.5.1 摄影机类型

真实世界中的摄影机是使用镜头将环境反射的光聚焦到具有光敏感性表面的焦平面上。3ds Max中，摄影机的相关参数主要是焦距和视野。

- **焦距：**是指镜头和焦平面间的距离。焦距影响成像对象在图片中的清晰度。焦距越小，图片中包含的场景越多；焦距越大，图片中包含的场景越少，但会显示远距离成像对象的更多细节。
- **视野：**用于控制摄影机可见场景的数量，以水平线度数进行测量。视野与镜头的焦距直接相关，焦距越大则视野越窄，焦距越小则视野越宽。

使用摄影机可以从特定的观察点表现场景，模拟真实世界中的静止图像、运动图像或视频，并能够制作某些特殊的效果，如景深和运动模糊等。本节主要介绍3ds Max中较为常用的摄影机类型。

1. 物理摄影机

使用物理摄影机可以模拟用户所熟悉的真实摄影机设置，如快门速度、光圈、景深和曝光等。借助增强的控件和额外的视口内反馈，让逼真图像和动画的创建变得更加容易。其参数卷展栏包括“基本”“物理摄影机”“曝光”“散景（景深）”“透视控制”“镜头扭曲”“其他”，如图6-121所示。

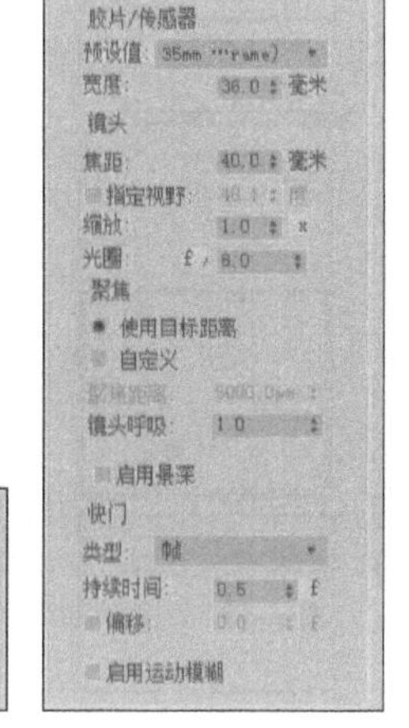

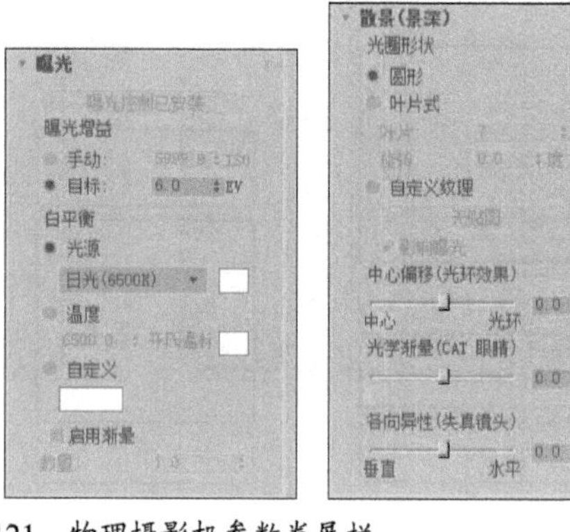

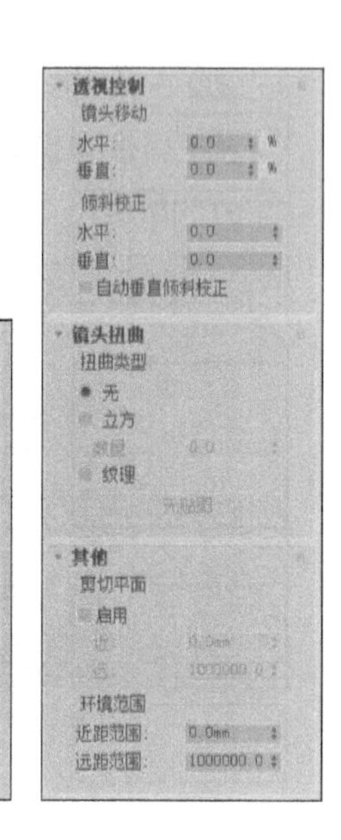

图 6-121　物理摄影机参数卷展栏

2. 目标摄影机

目标摄影机用于观察目标点附近的场景内容，包括摄影机和目标两部分，可以很容易地进行单独调整，并分别设置动画。其参数卷展栏包括“参数”“景深参数”“运动模糊参数”卷展栏，如图6-122所示。

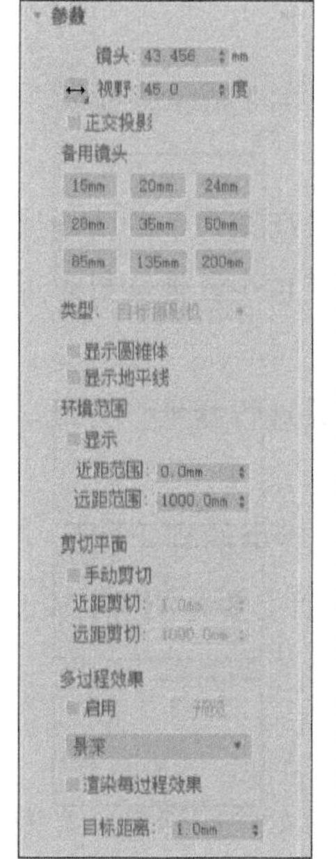

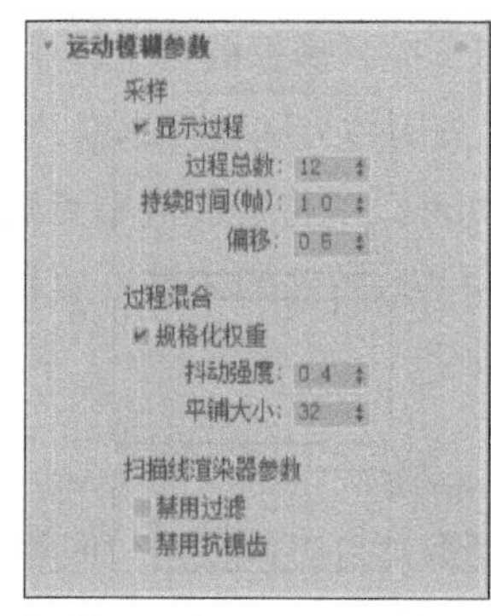

图 6-122　目标摄影机参数卷展栏

■6.5.2　渲染器基础

3ds Max对系统要求较高，无法实时预览，需要先进行渲染才能看到最终效果。可以通过设置不同的渲染器参数，达到不同的渲染效果。

1. 渲染器类型

渲染器的类型很多，3ds Max自带多种渲染器，分别是ART渲染器、Quicksilver硬件渲染器、VUE文件渲染器和扫描线渲染器，还有一些外置的渲染器插件，如Arnold渲染器、V-Ray渲染器等，如图6-123所示。

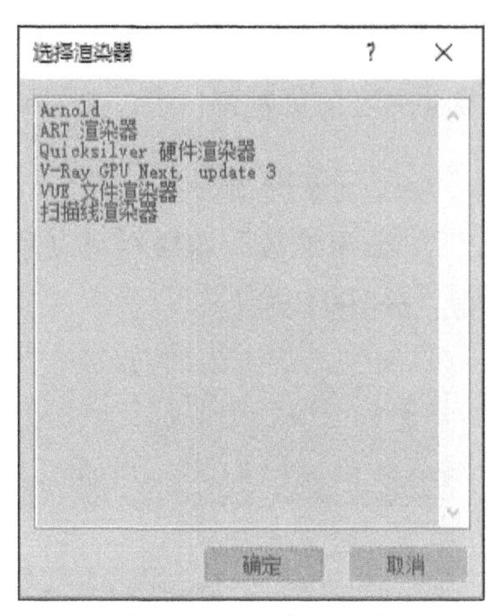

图 6-123　渲染器类型

（1）Arnold

Arnold渲染器用于电影动画渲染，渲染速度比较慢，品质较高。

（2）ART渲染器

ART渲染器，全称为“Artlantis渲染器”，是法国Abvent公司重量级渲染引擎。ART渲染器可以为任意的三维空间工程提供真实的基于硬件的灯光现实仿真技术，各部分独立，互不影响，实时预览功能强大，适用于建筑、平面和工业设计渲染与动画。

（3）Quicksilver硬件渲染器

Quicksilver硬件渲染器使用图形硬件生成渲染，其优点是速度快，默认设置提供快速渲染。

（4）VUE文件渲染器

使用VUE文件渲染器可以创建VUE文件，该文件使用可编辑的ASCII格式。

（5）扫描线渲染器

扫描线渲染器是3ds Max默认的一种多功能渲染器，可以将场景渲染为从上到下生成的一系列扫描线。扫描线渲染器的渲染速度是最快的，但是真实度一般。

（6）V-Ray渲染器

V-Ray渲染器是渲染效果相对比较优质的渲染器插件。

2. 指定渲染器

在“渲染设置”面板的“指定渲染器”卷展栏中可以进行渲染器的更换。单击右侧的“浏览”按钮▢，打开“选择渲染器”对话框，在列表中选择合适的渲染器，单击“确定”按钮即可完成设置，如图6-124和图6-125所示。

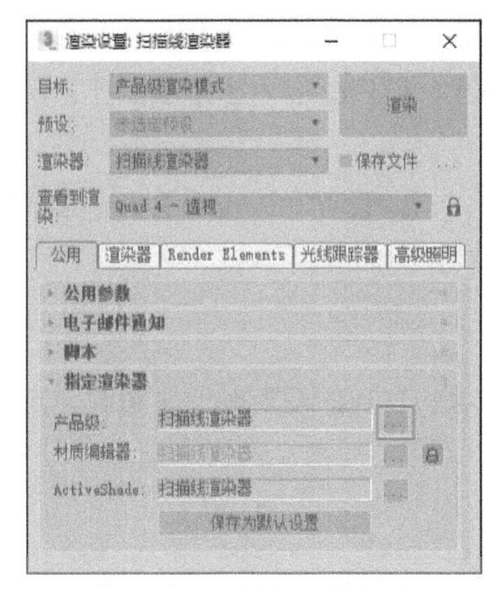

图 6-124　“选择设置”面板

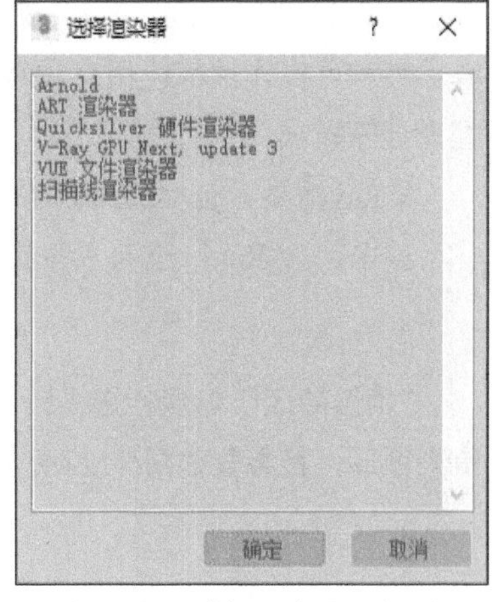

图 6-125　“选择渲染器”对话框

3. 渲染帧窗口

在3ds Max中进行渲染，都是通过渲染帧窗口来查看和编辑渲染结果的。要渲染的区域设置也是在渲染帧窗口中，如图6-126所示。

4. 渲染输出参数

“公用参数”卷展栏可以用来设置所有渲染器的输出参数，如图6-127所示。

图 6-126　渲染帧窗口

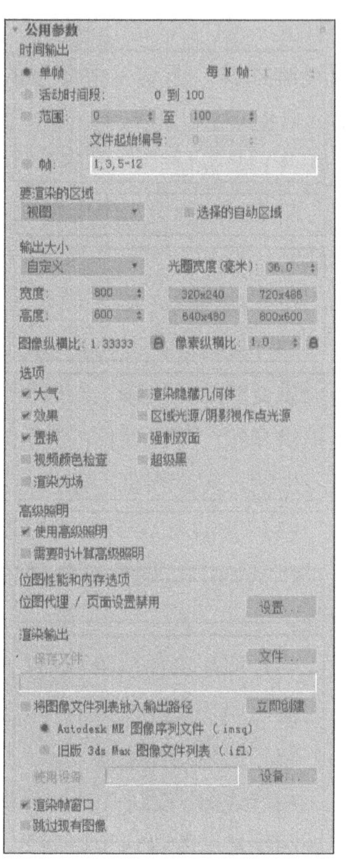

图 6-127　“公用参数”卷展栏

6.5.3　V-Ray渲染器

V-Ray渲染器是最常用的外挂渲染器之一，它以插件的形式与3ds Max、Maya、SketchUp等软件完美配合。V-Ray的渲染速度与渲染质量比较均衡，无论是静止画面还是动态画面，其真实性和可操作性都让用户非常满意，被广泛应用于游戏制作、动画表现、建筑设计及工业造型设计等领域。

V-Ray渲染器包括公用、V-Ray、GI、设置和Render Elements 5个选项卡。

其中，“V-Ray”选项卡各卷展栏介绍如下：

1. 帧缓冲区

“帧缓冲区”卷展栏用来设置V-Ray自身的图形帧渲染窗口，可以设置渲染图的大小和保存渲染图形，其参数如图6-128所示。

2. 全局开关

“全局开关”卷展栏主要用于对场景中的灯光、材质、置换等进行全局设置，如是否使用默认灯光、是否打开阴影等，其参数如图6-129所示。

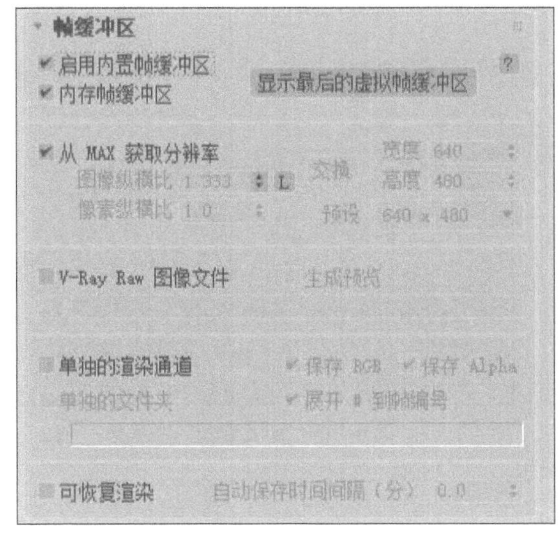

图 6-128 “帧缓冲区”卷展栏

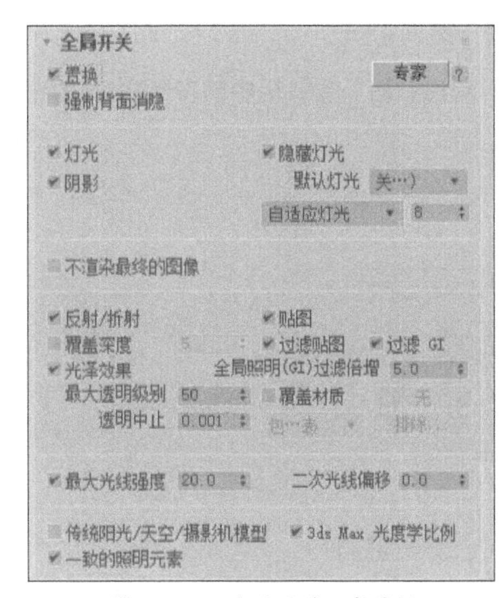

图 6-129 “全局开关”卷展栏

3. 图像采样器（抗锯齿）

在V-Ray渲染器中，“图像采样器（抗锯齿）”是指采样和过滤的一种算法，可以通过生成最终的像素数组完成图形的渲染。V-Ray渲染器提供了几种不同的采样算法，尽管会增加渲染时间，但是所有的采样器都支持3ds Max的抗锯齿过滤算法。可以在“块”采样器和“渐进式”采样器中根据需要选择一种使用。该卷展栏用于设置图像采样和抗锯齿过滤器类型，其参数卷展栏如图6-130所示。

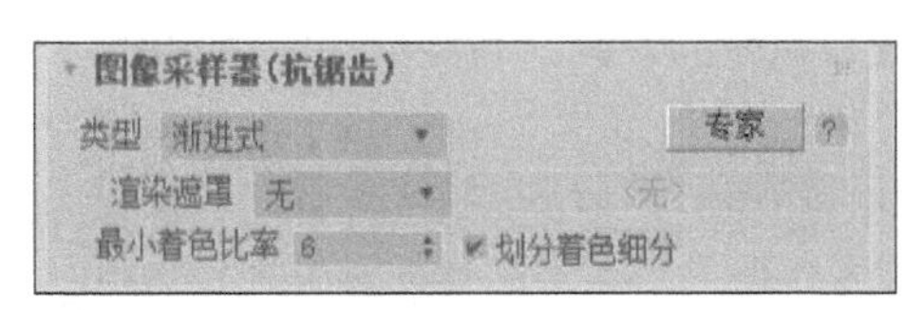

图 6-130 “图像采样器（抗锯齿）”卷展栏

4. 图像过滤器

图像过滤器可以平滑渲染时生成的对角线或弯曲线条的锯齿状边缘。在最终渲染和需要保证图像质量的样图渲染时，都需要启用该选项，其参数卷展栏如图6-131所示。

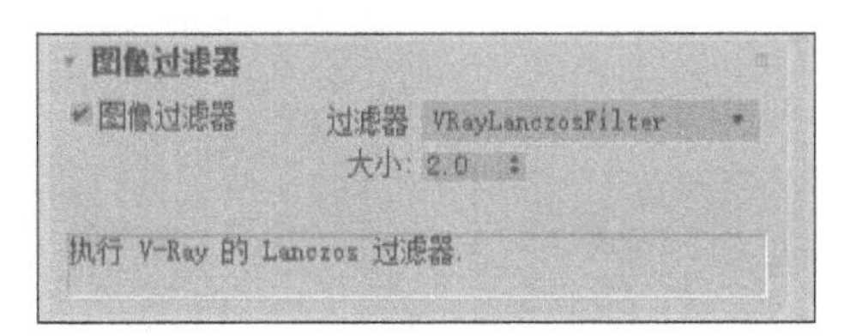

图 6-131 “图像过滤器”卷展栏

5. 全局确定性蒙特卡洛

“全局确定性蒙特卡洛”卷展栏可以说是V-Ray的核心，贯穿于V-Ray的每一种模糊计算，包括抗锯齿、景深、间接照明、面积灯光、模糊反射/折射、半透明、运动模糊等，其参数卷展栏如图6-132所示。

6. 颜色贴图

“颜色贴图”卷展栏中的参数用来控制整个场景的色彩和曝光方式，其参数卷展栏如图6-133所示。

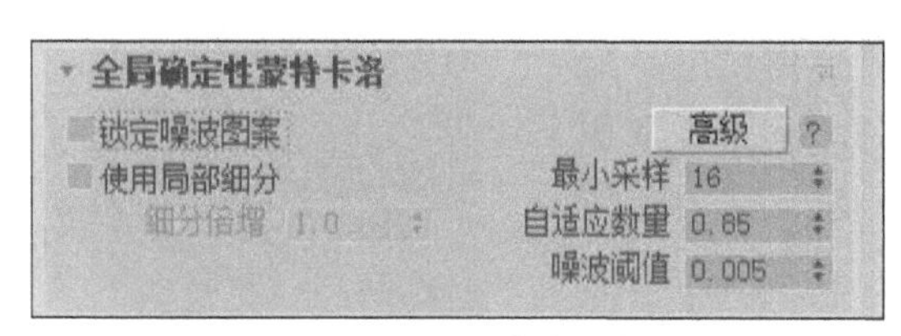

图 6-132 “全局确定性蒙特卡洛”卷展栏

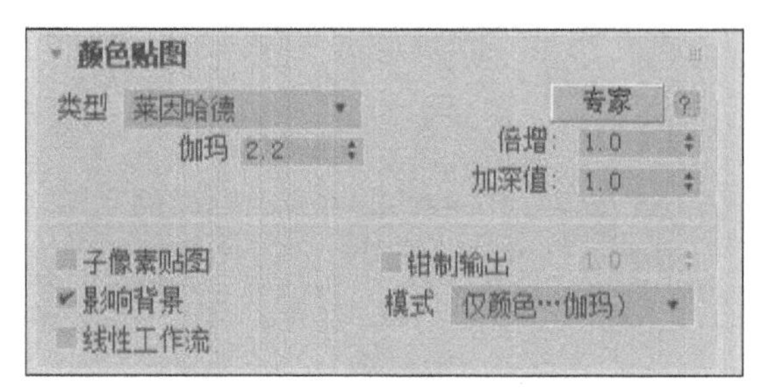

图 6-133 “颜色贴图”卷展栏

7. 全局照明

在修改V-Ray渲染器时，首先要开启全局照明（GI），这样才能呈现真实的渲染效果。开启GI后，光线会在物体与物体间互相反弹，因此光线计算会更准确，图像也更加真实。“全局照明”参数卷展栏如图6-134所示。

8. 发光贴图

在V-Ray渲染器中，发光贴图是计算场景中物体的漫反射表面发光时采取的一种有效的方法。发光贴图是一种常用的全局照明引擎，它只存在于首次反弹引擎中，因此在计算GI的时候，并不是场景的每一个部分都需要同样的细节表现，它会自动判断在重要的部分进行更加准确的计算，在不重要的部分进行粗略的计算，其参数卷展栏如图6-135所示。

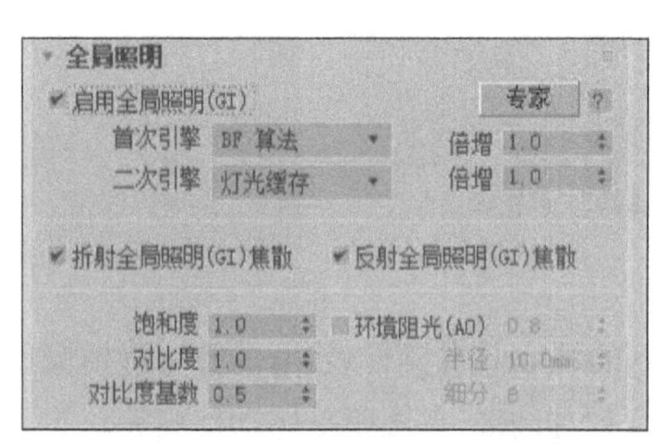

图 6-134 “全局照明”卷展栏

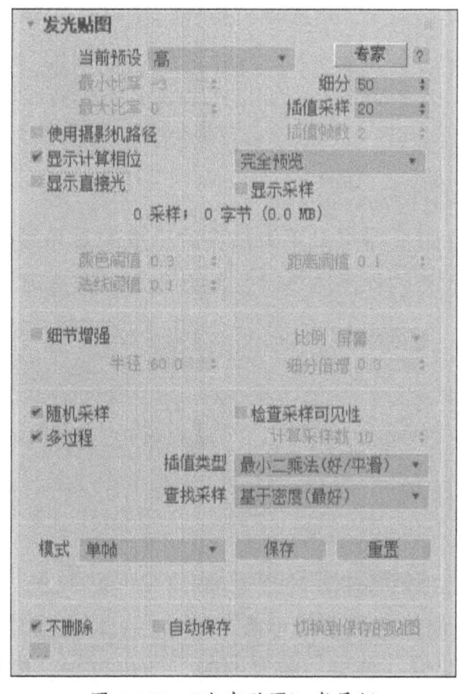

图 6-135 “发光贴图”卷展栏

9. 灯光缓存

灯光缓存与发光贴图比较相似，只是光线路径相反。发光贴图的光线追踪方向是从光源发射到场景的模型中，再反弹到摄影机；而灯光缓存是从摄影机开始追踪光线到光源，摄影机追踪光线的数量就是灯光缓存的最后精度，其参数卷展栏如图6-136所示。

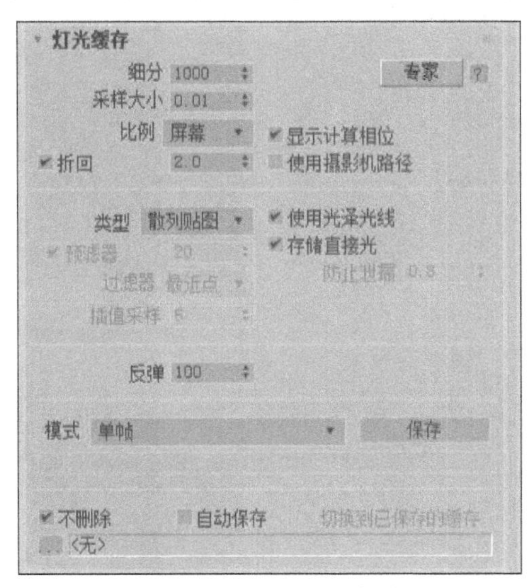

图 6-136 “灯光缓存”卷展栏

实例：制作海上船只效果

下面通过具体的案例介绍前面所学的知识。

步骤 01 打开素材场景文件“制作海上船只效果.max”，如图6-137所示。

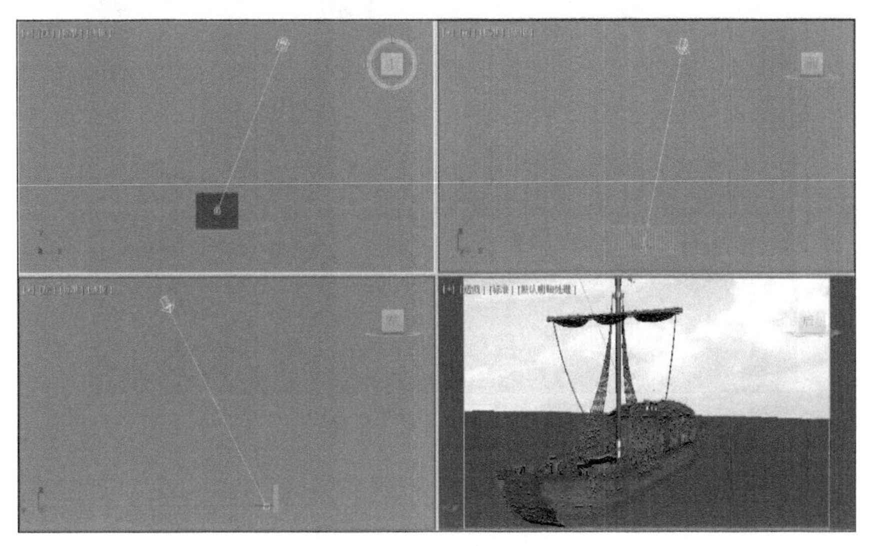

图 6-137 打开素材场景

步骤02 单击“目标”摄影机按钮，在视图中创建一架摄影机，选择28.0 mm镜头，并调整角度和位置，如图6-138所示。

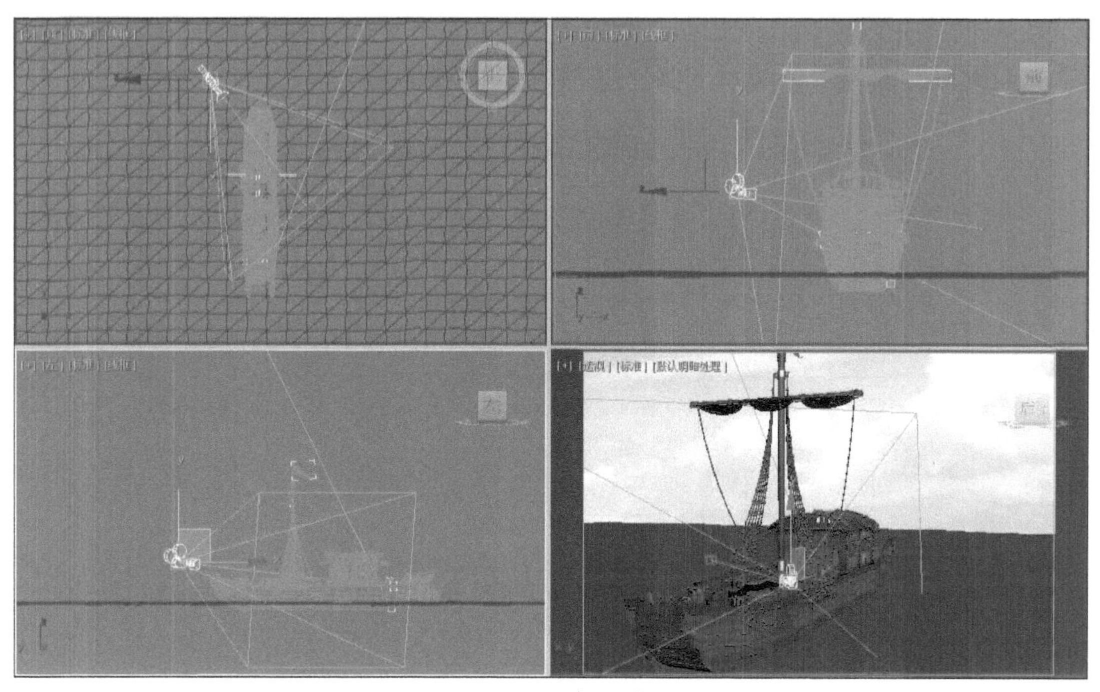

图 6-138　创建摄影机

步骤03 激活透视视图，按C键切换到摄影机视图，如图6-139所示。

图 6-139　切换到摄影机视图

按键打开渲染设置面板，设置渲染器为默认的扫描线渲染器，在公用参数卷展栏中设置输出大小，如图所示。

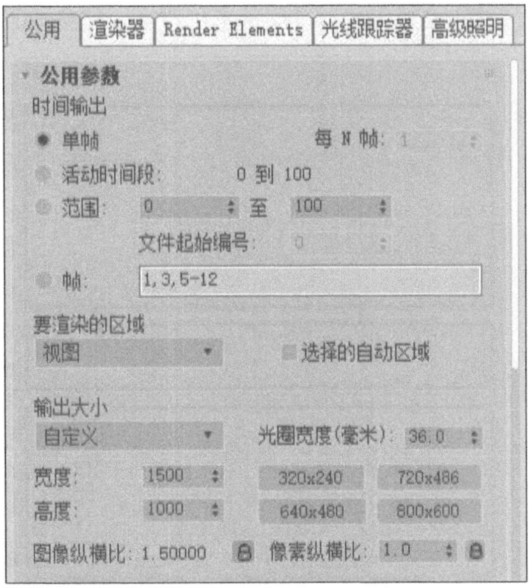

图 6-140 “公用参数”卷展栏

步骤05 在“扫描线渲染器”卷展栏中设置过滤器类型为Catmull-Rom，如图6-141所示。

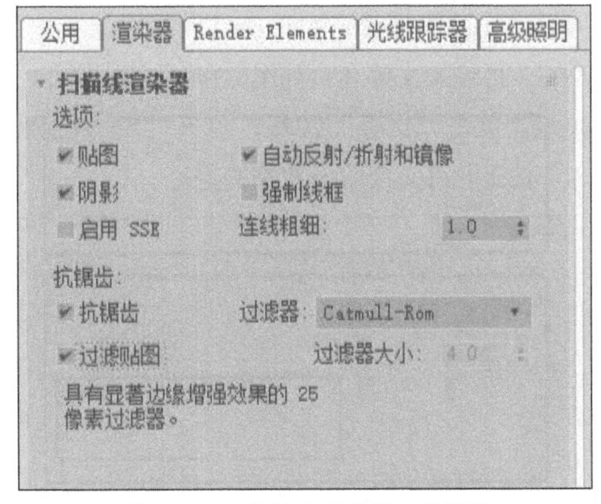

图 6-141 “扫描线渲染器”卷展栏

步骤06 在“光线跟踪器全局参数”卷展栏中设置“最大深度”，如图6-142所示。

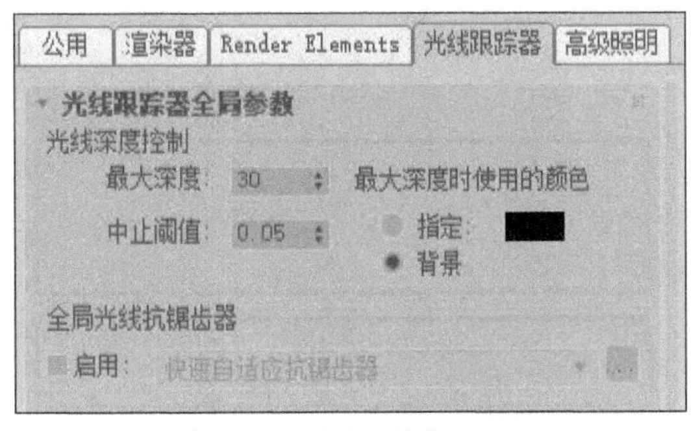

图 6-142 设置“最大深度”

步骤07 设置完毕后渲染摄影机视图，最终效果如图6-143所示。

图 6-143　最终效果

步骤08 在渲染帧窗口中单击“保存图像”按钮，打开“保存图像”对话框，指定保存类型为PNG，再输入文件名，如图6-144所示。

步骤09 单击“保存”按钮，打开“PNG配置”对话框，如图6-145所示，这里直接单击“确定”按钮即可完成渲染效果的保存。

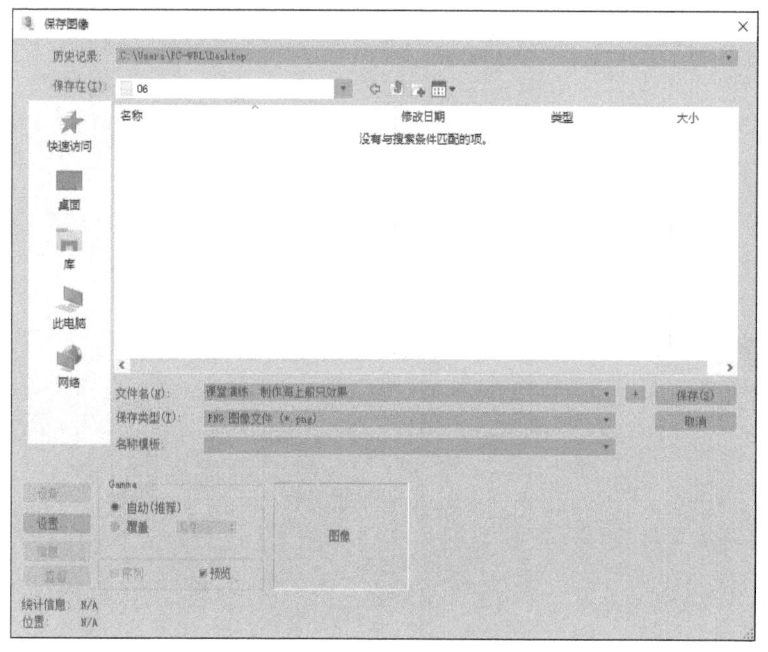

图 6-144　“保存图像”对话框

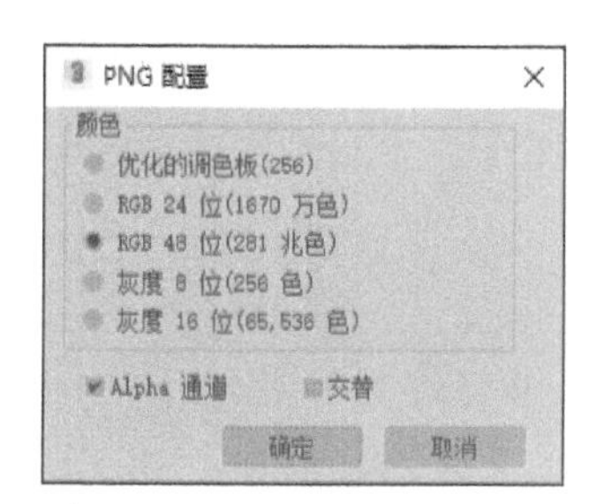

图 6-145　“PNG 配置”对话框

课后作业

一、填空题

1. 3ds Max中提供了3种克隆方式，分别是________、________、________。

2. 3ds Max中的6个命令面板分别是“________”面板、“________”面板、“层次”面板、“________”面板、“显示”面板和“实用程序”面板。

3. ________是标准基本体中唯一完整的三维模型实体。

4. 3ds Max的工作界面主要由________、________、命令面板、视图区、动画控制栏、视图导航栏、状态和提示栏等组成。

二、选择题

1. 下列选项中不属于默认情况下视图区区域的是（　　）。

A. 顶视图　　B. 摄影机视图

C. 前视图　　D. 透视视图

2. 下列选项中不属于标准基本体的是（　　）。

A. 长方体　　B. 棱柱

C. 四棱锥　　D. 茶壶

3. 使用“（　　）”修改器可以将二维样条线绕轴旋转一周，生成旋转体。

A. 车削　　B. 挤出

C. 晶格　　D. 扭曲

4. 使用（　　）可以使对象沿指定的路径运动，并且可以产生绕路径旋转的效果。

A. 链接约束　　B. 注视约束

C. 路径约束　　D. 方向约束

5. 3ds Max中默认的切换到顶视图的快捷键是（　　）。

A. W　　B. B

C. T　　D. L

三、操作题

根据本模块所学知识，对椅子模型进行镜像、复制等操作，如图6-146所示。

图 6-146　最终效果

模块 7

多媒体课件制作技术

内容导读

PowerPoint是微软Office软件套装的重要组件之一，是一款便捷、高效的演示软件，使用该软件可在短时间内制作出一套完整的教学课件。PowerPoint操作简单，易学易会，是制作多媒体课件的首选软件。本模块将介绍如何使用PowerPoint制作课件。

数字资源

【本模块素材】："素材文件\模块7"目录下

7.1 多媒体课件基本知识

简单来说，多媒体课件就是教师用来辅助教学的工具。教师可根据教学大纲和教学需要，将教学内容通过文本、图形图像、声音、视频、动画等元素集中在幻灯片中进行演示，以起到辅助课堂教学的作用。

■7.1.1 多媒体课件的概念

多媒体课件（简称“课件”）是集文本、图形图像、音视频、动画等多种媒体元素为一体的教学软件。它能够很好地呈现出以往传统教学所无法呈现的效果，同时它特有的交互特性也使得老师和学生之间的交流变得更加方便。

通过课件，老师可以将一些难度较高的教学内容通过情景再现、实验演示等技术手段，生动形象地展现给学生，以便学生更好地理解教学内容。

采用多媒体课件进行教学的优势体现在以下几方面。

1. 具有丰富表现力

多媒体课件不仅可以自然、逼真地呈现多姿多彩的视听世界，还可以对宏观和微观事物进行模拟，对抽象、无形事物进行生动、直观的表现等，使原本枯燥乏味的教学活动变得生动有趣。

2. 具有良好的交互性

多媒体课件不仅可以在内容的使用上提供良好的交互性，还可以运用适当的教学策略指导学生学习，更好地体现出“因材施教的差别化教学”。

3. 具有极大的共享性

网络技术的发展，数字媒体信息的自由传输，使得教育在全世界的交换、共享成为可能。以网络为载体的多媒体课件，提供了教学资源的交换和共享。

多媒体课件在教学中的使用，改善了教学媒体的表现力和交互性，促进了课堂教学内容、教学方法、教学过程的全面优化，提高了教学效果。

■7.1.2 多媒体课件的种类

目前，课件的种类有很多。按照课件作用的不同，可分为助教型、助学型、实验型、训练与练习型、积件型5类。

1. 助教型

助教型课件用于辅助老师课堂演示教学，主要为解决课堂上某一教学重点、难点而设计，注重对学生的启发、提示，帮助学生理解和记忆，激发学生的学习积极性和主动性。

2. 助学型

助学型课件主要体现的是交互式教学，学生可以利用计算机、平板电脑等终端设备进行自主学习。它与助教型课件的结构有所不同，助学型课件的知识结构比较完整，反映一定的教学过程和教学策略，学生可通过自主选择链接学习知识。

3. 实验型

实验型课件主要用于帮助学生模拟实验，其中提供了可更改参数的选项。当输入不同的参数时，系统会根据不同参数真实模拟实验对象的状态和特征。

4. 训练与练习型

训练与练习型课件主要是通过试题的方式帮助学生进行强化训练，巩固某方面的知识和技能。在制作时要确保有一定比例的知识点覆盖率，以便全面考核学生的能力水平。

5. 积件型

积件型课件主要为教师或学生提供对某类学科资料的查阅，如电子书、电子词典等。教师可根据自己的教学需求，对资料进行编辑调整，从而形成更加适用的新课件。

7.1.3 多媒体课件的开发流程

多媒体课件的开发流程一般为：策划课题→准备脚本→收集素材→选择制作软件→合成制作→放映预演。

1. 策划课题

虽说多媒体课件是现代教育的一种新手段，但并非每节课都要使用。当教师决定使用课件来辅助教学时，就要先策划好课题。课题选用得好，可以提高教学质量，否则只会起到反作用。

例如，化学、生物、物理教材中，有的实验或知识点存在很多微观结构，很难用语言表达出来。像这样的课题完全可以利用多媒体课件进行展示，让抽象的内容具体化，形象化，帮助学生理解和消化，图7-1所示的是生物课件内容。

图 7-1　生物课件内容

2. 准备脚本

脚本包括文本脚本和制作脚本。其中，文本脚本又包括教案和文本稿本，如明确教学目标、教学重点、教学进程和教学结构等；而制作脚本则是将教学过程具体化，如在某个界面要添加音频或视频元素或在某个界面添加动画元素等。

3. 收集素材

根据脚本内容收集相应的素材文件。教师可在网络中下载与之相关的图片、视频等素材，也可以自己动手制作有关素材，如录制音频、制作简单的流程图等。

4. 选择制作软件

课件制作软件有很多，较为主流的当属微软PowerPoint和金山WPS演示软件。这两款软件都属于易学易用的软件，操作简单，易上手。它们以一张张的幻灯片作为基本单位，将其组合起来构成一份完整的课件，结构简单，在短时间内即可完成各种类型课件的制作，具有很强的时效性。

5. 合成制作

脚本设计完成，素材准备妥当，软件选定后，接下来就进入课件制作环节。教师只需按照教学目标、教学结构和脚本思路，将课件分成模块进行制作，添加相关的交互链接操作，整合成一份多媒体课件即可。

6. 放映预演

课件整合完成后，需要进行预演放映。在预演时，教师需要把控课件放映的时间、自己讲课的节奏，同时检查课件是否有误，这样才能保证在课堂放映时不会出现问题。

7.2 开始制作课件内容

对多媒体课件的概念有了大致了解后，接下来就可以使用主流软件制作课件了。这里就以PowerPoint为例介绍课件制作的基本操作。

■7.2.1 PowerPoint操作界面

PowerPoint的操作界面是由标题栏、功能区、导航窗格、操作区、备注栏和状态栏6个区域组成的，如图7-2所示。

- **标题栏：**从左至右依次显示的是快速访问工具栏、文档名称、软件名称、功能区显示选项按钮和窗口控制按钮。
- **功能区：**位于标题栏的下方，是由选项卡、选项组和操作命令3个区域组合而成的。每个选项卡中包含多个选项组，相同类别的命令通常集中在同一个选项组中。

提示：在课件中插入图片、形状或表格等元素后，在功能区中会显示一个动态选项卡，例如“图片格式”“形状格式”“表设计”“布局”等。这些选项卡只有在选中相关元素后才会显示。

图 7-2　PowerPoint 操作界面

- **导航窗格：** 位于功能区的下方，操作区左侧。它以预览图的形式显示课件中的所有幻灯片。在此选中一页幻灯片，该幻灯片即被显示在操作区中。
- **操作区：** 位于整个界面的中间位置，也是最主要的制作区域。在该区域中可以输入文字、插入图片、绘制图形等。
- **备注栏：** 位于操作区的下方，状态栏的上方。在该区域中可输入当前页面的备注内容。在放映幻灯片时，备注内容只有自己能看到。
- **状态栏：** 主要显示当前课件的状态，如幻灯片数量、拼写检查、当前视图模式和页面缩放比例等。

7.2.2　使用主题创建课件

PowerPoint提供了多套主题模板，用户可利用这些主题模板创建课件。

扫码观看视频

步骤 01 启动PowerPoint后进入“开始”界面，单击“更多主题”按钮，如图7-3所示。

图 7-3　“开始”界面

步骤02 打开“新建”界面，在此可选择合适的主题模板，如图7-4所示。

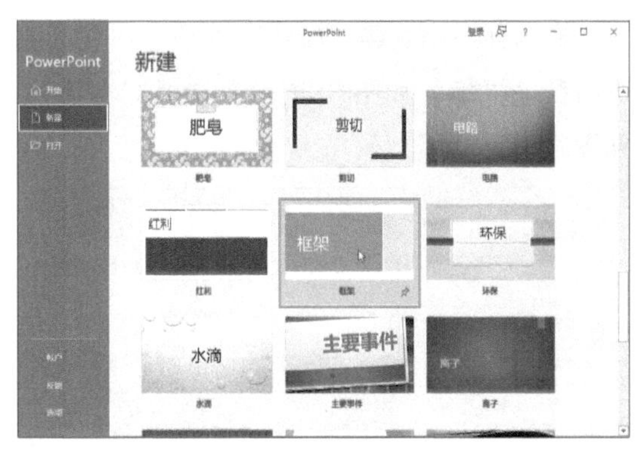

图 7-4 “新建”界面

步骤03 在打开的创建界面中，可以根据需要选择相关主题及其配色，如图7-5所示。

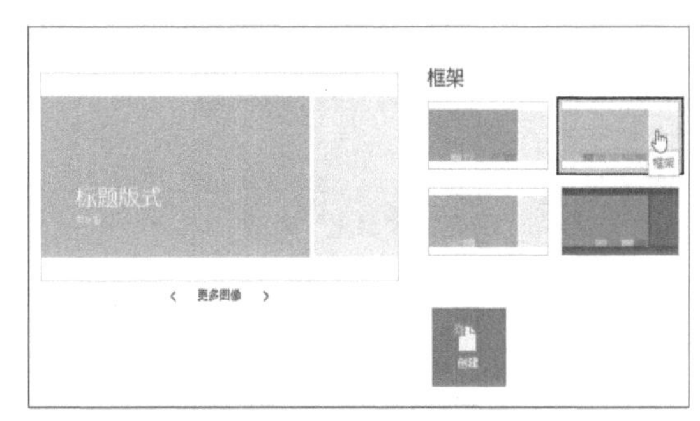

图 7-5 选择主题及其配色

步骤04 设置好后，单击“创建”按钮，即可创建该主题模板，如图7-6所示。

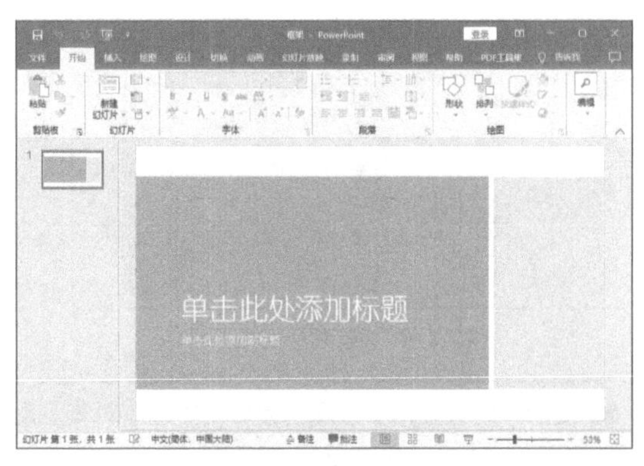

图 7-6 创建主题模版

主题模板创建好后，如果需要对其颜色、字体或背景样式进行修改，可在“设计”选项卡的“变体”选项组中单击右下角的“其他”下拉按钮，在打开的列表中选择相应的选项进行设置，如图7-7所示。

图 7-7 “设计”选项卡

在该列表中选择“颜色”选项，在其级联菜单中选择合适的配色方案，可对当前主题颜色进行统一更换，如图7-8所示。选择“字体”选项，可对当前主题的字体样式进行统一更改，如图7-9所示。

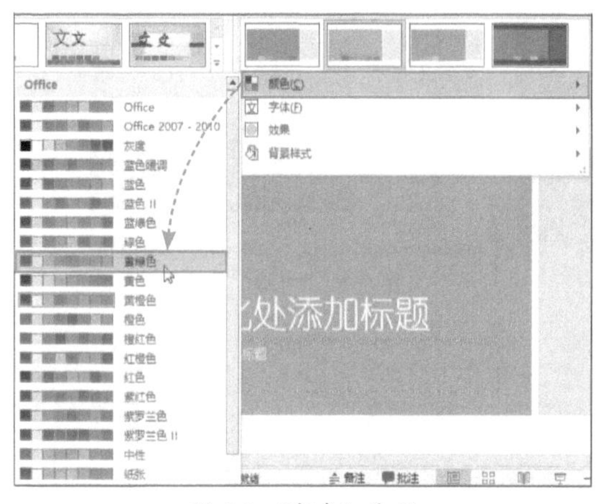

图 7-8 “颜色”选项

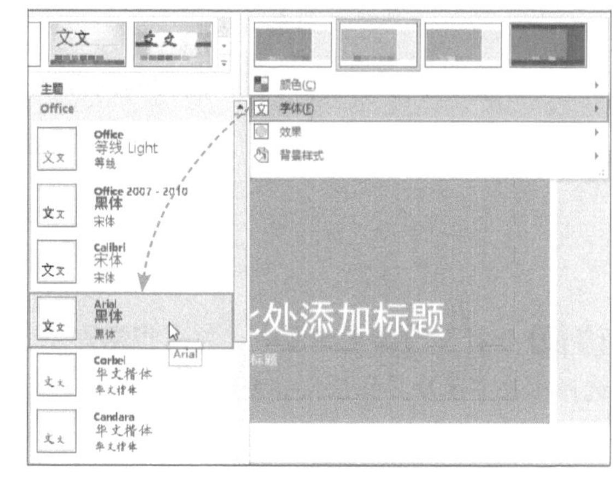

图 7-9 “字体”选项

选择“效果”选项，可对当前主题中的图形效果进行统一更换，如图7-10所示。选择“背景样式”选项，可对当前主题中的背景样式进行设置，如图7-11所示。

图 7-10 “效果”选项

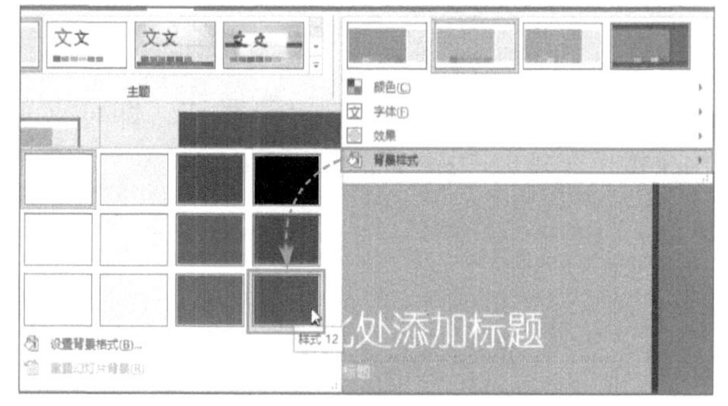

图 7-11 “背景样式”选项

提示： 只有应用了主题模板后，才可以对其主题的颜色、字体等进行统一更改。如果是用户自己设计的版式，那么该功能不起作用。

7.2.3 幻灯片的基本操作

制作课件时，几乎所有的操作都是在幻灯片中进行的。所以，掌握幻灯片的基本操作很重要，包括新建幻灯片、移动/复制幻灯片、设置幻灯片大小等。

1. 新建幻灯片

默认情况下，创建一份新的演示文稿后，系统只会显示一张幻灯片。如果需要增加新的幻灯片，可在“开始”选项卡中单击“新建幻灯片”下拉按钮，从列表中选择新幻灯片的版式，即可在当前幻灯片的下方新增一张幻灯片，如图7-12所示。

此外，在导航窗格中选择所需幻灯片，按Enter键，可在该幻灯片的下方创建新的幻灯片。

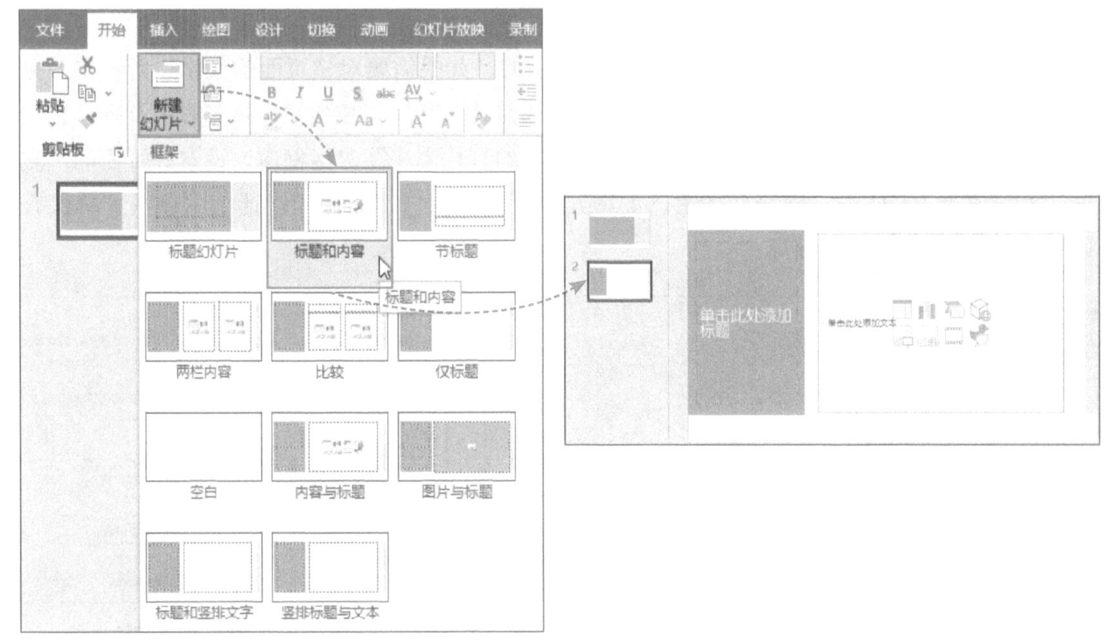

图 7-12 新建幻灯片

2. 移动/复制幻灯片

想要对幻灯片的前后顺序进行调整，只需在导航窗格中选择所需幻灯片，按住鼠标左键不放，将其拖至新位置，放开鼠标即可，如图7-13所示。

如果想要复制某张幻灯片，只需将其选中，按Ctrl+C组合键进行复制，然后在所需位置处按Ctrl+V组合键粘贴幻灯片即可，如图7-14所示。

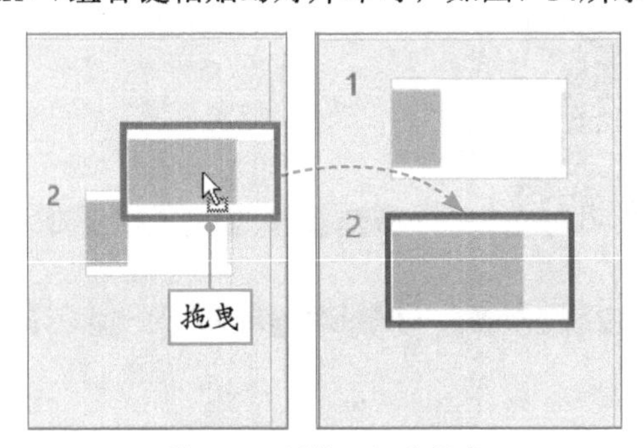

图 7-13 调整幻灯片顺序

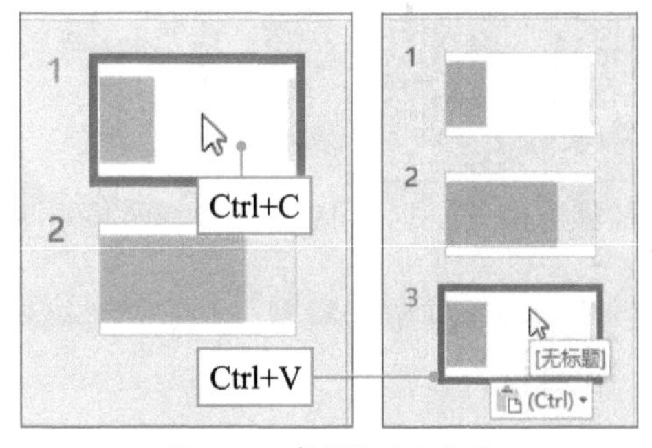

图 7-14 复制粘贴幻灯片

提示：如果需要删除多余的幻灯片，只需在选中后按Delete键即可。如果需要隐藏某张幻灯片的内容，则右击该幻灯片，在打开的快捷菜单中选择“隐藏幻灯片”选项即可，如图7-15所示。右击隐藏的幻灯片，在打开的快捷菜单中再次选择“隐藏幻灯片”选项即可取消隐藏操作。

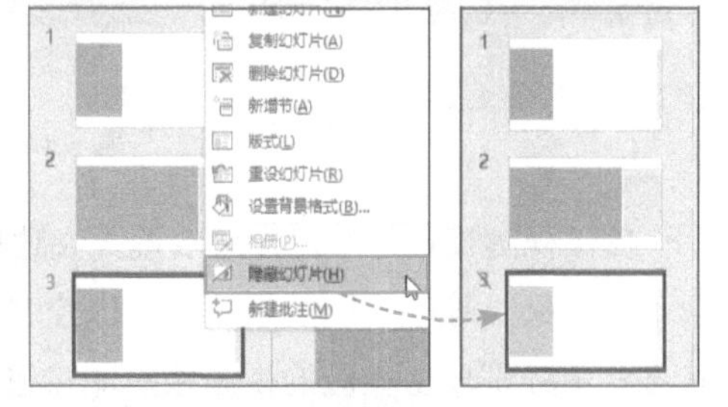

图 7-15 “隐藏幻灯片”选项

3. 设置幻灯片大小

默认的幻灯片是以宽屏（16：9）的尺寸显示的，如果需要对该页面的大小进行调整，可在“设计”选项卡的“自定义”选项组中单击“幻灯片大小”下拉按钮，从列表中选择“自定义幻灯片大小”选项，如图7-16所示。在打开的“幻灯片大小”对话框中，设定好页面的“宽度”和“高度”，单击“确定”按钮，如图7-17所示。在打开的提示对话框中单击“确保合适”按钮即可，如图7-18所示。

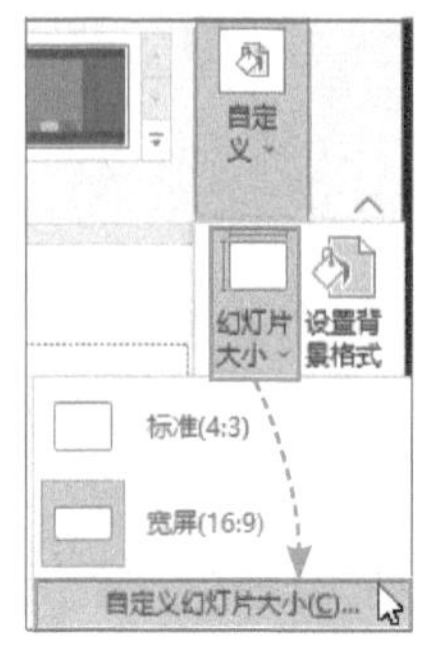

图 7-16 “自定义幻灯片大小”选项

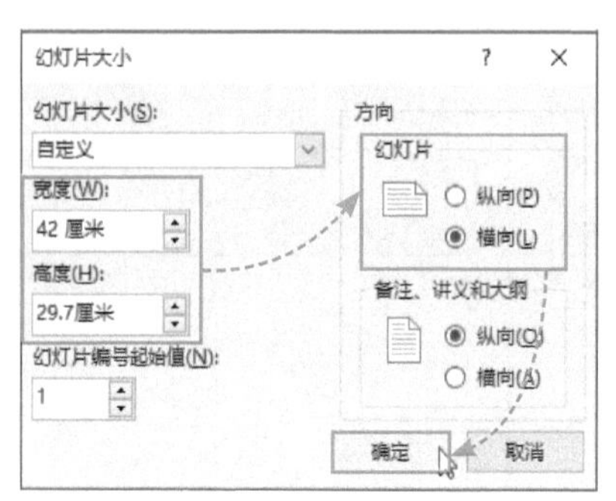

图 7-17 设置宽度和高度

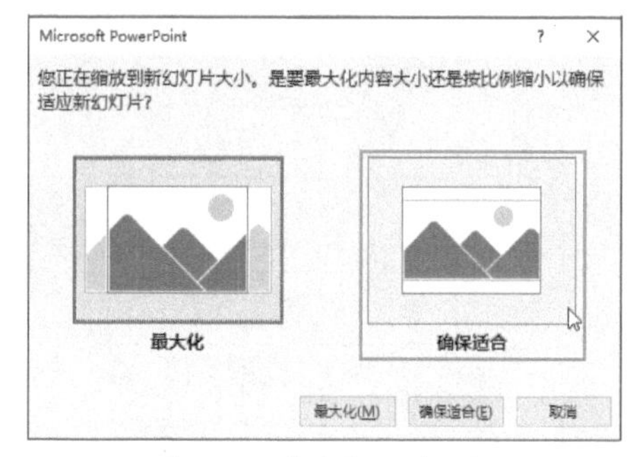

图 7-18 信息提示对话框

4. 幻灯片浏览视图模式

PowerPoint为用户提供了5种视图模式，分别为普通视图、大纲视图、幻灯片浏览视图、备注页和阅读视图，其中普通视图为默认的视图模式。幻灯片浏览视图是将所有幻灯片以缩略图的形式展示，如图7-19所示。在状态栏中单击“幻灯片浏览”按钮即可切换到该模式。

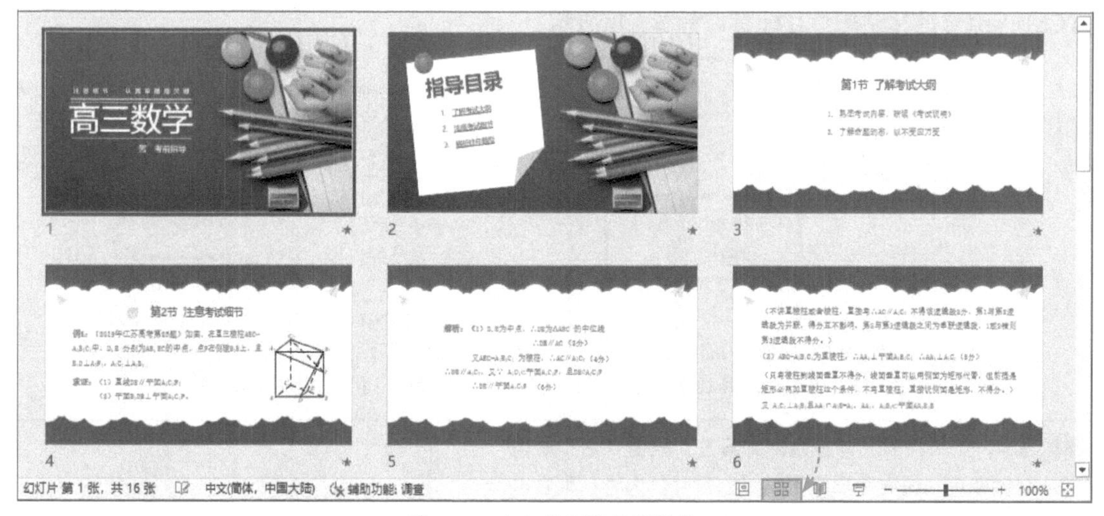

图 7-19 幻灯片浏览视图模式

阅读视图模式与幻灯片放映模式大致相同，都是以放映状态展示当前幻灯片内容，其中包含动画效果。唯一不同的是，前者以窗口模式显示（图7-20），而后者则以全屏模式显示。在状态栏中分别单击相应的视图按钮即可进行切换操作。按Esc键可恢复到普通视图或幻灯片浏览视图模式。

图 7-20 阅读视图模式

5. 设置幻灯片背景

默认情况下幻灯片背景为白色，用户可以根据设计的版式、风格来自定义幻灯片背景。在“设计”选项卡中单击“设置背景格式”按钮，此时会在编辑区右侧打开“设置背景格式”窗格。在该窗格中可将背景设置为纯色填充、渐变填充、图片或纹理填充、图案填充4种填充背景类型，如图7-21～图7-24所示。

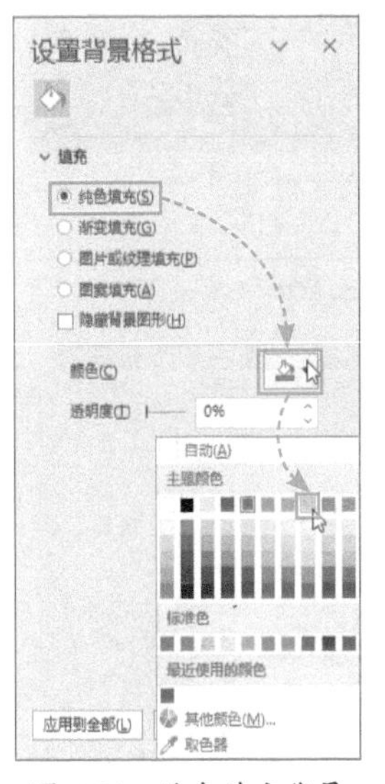

图 7-21 纯色填充背景

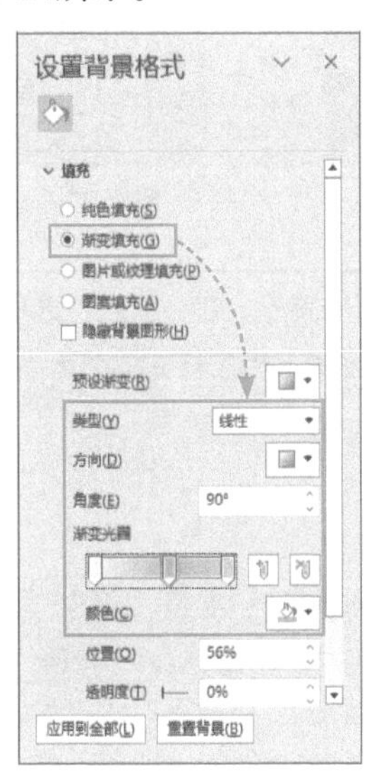

图 7-22 渐变填充背景

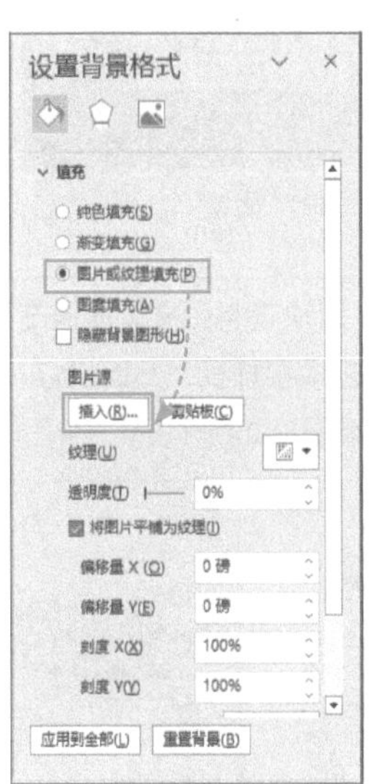

图 7-23 图片或纹理填充背景

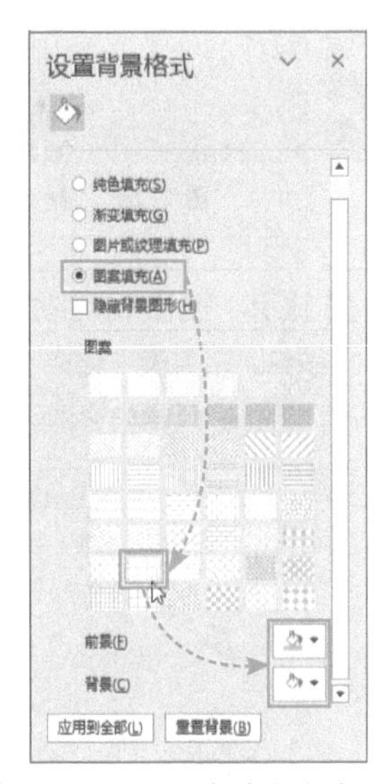

图 7-24 图案填充背景

■7.2.4 在课件中添加各类元素

课件元素包括文本、图片、图形、表格、音/视频等，其中文本和图片是必不可少的元素。将这些元素巧妙组合，可以丰富课件内容，增加课件的可读性。

1. 添加文本内容

新建幻灯片后，单击幻灯片中的文字占位符进入编辑状态，即可输入文本内容，如图7-25所示。

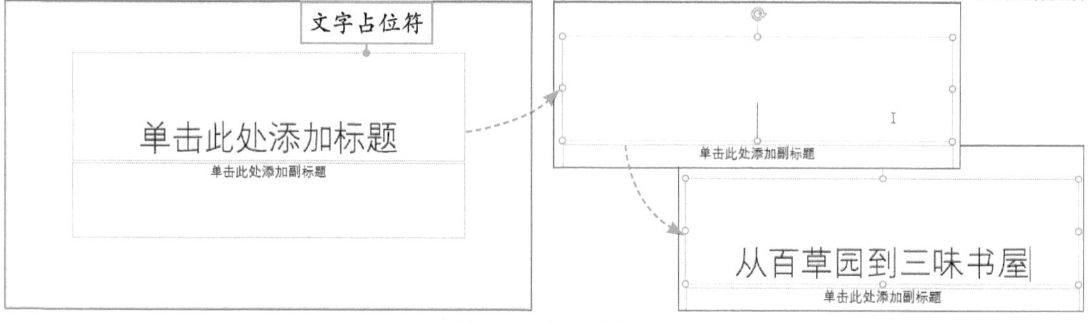

图 7-25　添加文本

除此之外，在“插入”选项卡的“文本”选项组中单击“文本框”下拉按钮，在打开的列表中选择“横排文本框”选项，然后使用鼠标拖曳的方法在页面中绘制出文本框，如图7-26所示。绘制好后即可在光标处输入文本内容，如图7-27所示。

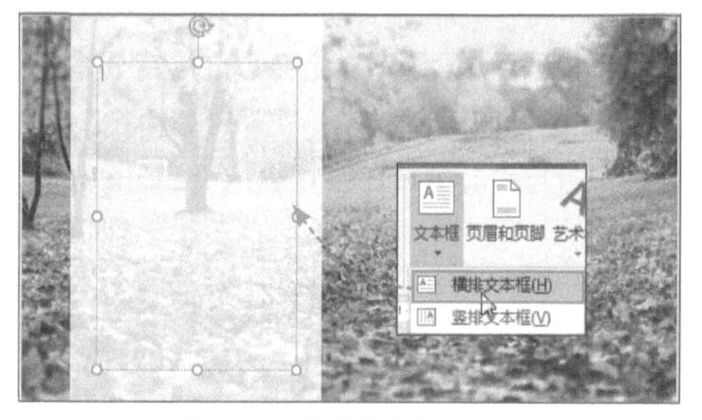

图 7-26　“横排文本框”选项

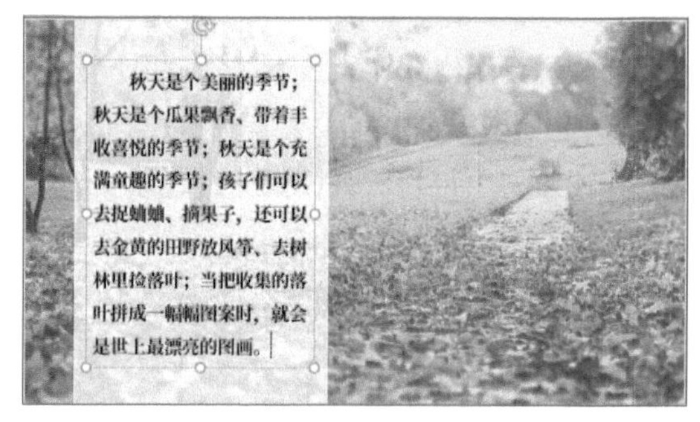

图 7-27　输入文本内容

提示： 利用艺术字功能可以快速美化文本，提高页面的美感。在“插入”选项卡中单击“艺术字”下拉按钮，在列表中选择一种艺术字样式，此时幻灯片中会插入相应样式的艺术字文本框，删除文本框中的内容，输入新内容即可，如图7-28所示。

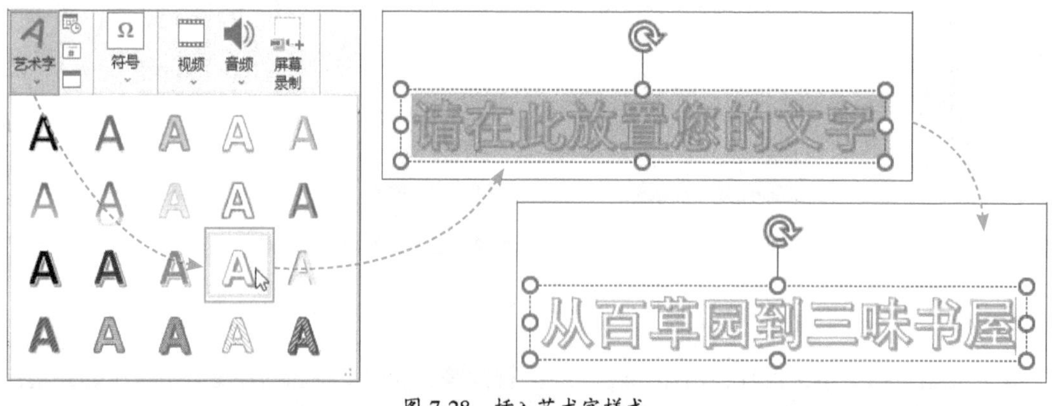

图 7-28　插入艺术字样式

当需要在课件中输入一些特殊的数学符号及公式时，用户可使用“公式输入”功能进行操作。

步骤01 在页面中定位光标，在“插入”选项卡“符号”选项组中单击“公式”下拉按钮，从列表中选择“插入新公式”选项，如图7-29所示。

步骤02 在光标处会显示“在此处键入公式”字样，在“公式”选项卡中单击“括号”下拉按钮，在列表中选择所需的括号样式，如图7-30所示。

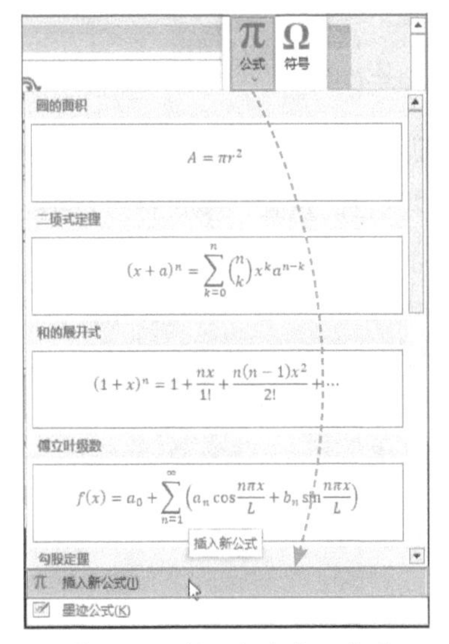

图 7-29 “插入新公式”选项

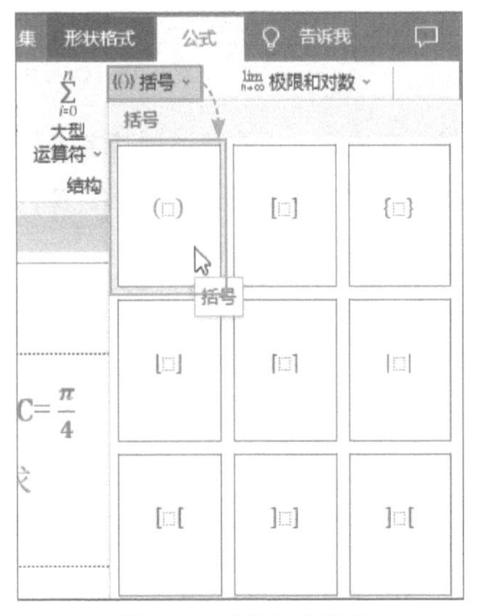

图 7-30 选择括号样式

步骤03 在插入的括号内输入公式内容，如图7-31所示。

步骤04 当要输入分数时，在“公式”选项卡中单击“分式”下拉按钮，在列表中选择所需的分式样式，如图7-32所示。

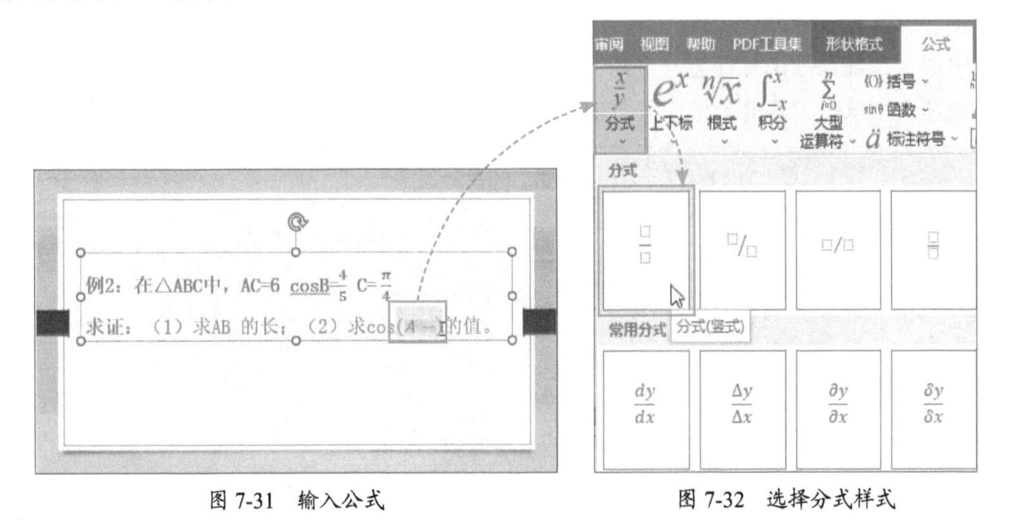

图 7-31 输入公式　　　　图 7-32 选择分式样式

步骤05 在插入的分式中分别输入分式的分子和分母数值。输入完成后，单击页面空白处，即可完成公式的输入操作，如图7-33所示。

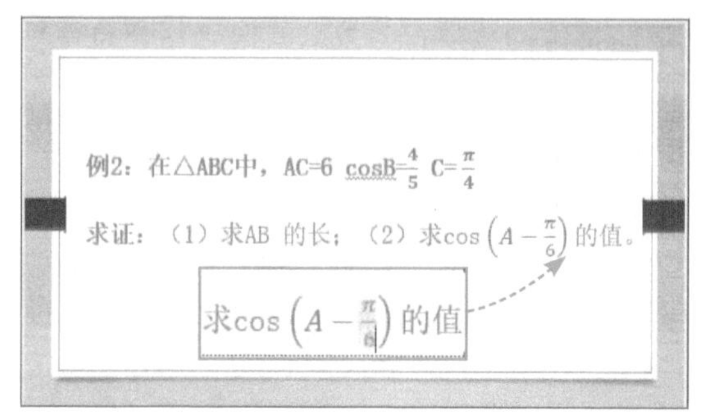

图 7-33　输入分子、分母数值

公式内容输入完成后，用户可通过“字体”选项组和“段落”选项组中的相关命令来对字体、段落格式进行编辑。其中包括字体、字号、文本颜色的设置、项目符号及编号的添加、段落行间距的设置等，如图7-34所示。

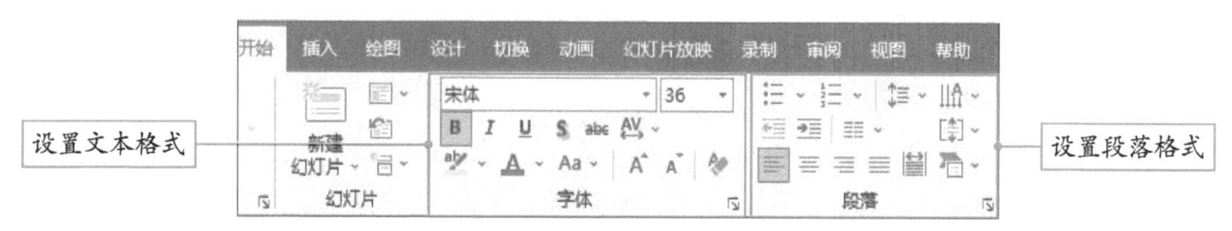

图 7-34　设置文本及段落格式

2. 添加图片和图形

图片能够对文本内容起到补充说明的作用，并且图形可以丰富页面内容，起到美化页面效果的作用。

（1）应用图片

要在课件中插入图片，只需将图片直接拖入页面即可。插入图片后，通常需要对其大小、位置、效果进行设置。

扫码观看视频

选中图片，拖动该图片任意一个对角点，即可调整图片的大小，如图7-35所示。在“图片格式”选项卡中单击“裁剪”按钮可对图片进行裁剪，如图7-36所示。

图 7-35　调整图片的大小

图 7-36　裁剪图片

使用“删除背景”功能可清除图片的背景。选中图片，在“图片格式”选项卡中单击“删除背景”按钮，进入“背景消除”界面，如图7-37所示。通过单击“标记要保留的区域”按钮或“标记要删除的区域”按钮，调整要清除的背景区域，图7-38所示为标记要保留的区域。调整好后单击“保留更改”按钮，图片背景即可清除，如图7-39所示。

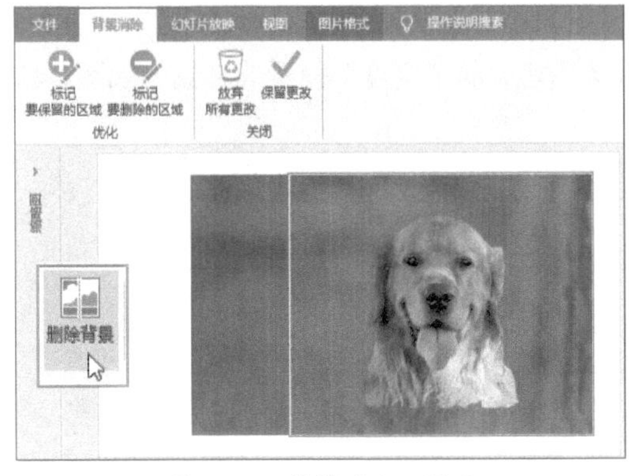

图 7-37 “背景消除”界面

图 7-38 标记保留区域

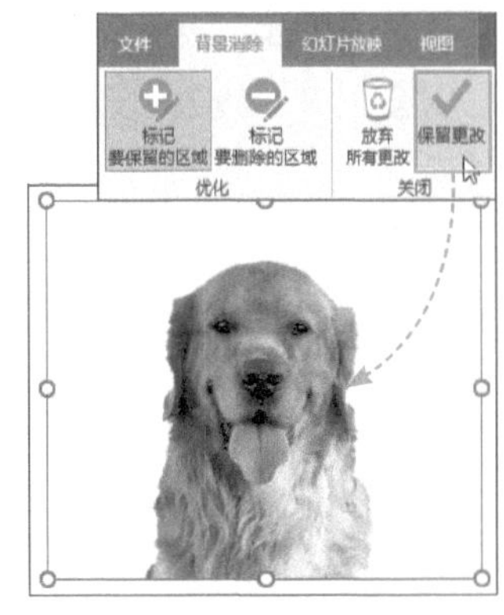

图 7-39 清除图片背景

选中图片，在“图片格式”选项卡中可以对图片色调、图片艺术效果、图片样式和图片的排列方式进行调整，如图7-40所示。

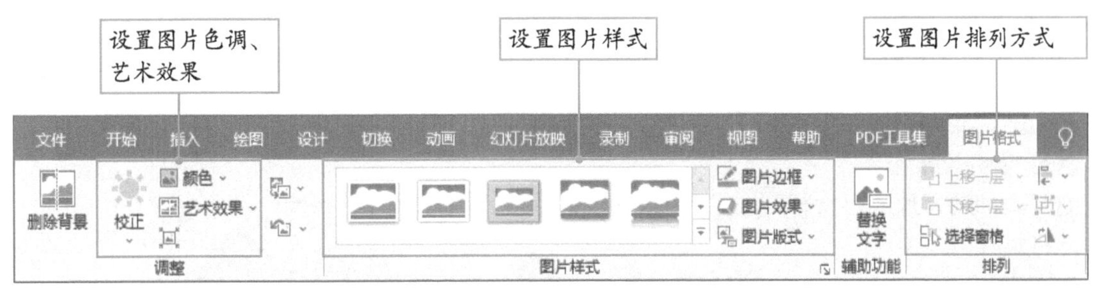

图 7-40 “图片格式”选项卡

（2）应用图形

扫码观看视频

在“插入”选项卡中单击“形状”下拉按钮，在打开的列表中选择所需图形，然后用鼠标拖曳的方法绘制出该图形。图形绘制完成后，用户可在“形状格式”选项卡中对该图形进行美化操作。

步骤01 在“插入”选项卡中单击“形状”下拉按钮，选择矩形，拖曳鼠标，在页面中绘制出该矩形，如图7-41所示。

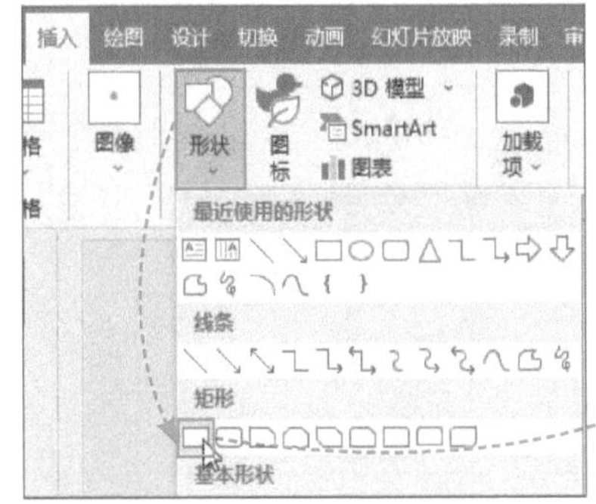

图 7-41 绘制矩形

步骤02 选中绘制的矩形，在“形状格式”选项卡中单击“形状样式”选项组右下角的“其他”下拉按钮，可打开“设置形状格式”窗格，单击“纯色填充”按钮，将填充颜色设置为白色，将其“透明度”设为50%，如图7-42所示。

步骤03 展开“线条”选项组，将线条的“颜色”设置为白色，将“宽度”设置为12磅，如图7-43所示。

步骤04 关闭该设置窗格，选中绘制的矩形，在“形状格式”选项卡中连续单击2次“下移一层”按钮，将绘制的矩形移至文字下方、背景上方，设置完成后的页面效果如图7-44所示。

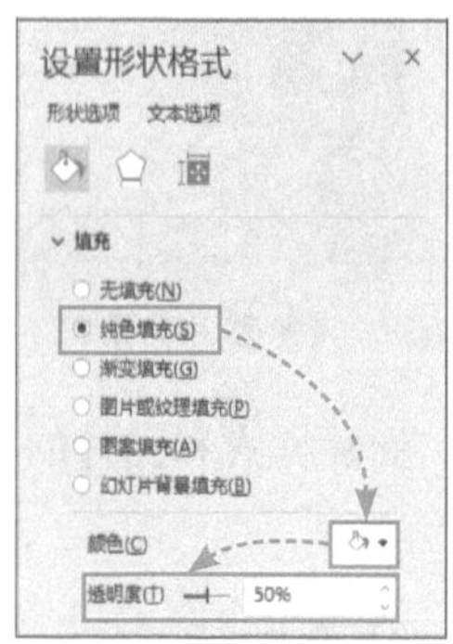

图 7-42 填充颜色

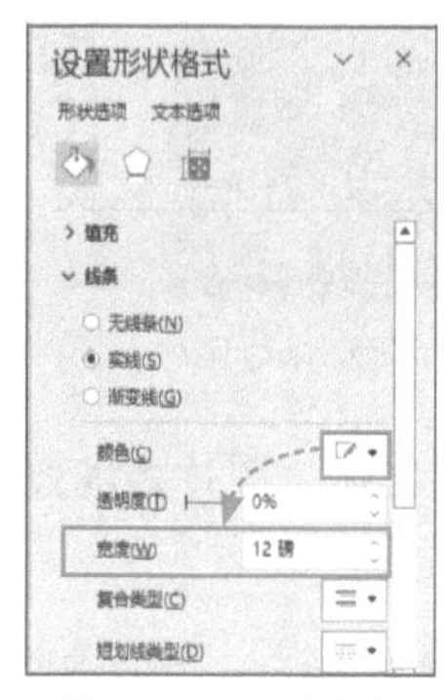

图 7-43 设置宽度

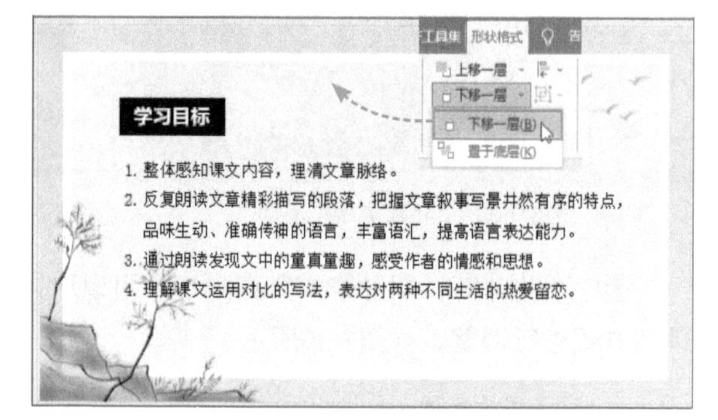

图 7-44 下移一层

提示： 如果需要对图形的外轮廓进行编辑，可在“形状格式”选项卡中单击“编辑形状”按钮，从列表中选择“编辑顶点”选项，此时图形四周会显示出多个编辑顶点，拖动所需顶点即可对图形的外轮廓进行调整，如图7-45所示。

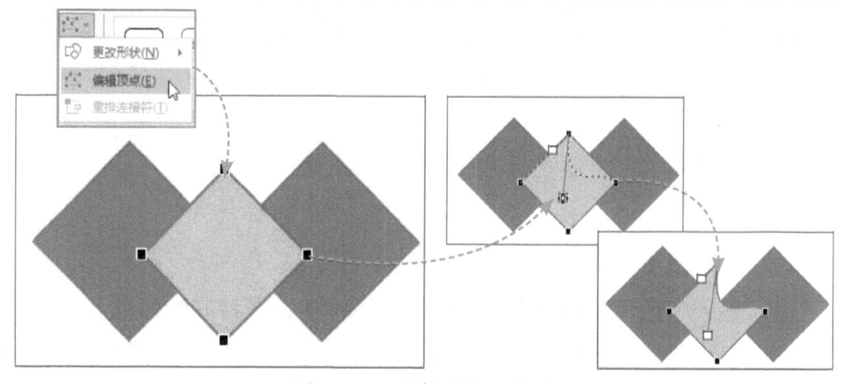

图 7-45 “编辑顶点”选项

3. 添加表格

使用表格可以将数据信息直观地表达出来，让观者能够快速获取重要信息。在“插入”选项卡的“表格”选项组中单击“表格”下拉按钮，在列表中滑动光标，即可插入表格，图7-46所示为插入3行4列的表格。

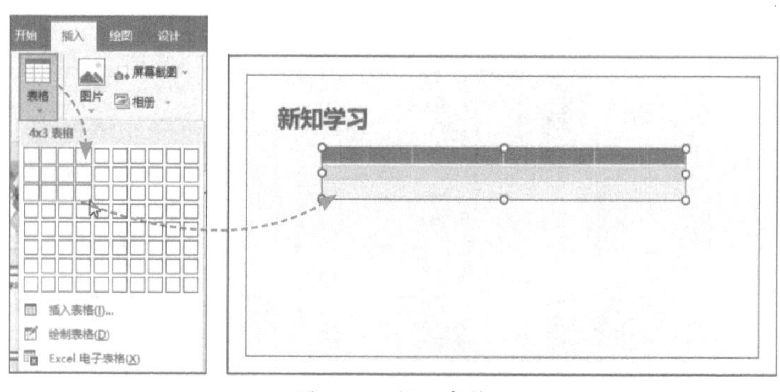

图 7-46 插入表格

插入表格后单击相应单元格即可输入文本内容。选中表格，在“表设计”选项卡中可对表格的样式进行统一设置，如图7-47所示。在“布局”选项卡中可对表格的结构进行调整，如插入行/列、合并/拆分单元格、调整单元格大小、对齐表格内容、设置表格大小等，如图7-48所示。

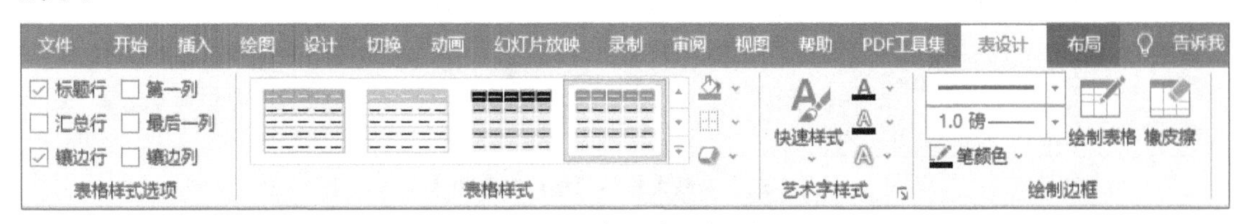

图 7-47 “表设计”选项卡

图 7-48 “布局”选项卡

提示： 如果有现成的Excel表格，用户只需通过复制命令，将Excel表格选择性粘贴至幻灯片中即可，无须重复制表。具体操作为：选择Excel表格内容，按Ctrl+C组合键进行复制，切换到幻灯片，右击鼠标，在打开的快捷菜单中的“粘贴选项”组中选择“保留源格式”选项即可，如图7-49所示。

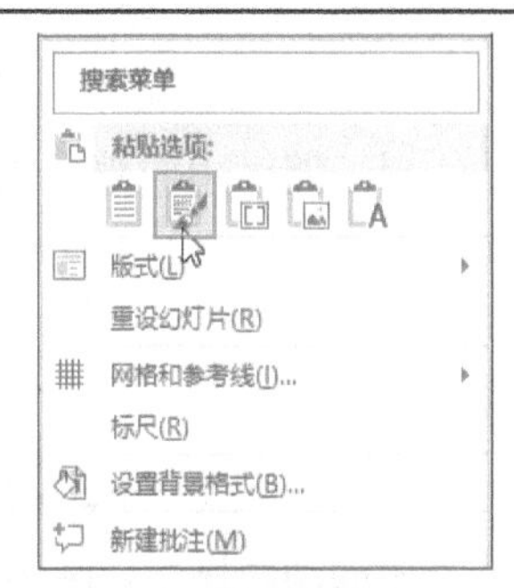

图 7-49 “粘贴选项”组

4. 添加音频或视频

在幻灯片中添加音频或视频元素，可以烘托现场的气氛，吸引观者的注意力。添加的方法很简单，将所需的音频文件或视频文件直接拖曳至页面中即可。图7-50所示为添加音频的效果，图7-51所示为添加视频的效果。

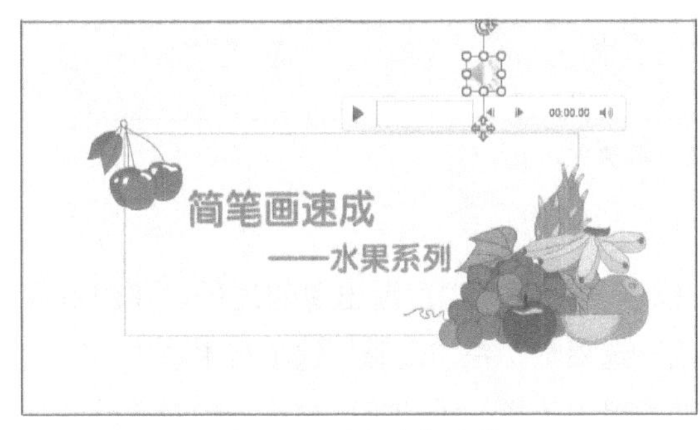

图 7-50 添加音频效果

图 7-51 添加视频效果

插入音频或视频后，用户可在“播放”选项卡中对音频或视频文件进行编辑，如剪辑音/视频、设置音/视频的播放模式等。图7-52所示为音频文件的“播放”选项卡，图7-53所示为视频文件的“播放”选项卡。

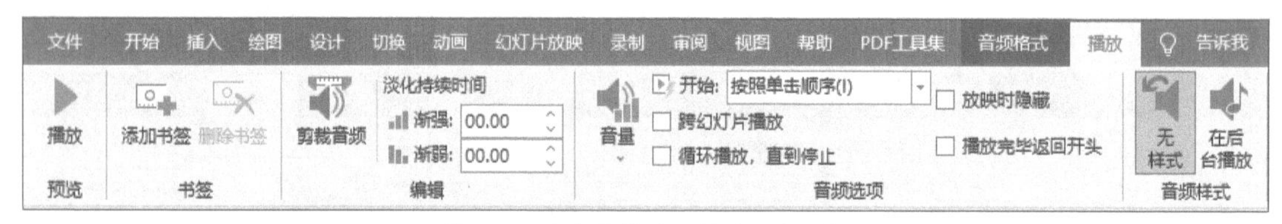

图 7-52　音频文件的“播放”选项卡

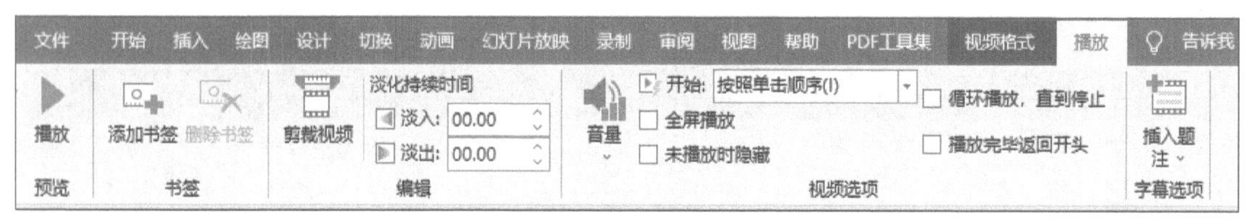

图 7-53　视频文件的“播放”选项卡

7.3　为课件添加动画效果

对于课件中的重点内容，用户可以为其添加动画效果，以强调该部分内容的重要性。此外，运用动画可以丰富枯燥的教学内容，提升教学效果。

7.3.1　在课件中添加动画

无论多么复杂的动画效果，都是由若干基本动画组合而成的。用户只需掌握这些基本的动画操作，制作复杂动画就不成问题。

扫码观看视频

PowerPoint中所有的动画设置都是在“动画”选项卡中进行的，如图7-54所示。

图 7-54　“动画”选项卡

1. 添加进入动画

进入动画是指设计对象在页面中从无到有，以各种动画形式逐渐出现的过程。在幻灯片中，选中需要添加进入动画的对象，切换到“动画”选项卡，在“动画”选项组中单击右下角的“其他”下拉按钮，在动画列表中的“进入”动画组中选择一种动画，被选中的对象就会自动播放该动画效果，如图7-55所示。

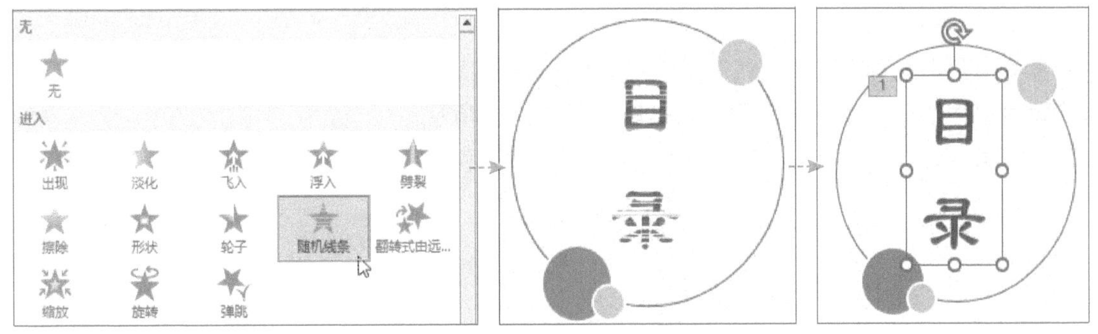

图 7-55 添加进入动画效果

为对象添加动画后，该对象左上方会显示编号“1”，这说明当前对象添加了一个动画效果。同样，在为其他对象添加动画后，系统会自动按照选择的先后顺序进行编号。在放映幻灯片时，系统也会按照该编号顺序播放动画效果。

2. 添加退出动画

退出动画与进入动画相反，它是指设计对象从有到无，以各种动画形式逐渐消失的过程。它与进入动画是相互对应的，如图7-56所示。

图 7-56 进入动画与退出动画

选中设计对象，在动画列表中的“退出”动画组中选择一种动画，即可为当前对象添加退出效果，如图7-57所示。

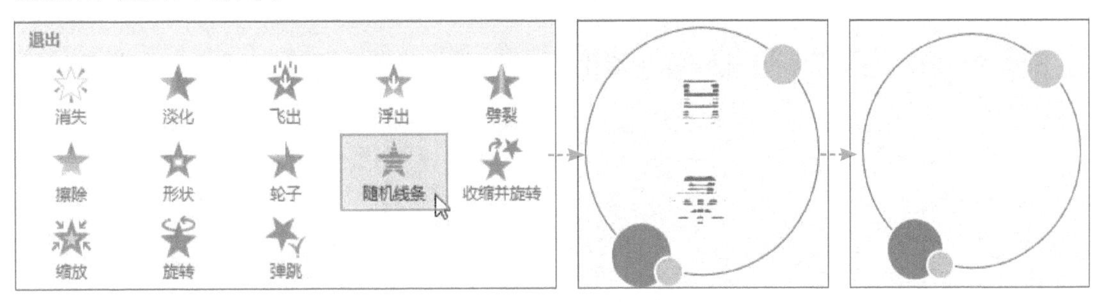

图 7-57 添加退出动画效果

提示： 想要删除多余的动画，只需选中该对象上的动画编号，按Delete键删除即可。需要注意的是，选中的是动画编号，而不是设计对象。

3. 添加强调动画

如果需要对某对象进行重点强调，可以使用强调动画。选中对象，在“动画”列表的“强调”动画组中选择一种合适的动画效果即可，如图7-58所示。

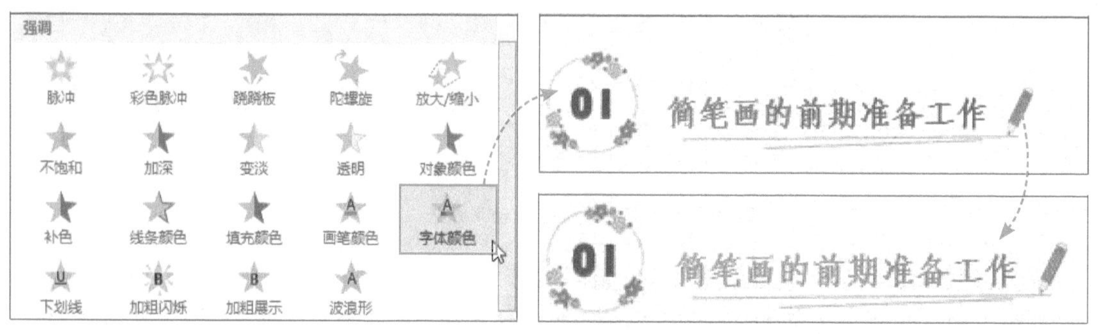

图 7-58　添加强调动画效果

4. 路径动画

路径动画是指让设计对象按照预设的轨迹进行运动的动画效果。用户可以使用内置的动作路径，也可以自定义动作路径。

选中对象，在“动画”列表的“动作路径”动画组中选择一种路径，系统会自动为其添加运动路径，如图7-59所示。路径中绿色箭头为起点，红色箭头为终点。

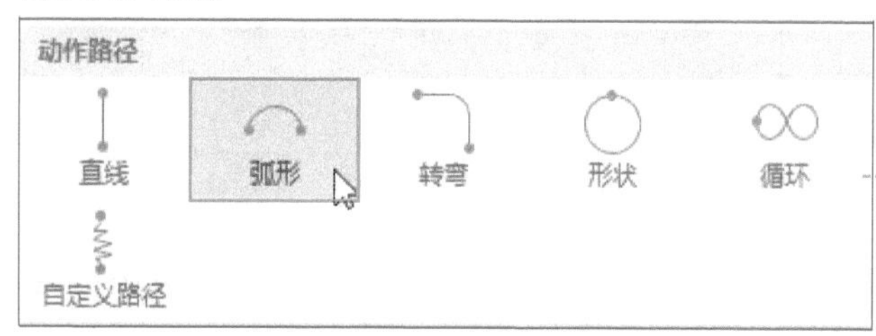

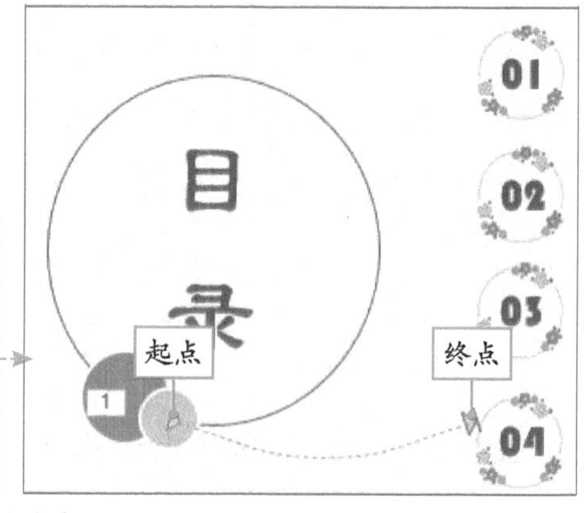

图 7-59　添加路径动画效果

右击动作路径，在打开的快捷菜单中选择“编辑顶点”选项，即可对该路径进行调整，如图7-60所示。

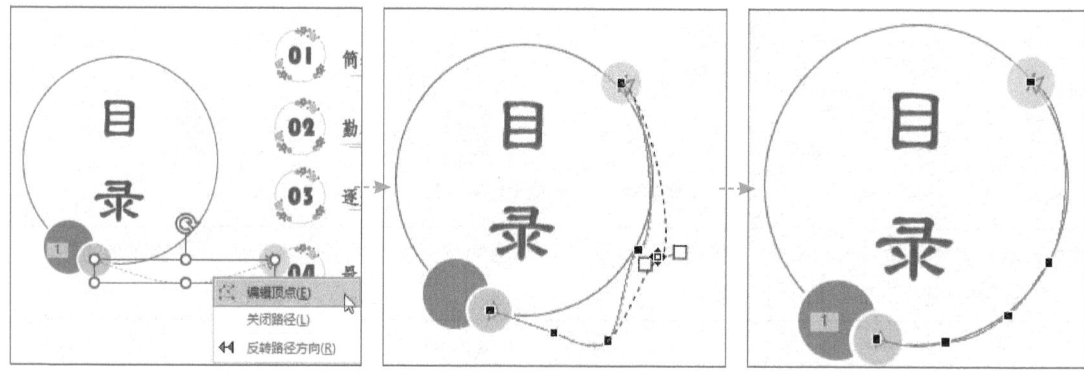

图 7-60　调整动作路径

路径调整完成后，单击页面空白处即可退出编辑操作。在“动画”选项卡中单击“预览”按钮，此时被选中对象就会沿着指定的路径进行运动，如图7-61所示。

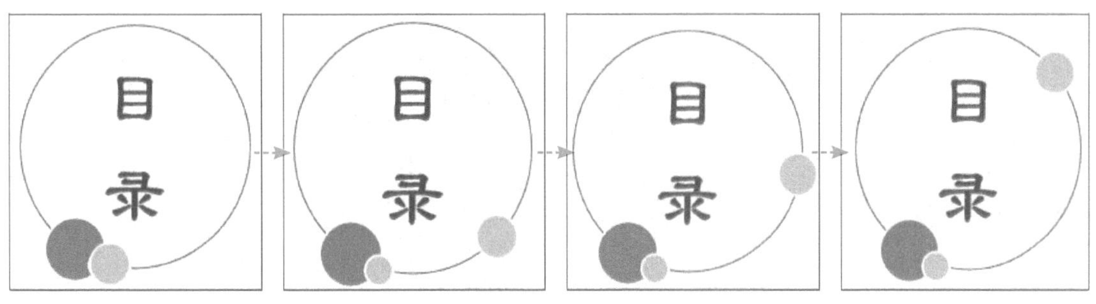

图 7-61　预览效果

■ 7.3.2　调整动画属性及参数

默认情况下，动画是需要通过单击鼠标播放的，用户可以根据要求调整动画的相关属性改变动画效果，使其更符合制作需求。

步骤01 选中所需修改的动画编号，在“动画”选项卡的“高级动画”选项组中单击“动画窗格”按钮，打开动画窗格，在该窗格中会显示当前幻灯片中的所有动画项，如图7-62所示。

步骤02 选择所需动画项，按住鼠标左键拖曳该项至其他位置，即可对当前动画播放顺序进行调整，如图7-63所示，同时相应的动画编号也会重新排序。

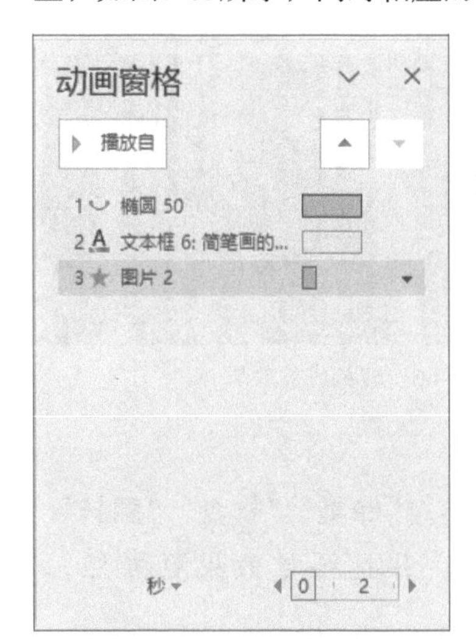

图 7-62　动画窗格

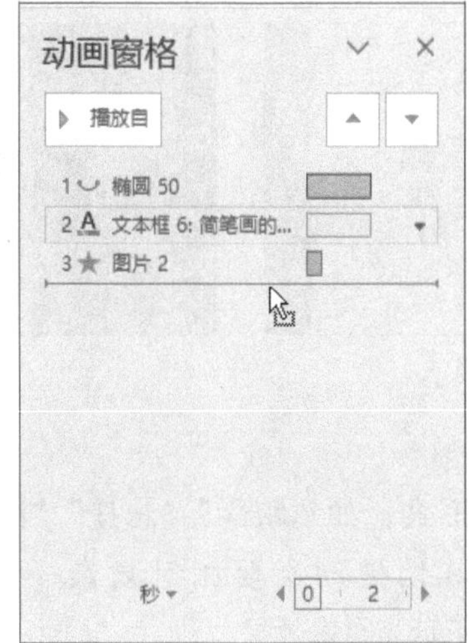

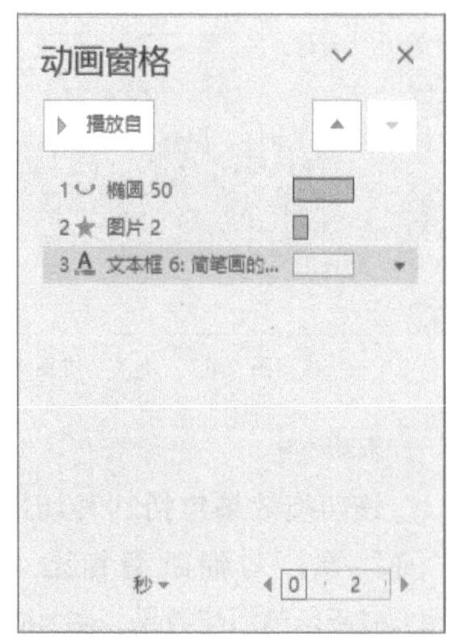

图 7-63　调整动画播放顺序

步骤03 右击任意动画项，在打开的快捷菜单中，用户可以设置该动画的开始方式、效果选项和计时参数，如图7-64所示。

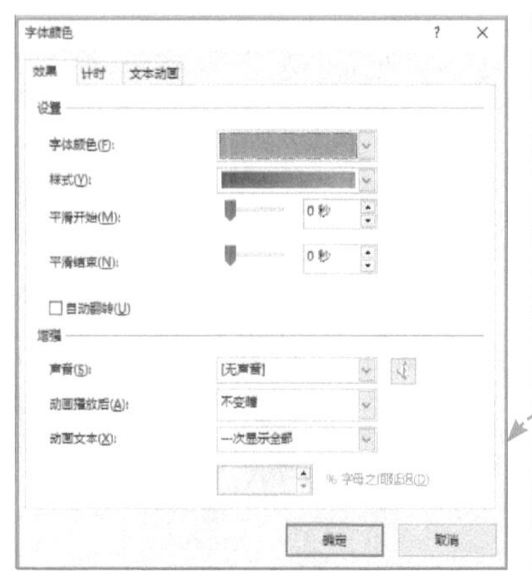

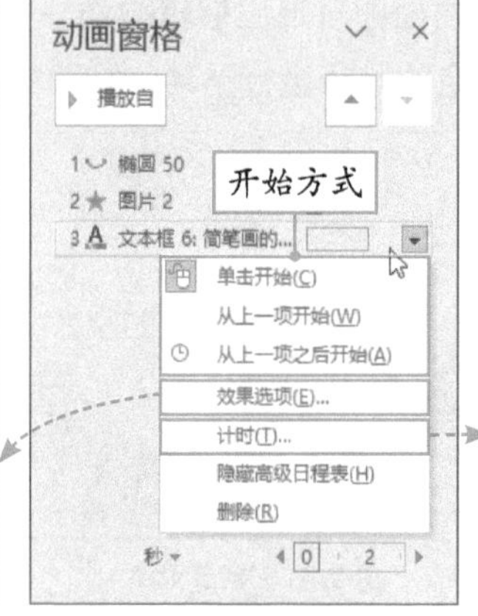

图 7-64 设置动画效果及参数

7.3.3 为课件添加切换效果

PowerPoint提供了40多种切换效果，按照类型可分为细微、华丽和动态内容三大类。

1. 细微

该切换效果包括12种切换形式，如“平滑”“淡入/淡出”“推入”“擦除”“分割”“显示”等。该类型的效果给人以舒缓、平和的感觉，图7-65所示为淡入/淡出效果，图7-66所示为随机线条效果。

图 7-65 淡入 / 淡出效果

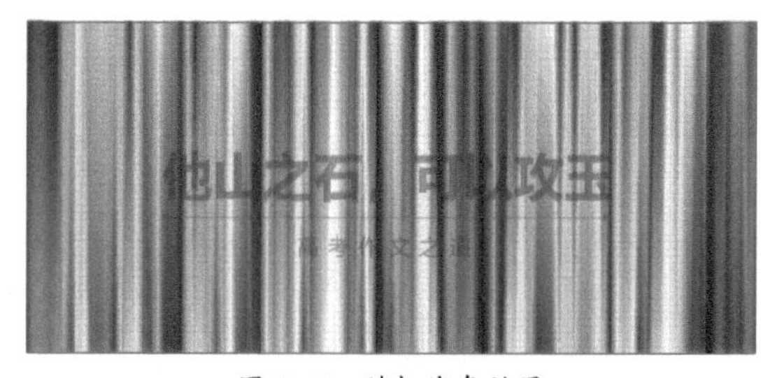

图 7-66 随机线条效果

2. 华丽

该切换效果包括29种切换形式，如“跌落”“悬挂”“溶解”“蜂巢”“棋盘”“翻转”“门”等。与细微型相比，其切换动画要相对复杂一些，并且视觉效果更强烈。图7-67所示为涡流效果，图7-68所示为帘式效果。

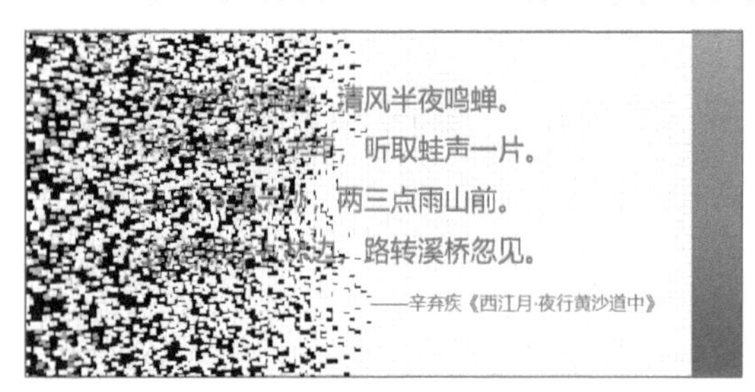

图 7-67 涡流效果

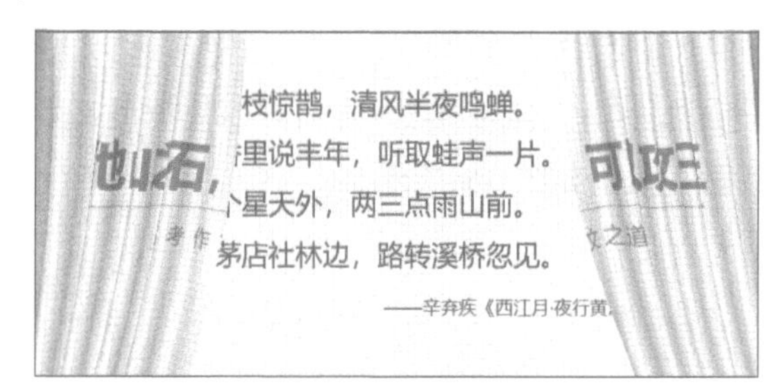

图 7-68 帘式效果

3. 动态内容

该切换效果包括“平移”“摩天轮”“传送带”“旋转”“窗口”“轨道”“飞过”7种切换形式。该类型的效果给人以空间感，主要用于文字或图片元素。图7-69所示轨道效果，图7-70所示为旋转效果。

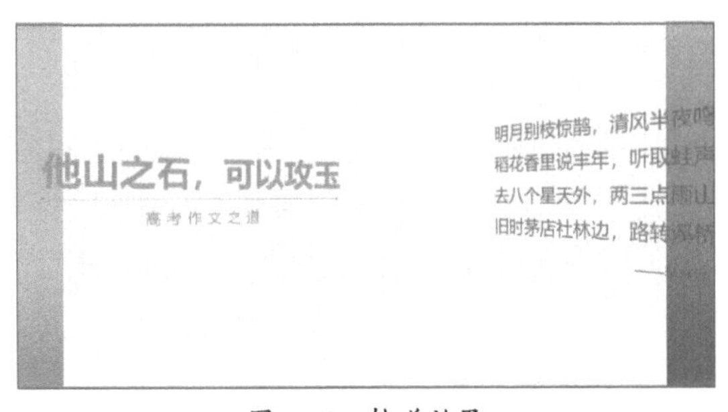

图 7-69 轨道效果

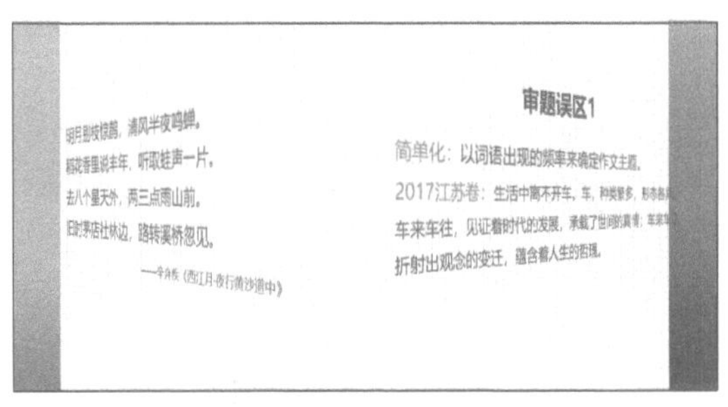

图 7-70 旋转效果

在“切换”选项卡的“切换到此幻灯片”选项组中根据需要选择所需的切换效果，即可将其应用到当前幻灯片中，单击“应用到全部”按钮，可将该效果统一应用到其他幻灯片中，如图7-71所示。

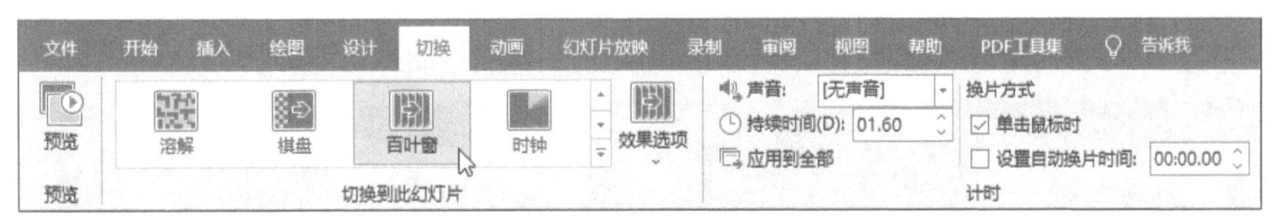

图 7-71 “切换”选项卡

单击“效果选项”下拉按钮，在打开的列表中可调整切换的方向，如图7-72所示。在“计时”选项组中，用户可为切换效果添加音效、设置持续时间和切换方式，如图7-73所示。

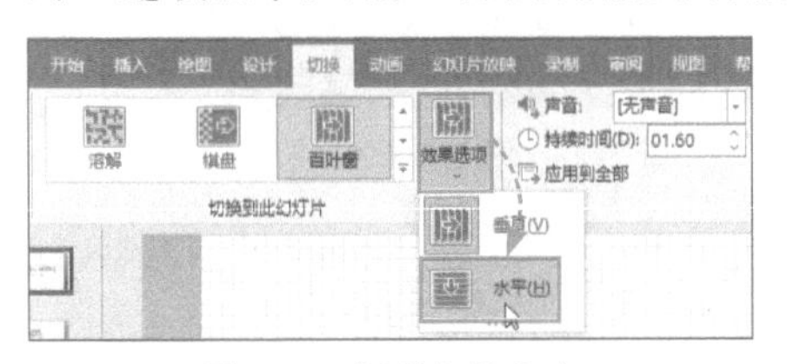

图 7-72 调整切换方向

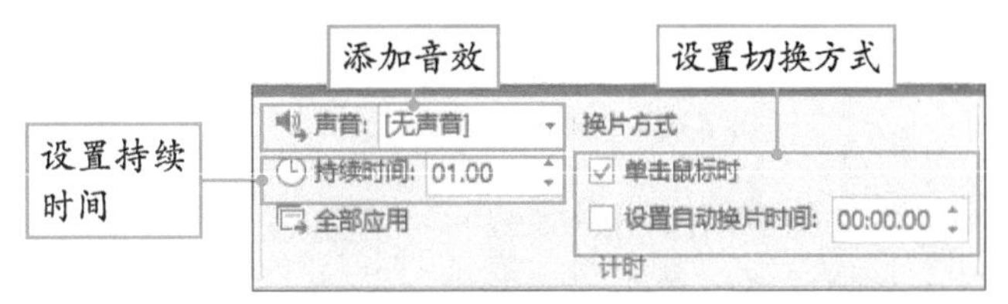

图 7-73 “计时”选项组

7.4 在课件中添加链接

添加链接可以使课件放映变得具有可操控性。在单击某链接对象后，系统会跳转到指定的幻灯片。除此之外，用户可将网页或电子邮件地址作为课件指定对象的链接。

■7.4.1 创建课件链接

在幻灯片中选择所需内容，在“插入”选项卡中单击“链接”按钮，打开“插入超链接”对话框，在其中即可设置链接操作。

步骤01 打开“数学辅导”课件，选择目录页。选中“了解考试大纲”文本内容，在“插入”选项卡中单击“链接”按钮，打开“插入超链接”对话框，如图7-74所示。

步骤02 在“链接到”列表中选择“本文档中的位置”选项，并在右侧列表中选择要链接到的幻灯片编号，如图7-75所示。

图 7-74 “插入超链接”对话框

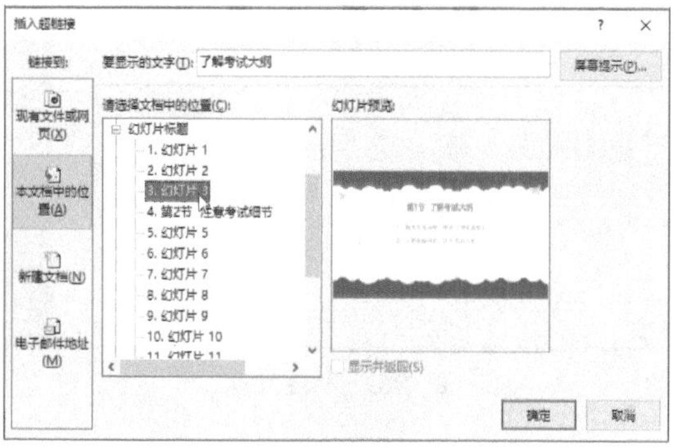

图 7-75 选择要链接到的幻灯片编号

步骤03 单击“确定”按钮，返回当前幻灯片中，将光标移至链接内容上方时会显示出相关链接信息，如图7-76所示。

步骤04 按照此方法，为其他两项目录内容也添加相应的链接，如图7-77所示。

图 7-76 相关链接信息

图 7-77 添加相应链接

添加链接后，按F5键可进入放映状态，单击设置的链接项即可跳转到相应的幻灯片页面。

如果需要将内容链接到其他文件，可在“插入超链接”对话框中选择“现有文件或网页”选项，并选择需要的目标文件或应用程序，然后单击“确定”按钮，如图7-78所示。

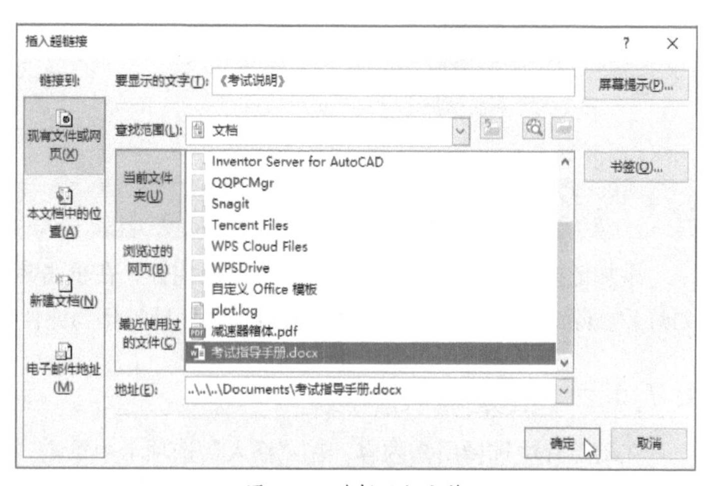

图 7-78 选择目标文件

如果需要链接到相关网页，在“插入超链接”对话框的“地址”栏中输入网址即可。

7.4.2 编辑课件链接

设置链接后，用户可以对链接对象进行一系列编辑。

1. 更改链接源

如果设置了无效或错误的链接源，就需要对链接源进行修改。右击选中要更改链接的文本，在打开的快捷菜单中选择“编辑链接”选项，如图7-79所示。在打开的“编辑超链接”对话框中重新定位目标幻灯片即可，如图7-80所示。

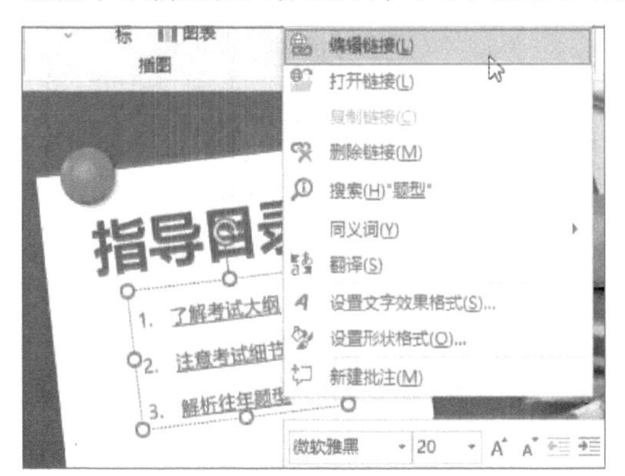

图 7-79 “编辑链接”选项

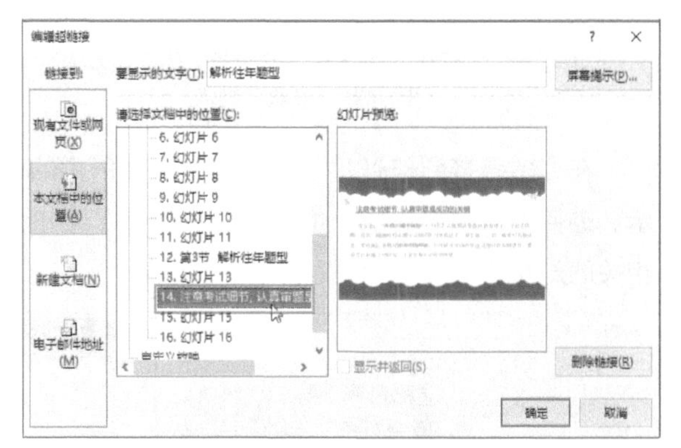

图 7-80 重新定位目标幻灯片

2. 取消链接设置

如果需要删除链接，可右击链接对象，在打开的快捷菜单中选择“删除链接”选项即可，如图7-81所示。此外，还可以在“编辑超链接”对话框中单击“删除链接”按钮取消链接，如图7-82所示。

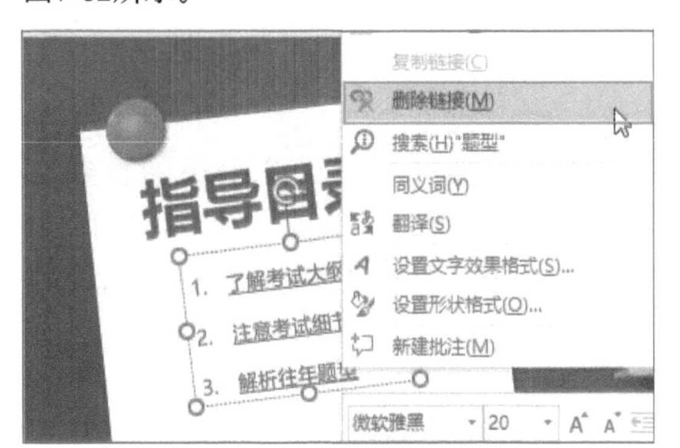

图 7-81 “删除链接”选项

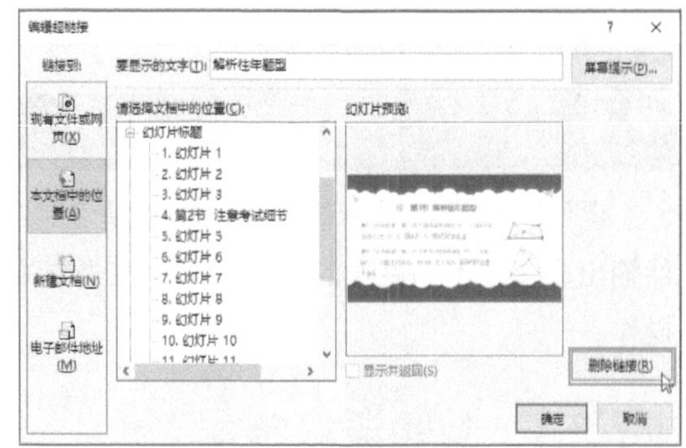

图 7-82 删除链接

7.4.3 设置动作按钮

PowerPoint内置了多个动作按钮，用户可以直接使用。在“插入”选项卡的“形状”列表中根据需要选择所需按钮，如图7-83所示。使用鼠标拖曳的方法在页面中绘制出该按钮，在“操作设置”对话框中打开“超链接到”列表，选中“幻灯片”选项，如图7-84所示。

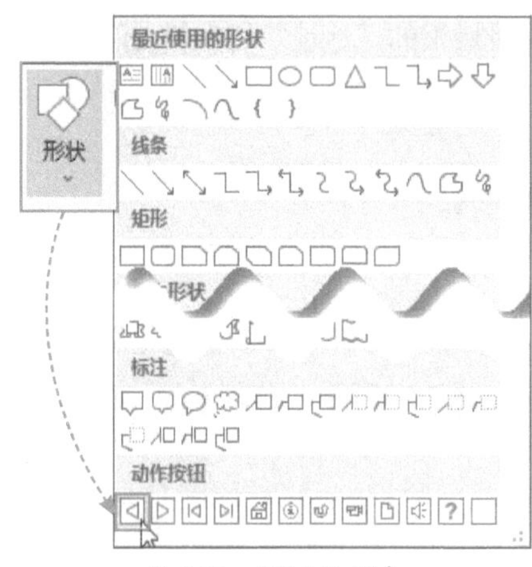
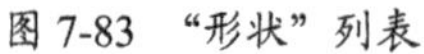

图 7-83 “形状”列表

图 7-84 “操作设置”对话框

在“超链接到幻灯片”对话框中选择所需的幻灯片编号，单击“确定”按钮，如图7-85所示。返回上一层对话框，依次单击“确定”按钮，完成操作。此时只要单击该按钮即可跳转到相关的幻灯片页面，如图7-86所示。

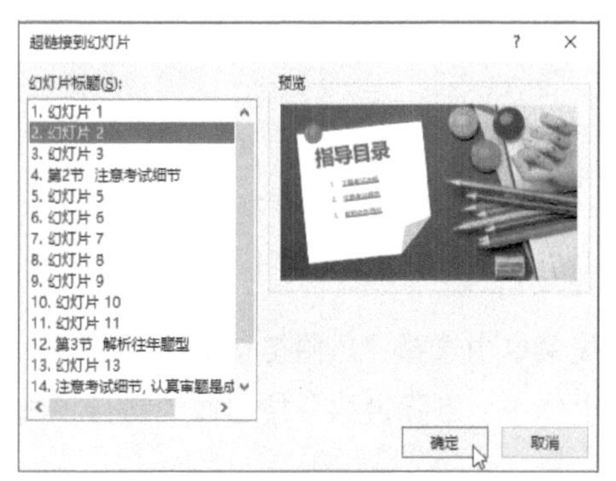

图 7-85 选择幻灯片编号

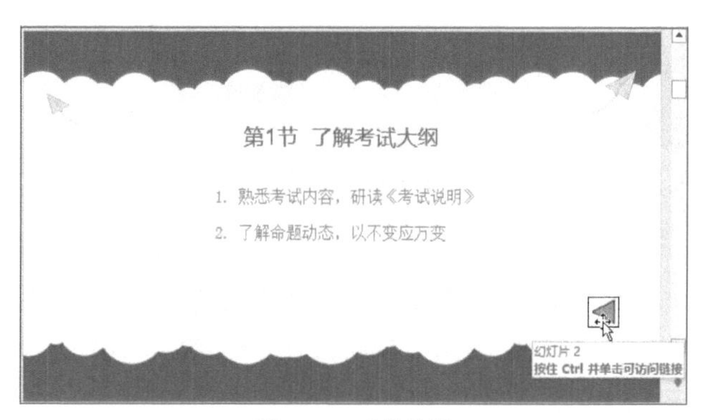

图 7-86 跳转效果

7.5 放映与输出课件内容

课件制作完成后，就可以根据放映场地的不同来调整不同的放映方案。同时，还可将课件输出成各种不同格式的文件，以便在没有安装PowerPoint的计算机中也能够实现课件的共享操作。

■7.5.1 放映课件内容

默认情况下，按F5键即可放映当前幻灯片。但在放映过程中也会遇到各种各样的问题：如何从当前幻灯片开始放映，如何只放映指定内容，如何让它自动放映等。下面针对这些问题进行讲解。

1. 了解放映的类型

PowerPoint有3种放映类型，分别为演讲者放映、观众自行浏览和在展台浏览。

（1）演讲者放映

该类型一般用在公众演讲场合。在放映过程中，用户可通过鼠标、翻页器和键盘来控制幻灯片的放映。按F5键就可以启动该类型。移动鼠标后，在放映窗口的左下角会显示6个控制按钮，分别为“向前”“向后”“墨迹”“多页浏览”“局部放大”“更多操作”按钮，如图7-87所示。单击这些控制按钮可进行相关操作。

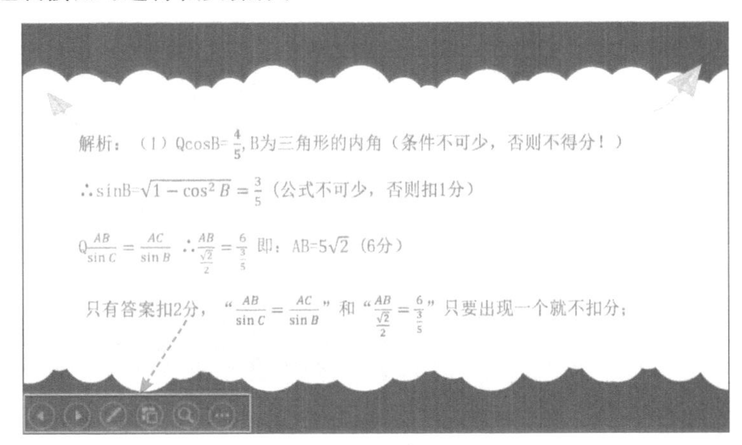

图 7-87　演讲者放映型

（2）观众自行浏览

该类型是以观众互动方式放映幻灯片。放映过程中，观众可通过单击各种链接按钮查找自己所需的信息内容。所以在制作这类幻灯片时，需要添加大量的动作按钮和链接以引导观众查阅信息。

（3）在展台浏览

该类型是在无人操控的情况下自行播放幻灯片，常用于一些庆典或会议开场，通过开场幻灯片，让观众了解本次庆典或会议的主题。在制作这类幻灯片时，需预先设定好每张幻灯片播放的时间才可以。

2. 设置自定义放映

在放映过程中，如果只想放映课件中的部分内容，可使用自定义放映功能来操作。

步骤01 打开“数学辅导”课件，在“幻灯片放映”选项卡中单击“自定义幻灯片放映”按钮，选择“自定义放映”选项，打开“自定义放映”对话框，单击“新建”按钮，如图7-88所示。

步骤02 在“定义自定义放映”对话框中设置好放映的名称，如图7-89所示。

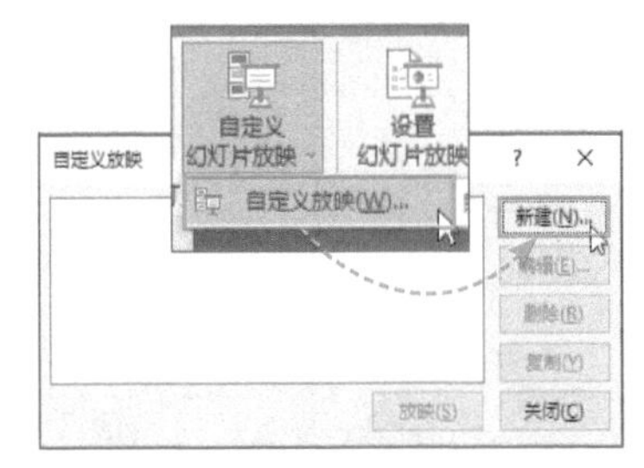

图 7-88　“自定义放映”对话框

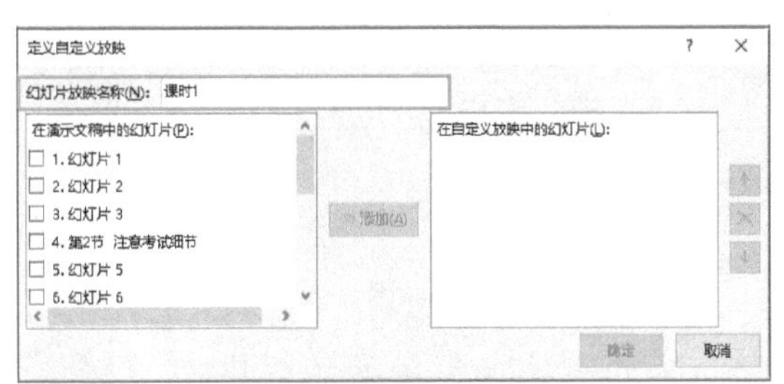

图 7-89　设置放映名称

步骤03 在该对话框中的左侧列表中勾选要放映的幻灯片，单击“添加”按钮，将其添加至右侧列表中，如图7-90所示。

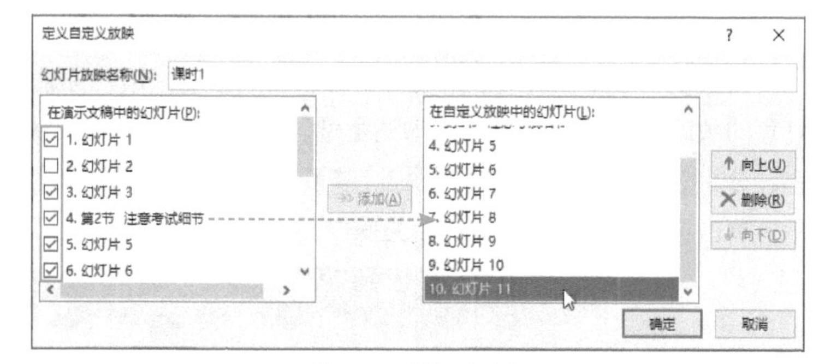

图 7-90 添加至列表

步骤04 单击“确定”按钮，返回上一层对话框，单击“放映”按钮，可放映该方案，如图7-91所示。如果下次想调用该放映方案，在“自定义幻灯片放映”列表中选择放映的名称即可，如图7-92所示。

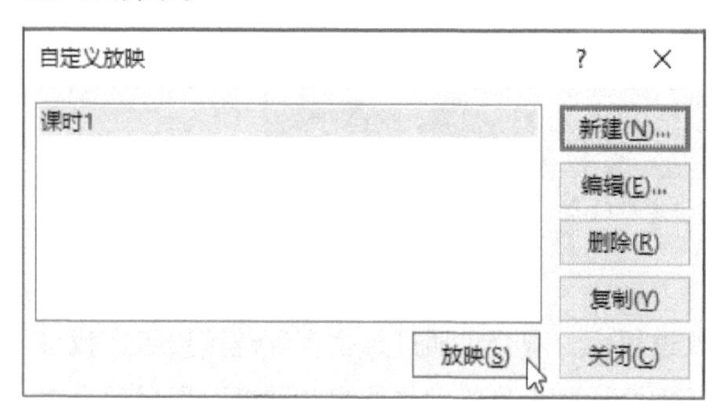

图 7-91 放映方案

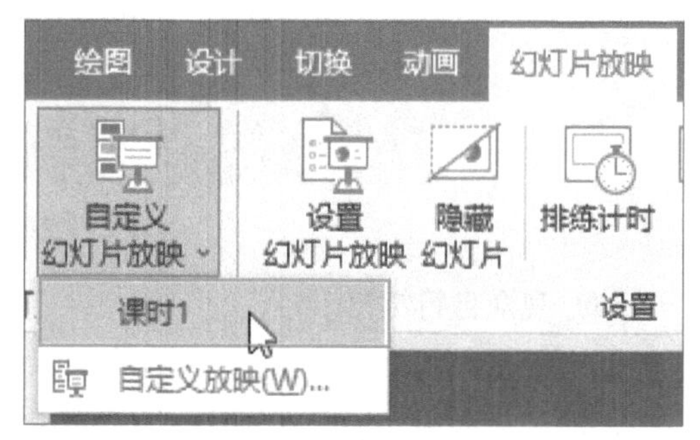

图 7-92 选择放映名称

3. 设置排练计时

如果想要控制放映的时间，用户可以为课件设置排练计时，控制每张幻灯片放映所需的时间。

步骤01 打开素材文件“醉翁亭记.pptx”，在“幻灯片放映”选项卡中单击“排练计时”按钮，自动进入放映状态，页面左上角显示出“录制”窗口，该窗口会记录当前幻灯片所停留的时间和所有幻灯片的累计时间，如图7-93所示。

步骤02 单击“录制”窗口中的“下一项”按钮，可切换到下一页幻灯片，此时系统会自动重新开始计时，如图7-94所示。

图 7-93 “录制”窗口

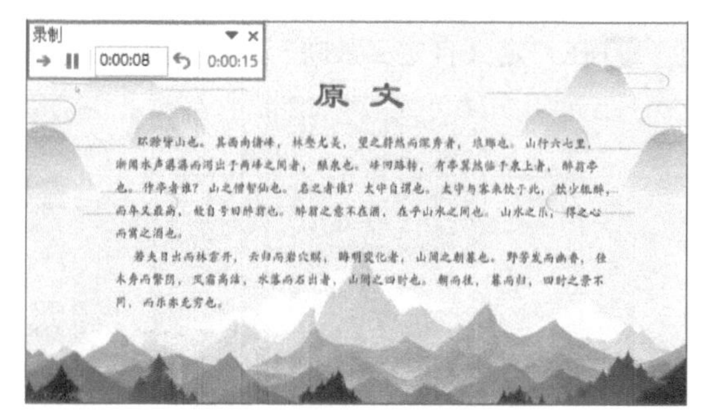

图 7-94 录制计时

步骤03 依此方法，继续记录剩余幻灯片的停留时间。放映结束后，会弹出系统提示对话框，询问是否保留新的幻灯片计时，单击“是”按钮，如图7-95所示。

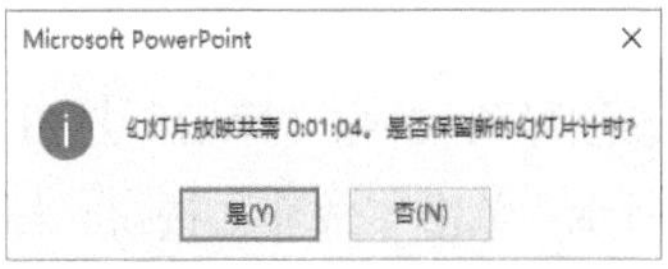

图 7-95 提示对话框

步骤04 切换到幻灯片浏览视图，这里可以看到所有幻灯片的记录时间。按F5键后，系统会按照这些时间来放映课件内容，如图7-96所示。

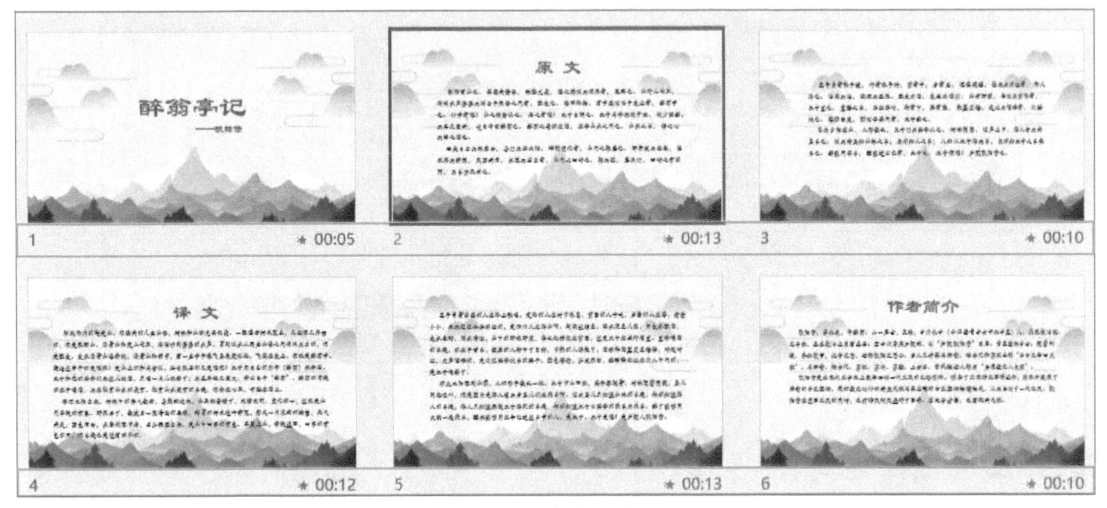

图 7-96 幻灯片浏览视图

4. 标记课件重点

在幻灯片放映过程中，单击左下角的按钮，在打开的列表中可以选择标记的样式。例如，先选择蓝色，再选择“笔”选项，如图7-97所示，然后使用鼠标拖曳的方法对重点内容进行标记，如图7-98所示。

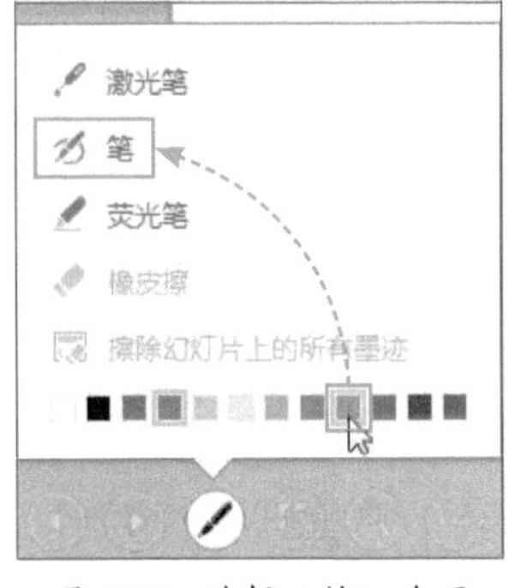

图 7-97 选择“笔”选项

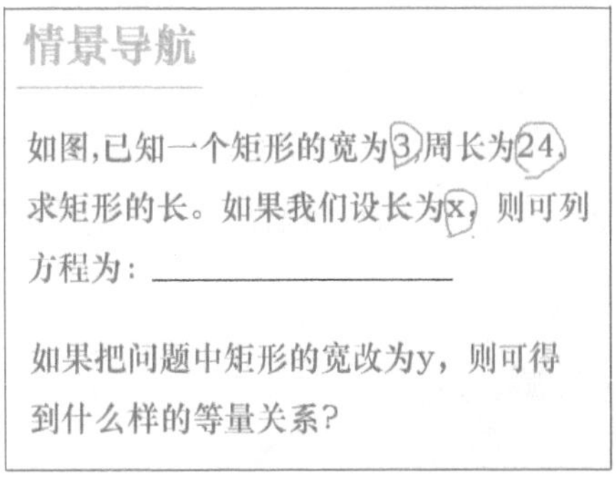

图 7-98 标记

如果需要删除错误的标记，则单击按钮，在打开的列表中选择“橡皮擦”选项，并在页面中单击要删除的标记，如图7-99所示。

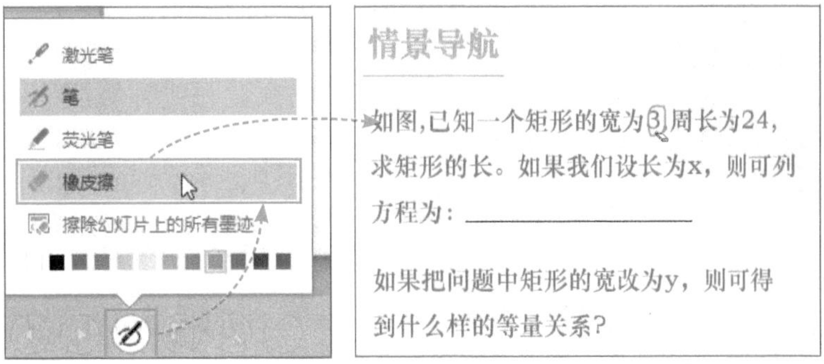

图 7-99 删除标记

在放映过程中按Esc键可退出放映模式，此时系统会弹出提示对话框，询问“是否保留墨迹注释”，单击“保留”按钮，进入普通视图界面，标记也会随之保留在幻灯片中，如图7-100所示；单击“放弃”按钮，标记将自动清除。

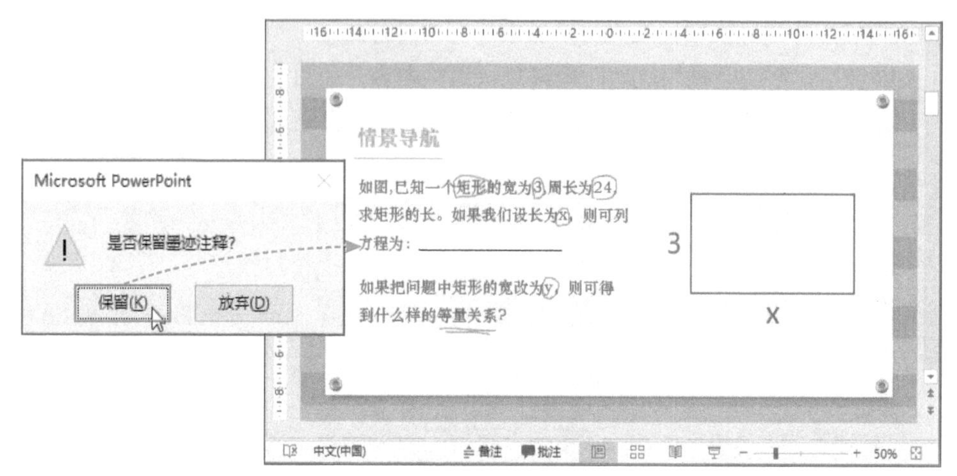

图 7-100 保留注释

■7.5.2 输出课件内容

为了方便传输给别人浏览或保存，用户可将幻灯片输出为指定格式，如输出为图片、PDF文件、视频或打包演示文稿等。

1. 将课件输出为图片

选择“文件”选项，在左侧列表中选择“另存为”选项，进入“另存为”界面。单击“浏览”选项，打开“另存为”对话框，选择保存位置后，单击“保存类型”下拉按钮，从列表中选择“JPEG文件交换格式（*.jpg）”选项，如图7-101所示。

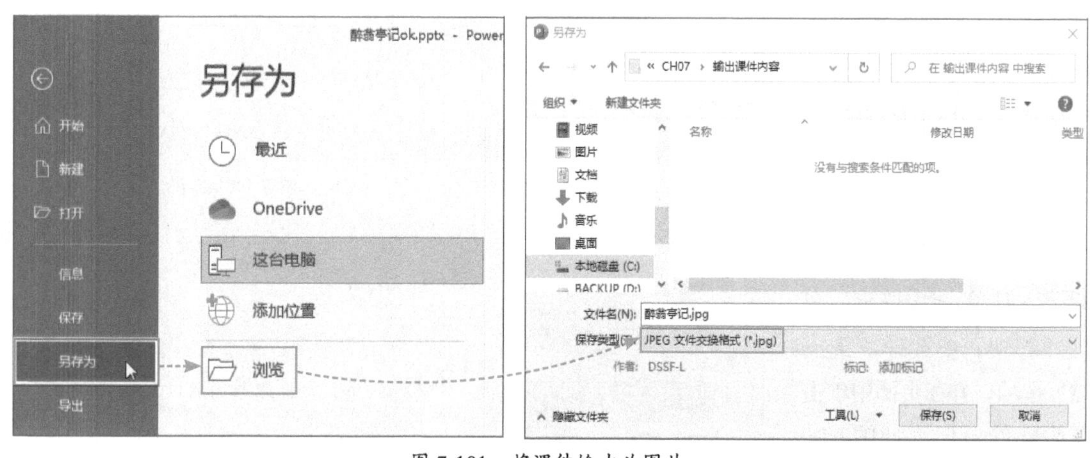

图 7-101 将课件输出为图片

单击“保存”按钮，会弹出提示对话框，询问是导出所有幻灯片还是仅当前幻灯片，用户可根据需要来选择，选择后即可完成图片保存操作，如图7-102所示。

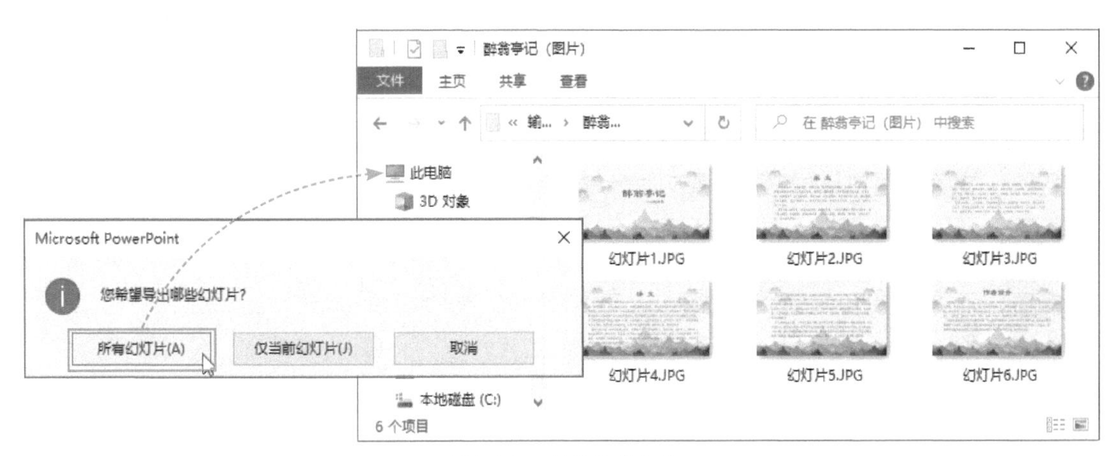

图 7-102 图片保存效果

2. 将课件输出为PDF文件

将课件转成PDF文件的方法也很简单，同样选择“文件”选项，并在其列表中选择“导出”选项，在“导出”界面中选择“创建PDF/XPS文档”选项，在右侧单击“创建PDF/XPS”按钮，打开“发布为PDF或XPS”对话框，选择保存位置后单击“发布”按钮，如图7-103所示。

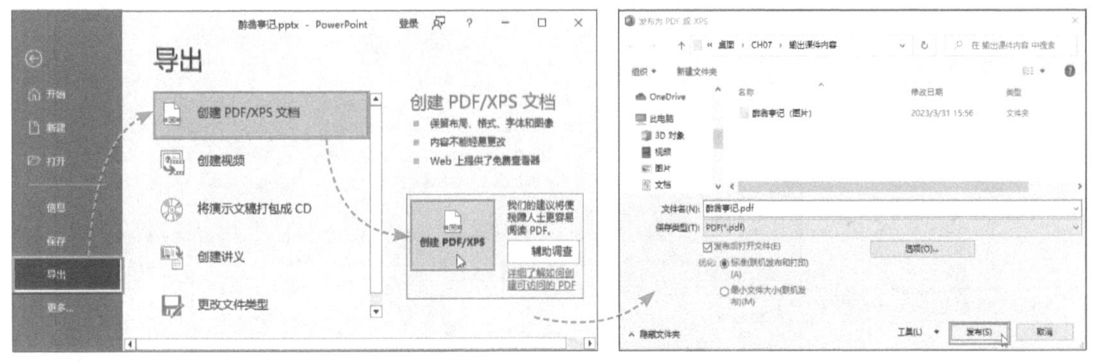

图 7-103 将课件输出为 PDF 文件

发布完成后，系统会自动打开发布后的PDF文档，在此可查看输出结果，如图7-104所示。

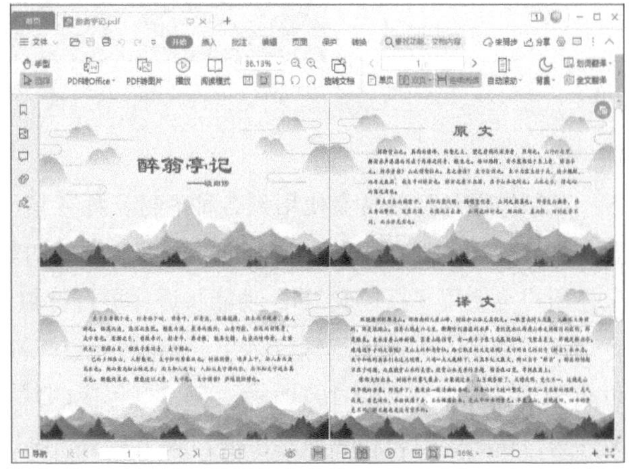

图 7-104 输出效果

3. 将课件输出为视频

如果是动态课件，可将课件转换为视频格式。在“文件”列表中选择“导出”选项，在右侧列表中选择“创建视频”选项，并设置好每张幻灯片的放映秒数，单击“创建视频”按钮，在打开的“另存为”对话框中，设置文件名和保存位置，如图7-105所示。

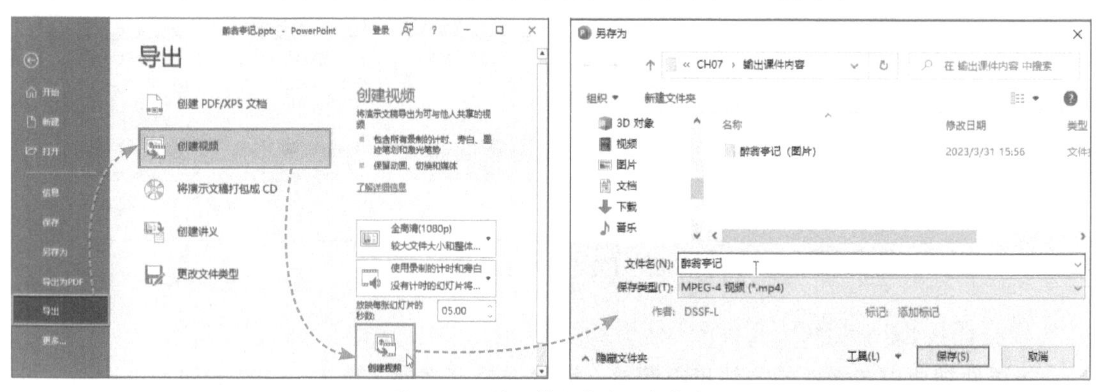

图 7-105　将课件输出为视频格式

设置好后，单击“保存”按钮，在状态栏中会显示视频转换进度，如图7-106所示，完成进度后即可打开视频进行观看了。

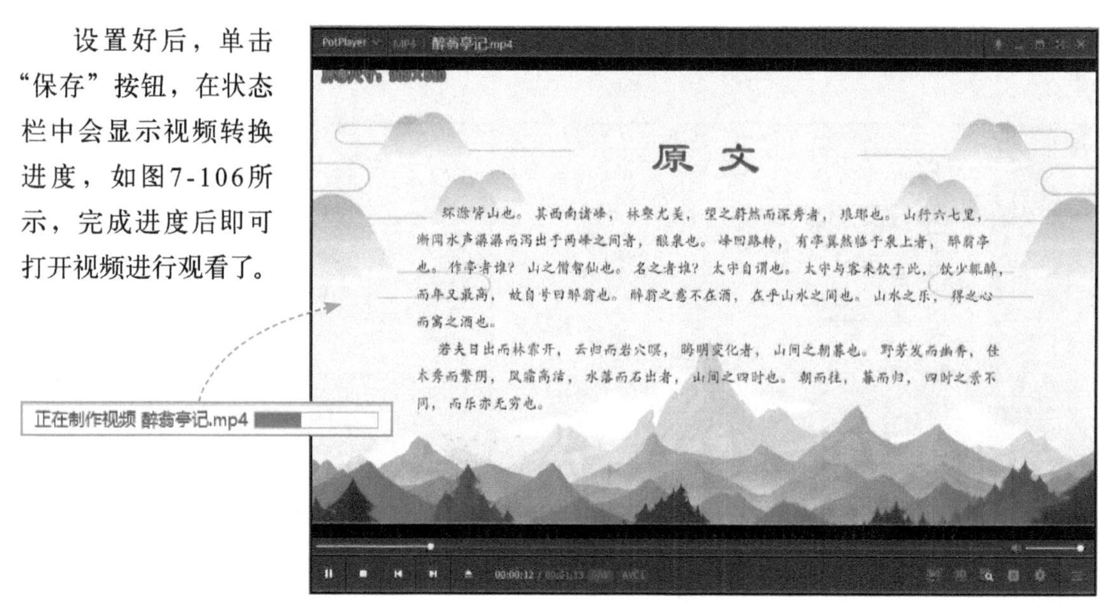

图 7-106　视频效果

4. 课件打包

在制作课件时经常会使用到各种素材，如音频、视频和一些链接的文件等。这些素材都需要和幻灯片文件放在一个文件夹里，否则会导致幻灯片无法正常放映。为了避免这种情况的发生，用户可使用“打包成CD”功能将课件进行打包。

在“文件”列表中选择“导出”选项，选择“将演示文稿打包成CD”选项，并单击“打包成CD”按钮，如图7-107所示。在“打包成CD”对话框中对文件进行命名，单击“复制到文件夹”按钮，打开相应的对话框，依次单击“确定”和“是”按钮，即可完成打包操作，如图7-108所示。

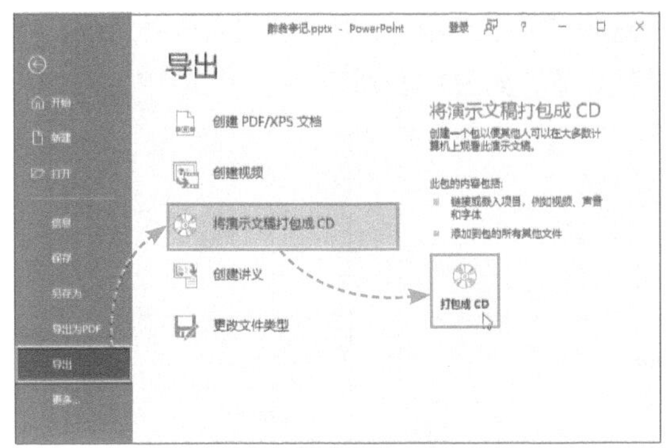

图 7-107 课件打包

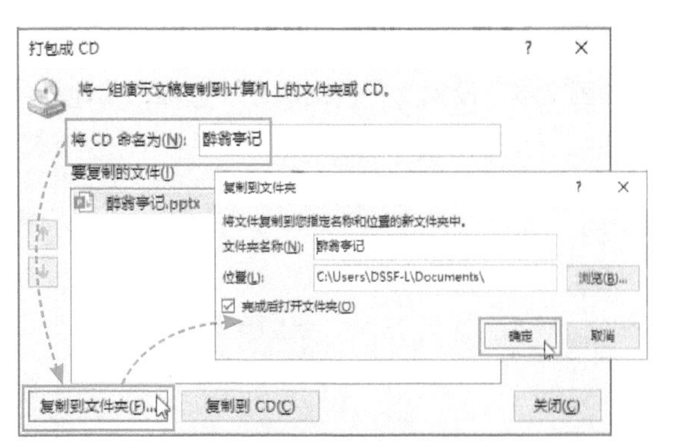

图 7-108 打包操作效果

实例：为语文课件添加动画效果

扫码观看视频

下面将以语文课件为例，为其添加相应的动画效果，丰富其课件内容。

步骤01 打开素材文件“语文课件.pptx”，选中首页幻灯片的主标题，为其添加“飞入”效果，并将“效果选项”设置为“自顶部”，如图7-109所示。

步骤02 同样也为副标题添加“飞入”效果，将“效果选项”设置为默认，如图7-110所示。

图 7-109 为主标题添加“飞入”效果

图 7-110 为副标题添加“飞入”效果

步骤03 选择直线图形，为其添加“缩放”进入效果，将“效果选项”设置为默认，如图7-111所示。

步骤04 打开动画窗格，选择所有动画项，单击鼠标右键，在打开的快捷菜单中选择“从上一项开始”选项，设置动画的开始方式，如图7-112所示。

图 7-111 添加“缩放”进入效果

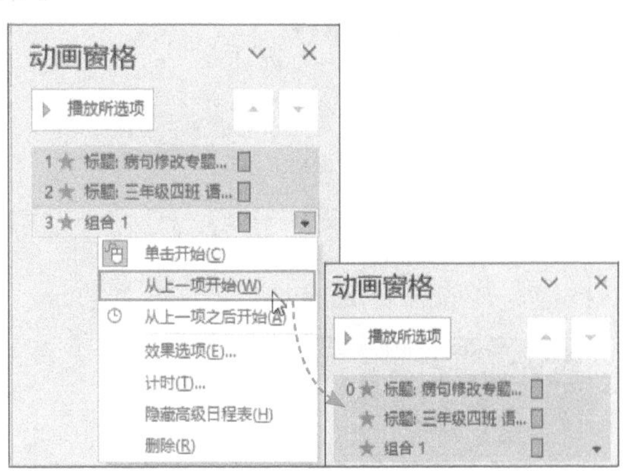

图 7-112 设置动画开始方式

步骤05 右击主标题的动画项，在打开的快捷菜单中选择“效果选项”，打开“飞入”对话框，将“动画文本”设置为“按词顺序”选项，其他保持默认设置，如图7-113所示。

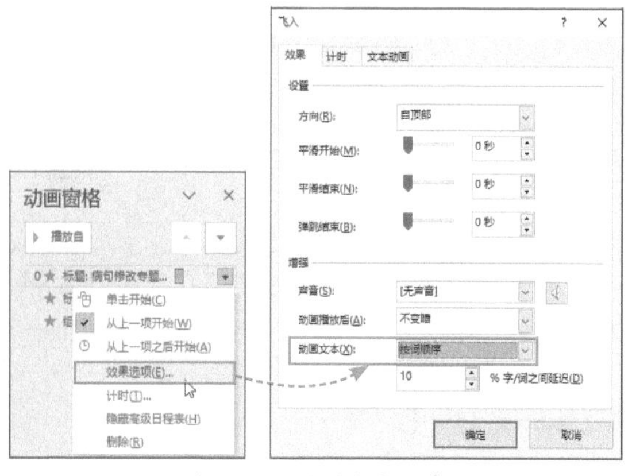

图 7-113　设置文本顺序

步骤06 按照同样的方法，将副标题动画项的“动画文本”也设置为“按词顺序”。单击“全部播放”按钮，浏览设置效果，如图7-114所示。

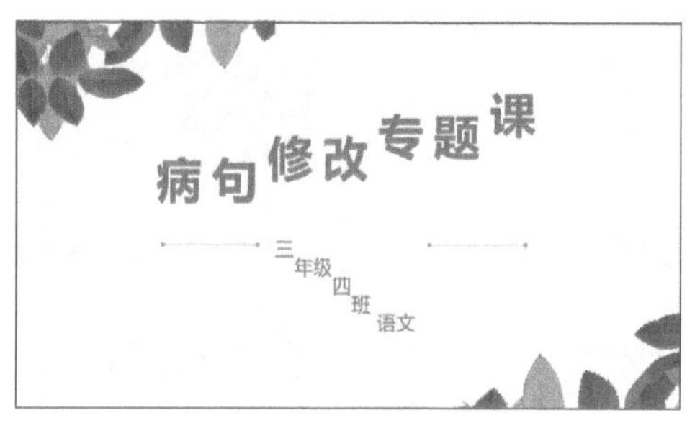

图 7-114　预览效果

步骤07 选中第3张幻灯片，选中正文内容，为其添加“字体颜色”强调效果，如图7-115所示。

步骤08 在动画窗格中右击该动画项，在打开的快捷菜单中选择“效果选项”选项，在“字体颜色”对话框中，将“动画文本”设置为“按字母顺序”，将“%字母之间延迟”设置为“5”，如图7-116所示。

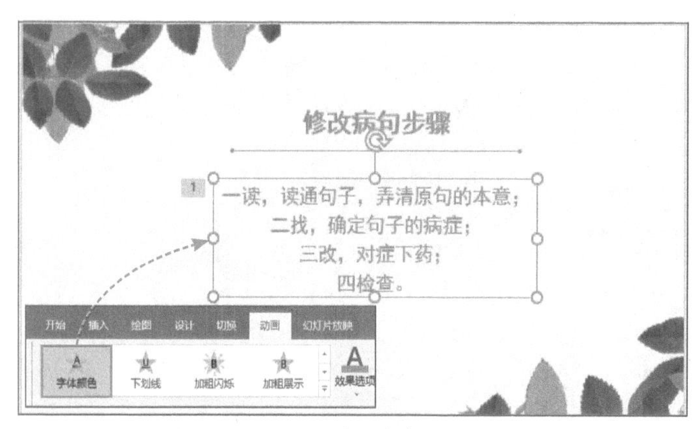

图 7-115　添加“字体颜色”强调效果

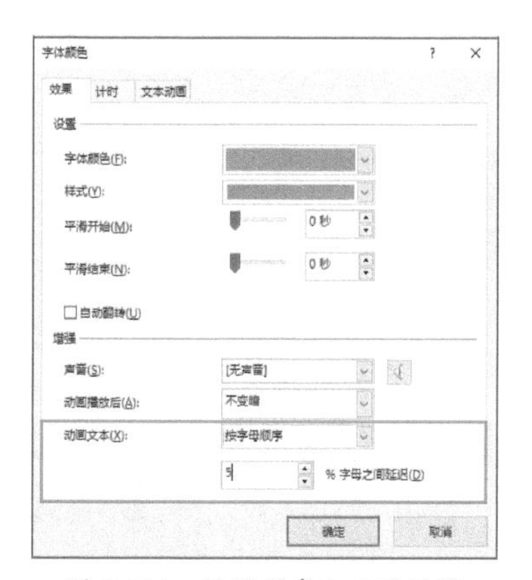

图 7-116　设置顺序和延迟时间

步骤09 选中结尾页幻灯片，为文字和直线都添加“飞入”效果，并将“效果选项”设置为“自左侧”，如图7-117所示。

步骤10 在动画窗格中全选所有动画项，单击鼠标右键，在打开的快捷菜单中选择“从上一项开始”选项。再次选择所有动画项，单击鼠标右键，在打开的快捷菜单中选择“效果选项”选项，在“飞入”对话框中将“弹跳结束”设置为“0.19秒”，如图7-118所示。

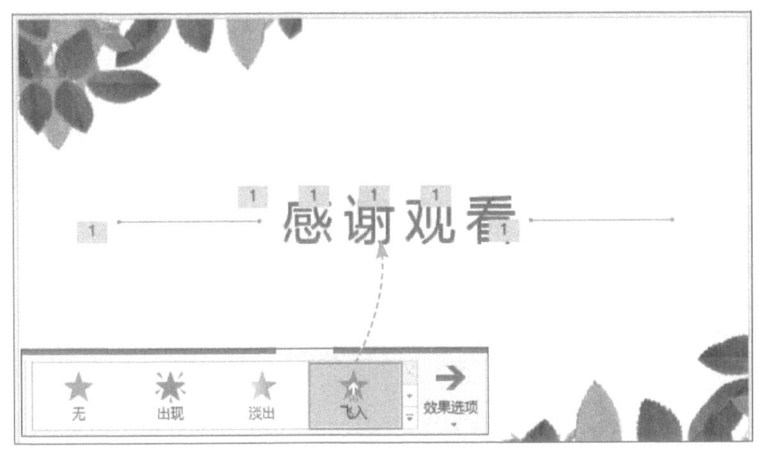

图 7-117 添加“飞入”效果

图 7-118 设置弹跳结束

步骤11 选中首张幻灯片，在“切换”选项卡中选择“轨道”切换效果，并单击“应用到全部”按钮，将该切换效果应用至所有幻灯片中，如图7-119所示。

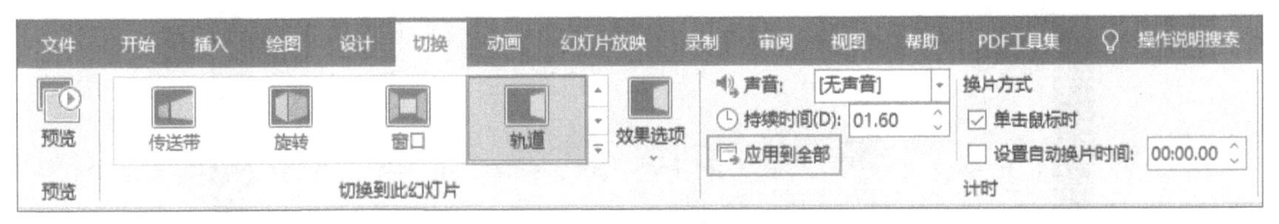

图 7-119 应用到全部

步骤12 选择“文件”选项，并在其列表中选择“导出”选项，打开“导出”界面，选择“创建视频”选项，设置“放映每张幻灯片的秒数”为10，单击“创建视频”按钮，如图7-120所示。

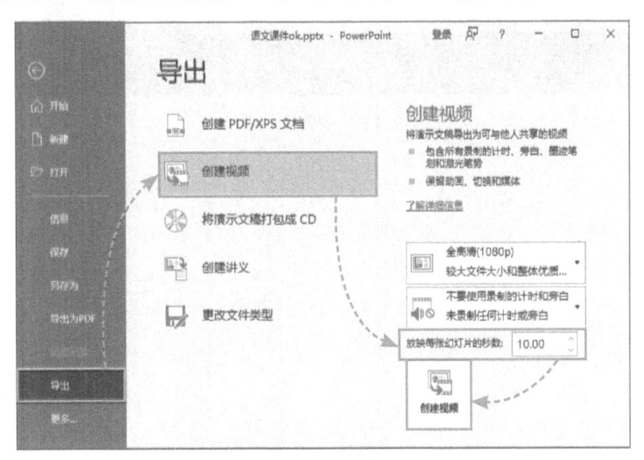

图 7-120 创建视频

步骤13 在打开的“另存为”对话框中设置好文件保存路径，单击“保存”按钮，如图7-121所示。

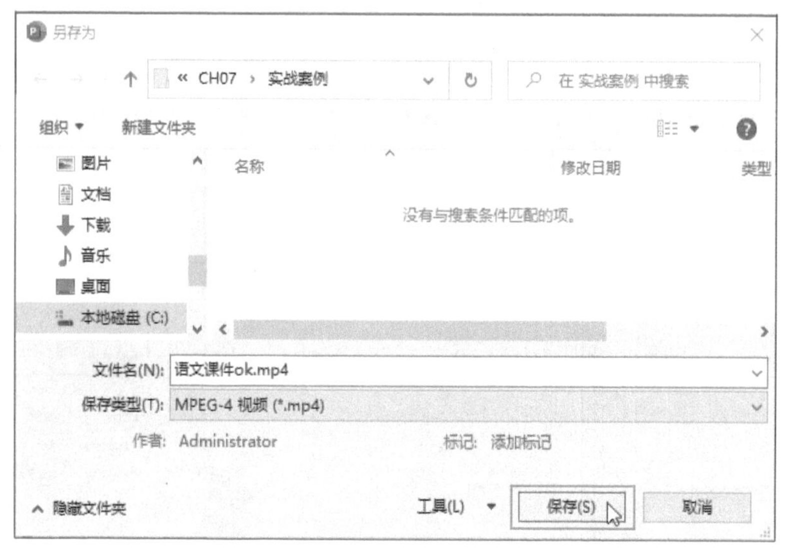

图 7-121　保存视频

步骤14 稍等片刻，该课件将输出成视频格式，视频效果如图7-122所示。

图 7-122　视频效果

课后作业

一、填空题

1. 要在PowerPoint中设置幻灯片动画，应在“______”选项卡中进行操作。

2. 在PowerPoint中对幻灯片进行页面设置时，应在“______”选项卡中操作。

3. 要在PowerPoint中设置幻灯片的切换效果以及切换方式，应在“______”选项卡中进行操作。

二、选择题

1. PowerPoint中，要在幻灯片中添加文本，应使用“________”选项卡中的命令。

A. 视图　　B. 插入

C. 格式　　D. 工具

2. 默认的幻灯片大小是________。

A. 4∶3　　B. 16∶9

C. 3∶4　　D. 9∶16

3. PowerPoint中的幻灯片可以插入________等数字媒体信息。

A. 声音、视频和图片　　B. 声音和影片

C. 声音和动画　　D. 剪贴画、图片、声音和影片

4. PowerPoint中默认的视图模式是________。

A. 普通视图　　B. 阅读视图

C. 幻灯片浏览视图　　D. 备注视图

5. 对幻灯片进行保存、打开、新建、打印等操作时，应在“________”选项卡中操作。

A. 文件　　B. 开始

C. 设计　　D. 审阅

三、操作题

打开“课后作业”文件夹中的幻灯片演示文稿“PPT.pptx”，按下列要求完成对文档的修改并进行保存。

1. 在第1张幻灯片之前插入一张版式为“标题幻灯片”的新幻灯片，依次输入正标题“古迹旅游简介”，副标题“旅行委员会”，字体为黑体，标题字号为60磅，副标题为28磅。

2. 为第2张幻灯片应用动画方案“回旋”，并为“天坛”一词添加超链接，链接到第5张幻灯片。将第3张幻灯片的版式设置为“标题，内容与文本”，将文件夹下的图片插入到左侧的内容框中，并将该图片的动画效果自定义为“进入/百叶窗”。

3. 将演示文稿中所有幻灯片的切换方式均设置为“百叶窗”，最后保存文档。

附录 课后作业参考答案

■模块1

一、填空题

1. 感觉媒体、显示媒体、存储媒体
2. 采样、量化、编码

二、选择题

1. D　2. D　3. D　4. D　5. A

三、操作题（略）

■模块2

一、填空题

1. 音频采样率
2. 人耳可听声、超声波、次声波
3. 对齐　4. 点、范围

二、选择题

1. D　2. A　3. D　4. C　5. B

三、操作题（略）

■模块3

一、填空题

1. 红、绿、蓝　2. 邻近色
3. PSD格式　4. D键

二、选择题

1. A　2. A　3. D　4. A　5. B

三、操作题（略）

■模块4

一、填空题

1. PAL、NTSC、SECAM
2. 文字工具、“基本图形”面板
3. 空对象图层　4. 图像区域、内容

二、选择题

1. C　2. A　3. A

三、操作题（略）

■模块5

一、填空题

1. 传统补间、补间形状　2. 图层、帧
3. 关键帧　4. 关键帧

二、选择题

1. A　2. A　3. D　4. C　5. A

三、操作题（略）

■模块6

一、填空题

1. 复制、实例、参考
2. 创建、修改、运动　3. 茶壶
4. 菜单栏、主工具栏

二、选择题

1. B　2. B　3. A　4. C　5. C

三、操作题（略）

■模块7

一、填空题

1. 动画　2. 设计　3. 切换

二、选择题

1. B　2. B　3. D　4. A　5. A

三、操作题（略）

参考文献

[1] 徐立萍, 孙红, 程海燕. 数字媒体技术与应用[M]. 北京: 电子工业出版社, 2023.

[2] 刘琴琴, 王哲. 数字媒体技术与应用[M]. 北京: 人民邮电出版社, 2023.

[3] 刘歆, 刘玲慧, 朱红军. 数字媒体技术基础[M]. 北京 : 人民邮电出版社, 2021.

[4] 严明. 数字媒体技术概论[M]. 北京: 清华大学出版社, 2023.

[5] 丁向民. 数字媒体技术导论[M]. 3版. 北京: 清华大学出版社, 2021.

[6] 杨忆泉. 数字媒体技术应用基础教程[M]. 北京: 机械工业出版社, 2022.

MULTIMEDIA

创想新未来 掌握多媒体

即刻扫码

学习装备库
配套资料 助力学习进阶

软件实操台
实用教程 有效提升技能

课程放映室
视频课程 夯实理论基础

电子笔记本
随时随地 记录重点知识